“十三五”江苏省高等学校重点教材　2020-2-237

普通高等教育系列教材

安全生产与环境保护

主　编　张勤芳

副主编　王凯英　汪　洋　彭自强

参　编　陈　晖　陈富于　井明华　龙汝磊

机 械 工 业 出 版 社

本书包括环境保护、安全生产技术、突发安全事故和环境问题中的应急技术与管理三篇内容，共分十章，并在附录中增加了常用英语词汇。

本书根据我国现代化工业生产的环境保护的实际需要，以现行环境保护法、安全生产法为基本依据，系统地对我国应用安全生产与环境保护的基本知识、原理与方法解决相关工程环境问题进行了全面介绍和总结，主要内容包括：绪论、材料产业与生态环境、大气污染及其防治、水环境影响与防治、固体废物的综合利用和处置、化工行业安全生产技术、新技术与新工艺的安全生产技术、安全生产事故分析与应急救援、安全生产应急管理、突发环境污染事故的应急技术与管理。

本书具有明显的学科交叉特点，涉及材料、化工、环境、管理、安全等相关专业。本书可作为高等学校材料类、化工类、土木类等专业安全生产与环境保护课程的教材，也可作为相关工程技术人员、管理人员的培训教材和学习资料。

图书在版编目（CIP）数据

安全生产与环境保护/张勤芳主编．—北京：机械工业出版社，2022.6（2024.8 重印）
普通高等教育系列教材　“十三五”江苏省高等学校重点教材
ISBN 978-7-111-70819-3

Ⅰ.①安…　Ⅱ.①张…　Ⅲ.①安全生产-高等学校-教材②环境保护-高等学校-教材　Ⅳ.①X93②X

中国版本图书馆 CIP 数据核字（2022）第 084368 号

机械工业出版社（北京市百万庄大街 22 号　邮政编码 100037）
策划编辑：林　辉　　　　责任编辑：林　辉　舒　宜
责任校对：陈　越　王明欣　封面设计：严娅萍
责任印制：单爱军
北京虎彩文化传播有限公司印刷
2024 年 8 月第 1 版第 3 次印刷
184mm×260mm · 20.75 印张 · 512 千字
标准书号：ISBN 978-7-111-70819-3
定价：68.00 元

电话服务
客服电话：010-88361066
010-88379833
010-68326294
封底无防伪标均为盗版

网络服务
机　工　官　网：www.cmpbook.com
机　工　官　博：weibo.com/cmp1952
金　　书　　网：www.golden-book.com
机工教育服务网：www.cmpedu.com

前　言

工业的发展为人类带来福祉的同时影响着人们生活的环境，人们在工业产品的生产、运输、使用乃至废弃过程中的不当行为不但成为环境污染的罪魁祸首，还导致了一些重大的安全与环境污染事故。全球性的环境问题，如全球气候变暖、臭氧层的耗损与破坏、酸雨蔓延、生物多样性减少、森林锐减、土地荒漠化、大气污染、水污染、海洋污染和危险性废物越境转移等，已成为人类发展面临的最严峻的挑战之一。这使得加强安全生产与环境保护知识教育，注重职业道德培养成为教育工作的一项重要内容。

“安全生产与环境保护”课程是我国工程教育认证标准课程体系中材料类、化工类专业的一门重要的支撑课程。因此，本书在介绍材料、化工生产过程中涉及的安全生产技术和环境保护理论、方法的同时，也介绍材料、化工行业安全生产技术和环境保护的新进展，以帮助非环境类专业的学生拓宽知识面，拓展专业课程中涉及的工程与社会、环境与可持续发展、职业规范、法律法规等知识，培养学生面对、分析、解决环境问题的能力。

党的二十大报告指出，“深入推进环境污染防治”“提升生态系统多样性、稳定性、持续性”“积极稳妥推进碳达峰碳中和”“推进安全生产风险专项整治，加强重点行业、重点领域安全监管。提高防灾减灾救灾和重大突发公共事件处置保障能力，加强国家区域应急力量建设”等。为深入贯彻党的二十大报告精神，本书将编写内容分为环境保护、安全生产技术、突发安全事故和环境问题中的应急技术与管理三部分。

第一篇为环境保护，介绍了有关环境保护的基本知识和原理以及我国环境保护方针、法规、环境污染的治理措施等内容；第二篇为安全生产技术，介绍了化工行业安全生产技术中的设计与管理因素，新技术和新工艺的安全生产技术，国内外关于纳米技术的应用发展与安全研究，锂离子电池的安全生产技术，多晶硅的安全生产技术；第三篇为突发安全事故和环境问题中的应急技术与管理，介绍了安全生产事故分析与应急救援、安全生产应急管理、突发环境污染事故的应急技术与管理，并结合案例进行了分析。

本书具有明显的学科交叉特点，涉及材料、化工、环境、管理、安全等相关专业；

内容丰富、图表简练，易于学生理解与掌握；注重理论与实践相结合，各章配有典型工程案例并进行了分析；深度挖掘并提炼了专业知识体系中所蕴含的课程思政要素（爱党爱国、遵纪守法、工匠精神、保护环境、法治意识、求真务实、艰苦奋斗、爱岗敬业）的思想价值和精神内涵，读者可用手机扫描书中二维码观看课程思政小视频。

本书由盐城工学院张勤芳担任主编；盐城工学院王凯英、光驰科技（上海）有限公司汪洋、武汉理工大学彭自强担任副主编；盐城工学院陈晖、陈富于，辽宁大学井明华，光驰科技（上海）有限公司龙汝磊参加编写。编写分工如下：张勤芳编写第一、二章，王凯英编写第三、四、五章，陈晖、井明华编写第六章，陈富于编写第七、八章，彭自强编写第九章，汪洋、龙汝磊编写第十章。感谢南京航空航天大学张莹（资深电台主播），她协助完成了本书课程思政视频的录制工作。

由于编者水平有限，书中难免有不妥与不足之处，敬请读者批评指正。

编　者

目 录

前言

第一篇 环境保护

第一章 绪论 …… 2
第一节 环境概论 …… 2
第二节 环境问题的产生与发展 …… 6
第三节 环境保护发展与理论 …… 14
第四节 环境与可持续发展 …… 23
思考题 …… 29
第二章 材料产业与生态环境 …… 30
第一节 生态环境基础 …… 30
第二节 材料对生态环境的影响 …… 35
第三节 材料产业烟气排放控制法规与政策 …… 40
第四节 生态环境材料 …… 45
思考题 …… 49
第三章 大气污染及其防治 …… 50
第一节 大气污染与气象 …… 50
第二节 气态污染物的治理 …… 64
思考题 …… 67
第四章 水环境影响与防治 …… 68
第一节 水资源与水体污染 …… 68
第二节 水体污染的检测分析 …… 74
第三节 水污染防治途径及治理技术 …… 79
思考题 …… 87
第五章 固体废物的综合利用和处置 …… 88
第一节 固体废物的种类 …… 88
第二节 固体废物的危害 …… 90
第三节 固体废物的综合利用 …… 91
第四节 有害废物的处置 …… 97
第五节 城市垃圾的回收和处理 …… 99
思考题 …… 100

第二篇 安全生产技术

第六章 化工行业安全生产技术 …… 102
第一节 化工安全设计与安全管理 …… 102
第二节 化学防火防爆技术 …… 111
第三节 工业毒物的危害与防护 …… 136
第四节 化工系统安全分析与评价 …… 145
思考题 …… 158
第七章 新技术与新工艺的安全生产技术 …… 159
第一节 纳米材料的安全与健康危害 …… 159
第二节 锂离子电池安全生产技术 …… 172
第三节 多晶硅安全生产技术 …… 181
思考题 …… 184

第三篇　突发安全事故和环境问题中的应急技术与管理

第八章　安全生产事故分析与应急救援 …… 186
第一节　安全生产事故与应急救援概述 …… 186
第二节　事故报告、调查与分析 …… 197
第三节　事故的预防 …… 218
第四节　事故隐患排查与治理 …… 223
第五节　事故应急救援预案的编制与管理 …… 228
第六节　事故应急救援预案的实施 …… 244
思考题 …… 251
第九章　安全生产应急管理 …… 253
第一节　安全生产应急管理概述 …… 253
第二节　安全生产应急管理法律法规 …… 255
第三节　安全生产应急体系 …… 258
第四节　安全生产应急资源 …… 272
第五节　安全生产应急预案 …… 280
思考题 …… 285
第十章　突发环境污染事故的应急技术与管理 …… 286
第一节　突发环境污染事故的分类和基本特征 …… 286
第二节　突发环境污染问题的防护与处置 …… 291
第三节　典型环境污染事故处理 …… 304
思考题 …… 317
附录　常用英语词汇 …… 318
参考文献 …… 324

1

第一篇　环境保护

第一章　绪　论

第一节　环境概论

一、环境的概念

环境是指与某一中心事物有关（相适应）的周围客观事物的总和。中心事物是指被研究的对象，它不能孤立地存在，不同的中心事物形成不同的环境范畴。对人类社会而言，环境就是影响人类生存和发展的物质、能量、社会、自然因素的总和。对环境科学而言，环境主要是指各种自然因素和社会因素的总称，即自然环境和社会环境。

我国于 2014 年 4 月 24 日修订的《中华人民共和国环境保护法》（后文简称《环境保护法》）第一章总则第二条对环境的内涵有如下规定："本法所称环境，是指影响人类生存和发展的各种天然的和经过人工改造的自然因素的总体，包括大气、水、海洋、土地、矿藏、森林、草原、湿地、野生生物、自然遗迹、人文遗迹、自然保护区、风景名胜区、城市和乡村等"。这是一种把环境中应当保护的要素和对象界定为环境的一种工作定义，其目的是从实际出发，对环境一词的法律适用对象或适用范围做出规定，以保证法律的准确实施。

《环境保护法》中的"自然因素的总体"有两个约束条件：一是包括各种天然的和经过人工改造的自然因素；二是并不泛指人类周围的所有自然因素（整个太阳系的、甚至整个银河系的），而是指对人类的生存和发展有明显影响的自然因素的总体。随着人类社会的发展，环境的定义也在发展。有人根据月球引力对海水的潮汐有影响的事实，提出能否将月球视为人类生存环境的问题。现阶段任何国家的环境保护法并未把月球规定为人类的生存环境，因为其对人类生存和发展的影响太小。但是随着宇宙航行和空间科学技术的发展，未来人类不但要在月球上建立空间实验站，还要开发利用月球上的自然资源，使地球上的人类频繁往来于月球和地球，那时月球就会成为人类生存环境的重要组成部分。因此，要用发展、辩证的观点来认识环境。

二、环境系统的概念

环境系统是指由自然环境、社会环境、经济环境组成的一个巨大系统，是一个具备时、空、量、构、序变化特征的、复杂的动态系统和开放系统。其各子系统之间、各组分之间以及系统内外存在着相互作用，发生着物质的输入、输出和能量的交换，并构成了网络系统。正是这种网络结构保证了环境系统的整体功能，起到了协同作用，形成了聚集效应，为人类和其他生物的生存与发展提供了有益的物质与能量。自然环境系统由资源环境、要素环境和生物环境组成；社会环境系统由政治、文化和人口子系统组成；经济环境系统由生产、流通和服务子系统组成（图 1-1）。环境系统这种复杂的构成决定了它必然具有特定的结构和功能。环境系统结构指的是环境整体（系统）中各组成部分（要素）在数量上的配比、空间位置上的配置关系以及相互间联系，通俗地说，环境系统结构表示的是环境要素是怎样形成一个整体的。环境系统功能是在环境系统结构运行中发挥出来的作用和技能，是环境系统结构运动和变化的外在表现。

环境系统虽由各个不同的部分组成，但其整体的功能却不是简单地由各组成部分的功能之和来决定，而是由各部分通过一定的结构形成所呈现出的状态所决定。环境系统和环境要素是不可分割地联系在一起的：一方面，当环境系统处于稳定状态时，它的整体性作用就决定并制约着各要素在环境系统中的地位、作用，以及各要素之间的数量比例关系；另一方面，各环境要素的联系方式和相互作用又决定了环境系统的总体性质和功能。例如，当各环境要素之间处于一种协调、和谐和适配的关系时，环境系统就处于稳定状态；反之，环境系统就处于不稳定状态。

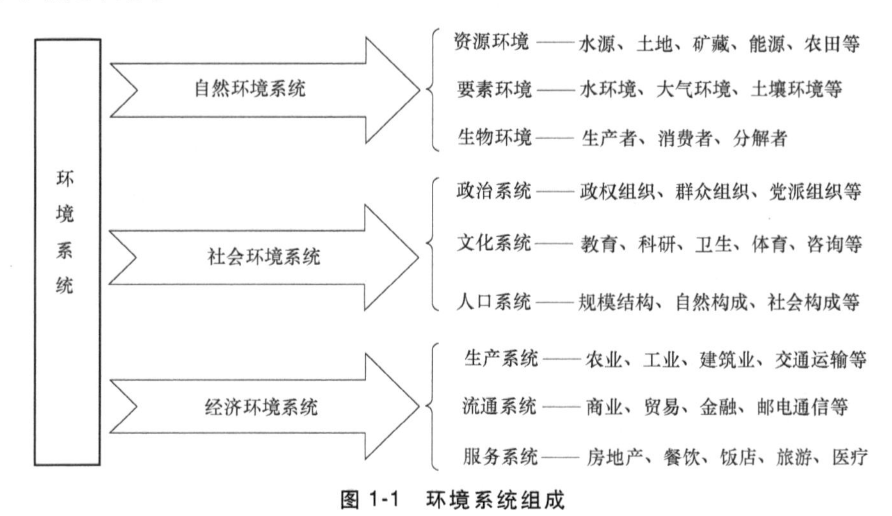

图 1-1 环境系统组成

环境各个系统具有相互作用、相互联系、互为因果的关系，通过自然再生产、社会再生产、经济再生产进行物质、能量、价值和信息流动（图 1-2）。三大系统及其内部各子系统都具有使物质、能量、价值和信息输入、储存、利用、输出及交换的功能和结构，并表现出一定的影响和效率，这样环境系统就处在不断运动和变化之中。

三、环境要素

环境要素是构成环境的基本组成部分，它们各自独立、性质不同，而又服从环境整体的演化规律。环境要素分为自然环境要素和社会环境要素，对于环境保护研究较多的是自然环境要素，故环境要素通常是指自然环境要素。自然环境要素主要包括水、大气、生物、土

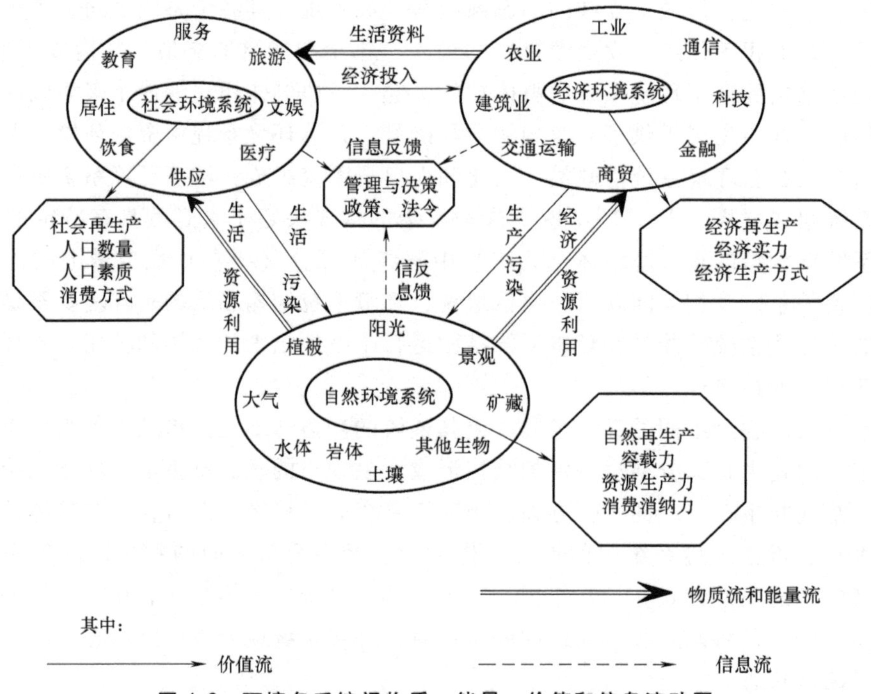

图 1-2　环境各系统间物质、能量、价值和信息流动图

壤、岩石和阳光等。由环境要素组成环境的结构单元，环境的结构单元又组成环境整体或环境系统。例如，由水组成水体，全部水体称为水圈；由大气组成大气层，全部大气层称为大气圈；由土壤构成农田、草地、林地，由岩石构成岩体，全部土壤和岩体构成地球固体壳层（岩石圈或土壤）；由生物体组成生物群落，全部生物群落集称为生物圈。阳光以其辐射能为环境要素提供能量。了解环境要素的特点，是认识环境、评价环境、改造环境的基本依据。环境要素有如下特点：

（1）最小限制律　整个环境的质量不是由各个环境要素的平均状况决定的，而是由其中与最优状态差距最大的环境要素所控制，即环境质量由处于“最劣状态”的那个环境要素来决定，而不能用其余处于优良状态的环境要素去弥补或替代。因此，在治理环境时，应按照由差到优的顺序，依次改造每个环境要素，使之全面达到最佳状态。

（2）等值性　任何一种环境要素对于环境质量的限制，只有当它们处于最差状态时才具有等值性。各种环境要素不论其规模大小还是数量多少，只要是一种独立的环境要素，它们对环境质量的限制作用是相同的。

（3）环境的整体效应大于各个环境要素的效应之和　环境各个要素的相互联系、相互作用所产生的整体效应是在个体效应基础上的飞跃，比组成该环境各个要素的作用之“和”要丰富、复杂得多。因此，研究环境不但要研究单个环境要素的作用，还要研究整个环境的作用机理，综合分析其整体效应。

（4）所有环境要素具有相互联系、相互依存的关系　在环境的发展过程中，某些环境要素会孕育着其他要素。例如，在地球发展史上，岩石圈的形成为大气的出现提供了条件，岩石圈和大气圈的存在为水的产生提供了条件，前三者又为生物的产生与发展提供了条件。各个环境要素的相互作用、相互联系是通过能量流的传递或转换来实现的，能量形式的转换又影响到整体环境要素的相互制约关系。环境要素之间还通过物质流的循环，即通过各个要素对物质的储存、释放、转运等环节的调控，使全部环境要素联系在一起。

四、环境系统结构

（一）环境系统结构的概念

环境系统结构是指环境中各个独立组成部分（环境要素）在数量上的配比、空间位置上的配置、相互间的联系内容及其方式。它是阐明环境整体性与系统性的一个基本概念。环境系统结构直接制约着环境系统间物质、能量、价值和信息流动的方向、方式和数量，且始终处于不断运动和变化之中。因此，不同区域或不同时期的环境，其结构可能不同，由此呈现出不同的状态与不同的宏观特性，从而对人类社会活动的支持作用和制约作用也不同。沙漠地区的环境系统结构基本上是简单的物理学结构，而植被繁茂地区的环境系统结构则主要是十分复杂的生态学结构；与此相似，陆地与海洋、高原与盆地、城市与农村、水网地区与干旱地区之间的环境系统结构均有很大程度的不同。为使人类社会和环境持续协调发展，我们应以合理、适当的环境系统结构为目标来选择恰当的人类行为。

环境系统结构实质上是环境要素的配置关系，是包括自然环境和社会环境的总体环境的各个独立组成部分在空间上的配置，是描述总体环境有序性和基本格局的宏观概念。环境的内部结构和相互作用直接制约着环境的物质交换和能量流动。

（1）自然环境系统结构　从全球的自然环境看，自然环境系统结构可分为大气、陆地和海洋三大部分。聚集在地球周围的大气层的密度、温度、化学组成等都随着距地表高度的变化而变化。按大气温度随着距地表高度的分布可将大气分为对流层、平流层、中间层、热层等。对流层与人类的关系极为密切，地球上的天气变化多发生在对流层内。陆地是地球表面未被海水浸没的部分，总面积约为 1.49×10^4 万 km^2，占地球表面积的 29.2%。海洋是地球上广大连续水体的总称，其中，广阔的水域称为洋，大洋边缘部分称为海。海洋的面积有 3.61×10^4 万 km^2，占地球表面积的 70.8%。海与洋沟通组成了地球上四大洋，即太平洋、大西洋、印度洋和北冰洋。

（2）社会环境系统结构　社会环境系统结构可分为城市、工矿区、村落、道路、桥梁、农田、牧场、林场、港口、旅游胜地和其他人工建筑物。

（二）环境系统结构的特点

就地球环境而言，环境系统结构的配置及其相互关系有圈层性、地带性、节律性、等级性、稳定性和变异性等特点。

1. 圈层性

在垂直方向上，整个地球环境的结构具有同心圆状的圈层性。在地球表面分布着土壤——岩石圈、水圈、生物圈、大气圈。在这种格局的支配下，地球上的环境系统与这种圈层相适应。地球表面是无机界和有机界交互作用最集中的区域，它为人类的生存和发展提供了最适宜的环境。

2. 地带性

在水平方向，从赤道到南极和北极，整个地球表面具有过渡状的分带性。太阳辐射能量到达地球表面，由于地轴倾斜和球面各处的位置、曲率和方向的不同，造成能量密度在地表分布的差异，因而产生了与纬线平行的地带性结构格局。这种地带性分布的界线往往是模糊的和过渡性的。

3. 节律性

在时间上，地球表面任何环境系统结构都具有谐波状的节率性。地球上的各个环境系统，由于地球形状和运动的固有性质，在随着时间变化的过程中，都具有明显的周期节律性，这是环境系统结构叠加上时间因素的四维空间的表现。

4. 等级性

在有机界的组成中，依照食物摄取关系，在生物群落的结构中具有阶梯状的等级性。地球表面的绿色植物利用环境中的无机成分，通过复杂的光合作用，形成碳水化合物，自身被高一级的消费者（食草动物）所取食；而食草动物又被更高一级的消费者（食肉动物）所取食；动植物死亡后，又由数量众多的各类微生物分解成为无机成分，形成了严格、有序的食物链结构。这种结构制约并调节生物的数量和品种，影响生物的进化以及环境系统结构的形态和组成方式。

5. 稳定性和变异性

环境系统结构具有相对的稳定性、永久的变异性以及有限的调节能力。任何一个地区的环境系统结构都处于不断变化之中。在人类出现之前，只要环境中某一个要素发生变化，整个环境系统结构就会相应地发生变化，并在一定限度内自行调节，在新条件下达到平衡。在人类出现以后，尤其是在现代生产活动日益发展，人口压力急剧增长的条件下，人类活动对于环境系统结构的影响，无论在深度和广度上，还是在速度和强度上，都是空前的。环境系统结构本身虽然具有自发的趋稳性，但是环境系统结构总是处于变化之中。

五、环境系统功能

环境系统功能是指环境要素及由其构成的环境状态对人类生活和生产所承担的职能和作用。对人类和其他生物来说，环境最基本的功能包括以下三个方面：

1）空间功能，是指环境提供了人类和其他生物栖息、生长、繁衍的活动场所，且这种场所是适合其生存发展要求的。

2）营养功能，是指环境提供了人类及其他生物生长繁衍所必需的各类营养物质及各类资源、能源（后者主要针对人类而言）等。

3）调节功能，如森林具有蓄水、防止水土流失、吸收二氧化碳、放出氧气、调节气候的功能。此外，各类环境要素（包括江河湖泊、湿地、土壤、海洋、大气、森林、草原等）皆有吸收、净化污染物的功能和使受到污染的环境得到调节、恢复的功能。但这种调节功能是有限的，当污染物的数量及强度超过环境的自净能力（阈值）时，环境的调节功能将无法发挥作用。

第二节　环境问题的产生与发展

环境是人类赖以生存和发展的基础，如果人类的生存环境遭到破坏，将严重阻碍社会经济的发展和威胁人类的健康与生存。人类在进入工业化时代以后，生产力得到了高度发展，创造了高度的物质文明，但也带来了一系列社会和环境问题。特别是人类从环境中获取物质和能量，创造了人类需要的物质文明和财富，也将污染物带给环境，造成对环境的污染和生态系统的破坏，这就是环境问题。

一、环境问题及其分类

人类社会发展到今天，创造了前所未有的文明，但同时带来了一系列的环境问题。环境问题是指由于自然或人为活动使环境质量发生变化，从而造成不利于人类生产、生活和健康的结果。

按照形成的原因，环境问题可以分为两类：由自然力引起的环境问题称为原生环境问题，又称为第一环境问题，如火山爆发、洪涝、干旱、地震、流行病等自然界的异常变化；由人类活动引起的环境问题称为次生环境问题，又称为第二环境问题。后者是人类当前面临的最为严峻的挑战之一。人类造成的环境问题有3个途径：非生物资源的消耗、向环境的排放、生物量的损失。

环境问题又可以分为环境污染与生态环境破坏两大类。由于人为或自然的因素，使环境的化学组分或物理状态发生变化，与原来的环境相比，环境质量发生恶化，扰乱或破坏了原有的生态系统或人们正常的生产和生活条件，这种现象称为环境污染，又称“公害”，如工业生产排放的废水、废气、废渣对水体、大气、土壤和生物的污染。生态环境破坏主要是指人类盲目地开发自然资源引起的生态退化及由此而衍生的环境效应，人为过度放牧引起的草原退化、因毁林开荒造成的水土流失和沙漠化等。

环境污染作为一个重大的社会问题，是随着工业革命的开始而出现的。由于当时只顾生产，不顾对环境的污染，造成了严重的后果。世界工业革命的故乡——英国伦敦市，在1873年、1880年、1882年、1891年和1892年发生了一系列煤烟型大气污染事件，每次都造成众多人员的伤亡。

进入20世纪，特别是第二次世界大战之后，科学、工业、交通都有了迅猛的发展，尤其是石油工业的崛起，工业过分集中，城市人口过分密集，环境污染由局部逐步扩大到区域，由单一的大气污染扩大到大气、水体、土壤和食品等各方面的污染，酿成了不少震惊世界的公害事件。突发性的严重公害事件见表1-1。

表1-1　突发性的严重公害事件

事件	发生时间	发生地点	产生危害	产生原因
阿摩柯卡的斯号油轮泄油	1978年3月	法国西北部布列塔尼半岛	藻类、湖间带动物、海鸟灭绝，工农业生产、旅游业损失大	油轮触礁，2.2×10^5t原油入海
三里岛核事故	1979年3月	美国宾夕法尼亚州	以三里岛核电站为圆心的80km约200万人口极度不安，直接损失10亿多美元	核电站反应堆严重失水
墨西哥城油库爆炸	1984年11月	墨西哥	4200人受伤，400人死亡，300栋房被毁，10万人被疏散	石油公司一个油库爆炸
博帕尔农药厂毒气泄漏	1984年12月	印度中央邦博帕尔市	1408人死亡，2万人严重中毒，15万人接受治疗，20万人逃离	45t异氰酸甲酯泄漏
威尔士饮用水污染	1985年1月	英国威尔士州	200万居民饮水污染，44%的人中毒	化工公司将酚排入迪河
切尔诺贝利核事故	1986年4月	乌克兰	31人当场死亡，203人受到严重核辐射，13万人被疏散，直接损失30亿美元	4号反应堆机房爆炸

（续）

事件	发生时间	发生地点	产生危害	产生原因
莱茵河污染	1986 年 11 月	瑞士巴塞尔市	事故段生物绝迹，莱茵河流域 160km 内鱼类死亡，480km 内的水不能饮用	化学公司仓库起火，30t 硫、磷、汞等剧毒物进入河流
莫农加希拉河污染	1988 年 11 月	美国	沿岸 100 万居民生活受到严重影响	石油公司油罐爆炸，350 万 t 原油入河
埃克森·瓦尔迪兹号油轮漏油	1989 年 3 月	美国阿拉斯加	海域严重污染	漏油约 4.088×10^7L
日本福岛核事故	2011 年 3 月	日本	核辐射造成人体健康和环境影响	受地震影响，第一核电站机组发生爆炸

1962 年，美国科学家卡逊女士发表《寂静的春天》一书，曾提醒世人过度使用农药会产生恶果，但因过度使用农药而造成的公害事件至今并未在世界上绝迹。当前，全人类共同面临资源短缺、环境污染和生态破坏等环境问题。全球具有代表性的十大环境问题如下：

（一）资源短缺

资源对人类生存必不可少，人类的进步与发展是以大量资源消耗为前提的。地球上的资源十分有限，不可再生资源如煤、石油，以及各种金属、非金属矿物等存量已接近耗竭，为争夺这些资源的战争（如伊拉克战争）极大地破坏着它们。可再生资源，如土地资源、水资源、粮食资源等，由于开发不合理、利用效率低、浪费等，降低了其再生能力，且污染严重，可利用的越来越少。水资源、煤炭和石油是当今世界三大短缺资源。

（二）全球变暖

世界人口的增加、化石燃料的使用、工业生产和有机废物发酵过程中不断向大气排放 CO_2、CH_4、氮氧化物等温室气体，它们在地球表面形成一个庞大的温室，阻止了热量的散发。全球变暖会使降水重新分配，气候异常，海平面上升，冰川冻土融化，多种病毒和污染物被释放，导致生态系统失衡。地球的气温过去每千年升高约 0.5℃，按照现在世界能源消费格局，到 21 世纪中叶，全球平均温度可能上升 1.5～4℃，澳大利亚发生山火的可能性将会增加 400%～800%。反过来，2019 年澳大利亚发生的长达 5 个月的山火又向大气排放了约 4 亿 t CO_2，加剧了全球变暖危机。2020 年年初，人们监测到热带中东太平洋地区的表层海水温度一直高于平均水平；南极温度首次飙升到 20.75℃；北极大量冰川和永冻层融化，正在释放大量封存的 CH_4 气体。目前，控制温室气体排放已经成为世界热点之一。

（三）臭氧层的耗损与破坏

臭氧具有强烈吸收有害紫外线的功能，是地球上生物的“保护神”。人类工业活动使用氟氯烃类化合物与哈龙作制冷剂、除臭剂、喷雾剂等，向大气中排放了大量氯氟烃类化合物，导致臭氧层变薄，甚至在北极、南极和青藏高原的上空出现了“空洞”。臭氧层的耗损与破坏，破坏人类的免疫系统，增加皮肤癌和白内障的发病率，严重破坏海洋和陆地的生态系统，阻碍植物正常生长。2020 年 9 月 20 日的南极臭氧空洞达到约 2480 万 km^2 的峰值，遍及南极大陆的大部分地区。蒙特利尔协定书于 1989 年 1 月 1 日签署，它号召世界各国拒绝使用氯氟烃（氟利昂），目前人们已经找到了它的替代品。联合国称，从 2006 年开始，臭氧层正在以最高 3%的速度恢复。美国国家航空航天局的观测也进一步佐证了臭氧层得到保护的消息。科学家推测，或许只要再过 50 年，南极臭氧层便能够恢复到正常水平。

（四）生物多样性锐减

生物多样性在自然界不断变化。近百年来，由于人口剧增、资源的不合理开发、环境污染等对生态系统干预程度超过其阈值，致使生态失去平衡。据统计，全世界每天有 75 个物种、每小时有 3 个物种灭绝。按照此速度，2050 年地球陆地上 1/4 的动植物将遭灭顶之灾。我国大约已有 200 个物种灭绝；约有 5000 种植物（占中国高等植物数量的 20%）和 398 种脊椎动物（占中国脊椎动物总数的 7.7%）濒临灭绝。2020 年 2 月 24 日，十三届全国人大常委会第十六次会议审议通过《关于全面禁止非法野生动物交易、革除滥食野生动物陋习、切实保障人民群众生命健康安全的决定》，明确全面禁止食用野生动物，严厉打击非法野生动物交易。

（五）酸雨蔓延

酸雨是大气降水中酸碱度（pH）低于 5.6 的雨、雪或其他形式的降水，是严重的大气污染现象。酸雨的危害与人类的生产、消费水平以及能源消耗成正比。世界各国都受到不同程度的酸雨危害，河流、湖泊、森林的酸化妨碍动植物生长，土壤酸化破坏其营养，酸雨还腐蚀建筑材料。北美的五大湖地区、北欧和我国东南地区是世界三大著名的酸雨区。当前我国酸雨覆盖率以国土面积计算累计已近 40%，而且半数以上的城市受到酸雨的危害，其控制已被列入国家绿色工程计划。

（六）森林锐减

森林是地球的“肺”，与人类命运息息相关。然而，过度采伐、不恰当的开垦和气候变化等引起的森林火灾，致使世界上的绿色屏障每年减少约 2 亿 km^2。森林锐减导致水土流失、绿洲沦为荒漠、干旱、洪涝灾害、物种减少等一系列生态危机。森林对 CO_2 的吸收减少，加剧温室效应。国际社会对此给予了前所未有的关注。1984 年科学家们强烈呼吁：“要拯救地球上的生态环境，首先要拯救地球上的森林。”我国森林覆盖面积从 20 世纪 80 年代的 12.98%上升到 2020 年的 22.96%，成为世界上森林增长最快的地区，保护森林资源更是责任重大。

（七）土地荒漠化

过度放牧及重用轻养使草地逐渐退化，开荒、采矿、修路等建设活动对土地的破坏作用甚大，加上水土流失等不断侵蚀，世界上约有 196 亿 km^2 土壤趋于荒漠化。土地荒漠化被公认为“地球的癌症”，它的迅猛扩展威胁人类的生存环境。土地荒漠化的直接后果就是农民的贫困化。人类文明的摇篮底格里斯河、幼发拉底河流域由沃土变成荒漠，我国的黄河水土流失也十分严重。

（八）水环境恶化

人口膨胀和工业发展所制造出来的污染物超过了天然水体的承受极限，本来清澈的水体变黑发臭、细菌滋生、鱼类死亡、藻类疯长。在世界范围内已经确定存在于饮用水中的有机污染物达 1100 种，每年约有 1500 万人死于由于水污染引起的疾病。水环境的污染使短缺的水资源更为紧张。水资源的短缺、水环境的污染和洪涝灾害构成了人类的水危机。

（九）大气污染肆虐

燃煤过程中产生的细小悬浮颗粒被吸入人体，容易引起呼吸道疾病，大约 23%的肺癌是由空气污染造成的。现代都市工业废气和汽车尾气中含有大量碳氢化合物、氢氧化物、

CO 等，它们与太阳光作用形成一种刺激性的烟雾，能引起眼病、头痛、呼吸困难等。全球约有 11 亿人口生活在空气污染的城市里。国际非政府环保组织“绿色和平组织”称：空气污染偷走了我们的生活和未来，它不仅给我们的健康带来重大危害，还造成全球损失价值 2250 亿美元的劳动力，以及数万亿美元的医疗费用。

（十）固体废物成灾

固体废物（简称固废）已成为城市的一大灾害。地球每年产生 100 亿 t 以上的垃圾，人们处理垃圾的速度远不及垃圾增加的速度。电子垃圾等固废任意堆放，不仅占用土地，还污染周围空气、地表水体，甚至地下水。工业废物中含有易燃、易爆、致毒、致病、放射性等有毒有害物质。放射性和高毒性的危险性废物在国际上存在由发达国家向发展中国家、由发达地区向不发达地区的非法越境转移现象。“白色垃圾”塑料袋的难生物降解性正在造成全球生态灾难。

砍伐森林、开垦草原、围湖造田、滥捕滥杀、采集珍贵的野生药材和植物、向大自然随意排放废物可带来极高的经济效益，但整个社会却要承受长远的经济后果和生态后果。宇宙中只有一个地球，人类共有一个唯一赖以生存的家园，真爱和呵护地球是人类的唯一选择。

二、环境问题的产生与发展

（一）环境问题的产生原因

环境问题是人类在追求经济发展的过程中，不重视环境承载能力和容量而无节制地开发利用环境，直接或间接造成的环境污染或环境破坏，并从小范围、低程度危害，发展到大范围、对人类生存环境造成不容忽视的危害，即由轻度污染、轻度破坏、轻度危害向重度污染、重度破坏、重度危害方向发展。环境问题不仅仅是技术问题，而且是经济发展与产业结构的结果。其产生、演化示意图如图 1-3 所示。

人类是环境的组成部分，二者密不可分。人类的生存发展要从环境中索取物质和能量，其新陈代谢和消费活动的产物要排放入环境，环境对人类生产生活的排泄物具有消纳能力。当人类向环境索取资源的速度超过了资源本身及其替代品的再生速度，便会出现资源短缺、生态破坏的现象；而人类向环境中排放废物的数量超过了环境自净能力，就会导致环境质量下降形成污染。环境问题的持续恶化不仅破坏人类的生存环境，损害人们的健康，还会引起诸多社会纠纷，威胁生活的稳定，成为国际政治斗争的焦点。认清环境问题的本质，有利于合理确定防治措施（图 1-3）。环境问题产生的主要原因可以归纳为以下几点：

1. 人口根源

美国著名的环境学家丹尼尔·科尔曼认为，人口增长为环境危机的重要根源。英国工业革命和第二次世界大战这两个历史节点都是环境问题大规模出现的时候，因为它们是全球人口快速增长的起点，人口的持续增长对物质资源的需求和消耗增加，最终超出环境供给资源和消化废物的能力，进而出现各种环境问题，包括大气污染、水污染和噪声污染等。

2. 资源和技术根源

资源不合理利用使局部地区生态系统失去平衡，成为全球环境问题的重点。资源的循环再生需要时间，一些非可再生资源一旦枯竭，短时间内不可能循环再生，对其开采实际就是资源耗竭的过程。大规模开采矿产资源、破坏植被，扰乱了区域地理环境的正常运行，暴雨和旱灾的发生失去了规律性，给人们的生产生活带来了极大损失。20 世纪以来，一方面，

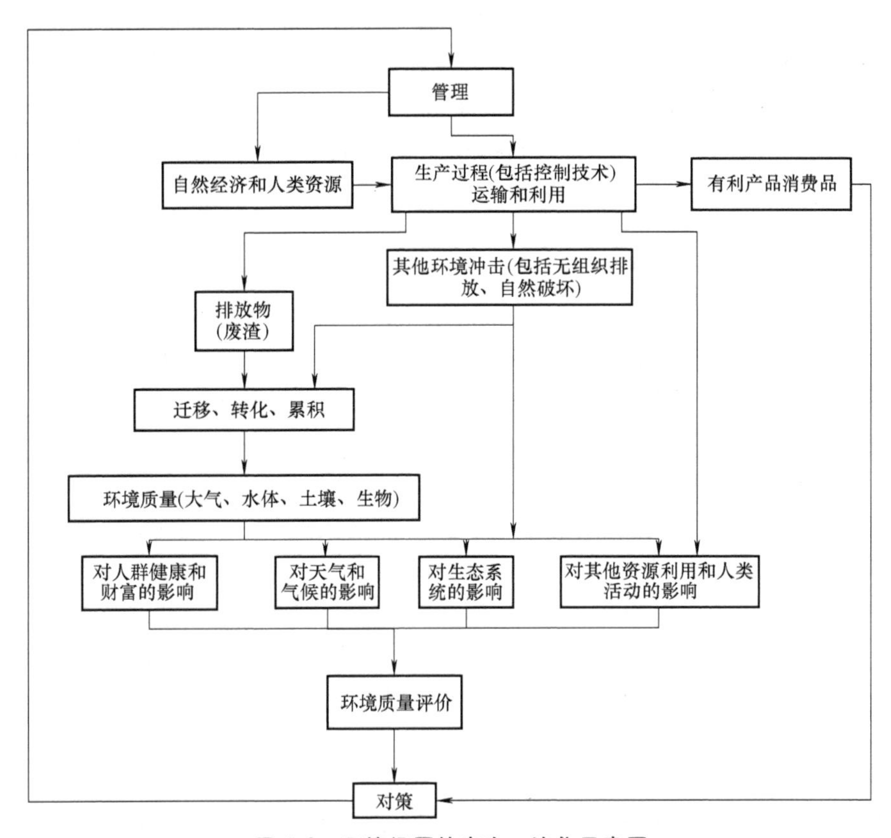

图 1-3 环境问题的产生、演化示意图

人类社会在科学技术上的巨大进步带来空前的经济发展和繁荣；另一方面，很多环境问题的产生是由于技术发展的不足。技术不断发展，人类的自主性却日益丧失，逐渐沦为技术的奴隶，对技术的滥用也使人类反受其害。例如，核能和生物技术的滥用可能导致不可估量的生态恶果。

3. 经济根源

片面追求经济增长成为环境问题的催化剂。传统的发展模式关注的只是经济领域的活动，其目标是产值、利润、物质财富的增加。在此发展观支配下，为了追求最大的经济效益，人们没有认识到环境本身所具有的价值，继续采取以损害环境为代价来换取经济增长的发展模式，结果是在全球范围内相继造成了严重的环境问题，盲目追求经济增长的结果与长期发展目标背道而驰。进入 21 世纪，蓬勃发展的工业文明实践活动加剧了人与自然的冲突，雾霾、沙尘暴、空气污染等一系列新环境问题围绕着人们。

4. 制度文化根源

缺乏环境保护的长效机制使环境问题得不到有效控制。环保人士指出，我国需要建立一套可持续的制度框架，建立我国特色的绿色 GDP 核算体系，将环境保护指标纳入官员政绩考核，调整行政规划区域并建立生态补偿机制，实行循环经济战略，并大力开发新能源技术。最重要的是提供法律与政治上的保障，提高环境保护领域的公众参与度。

5. 伦理根源

在传统伦理学中，所谓伦理即是人伦之理。伦理学的研究对象仅限于人与人之间的社会关系，而人与自然的关系则被排除在外。导致当代环境问题的深层根源便是狭隘的“人类中心论”。历史经验教训告诉我们，人的行为违背自然规律、资源消耗超过自然承载力、污染排放超过环境容量，就会导致人与自然关系的失衡，造成人与自然的不和谐。环境伦理应兼顾自然生态的价值、个人与全人类的利益和价值、当代人与后代人的价值和利益。环境伦理规范体系要求人类培养保护环境、善待生命、尊重自然和适度消费的伦理情操，尽到管理好地球家园的义务。

反思人类社会发展的经验与教训，转变以人为中心的价值取向，承认自然界的价值和权力，正确认识人与自然的关系，树立正确的环境伦理观念，不断追求人与自然的和谐，从而实现人类社会全面协调和可持续发展。环境问题的实质不是环境对于我们的传统需要而言的价值，而是对后现代文明而言的价值。简单地说，就是环境在满足了人的生存需要之后，人类如何去满足环境的存在要求或存在价值，而同时人类才能满足自身较高层次的文明需要。

（二）环境问题的发展

环境问题的出现可以追溯到18世纪50—60年代的工业革命。当时，在急于追求物质生活的不断改善的共同目标推动下，借助科学技术的进步，人们殚精竭虑，想尽一切办法积极发展经济以满足人们对物质生活的不断追求。而在经济快速发展，人们的物质生活得到快速改善的同时，环境的不断恶化是人们始料不及的。随着环境问题的恶化，人们逐渐意识到这不仅仅是一个技术问题，更与社会结构以及人们的行为模式相关。环境污染大体分为三个阶段。

第一阶段：环境恶化，在20世纪50—60年代。在工业发达国家环境污染达到了严重程度，直接威胁到人们的生命和安全，成为重大的社会问题，激起了人们的强烈不满，也影响了经济的顺利发展。例如，1970年，美国环境保护主义者还推动组织了2000万人大游行，提出“先污染，后治理”这条路不能再继续走下去了，被动的防治局面必须改变，预防为主的综合防治办法必须尽早实施，这就是1972年6月在斯德哥尔摩召开的联合国人类环境会议的历史背景。113个国家参加了这次会议，通过了《人类环境宣言》，唤起了全世界对环境问题的注意。这次会议对人类环境问题来说是一个里程碑。工业发达国家把环境问题摆上了国家的议事日程，制定法律，建立机构，加强管理，采用新型技术，环境污染得到了有效控制，环境质量有了很大的改善。

第二阶段：环境恶化达到高峰，20世纪80年代初，环境污染和大范围生态破坏出现了一次高潮。人们关心的是一些影响范围大和危害严重的环境问题，主要是酸雨、臭氧层破坏和“温室效应”。这些全球性环境问题严重威胁着人类的生存和发展，不论是广大公众还是政府官员，不论是发达国家还是发展中国家，都普遍对此表示不安。1988年11月在德国汉堡召开的全球气候变化会议指出，如果“温室效应”不被阻止，世界在劫难逃。各国政府都充分认识到了这些问题的重要性和预防污染的必要性。为治理和改善已被污染的环境和防止新的污染发生，就要加强环境管理。这首先就有一个如何全面正确地认识环境问题。1997年12月，在日本京都召开了“联合国气候变化框架公约”大会，会议通过了《京都议定书》，要求各国削减温室气体排放量。

第三阶段：信息化环境问题。21世纪以来，新技术特别是以信息、材料、生物等为代表的工业革命彻底改变了人类的生活。互联网、信息物流等的高度发展，产生新的生态和环境问题。

信息化时代城市化不断加快，城市面积不断扩张，森林、湿地、草原等自然环境面积迅速缩小，使野生动物生存空间缩小。信息技术加快了工业生产，间接加速自然资源的消耗，引发更为严重的环境污染。

信息技术的发展加重了温室效应和城市热岛效应，加剧了全球气候变暖。1880—2020 年全球气温变化曲线如图 1-4 所示。全球变暖导致冰川大面积融化，存在于其中的古老病毒会被释放出来。2020 年 2 月 9 日，巴西科学家在南极北端西摩岛首次测得气温高达 20.75℃。

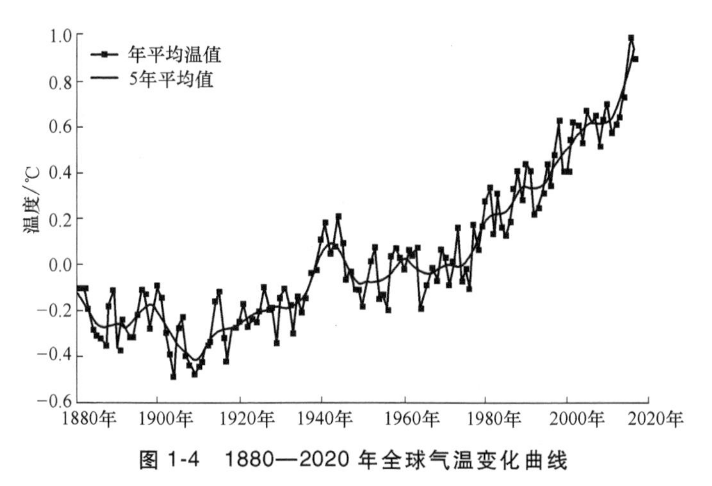

图 1-4　1880—2020 年全球气温变化曲线

（图片来自：Wikipedia@ NASAGoddardInstituteforSpaceStudies）

信息技术加快了国际贸易、全球一体化进程，打破了地域性，间接加重了生物入侵、病毒传播等生态问题。现代发达的信息物流、通信设备、交通工具等成为物种入侵或者病毒迅速扩散的有力工具。世界卫生组织（WHO）称，全球化使人类出现历史上从未经历过的人员与物资的大规模跨国流动，这一全球快速流动潮正给各类病毒传播提供前所未有的捷径。世界上一旦有一个地方爆发或流行新型传染疾病，那么仅仅几小时后，其他地区就有可能大难临头。

计算机、电视、手机、Wi-Fi 设备等电子产品成为人们时刻离不开的设备，电磁炉、微波炉等各种家用电器方便了生活，人们几乎处在电子产品包围之中。然而，电子产品使用中会产生电磁波辐射，对生殖系统、神经系统和免疫系统造成直接伤害。电子产品（包括大量废旧电池）一旦废弃进入环境，其中含有的很多有害元素（如铅、镉、多溴二苯醚等）会给本已十分脆弱的生态环境系统增添重负。传统的填埋、焚烧等垃圾处理方式只会加剧电子垃圾对环境的污染。垃圾场中重金属污染的 70%来自废弃的线路板、电线、钢铁外壳等。2018 年，全世界的电子垃圾总计 4850 万 t。每年全球扔掉的电子垃圾足够堆起 9 座大金字塔。据估计到 2050 年，全球每年电子垃圾总量将达到 1.2 亿 t，但只有 20%被循环利用。

网上购物、外卖快餐成为信息时代人们的新型消费和生活方式，这一方面增加了电子产品、电能等资源的耗费；另一方面伴随快递等业务的迅猛发展，邮寄产品、外卖的包装等大大增加了城市固废的数量，其中塑料袋、胶带等难以生物降解的大量废物重复利用率低，给生态环境带来沉重负担。

阿·托夫勒曾说过“明天的技术必将比第二次浪潮时代更严格受到生态的制约”。我们应该将信息技术更多地运用于生态环境建设之中，趋利避害，充分调动其优势为生态环境发展做贡献，构建生态文明的新型信息化社会。

第三节　环境保护发展与理论

环境保护是指人类有意识地保护自然资源并使其得到合理的利用，防止自然环境受到污染和破坏；对受到污染和破坏的环境必须做好综合治理，以创造出适合人类生活和工作的环境。人类解决环境问题最根本、最有效的办法就是针对造成环境退化的滥用资源和污染行为进行控制和规范。严格控制对不可再生资源的使用量，并且积极寻找其他的替代资源；保护生物的多样性，对可更新资源的使用速度要小于其更新速度；严格控制污染物的排放量，使其在环境的自净能力以内。环境问题的解决必须依靠法律、经济、行政、科学技术等手段综合起作用，并且它们的应用并非孤立，而是彼此渗透、相互作用、互相促进的。

一、环境保护发展历程

环境保护范围广、综合性强，涉及自然科学和社会科学的许多领域。环境保护工作就是利用现代环境科学的理论和方法，来协调人类社会和环境的关系，解决各种环境问题，是保护、改善和创建环境的一切人类活动的总称。人类社会在不同的历史时期和不同的国家或地区，存在着各种不同的环境问题，因而环境保护工作的目标、内容、任务和重点，在不同时期、不同的国家和地区是不同的。

由于近代工业的迅猛发展，污染也随之严重，环境污染经历了三个阶段：污染的发生期、污染的发展期和污染的泛滥期。国外一些发达国家在 20 世纪 60 年代后期，先后制定了有关环境保护的各种条例、规定。例如，日本在 1967 年制定了《公害对策基本法》；美国国会在 1969 年通过了美国《国家环境政策法》等。近年来，世界各国，主要是发达国家的环境保护工作，大致经历了四个发展阶段：限制阶段、“三废”治理阶段、综合防治阶段、规划管理阶段。

1992 年 6 月，在里约热内卢召开了联合国环境与发展大会，这标志着世界环境保护工作迈上了新的征途：探求环境与人类社会发展的协调方法，实现人类与环境的可持续发展，和平、发展与保护环境是相互依存和不可分割的。至此，环境保护工作已从单纯的治理污染扩展到人类发展、社会进步这个更广阔的范围，即可持续发展及“环境与发展”成为环境保护工作的主题。

为应对全球气候变暖给人类经济和社会带来的不利影响，在 1997 年 12 月举行的联合国气候变化框架公约第 3 次缔约方大会上，149 个国家和地区的代表通过了旨在限制发达国家温室气体排放量以抑制全球变暖的《京都议定书》，开启了全球应对气候变化的行动。2008 年，联合国环境规划署将“改变传统观念，推行低碳经济”确定为“世界环境日”的主题，目的就是呼吁各国发展低能耗、低污染的“低碳经济”，通过技术创新和制度创新减缓人类活动对气候造成的不良影响。2009 年 12 月 7 日，随着哥本哈根世界气候大会（即联合国气候变化框架公约第 15 次缔约方大会）拉开帷幕，应对气候变化国际行动不断走向深入，寻求以减碳为目的的低碳发展模式已成为全球的共识。2021 年 3 月 18 日，我国发布《中国 2060 年前碳中和研究报告》，指出碳中和实现路径分为尽早达峰、快速减排、全面中和三个阶段。2030年之前为尽早达峰阶段。

二、环境保护理论

环境保护对策研究不仅局限于自然学科中技术领域，有许多重要观点来自社会学或具有社会学意义，其中，有些观点可以说是社会学研究的直接成果，可以用于指导工程技术领域的研究。

（一）适度人口论

人口的急剧增长被认为是当今环境问题的重要根源。最早系统论述了人口与环境关系问题的是英国经济学家马尔萨斯。

20世纪50年代以来，人口环境问题逐步演变为举世瞩目的全球性重大问题。在很多国家和地区，由人口增长引起的资源危机、环境危机已非常严重。一般认为，人口增长造成或加剧环境问题的作用机制表现在以下几个方面：第一，对环境资源产生巨大的压力，使得对环境资源的开发利用处于一种超负荷的状态；第二，对就业和获取收入造成极大冲击，使人们不得不开发一些从长远来说并不合理的产业和资源；第三，急剧的城镇化进程给城市的基础设施带来很大压力，使得城市环境建设和环境保护面临很大困难；第四，制约了经济发展速度和效益的提高，使得国家保护和改善环境的经济实力受到影响。因此，采取适当的人口政策，控制人口增长，已经成为环境保护的一项重要原则。

现代“适度人口论”的主要代表人物是法国著名人口学家阿尔弗雷·索维。他在《人口通论》一书中指出，“适度人口”是介于人口过剩和人口不足之间的最适宜的人口。索维一方面继承了从经济角度分析“适度人口”的传统，另一方面把“适度人口”的概念扩大到非经济领域，考察了许多非经济领域的社会因素同人口增长的关系。他重点研究的是“经济适度人口”，即获得最大经济福利的人口。他主要考察了技术进步等经济增长变量对“适度人口”的影响，提出了人口“适度增长”的概念。索维提出，如果人口过剩，那么，除非有可能向外移民，否则，最好是提高适度人口，而不是减少实际人口。办法是增加就业机会，而不是降低个人效率和福利。

精确计算“适度人口”一直是个困难的问题。但是，地球上的陆地和生物产量的有限性是很明显的，这是地球人口容量的基本限制因素。单从食物供应来看，在目前人类的生产力水平下，不可能养活无限多的人口。

值得强调的是，保持或实现“适度人口”不仅在于控制人口数量，还应优化人口的地理分布、人口结构，提高人口素质；同时，改进技术手段，发掘资源潜力，提高资源利用率，以及发展替代资源，这样才能寻求人口与环境之间的平衡。

（二）代际平等论

1974年，由联合国环境规划署和联合国贸易与发展会议在墨西哥联合举办的资源利用方式、环境与发展战略方针专题讨论会上提出：这一代人应具有长远的眼光，应考虑后代的需要，不应超前占用本星球有限的资源和其生命保障系统而危及人类未来的幸福甚至人类的生存。1987年，联合国世界环境与发展委员会的报告书——《我们共同的未来》——中再次指出，目前许多为保卫和维护人类进步，满足人类需要和实现人类理想的努力，无论在富国还是穷国，都不是能够持续的。他们过多、过快、过量地开采环境资源，使其过早地耗竭而不能持续到遥远的未来。这种努力，对当代人也许是有益的，但会让我们的子孙蒙受损失。

我们从我们的后代那里借来环境资本，没打算也没有可能偿还。后代人可能会责怪我们挥霍浪费，但他们却无法向我们讨债。报告书主张应在不危及后代人满足其需要的能力的前提下，寻求满足当代人需要和愿望的发展途径。1992年，《关于环境与发展的里约宣言》又强调了这一原则。

该报告提出了一个过去人们很少考虑的新的公正与平等问题——当代人与下一代人之间的平等。这是一个由环境问题而引起的意义更为深远的社会学问题。我们必须重视代际平等，使它在人们对种族平等、性别平等和国家之间的平等诸多平等的关系中，占有一席之地。如果当代人不能控制环境污染和生态破坏，我们的子孙后代就将生存在一个公害更加频繁，生态危机四起的环境中。

为了下一代有良好的生存与发展环境，当代人应更加合理、适度地开发利用环境资源，而且，当代人应尤其重视和关心儿童、妇女的需要和利益，应当把一切儿童（包括未出生的）的福利作为所有环境与发展规划和决策的中心加以考虑，并建立起包含有当代人之间、当代人与后代人之间机会平等的持续性环境伦理道德观。

（三）行为控制论

环境问题产生的原因多种多样，但人类行为的不适当是其直接表现。采取多种多样的手段，约束、引导和优化人类行为，促进人类行为与环境的协调，是保护的一个重要方面。这类控制、协调活动是环境管理的核心内容。

美国学者希维尔在其所著《环境管理》一书中指出，环境管理是对人类损害自然环境质量（特别是大气、水和土地的质量）的活动施加影响。环境管理的方法多种多样。所谓施加影响，是从改变经济奖励手段（间接造成影响的行动）到完全禁止向河流排放有毒化学品之类的某些行动。施加影响的方式很多，要施加影响的人的活动也多种多样，例如，一个野营者把垃圾投入湖内，或千百万机动车的驾驶人每天驾驶他们的汽车沿城市街道行驶，排放有害气体等。

在我国，环境管理从广义上讲，是指包括各有关部门对其负责的环境领域实施的管理活动；从狭义上讲，是指各级人民政府的环境管理部门按照国家颁布的政策法规、规划和标准要求从事的督促监察活动。这种活动贯穿于经济和社会活动的全过程。督促监察的对象，既包括个体行为，又包括集体行为。

在环境管理活动中，人们可以运用经济、行政、法律、教育、技术等各种手段来协调人类行为与环境的关系，达到环境保护的目标。其中，加强法制和运用经济手段，按照市场经济规律，将环境保护与人类行为及其效益紧密联系起来，是较为重要的方面。一般来说，按照环境管理的方式和内容，可以将其归纳为环境经济管理、环境立法管理和环境监督管理三类。

我国是一个发展中国家，经济水平和资源利用的管理水平都比较落后，人们的法制意识不强，自我行为约束能力较差，因此，在环境保护中，强化以行为控制为中心的环境管理应当是重要的一环。我国环境管理的实践被证明是一条“花小钱办大事”的成功经验。目前，我国环境管理的基本原则和制度主要有：“谁污染，谁治理”原则、“三同时”原则、综合利用奖励原则、集中控制原则、环境影响评价制度、限期治理制度、征收排污费制度、排污申报登记和许可证制度、环境保护目标责任制、城市环境综合整治定量考核制等。

（四）意识改造论

在 1977 年的世界环境教育会议上，当时的联合国环境规划署主任托尔巴指出：从长远看，国际或地区性的环境问题只能在所有民众都产生相当的环境意识时，才能维护一定的环境质量，以满足人们的需求。

环境意识包含 3 个层次：①对一般环境知识及环境发展、演变规律的认识和了解；②对环境保护的政策、法规及其意义的认识和了解；③对人类社会与自然环境之间关系的认识和了解。改造环境意识，最根本的是增进对人类社会与自然环境之间关系的了解，树立现代的、科学的生态意识。

所谓生态意识是指人们对社会生态矛盾的主观反映。它是在人类生态活动的基础上获得的对人类与自然环境相互关系的认识，以及通过这种认识所形成的理论、思想观点、价值观念及情感意志等的总和。

人类对自然界的关系、认识与实践活动经历了四个阶段：人类初期的依赖关系、农业社会的顺应关系、工业社会的掠夺关系和当代社会的和谐关系。与此相应，生态意识的发展大体经历了 3 个阶段：古代生态意识、近代生态意识和现代生态意识。古代生态意识具有直观性、猜测性和神秘性的特点。近代生态意识的核心内容则是一种“人类中心论”，强调人类对自然的统治和主宰地位。20 世纪以来，环境状况的恶化日益危及人类自身的生存和发展，促使人们不得不反省人与自然的关系。现代生态意识就是在此基础上诞生的。它以社会生态系统的整体性、相关性和协调性为其基本指导原则，同时体现出对社会存在和发展的高度的责任感，旨在谋求建立人与自然之间的一种协调共生关系。

总之，自觉进行意识改造，树立现代的科学的生态意识，既是社会发展的必然结果，也是环境保护工作的一个本质问题。

（五）绿色消费论

目前，世界各国正在进行一场绿色消费运动。它是环境保护所引起的人们生活方式变革的产物，也是环境意识深入人心的必然结果。继续倡导和推广这种全新的消费方式，无疑将促进生产和技术的变革，改变人类开发利用资源的方式，对环境保护发挥重要作用。

大致来说，绿色消费主要包括以下内容：

第一，消费既没有受到污染，又不会污染环境和破坏生态的产品，即“绿色产品”。这类产品由专门的委员会认定，并使用一定的绿色产品标志。由于这类产品容易获得消费者的好感，十分畅销，它已在很大程度上影响了企业的行为，促使企业意识到环境保护不但造福社会，而且与企业命运直接相关，从而更加重视环境保护工作。例如，1988 年 4 月，在保护臭氧层的问题上，“地球之友”（一个国际民间环保团体）发动了一场国际性的绿色消费运动，散发 15 万份传单，上面列有不含氯氟烃的产品，以使消费者尽量减少那些含有氯氟烃的产品，使得生产厂家宣布两年内停止生产氯氟烃。

第二，采用既节省资源又不污染环境的产品包装。许多国家正在积极研究开发，以实现理想的零度包装，不制造任何垃圾的包装方法。同时，积极开展包装材料的再利用工作。

第三，调整食物结构，摒弃享乐主义的生活方式，厉行节约，做到既保证人体健康和工作方便，又不浪费资源。

第四，回归自然，珍惜自然，与自然界和睦相处，采取有利于环境保护的、更加顺应自然的生存方式，包括设计生态建筑，开展无污染旅游和生态旅游等。绿色消费带动环境保护反映出每个社会成员在环境保护问题上的主观能动性。要保护环境，不仅要对那些直接破坏环境的生产行为进行适当控制，还应该看到消费行为对环境的间接影响，积极创造出有利于人与自然关系协调的新的生活内容和生活方式。

（六）协调发展论

一个国家或地区所奉行的发展战略与其环境状况之间的关系十分密切。所谓协调发展是指经济、社会与生态环境之间的协调发展。它是发展战略的一种选择，主要是针对传统发展战略而言的。

第二次世界大战以后，世界各国，特别是发展中国家所采取的都是传统发展战略。传统发展战略有许多不同的模式，但其突出的共同特征是强调工业化，强调经济的片面发展，轻视农业的地位和作用，忽视国民的收入分配和社会福利，强调高投资、高积累、低消费的战略方针，把人均国民生产总值的增长作为社会发展的首要的甚至是唯一的目标。因此，这种发展战略又被称为“增长第一战略”。支撑传统发展战略的理论有 3 个：其一是资源供给的无限性；其二是社会发展的趋同性与西方国家发展的典型性；其三是线性因果论和绝对意义上的经济决定论。

传统发展战略确实带来了一定的经济增长，但是它也造成了各种日益严重的社会问题，如农业问题、失业问题、“城市病”、环境污染和生态破坏问题等，这种增长被称为“没有发展的经济增长”。自罗马俱乐部 1972 年出版《增长的极限》报告以来，传统发展战略受到极大动摇，各种新的替代发展战略纷纷出台。

协调发展战略是新型发展战略的一种。它追求整个社会的全面、持续的发展，促进社会、经济和环境关系的协调，尤其是经济发展与环境保护的协调。在这种战略中，经济发展要考虑到自然生态环境的长期承载能力，使环境和资源既能满足经济发展目标的需要，又使其作为生活环境要素之一而直接满足人民生活的需要；既满足当代人的现实需要，又足以支撑后代人的潜在需求。与此同时，环境保护工作要充分考虑到一定经济发展阶段下经济的支持能力，采取积极而可行的环境政策，积极配合和推进经济发展进程，提高人民的收入水平，消除广泛存在的贫困，避免贫困与环境恶化的恶性循环。正如世界银行在 1992 年的世界发展报告中所指出的：经济发展与稳妥的环境管理是同一计划中互为补充的内容。没有充分的环境保护，发展就会遭到破坏；而不发展经济，环境保护也将无以为继。由此可见，协调发展并非单纯的环境战略和环境政策，它是同时针对社会、经济和环境三个要素的。保证资源的持续供给，对环境资源价格实行科学核算，发展生态农业，实现工业的绿化，提高资源利用率，控制人口增长，消除贫困等，都是促进社会、经济和环境协调发展的重要措施。

三、环境保护的措施

（一）环境管理

我国现阶段的环境管理是指管理者运用法律、经济、技术、行政、教育等手段，限制或禁止污染环境、破坏自然资源的人的活动。以协调发展与环境的关系，达到既要发展经济，满足人类的基本需要，又不超出环境容许极限的各种行为的总称，即以实施可持续发展战略为目标的各项管理工作。

环境管理的目标随着人类对环境问题认识的深入而不断调整和发展。20 世纪 70—80 年代，由于人类对环境污染给人类生存环境产生的危害认识肤浅，环境管理仅以控制环境污染、改善环境质量为主要目标。当自然资源耗竭等环境问题受到人们广泛重视之后，环境管理工作核心从污染控制转向合理开发自然资源，环境管理的范围扩大到对污染环境、破坏自然资源的人的活动，运用法律、经济、技术、行政、教育等手段予以限制或禁止，环境管理的目标转为以实施可持续发展战略为目标，可持续发展的理论便成为环境管理的理论基础。

环境管理的基本职能是规划、协调、指导和监督。其内容包括：环境规划管理、环境质量管理、环境技术管理和环境监督管理等。在环境保护措施中，环境管理能够起到事半功倍的效果。

1）环境规划管理是指通过全面规划，协调发展与环境的关系，加强对环境保护的计划指导的工作。

2）环境质量管理是指为了保护人类生存与发展所必需的环境质量而进行的各项管理工作。主要内容包括制定和实施环境质量标准、建立描述和评价环境质量的恰当的指标体系、建立环境质量的监控系统等。

3）环境技术管理是指通过制定技术政策、技术标准、技术规程以及对技术发展方向、技术路线、生产工艺和污染防治技术进行环境经济评价，以协调经济发展与环境的关系。

4）环境监督管理是指运用法律、行政和技术等手段，根据环境保护的政策、法律法规、环境标准和环境规划的要求，对各地区、各部门、各行业的环境保护工作进行监察督促，以保证各项环保政策、法律法规、标准、规划的实施。环境监督管理的范围包括由生产和生活活动引起的环境污染、由开发建设活动引起的环境污染和生态破坏等。

（二）环境保护法律、法规

环境保护法律、法规是指国家制定或认可的、体现广大人民共同意愿的，调整因保护和改善环境、合理利用自然资源、防治污染和其他公害而产生的各种行为规则的总称。目前，我国已基本形成一套完整的环境保护法律、法规体系。按照我国环境保护法律、法规的不同层次，其体系大致分为以下几种：

1）全国人民代表大会制定的《中华人民共和国宪法》中有关环境保护规范的条款。

2）全国人大常委会通过的《中华人民共和国环境保护法》（环境保护基本法）。

3）全国人大常委会通过的各种自然资源保护和污染防治专项法。如《中华人民共和国水污染防治法》《中华人民共和国大气污染防治法》《中华人民共和国环境影响评价法》《中华人民共和国固体废物污染环境防治法》《中华人民共和国环境噪声污染防治法》《中华人民共和国放射性污染防治法》《中华人民共和国土壤污染防治法》《中华人民共和国清洁生产促进法》。

4）国务院制定的环境保护行政法规。如《中华人民共和国行政处罚法》《中华人民共和国行政复议法》《中华人民共和国行政诉讼法》《中华人民共和国环境保护税法》《中华人民共和国刑法》（环境犯罪部分）。

5）国务院各部、委（局）制定的环境保护法规等（包括国家环境标准）。

6）省级人民代表大会及其常委会、省政府所在地的市和经国务院批准的较大的市人民代表大会及其常委会制定的地方环境保护法规。

7）其他部门法规中关于环境与资源保护的法律规范等。

例如，公路水土保持方面的法律、法规有：全国人大常委会通过的《中华人民共和国水土保持法》、《中华人民共和国公路法》中关于防治水土流失的法律条文；国务院通过的

《中华人民共和国水土保持法实施条例》、《建设项目环境保护管理条例》；水利部制定的《生产建设项目水土保持方案管理办法（修订草案征求意见稿）》；地方政府制定的水土保持法实施办法或细则。

（三）生态环境标准

生态环境标准是国家为了保护人群健康、社会财富和生态平衡，根据国家的环境政策和有关法令，在综合分析自然环境特征、控制环境污染的技术水平、经济条件和社会要求的基础上，规定所允许的环境中污染物的含量和污染源排放污染物的数量和浓度等的具有法律性的技术指标和规范的总称。它是评价环境质量、监督和检查环境保护工作、确定环境污染和污染者应否承担法律责任的依据，是环境保护法的有机组成部分。所以，环境保护标准是环境保护措施中强有力的依据和支撑体系。

目前，我国已颁布实施各类国家环境标准、环境保护行业标准，还有一系列地方环境标准，这些构成了我国的环境标准体系。

1999 年 1 月 5 日，《环境标准管理办法》（国家环境保护总局令第 3 号）对我国现行环境标准的类型、级别做出了明确规定。按标准的发布权限来划分，将环境标准分为：国家环境标准（GB）、地方环境标准和国家环境保护总局标准（GHZB）三级。按环境标准的性质来划分，将环境标准分为：环境质量标准、污染物排放标准、监测方法标准、标准样品标准和基础标准共五类，其中环境质量标准和污染物排放标准是环境标准体系的主体结构，而方法标准、标准样品标准和基础标准属于体系的技术支持系统。

国家环境标准包括：国家环境质量标准、国家污染物排放标准（或控制标准）、国家环境监测方法标准、国家环境标准样品标准和国家环境基础标准。

地方环境标准包括：地方环境质量标准、地方污染物排放标准（或控制标准）。

2020 年 11 月 5 日，《生态环境标准管理办法》由国家生态环境部部务会议审议通过，自 2021 年 2 月 1 日起施行。生态环境标准是指由国务院生态环境主管部门和省级人民政府依法制定的生态环境保护工作中需要统一的各项技术要求。生态环境标准分为国家生态环境标准和地方生态环境标准。

国家生态环境标准包括：国家生态环境质量标准、国家生态环境风险管控标准、国家污染物排放标准、国家生态环境监测标准、国家生态环境基础标准和国家生态环境管理技术规范。国家生态环境标准在全国范围或者标准指定区域范围执行。

地方生态环境标准包括：地方生态环境质量标准、地方生态环境风险管控标准、地方污染物排放标准和地方其他生态环境标准。地方生态环境标准在发布该标准的省、自治区、直辖市行政区域范围或者标准指定区域范围执行。有地方生态环境质量标准、地方生态环境风险管控标准和地方污染物排放标准的地区，应当依法优先执行地方标准。

（四）环境管理制度

1973 年，我国召开了第一次全国环境保护工作会议，从此环境保护作为一项全民性的事业提到了各级政府的工作日程上。同年，国务院颁布了《关于保护和改善环境的若干规定》，提出了我国第一项环境管理制度，即新建、改建、扩建项目的防治污染措施必须同主体工程同时设计、同时施工、同时投产的“三同时”制度。1979 年，《中华人民共和国环境保护法（试行）》颁布，把环境影响评价和基本建设项目实行“三同时”作为强制性的法律制度确定下来。根据《环境保护法（试行）》，1981 年国务院四部委颁发了《基本建设项目环境保护管理办法》，比较详细地规定了环境影响评价制度。至此，我国相继提出和实施的环境管理制度有“三同时”制度、环境影响评价制度和超标排污收费制度，即俗称的“老三项”环境管理制度。

1989 年，我国召开了第三次全国环境保护工作会议，正式出台了“环境保护目标责任制度、城市环境综合整治定量考核制度、排放污染物许可证制度、污染集中控制制度、污染限期治理制度”五项环境管理制度，即通常所说的“新五项”环境管理制度。

第八届全国人民代表大会第四次会议批准《中华人民共和国国民经济和社会发展“九五”计划和 2010 年远景目标纲要》，提出要实施污染物排放总量控制。

1996 年，《国务院关于环境保护若干问题的决定》提出，要实施污染物排放总量控制，抓紧建立全国主要污染物排放总量指标体系和定期公布的制度。

2017 年，中共中央办公厅、国务院办公厅印发的《生态环境损害赔偿制度改革方案》，从 2018 年 1 月 1 日起，在全国试行生态环境损害赔偿制度。这一方案的出台，标志着生态环境损害赔偿制度改革已从先行试点进入全国试行的阶段。通过全国试行，不断提高生态环境损害赔偿和修复的效率，将有效破解“企业污染、群众受害、政府买单”的困局，积极促进生态环境损害鉴定评估、生态环境修复等相关产业发展，有力保护生态环境和人民环境权益。

“老三项”“新五项”污染物排放总量控制制度、公众参与制度和生态环境损害赔偿制度共 11 项环境管理制度构成了具有中国特色的环境管理制度体系。

1. “三同时”制度

《中华人民共和国环境保护法》第四十一条规定，建设项目中防治污染的设施，应当与主体工程同时设计、同时施工、同时投产使用。防治污染的设施应当符合经批准的环境影响评价文件的要求，不得擅自拆除或者闲置。

2. 环境影响评价制度

《中华人民共和国环境保护法》第十九条规定，编制有关开发利用规划，建设对环境有影响的项目，应当依法进行环境影响评价。未依法进行环境影响评价的开发利用规划，不得组织实施；未依法进行环境影响评价的建设项目，不得开工建设。

第五十六条规定，对依法应当编制环境影响报告书的建设项目，建设单位应当在编制时向可能受影响的公众说明情况，充分征求意见。负责审批建设项目环境影响评价文件的部门在收到建设项目环境影响报告书后，除涉及国家秘密和商业秘密的事项外，应当全文公开；发现建设项目未充分征求公众意见的，应当责成建设单位征求公众意见。

第六十一条规定，建设单位未依法提交建设项目环境影响评价文件或者环境影响评价文件未经批准，擅自开工建设的，由负有环境保护监督管理职责的部门责令停止建设，处以罚款，并可以责令恢复原状。

3. 排污收费制度

《中华人民共和国环境保护法》第四十三条规定，排放污染物的企业事业单位和其他生产经营者，应当按照国家有关规定缴纳排污费。排污费应当全部专项用于环境污染防治，任何单位和个人不得截留、挤占或者挪作他用。依照法律规定征收环境保护税的，不再征收排污费。

排污收费制度实际是指对污水、废气、固体废物、噪声和放射件等各类污染物的各种污染因子，按照一定标准收取一定数额的费用，所收排污费专款专用，主要用于重点污染源治理工程的补助。

4. 环境保护目标责任制度

《中华人民共和国环境保护法》第六条规定，一切单位和个人都有保护环境的义务。地方各级人民政府应当对本行政区域的环境质量负责。企业事业单位和其他生产经营者应当防止、减少环境污染和生态破坏，对所造成的损害依法承担责任。公民应当增强环境保护意识，采取低碳、节俭的生活方式，自觉履行环境保护义务。

环境保护目标责任制确定一个区域、一个单位乃至一个部门环境保护的主要责任范围，运用目标化、定量化、自动化的管理方法，使贯彻执行环境保护这一基本国策成为各级领导的行为规范。

5. 城市环境综合整治定量考核制度

城市环境综合整治是1984年12月中共中央在《关于经济体制改革的决定》中提出的。城市环境综合整治定量考核作为环境管理制度是由1989年第三次全国环境保护工作会议决定的，其内容主要可分为两大部分：一部分为城市环境综合整治，即用综合对策整治、调控保护和塑造城市环境，创造良性的城市生态系统；另一部分为定量考核，是实行城市环境目标管理的重要手段，通过科学、定量的考核指标体系，对城市环境综合整治方面的工作情况进行考核。

6. 排放污染物许可证制度

《中华人民共和国环境保护法》第四十五条规定，国家依照法律规定实行排污许可管理制度。实行排污许可管理的企业事业单位和其他生产经营者应当按照排污许可证的要求排放污染物；未取得排污许可证的，不得排放污染物。

排污许可证在性质上是环境保护部门对申请排污单位的排污活动的同意，能有效控制排污单位污染物的排放。排污许可证制度包括排污单位的排污申报登记、许可证控制指标的确定、排污许可证污染物控制目标的规划分配、发放排污许可证、许可证执行情况的监督和管理等。

7. 污染集中控制制度

污染集中控制是1989年第三次全国环境保护工作会议出台的环境管理制度。污染集中控制制度是要求在一定区域，建立集中的污染处理设施，对多个项目的污染源进行集中控制和处理。这样做既可以节省环保投资，提高处理效率，又可采用先进工艺，进行现代化管理，因此有显著的社会、经济、环境效益。多年的实践证明，我国的污染治理必须以改善环境质量为目的，以提高经济效益为原则。治理污染的根本目的不是去追求单个污染源的处理率和达标率，而应当是谋求环境质量的整体改善，同时讲求经济效率，以尽可能小的投入获取尽可能大的效益。

8. 污染限期治理制度

污染物限期治理制度是指对污染严重的项目、行业和区域，由有关国家机关依法限定在一定期限内完成治理任务并达到治理目标的规定的总称。限期治理包括污染严重的排放源（设施、单位）的限期治理、行业性污染的限期治理和污染严重的区域的限期治理。

《中华人民共和国环境保护法》第二十八条规定，地方各级人民政府应当根据环境保护目标和治理任务，采取有效措施，改善环境质量。未达到国家环境质量标准的重点区域、流域的有关地方人民政府，应当制定限期达标规划，并采取措施按期达标。

9. 污染物排放总量控制制度

《中华人民共和国环境保护法》第四十四条规定，国家实行重点污染物排放总量控制制度。重点污染物排放总量控制指标由国务院下达，省、自治区、直辖市人民政府分解落实。企业事业单位在执行国家和地方污染物排放标准的同时，应当遵守分解落实到本单位的重点污染物排放总量控制指标。

对超过国家重点污染物排放总量控制指标或者未完成国家确定的环境质量目标的地区，省级以上人民政府环境保护主管部门应当暂停审批其新增重点污染物排放总量的建设项目环境影响评价文件。

污染物排放总量控制是一项比排污收费等制度更严格、更科学的环境管理措施，它对遏制我国环境污染和生态破坏加剧的趋势具有十分重要的作用。污染物排放总量控制作为重要的环境管理制度，在全国实施是由 1996 年第四次全国环境保护会议决定的。所谓污染物排放总量控制就是在一定时间和空间条件下，对污染排放总量的限制，其总量控制目标可以按环境容量确定，也可以将某一时段排放量作为控制基数，确定控制值。

10. 公众参与制度

《中华人民共和国环境保护法》第五十三条规定，公民、法人和其他组织依法享有获取环境信息、参与和监督环境保护的权利。各级人民政府环境保护主管部门和其他负有环境保护监督管理职责的部门，应当依法公开环境信息、完善公众参与程序，为公民、法人和其他组织参与和监督环境保护提供便利。

《中华人民共和国环境保护法》第五十七条规定，公民、法人和其他组织发现任何单位和个人有污染环境和破坏生态行为的，有权向环境保护主管部门或者其他负有环境保护监督管理职责的部门举报。

11. 生态环境损害赔偿制度

《生态环境损害赔偿制度改革方案》规定，通过在全国范围内试行生态环境损害赔偿制度，进一步明确生态环境损害赔偿范围、责任主体、索赔主体、损害赔偿解决途径等，形成相应的鉴定评估管理和技术体系、资金保障和运行机制，逐步建立生态环境损害的修复和赔偿制度，加快推进生态文明建设。在全国范围内初步构建责任明确、途径畅通、技术规范、保障有力、赔偿到位、修复有效的生态环境损害赔偿制度。

第四节　环境与可持续发展

一、可持续发展问题的提出

1987 年，世界环境与发展委员会（WCED）向联合国提交了一份著名的报告：《我们共同的未来》。该报告首次提出“可持续发展”的概念，并给出了可持续发展的定义。所谓可持续发展是指既满足当代人的需要，又不损害子孙后代满足其需求能力的发展。

1992 年 6 月，在巴西里约热内卢召开了联合国环境与发展大会，首次提出了“可持续发展”的战略目标。这次会议是国际社会在环境与发展领域的一次重大行动，有 102 位国家元首和政府首脑到会。我国政府在会议上做出了履行《21 世纪议程》等文件的承诺。会议通过了《21世纪议程》等文件，并要求各国政府根据本国情况，制定各自的可持续发展战略和对策。

2002年8月26日至9月4日，可持续发展世界首脑会议在南非约翰内斯堡召开，这是继1992年里约联合国环境与发展大会之后，进一步推动全球环境保护，实现人类可持续发展的第二届全球“高峰会议”，举世瞩目，影响空前。会上，我国政府向世界宣告了中国坚定不移地走可持续发展道路的决心。

约翰内斯堡会议最后通过了两份重要文件《可持续发展世界首脑会议实施计划》和作为政治宣言的《约翰内斯堡可持续发展宣言》。从目前各国推行可持续发展战略的实际情况看，发展水平不同的国家，其贯彻可持续发展的侧重点和追求的目标均不一样，但是它们在设立机构、制定政策等方面都取得了相当的进展，在执行可持续发展的法律法规、公众参与等方面也做出了积极努力。

我国是一个发展中国家，众多的人口给我国的生态环境带来了巨大的压力。特殊的国情决定了我国环境问题的复杂性以及解决问题的艰巨性。但我国深知自身在保护全球环境工作中的责任和作用，长期以来，在推进可持续发展方面做出了不懈的努力。

可持续发展在我国已经受到高度的重视，初步形成了适合社会主义市场经济的环境与资源保护法律体系框架，使我国可持续发展战略的实施逐步走向法制化、制度化和科学化的轨道。

二、可持续发展的主要内涵

可持续发展是一个包括经济、社会与环境等因素及其相互作用在内的概念。可持续发展战略体现了人口、资源、环境、经济、社会必须协调发展的思想，是人类对于人与自然的关系以及自身经济行为的认识的飞跃。可持续发展总体战略示意图如图1-5所示。

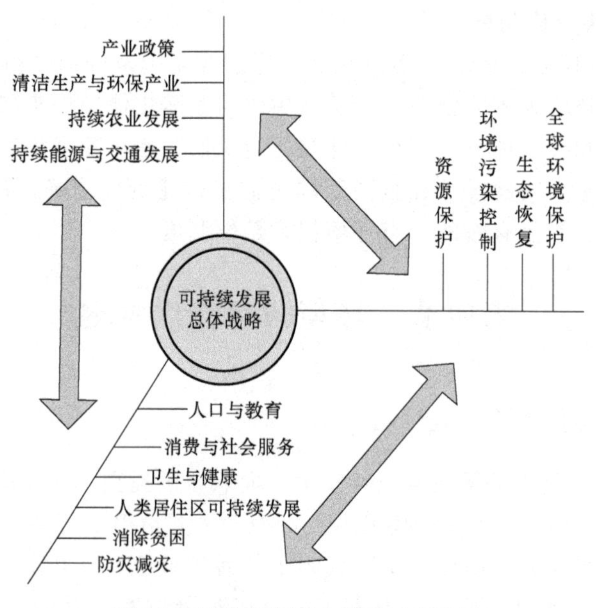

图1-5 可持续发展总体战略示意图

“可持续发展”包含了当代与后代的要求、国家主权、国际公平、自然资源、生态承载力、环境与发展相结合等重要内容。它从环境保护的角度来倡导保持人类社会的进步与发展。它号召人们在增加生产的同时，必须注意生态环境的保护与改善。它明确提出要变革人类沿袭已久的生产与消费方式，并调整现有的国际经济关系。可持续发展包含两大方面的内容：一是对传统发展方式的反思和批判，二是对规范的可持续发展模式的理性设计。就理性设计而言，可持续发展具体表现在：工业应当高产、低耗，应当清洁利用能源，粮食需要保障长期供给，人口与资源应当保持相对平衡等许多方面。可持续发展把发展与环境作为一个有机整体，其基本内涵如下：

1）可持续发展不否认经济增长，尤其是发展中国家的经济增长，但需要重新审视如何推动和实现经济增长，必须将生产方式从粗放型转变为集约型，减少每单位经济活动造成的环境压力，研究并解决经济上的扭曲和误区。环境退化的原因既然存在于经济过程之中，其解决答案也应从经济过程中去寻找。

2）可持续发展要求以自然资源为基础，同环境承载力相协调。“可持续性”可以通过适当的经济手段、技术措施和政府干预得以实现。要力求降低自然资产的耗竭速度，使之低于资源的再生速度或代替品的开发速度。要鼓励采用清洁生产和可持续发展消费方式，使每个单位经济活动产生的废物数量尽量减少。

3）可持续发展以提高生活质量为目标，同社会进步相适应。“经济发展”的概念远比“经济增长”的含义广泛。经济增长一般被定义为人均国民生产总值的提高，发展则必须是社会和经济结构发生变化，是一系列社会发展目标得以实现。

4）可持续发展承认并要求体现自然资源的价值。这种价值不仅体现在对经济系统的支撑和服务价值上，也体现在环境对生命保障系统的存在价值上。可持续发展应当把生产中的环境资源的投入和服务计入生产成本和产品价格，并逐步修改和改善国民经济核算体系。

5）可持续发展的实施以适宜的政策和法律体系为条件，强调“综合决策”与“公众参与”。可持续发展需要改变过去各部门封闭、单一的制定和实施经济、社会、环境政策的做法，提倡根据周密的经济、社会、环境科学的原则、全面的信息和综合的要求来制定政策并予以实施。可持续发展的原则要纳入人口、环境、经济、资源、社会等各项立法及重大决策之中。

三、可持续发展的原则

《关于环境与发展的里约宣言》中阐述了可持续发展的 27 条原则，可持续发展的概念，可持续发展中的社会、经济与环境发展要求及国家、团体、个人、自然之间的相互关系。根据该宣言可以概括出可持续发展的以下四项原则：

（一）发展原则

这一原则包括两个部分：第一，它强调发展的必要性，认为发展是可持续发展的核心，必须通过发展以提高当代人的福利水平。那种认为必须停止经济发展以保护环境的观点是不可取的，相反，应坚定发展是硬道理和发展必须是可持续的观点。第二，在追求经济发展时必须具有长远观点，既要考虑当前发展的需要，又要考虑未来发展的需要。要考虑发展的后劲，不能以牺牲未来发展能力为代价换取一时的高速度；不以牺牲后代人的利益来满足当代人的发展。这既是可持续发展的一般原则，也是实现我国现代化的必要条件。

（二）协调性原则

经济和社会发展不能超越资源和环境的承载能力。适当投资于自然资本以及自然资源的保护和改善，扩大资源和环境的承载能力是经济和社会发展的内在要求。我国人口众多，人均耕地资源、水资源、矿产资源以及森林覆盖率等方面均远低于世界平均水平，资源和环境对经济社会发展的制约明显。着眼于21世纪的发展，必须在现实的经济发展和提高资源承载力之间合理配置资源，适当投入资金来维护自然资源。投资于资源勘察、环境整治，以及旨在防止自然资源的枯竭和减少的技术创新等。对于技术创新的投资有助于增加可资利用自然资源，这是因为在不同技术水平条件下能够用于经济活动的自然资本是随着技术水平的提高而相应增加的。

（三）质量原则

可持续发展强调经济发展的质，而不仅仅是经济增长的量。这正是我国反复强调的“积极促进经济增长方式的根本转变”的关键所在。可持续发展应该是避免单纯依靠扩大资源投入和消费增加来增大经济的总量，而要以尽可能低的资源代价达到提高人民生活质量的目的。在传统的经济发展模式中，环境保护被看作发展的制约。而在可持续发展的概念下，生产过程及其产品对环境的影响程度与产品的耐久性、功能、可靠性等质量要素一样，被看作经济发展的质的一个重要方面。可持续发展还要求创造产业的竞争力，提高经济运行的效率。从长期看，要使全球人口都达到发达国家目前的健康水平和物质资料的丰富程度，各种经济活动就必须更加有效，单位经济增长所消耗的能源和原材料应当更少，产生的废物更少，从而达到最佳的生态效益。

（四）公平性原则

公平包括本代人之间的公平、代际公平、资源利用方面和发展机会的公平等方面。从国内来看，使广大民众在发展中普遍受益，改善低收入阶层的物质文化生活状况既是发展的目的，也是保证足够动力、拓宽发展空间的要求。从国际范围来看，坚持发展中国家在资源利用方面和经济发展中的公平机会，既是发展中国家的利益所在，也是保持全球经济协调发展的必要基础。目前全球的贫富悬殊、两极分化的状况是不可持续的。因此，对于发展中国家来说，应当把消除贫困作为最优先的领域，同时重视区域发展的均衡性和公平性，政府应当保护承受能力差的阶层，给予落后地区在政策上的支持，促进地区间的协调发展。

综上所述，可持续发展的核心是发展，对发展中国家而言更是如此。可持续发展不仅重视发展的数量，更强调发展的质量。在经济发展过程中，对于资源的开发与环境的利用，更要强调可持续，不能涸泽而渔。

四、可持续发展的理论

（一）可持续发展观点

第二次世界大战以后，形成了一门新的学科——发展学。发展学经历了从经济增长理论到经济发展理论，再到社会经济协调发展理论，以及后来的“可持续发展理论”等逐渐深化的过程。它反映出“可持续发展（Sustainable Development）”概念的形成过程。

20世纪60年代后又形成了一门新的学科——“未来学”。学者们对“未来发展存在着以下三个不同的观点：

一是“零增长理论”。罗马俱乐部研究报告《增长的极限》和美国政府的研究报告《公元2000年环境》认为人口倍增必然要引起对粮食需求的倍增，进而引起自然资源消耗速度、环境污染程度的倍增，发展下去必然会达到“危机水平”“世界末日来临”。因此，要避免这样的恶果，必须实行人口和经济的“零增长”，建立“稳定的世界模式”。

二是“大过渡理论”。这是一种乐观理论。该观点认为：从工业革命开始到22世纪止的400年间是工业革命扩张时期，是人类现代化时期，是“大过渡”时期，在这个时期经济增长不是导向灾难，而是导向繁荣，经济增长过程中出现的环境污染、生态平衡、资源耗费等问题都能在经济增长中得到解决，不必杞人忧天。

三是“巴里洛克模式”。该观点不同意“零增长”观点，但也不赞成发展中国家重走发达国家高消费和无节制增长老路。该观点认为世界面临的主要问题不是物质问题，而是社会政治问题，其根源是国际和国内权力不均衡造成的剥削和压迫。当今世界要避免灾难，其出路是建立世界社会新秩序。

未来学各派观点反复争论后，逐渐形成这样一个共识：人类不是要不要发展，而是应该如何发展的问题。这就为“可持续发展”概念的提出提供了认识基础。世界环境的发展态势则是导致可持续发展概念产生的现实基础。

1989年5月，联合国环境署第15届理事会经过反复讨论才取得共识：可持续发展就是既满足当代人的各种需要，又保护生态环境，不对后代的生存和发展构成危害的发展。这一共识包含的内容很广，既包含当代人的需要，又包含后代人的需要，既包含国家主权、国际公平，又包含自然资源、生态抗压力、环保与发展相结合。

1992年，联合国环境与发展大会的《关于环境与发展的里约宣言》中对可持续发展进一步阐述为人类应享有以自然和谐的方式过健康而富有成果的生活权利，并公平地满足今世后代在发展与环境方面的需要，求取发展的权利必须实现。这个定义强调的是可持续发展应是人与自然和谐的发展，而不是破坏这种和谐的发展；当代人的发展不能损害后代人和谐发展的权利。

英国经济学家皮尔斯和沃福德在《世界无末日》一书中提出了以经济学语言表达的可持续发展的定义：当发展能够保证当代的福利增加时，也不应使后代的福利减少。

可持续发展是从环境与自然资源角度提出的关于人类长期发展的战略与模式，它不是一般意义上所指的一个发展进程在时间上的连续运行、不被中断，而是强调环境与自然资源的长期承载力对发展的重要性，以及发展对改善生活质量的重要性。它强调的是环境与经济的协调，追求的是人与自然的和谐。其核心思想就是经济的健康发展应该建立在生态持续能力、社会公正和人民积极参与自身发展决策的基础之上。它的目标不仅是满足人类的各种需求，做到人尽其才、物尽其用、地尽其利，还需要关注各种经济活动的生态合理性，保护生态资源，不对后代的生存和发展构成威胁。在发展指标上，其与传统发展模式不同的是，不再把国民生产总值作为衡量发展的唯一标准，而是利用社会、经济、文化、环境、生活等各方面的指标来衡量发展。可持续发展是指导人类走向新的繁荣、新的文明的重要指南。

（二）可持续发展的基本理论

可持续发展包括环境科学、自然科学、社会科学以及工程技术等学科，涉及资源、环境、社会、经济及人口诸多领域。国家、地区和城市等区域可持续发展理论包括人地系统理论、可持续发展的生态学理论、可持续发展增长的极限理论、环境承载力理论、生态经济学理论、环境经济学理论、知识经济理论、全球性与开放性理论和三种生产力理论等。现选择其中的基本理论进行简单介绍。

1. 人地系统理论

可持续发展的主要研究对象是人与地球的关系，即人地系统问题。它属于地球系统科学的一个领域。人地系统理论是可持续发展的核心理论。

所谓人地系统理论是指人类社会是地球系统的一个组成部分，是生物圈的重要组成部分，是地球系统的主要子系统。它是由地球系统产生的，同时与地球系统的各个子系统之间存在相互联系、相互制约、相互影响的密切关系。人类社会的一切活动，包括经济活动，均受到地球系统的气候（大气圈）、水文与海洋（水圈）、土地与矿产资源（岩石圈）及生物资源（生物圈）的影响，地球系统是人类赖以生存和社会经济可持续发展的物质基础和必要条件；而人类社会和经济活动又直接或间接地影响大气圈（如大气污染、温室效应、臭氧空洞），岩石圈（如矿产资源的枯竭、沙漠化、土地资源的破坏等）及生物圈（如森林遭砍伐、物种消失）的状态，其中包括建设作用和破坏作用，但目前以破坏作用为主。

2. 可持续发展的生态学理论

生态系统的整体性包括一定地理区域范围内物理的、社会的和文化的特征。生态系统作为一个整体，具有保持其结构组织能力或维持自我组织的能力。在正常环境条件下，能保持其最佳状态，维持生态系统的健康和平衡；在受到一定压力后，生态系统仍能在一定程度上保持原来的有序状态。

对于生态可持续性，要求可持续发展遵循生态学三定律：①高效原理，即能源的高效利用和废物的循环再生产；②和谐原理，即系统中各组成部分的和睦共生、协同进化；③自我调节原理，即协同的演化着眼于其内部自组织的自我调节功能的完善和持续性，而不是外部的控制或结构的单纯增长。

控制持续发展速度变化的基础变量有两大类：

1）生态基础变量：包括生物生产力、生物多样性、土壤、淡水、大气、海洋等。

2）人类愿望基础变量：包括事务、水、健康、住房、燃料、文化凝聚力和多样性等。

以上两者相互作用、相互反馈，它们的数量或水平决定着整个生态系统的持续性或不可持续的变化，并表现为人类社会的停滞或发展。

3. 可持续发展增长的极限理论

该理论是可持续发展的基础理论。增长的极限理论观点如下：

1）随着社会经济的发展，人口增长会自动降低，到2050年，世界人口将趋向于稳定。但人口消费品在不断增加，生活水平不断上升，其结果与人口不断增长的消耗效果相当。

2）资源都是有限的，因此资源日渐短缺，虽然科技不断进步，新资源、新能源不断出现，但获取资源的难度越来越大，科技进步速度赶不上消费速度增加的要求。同时，科技进步往往造成部分人失业，贫富差别悬殊，引起社会不稳定，影响工农业生产。

3）环境日益恶化的趋势不可轻视。尽管科技进步可以减轻污染，产品的单位污染量可能减少，但由于生产总数在增加，所以污染总量不会减少，甚至仍呈增长趋势。

4）科技进步虽然可促进生产力的发展，但其增长速率仍赶不上资源减少和污染增加的速率。

4. 环境承载力理论

地球环境的承载力包括人口承载力和自组织能力，自组织能力又包括环境的自我恢复能力和污染自净能力等，这些都是与可持续发展密切相关的。

1）人口承载力：地球上有些地方适合人类生存，但约有25%～30%的陆地面积不适合人类生存。这些不适合人类生存的地方的人口承载力很低。

2）环境的自我恢复能力：自然界，尤其是植物具有自我恢复的能力，不同地区的不同植被具有不同的自我恢复能力。但这个自组织能力是有限的，人类对环境的破坏强度一定不能超过其自我恢复能力。

3）污染自净能力：自然界，尤其是大气、水体、土壤等对污染具有一定的自净能力，这也是一种自组织能力。不同对象具有不同的自净能力或自组织能力。当前要发展经济，必然会产生一定的污染，但污染的强度不能超过承受体的自净能力。

"治污院士"张全兴

思　考　题

1. 简述环境的概念、结构及环境问题的产生与发展。
2. 简述环境保护的发展理论对环境的影响，概括污染控制的对策。
3. 从人类社会与自然环境之间物质流动角度剖析环境问题产生的原因。
4. 什么是环境系统？环境系统有哪些功能和特征？
5. 当前的中国环境有哪些特点？
6. 当前及未来世界关注的全球环境问题有哪些？

第二章　材料产业与生态环境

第一节　生态环境基础

一、生态系统与生态平衡

（一）生态系统

1. 生态系统定义

生态系统（Ecosystem）是指在一定空间范围内，各生物成分（包括人类在内）和非生物成分（环境中物理、化学因子），通过能量流动和物质循环而相互作用、相互依存所形成的生态学单位。“生态系统”一词是由英国生态学家坦斯利（Tansley）于1935年首先提出的。后来，苏联植物学家苏卡乔夫于1944年提出了“生物地理群落”（Biogeocenosis）概念：在一定地表范围内相似的自然现象（即大气、岩石、植物、动物、微生物、土壤、水文等条件）的总和。1965年，丹麦哥本哈根国际生态学大会认定生态系统和生物地理群落是同义语。这个决定已被各国广大生态学家所接受，但目前使用最广泛的还是生态系统这一术语，我国也是如此。生态系统在空间边界上是模糊的，其大小在很大程度上依据人们的研究对象、研究内容、研究目的或地理条件等因素而确定。从结构和功能完整性角度看，生态系统可以是一滴水、一个池塘、一片森林或一块草地，也可以大到整个生物圈（Biosphere）。

2. 生态系统的组成

生态系统是生物与环境的综合体。它是自然界一定空间的生物与环境之间相互作用、相互制约、不断演变并达到动态平衡的统一整体，是一个生物与环境相互进行物质和能量交换的相对稳定的功能系统。生态系统是具有一定结构和功能的单位。这个单位是由生物及其周围环境组成的。例如，一个湖泊、一条河流、一片草原、一个城镇、一个村庄都可以构成一个生态系统。生态系统是由四部分组成的。

1）生产者：主要是指能进行光合作用，制造有机物的绿色植物，也包括单细胞的藻类，及一些能利用化学能把无机物转化为有机物的化学能自养菌等。生产者利用太阳能或化学能把无机物转化为有机物，把太阳能转化为化学能，不仅供自身生长发育的需要，而且它本身也是其他生物类群以及人类的食物和能源的供应者。

2）消费者：是指绿色植物以外的其他生物，主要是指动物。它又分为一级消费者、二级消费者等。草食动物直接以植物为食，是一级消费者；以草食动物为食的肉食动物称为二级消费者；以二级消费者为食的动物称为三级消费者。他们之间形成一个以食物联结起来的连锁关系，称为食物链。消费者虽然不是有机物的最初生产者，但在生态系统的物质与能量的转化过程中，也是一个极为重要的环节。

3）分解者：是指各种具有分解力的微生物，包括各种细菌、真菌和一些微型动物，如鞭毛虫和土壤线虫等。分解者在生态系统中的作用是把动物、植物排泄物和尸体分解成简单的无机物，重新供给生产者使用。

4）无生命物质：是指生态系统中的各种无生命的无机物、有机物和各种自然因素，包括水体、大气、矿物质等。

以上四个部分构成一个有机的统一体，相互间沿着一定的循环途径，不断进行着物质循环和能量交换，在一定的条件下，保持着动态平衡，它是一个开放的动态系统。

3. 生态系统类型

生态系统在自然界中是多种多样的，它可大可小。生态系统按生态类型不同，可分为淡水生态系统、海洋生态系统、陆地生态系统等；按人类活动及影响程度不同，可分为自然生态系统（如原始森林）、半自然生态系统（如放牧草原、人工森林、养殖湖泊、农田等）、人工生态系统（如城市、矿区、工厂等）。它们都有各自的结构和一定形式的能量流动与物质循环关系。无数小的生态系统的能量流动和物质循环系统，组成整个自然界总的能量流动和物质循环系统。地球上最大的生态系统是生物圈，其与人类的生存和发展密切相关。

（二）生态平衡

1. 生态平衡的内涵

在任何一个正常的生态系统中，能量流动和物质循环总是不断地进行着。但在一定的时期内，在生产者、消费者和分解者之间保持着一定的和相对的平衡状态，也就是说，系统的能量流动和物质循环较长期地保持稳定，即在一定时间内和相对稳定的条件下，通过能量流动、物质循环和信息传递使生态系统各部分的结构和功能处于相互适应与协调的动态平衡状态，这种平衡状态称为生态平衡。生态平衡包括结构上的平衡、功能上的平衡以及能量和物质的输入、输出数量上的平衡等。

处于平衡状态的生态系统的各组分通过制约、转化、补偿、反馈等处于最优化的协调状态；表现出高的生产力，能量和物质的输入和输出平衡，物质的储存量相对稳定，信息流畅通；在外来干扰下通过自我调节可以恢复到原初状态，保持自身的稳定性。生态平衡是指生态系统内两个方面的稳定：一方面是生物种类（即生物、植物、微生物）的组成和数量比例相对稳定；另一方面是非生物环境（包括空气、阳光、水、土壤等）保持相对稳定。

由于生态系统中的能量流动和物质循环不停地进行，生态系统的各个组分及其所处的环境不断地变化，而且任何自然因素和人类活动都会对生态系统的平衡产生影响，所以生态平衡是相对的、暂时的动态平衡。生态系统具有控制论机制，能够与外界干扰相抗衡，至少是在一定程度上。生态系统对外界胁迫的抗衡能力是在进化过程中形成的。但是，生态系统的自我调节能力只能在一定范围内和一定条件下起作用，如果干扰过大、胁迫过强，超出了生态系统本身的调节能力，生态平衡就会被破坏，这个临界限度称为“生态阈值”。生态阈值决定于环境的质量、生物的数量和生态系统的成熟程度。生态系统越成熟，其种类组成越多，营养结构越复杂，生态系统稳定性越大，对外界扰动的抵抗能力也越强，生态阈值也就越高。相反，在人工建造的生态系统中，组分单纯，结构简单，自我调节能力较差，对于剧烈干扰敏感，生态平衡脆弱，容易遭到破坏，生态阈值也就较低。

2. 影响生态平衡的基本因素

影响生态平衡的基本因素是生物的潜力和环境的阻力。生物潜力是指生物繁殖同类的能力，如繁殖数量、动物迁移或植物种子播散得到“居住地”的能力和机会、对新环境的适应性、抵御外敌侵害的保护机制、在逆境中生存的能力等。任何生物繁殖同类的能力都是很强的，例如：一对青蛙在一个繁殖季节就有繁殖几万对幼蛙的能力；昆虫和细菌的繁殖能力更强，有人计算过，一对苍蝇从 4 月开始到 8 月，如果它们的子孙后代都能存活下来，其数量将达到 1.9111×10^{20} 个，平铺开来可以覆盖地球表面厚厚一层。但是，从古至今，任何生物都没有达到这种“爆发”程度，原因就在于存在着环境的阻力。缺少食物或营养物、缺乏适宜的生存和繁殖地、不利的气候条件、高一级消费者的捕食、疾病、寄生生物或其他竞争性生物的存在，最终都将任何生物限制在一定范围或数量之内，并最终达到某种平衡。

在自然界，虽然生物之间的竞争是普遍存在的，但任何一种生物都不可能把竞争者完全排除到系统之外，最终总是趋于某种平衡。因为，在任何区域中，小生境都有很大差异，如阳坡和阴坡、河边与丘陵、土壤的酸碱度、隐蔽物的多样性等。但它们都会为某些生物提供适宜的生境，使其得以生存发展下去。但是，人类的干预，因其突然性和强度过大，则完全可以把某种生物排除出去，从而迅速打破生态系统的平衡状态。

3. 生态平衡破坏的原因

生态系统之所以能够保持相对的平衡状态，主要是由于其内部具有自动调节的能力。当系统的某一部分出现了机能的异常就可能被其他部分的调节所抵消。系统的组成成分越多，低能量流动和物质循环的途径就越复杂，其调节能力也就越低。但是，一个生态系统的调节能力再强也是有一定限度的，若超出这一限度，生态平衡就会遭到破坏。生态平衡的破坏有自然因素也有人为因素。

（1）自然因素　该因素主要是指自然界发生的异常变化或自然界本来就存在的对人类和生物的有害因素。火山爆发、山崩海啸、水旱灾害、地震、台风、流行病等自然灾害，都会使生态平衡遭到破坏。例如，秘鲁每隔六七年就发生一次海洋变异现象，使一种来自冷洋流的鱼大量死亡，鱼类的死亡又使吃鱼类的海鸟失去食物而无法生存，此外，海鸟的大量死亡使鸟粪锐减，又引起以鸟粪为肥料的当地农田因缺肥而减产。

（2）人为因素　该因素主要是指人类对自然资源的不合理利用、工农业发展带来的环境污染等问题。

1）物种改变引起平衡的破坏，人类有意或无意地使生态系统中某一种生物消失或往其中引进另一种生物，都可能对整个生态系统造成影响。例如，澳大利亚原来没有兔子，1859 年一个名叫托马斯·奥斯京的人从英国带回 24 只兔子，放养在自己的庄园里供打猎用。引进后，由于没有天敌予以适当限制，致使兔子大量繁殖，在短短的时间内，繁殖的数量惊人，该地区原来长满的青草和灌木全被吃光，再不能放牧牛羊，田野一片光秃，土壤无植物保护而被雨水侵蚀，给农作物造成的损失，每年多达 1 亿美元，生态系统受到严重破坏。澳大利亚政府曾鼓励大量捕杀兔子，但不见效果，最后不得不引进一种兔子的传染病，使兔群大量死亡，总算一度将兔子的生态危机控制住了。但好景不长，由于一些兔子产生了抗体，在“浩劫”中幸存下来，又开始了更大规模的繁殖。据1993年2月报载，澳大利亚的兔子已多达4亿多只。另外，滥猎滥捕鸟兽，收割式砍伐森林，都会因某物种的数量减少或灭绝而使生态平衡破坏。

2）环境因素改变引起平衡的破坏，工农业的迅速发展，有意或无意地使大量污染物质进入环境，从而改变了生态系统的环境因素，影响整个生态系统，甚至破坏生态平衡。如由于空气污染、热污染、除草剂和杀虫剂的使用、化肥的滥用、土壤侵蚀或未处理的污水进入环境而引起富营养化等原因，会改变生产者、消费者和分解者的种类与数量并破坏生态平衡。

3）信息系统的破坏。许多生物在生存的过程中，都能释放出某种信息用以驱赶天敌、排斥异种或取得直接或间接的联系以繁殖后代。例如，某些动物在生殖时期，雌性个体会排出一种性信息素，靠这种信息素引诱雄性个体来繁殖后代。但是，如果人们排放到环境中的某些污染物质与某一种动物排放的性信息素反应，使其丧失引诱雄性个体作用时，就会破坏这种生物的繁殖，改变生物种群的组成结构，使生态平衡受到影响。生态平衡的破坏往往来自于人类的无知和贪婪，不了解或不顾生态系统的复杂机理而盲目采取行动。

二、生态学与生态工程

（一）生态学概念

“生态”一词来源于希腊语，意思是“家”。德国生物学家海克尔（Haeckel）于1869年首次提出生态学这一名词，并于1886年创立了这门学科。随着对环境问题认识的加深，学术界越来越重视生态学。学术界普遍认为：①生态学已成为解决所有与生命有关现象问题的一般方法；②生态学是联系自然科学与社会科学的桥梁，而且不同于自然科学，生态学既是认识论又是方法论，它不但研究理论，也研究如何利用理论实现现实目标；③现代科学发展的趋势之一是各个学科的生态化，即各学科与生态学的结合，如社会生态学、城市生态学和景观生态学等；④人类在地球上的生存依赖于生态学的进步。尽管生态学是19世纪末才进入系统研究时期的，然而就生态观来说，其思想源远流长。

生态学是研究生物或者生物群体及其环境的关系，或者生活着的生物及其环境之间相互联系的科学。生态学本质上是研究生命系统的生存问题。现代生态学发展的热点主要研究人类的适应生存问题。

生态学界把生态学发展分为三个阶段，每个阶段都发展了一些有代表性的科学概念。20世纪60年代以前为第一阶段，诸如演替、食物网、生态位、生态理论等科学概念都产生于这个阶段；20世纪60—80年代为第二个阶段，产生了功能和过程等生态学概念。21世纪以来为第三阶段，也是生态学获得飞跃发展的时期，创造出许多新概念、新理论，引入许多新方法，标志着生态学正面临一场革命性的变化。

（二）生态学的规律

我国生态学家马世骏提出了生态学的五大规律：相互依存与相互制约的互生规律、物质循环转化与再生规律、物质输入与输出的动态平衡规律、相互适应与补偿的协同进化规律、环境资源的有效极限规律，这些也是维系生态平衡的基础。

1. 相互依存与相互制约的互生规律

相互依存与相互制约的互生规律反映了生物间的协调关系，是构成生物群落的基础。生物间的这种协调关系主要分两类：

1）普遍的依存与制约，也称“物物相关”规律。有相同生理、生态特性的生物，占据与之相适宜的小生境，构成生物群落或生态系统。系统中不仅同种生物相互依存、相互制约，异种生物（系统内各部分）间也存在相互依存与制约的关系；不同群落或系统之间，也同样存在依存与制约关系，也可以说彼此影响。这种影响有些是直接的，有些是间接的。有些是立即表现出来的，有些需滞后一段时间才显现出来。因此，在自然开发、工程建设中必须了解自然界诸事物之间的相互关系，统筹兼顾，做出全面安排。

2）通过“食物”而相互联系与制约的协调关系，也称“相生相克”规律，具体形式就是食物链与食物网，即每一种生物在食物链或食物网中，都占据一定的位量，并具有特定的作用。各生物物种之间相互依赖、彼此制约、协同进化。被食者为捕食者提供生存条件，又为捕食者控制；反过来，捕食者又受制于被食者，彼此相生相克，使整个体系（或群落）成为协调的整体。体系中各种生物个体都建立在一定数量的基础上，它们的大小和数量都存在一定的比例关系。生物体间的这种相生相克作用使生物保持数量上的相对稳定。当人们向一个生物群落（或生态系统）引进其他群落的生物种时，往往会由于该群落缺乏能控制它的物种（天敌）而使该种群爆发式增长，从而造成灾害。

2. 物质循环转化与再生规律

生态系统中，植物、动物、微生物和非生物成分，借助能量的不停流动，一方面不断地从自然界摄取物质并合成新的物质，另一方面又随时分解为简单的物质，即所谓“再生”，这些简单的物质重新被植物所吸收，由此形成不停顿的物质循环。因此，要严格防止有毒物质进入生态系统，以免有毒物质经过多次循环后富集到危及人类的程度。

3. 物质输入与输出的动态平衡规律

物质输入输出的动态平衡规律又称协调稳定规律。当一个自然生态系统不受人类活动干扰时，生物与环境之间的输入与输出是相互对立的关系，对生物体进行输入时，环境必然进行输出，反之亦然。

生物体一方面从周围环境摄取物质，另一方面又向环境排放物质，以补偿环境的损失。也就是说，对于一个稳定的生态系统，无论对生物、环境，还是对整个生态系统，物质的输入与输出总是相平衡的。当生物体的输入不足或过剩时，将打破原来的输入输出平衡，毁掉原来的生态系统。

4. 相互适应与补偿的协同进化规律

生物与环境之间存在着作用与反作用的过程。或者说，生物给环境带来影响，反过来环境也会影响生物。例如，生长在岩石表面的地衣，由于没有多少土坡可供其生长，所得的水和营养元素就十分少。但是，地衣生长过程中的分泌物和尸体等，不但把等量的水和营养元素归还给环境，而且生成能促进岩石风化变成土壤的物质。这样，环境保存水分的能力增强了，可提供的营养元素也变多了，从而为高一级的植物——苔藓创造了生长的条件。生物与环境如此反复地进行相互适应与补偿，最终获得协同进化的结果。

5. 环境资源的有效极限规律

任何生态系统中作为生物赖以生存的各种环境资源，在质量、数量、空间、时间等方面，都有其一定的限度，不能无限制地供给，因而其生物生产力通常都有一个大致的上限。也正因为如此，每一个生态系统对任何外来干扰都有一定的耐受极限。当外来干扰超过此极限时，生态系统就会被损伤、破坏，以致瓦解。

（三）生态工程

生态工程是应用生态系统中物种共生与物质循环再生原理、结构与功能协调原则，结合系统工程的最优化方法，设计的分层、多级利用物质的生产工艺系统。生态工程的目标就是在促进自然界良性循环的前提下，充分发挥资源的生产潜力，防止环境污染，使经济效益与生态效益同步发展。生态工程学就是利用生态控制论原理，促进资源综合利用，环境综合整治，以及人的综合发展的科学。

生态工程学是一门正在发展的学科。20 世纪 70 年代初期，替代农业与环境工程两项研究领域孕育着生态工程；1986 年，在美国举行的第 4 届国际生态学大会专门列出了生态工程的专题。替代农业强调充分发挥农业生态系统中的生物学过程，利用生物种群间的相生相克关系，调动共生互利关系和自我调节能力，达到尽量避免大量使用化肥、农药、生长调节剂和家畜饲料添加剂等来维持农业生产的目的，其使用的原理与方法正是生态工程学科的基础。

国际上生态工程的发展的另一重要领域是环境保护和污染物处理与利用。1989 年美国纽约出版的《生态工程——生态技术介绍》专著中，12 项研究与应用案例内有 9 项与环境保护和污染物处理有关，如美国北卡罗来纳州于 1968—1971 年期间就研究与应用了河口区池塘的污水处理生态工程；佛罗里达州试验了种植柏树使之成林，来处理湿地污水中的营养盐问题。无论国内外，生态工程研究与应用将深入到更广泛的领域，涉及的类型与模式将更加多样，涉及的层次也是由微观、中观至宏观不等，如由具体的生产经营模式，到村、乡等单元，乃至跨区、跨省等大型生态工程。生态工程的研究将会向多学科相互渗透和进一步综合的方向发展。生态工程设计的标准化、规范化及因地制宜的类型和区域化等方面还有待探索与研究。

第二节　材料对生态环境的影响

材料产业是国民经济基础性、支柱性的产业之一。但众所周知，材料的生产在原料开采、提取、加工、制备、使用及废弃过程中，不仅将大量的废物排放到环境中，造成对环境的污染，而且要消耗大量的资源。因此，对材料的生产和使用而言，资源消耗是源头，环境污染是末尾，三者之间存在着密不可分的关系。

一、材料在国民经济中的地位和作用

材料是国民经济和社会发展的基础和先导，与能源、信息并列为现代高科技的三大支柱。纵观人类发展的历史可以清楚地看到，每一种重要新材料的发现和应用，都把人类支配自然的能力提高到一个新水平，材料科学技术的每一次重大突破都会引起生产技术的重大变革，大大加速社会发展的进程，给生产、生活带来巨大的变化，把人类的物质文明和精神文明向前推进了一大步。

材料产业从产品的创新和更新换代角度分析，大致可分为传统材料产业和新材料产业两

大领域。其中，新材料产业是材料产业中最有活力的因素之一，它有力地推动着高新技术产业的发展。随着世界经济的快速发展和人类生活水平的提高，人们对材料及其产品的需求日益增长，对新材料的发展和应用提出的要求更高、更迫切，大批质量与性能优异的高新材料面世。到20世纪末，全世界12项新兴产业的年销售额已达万亿美元，其中新材料约占40%。因此，新材料技术及其产业是当代最重要的、发展最快的科学技术和经济效益最大的支柱产业之一。

我国原材料工业从无到有，从小到大，从材料品种单一到品种门类齐全，基本满足了国民经济发展的需要：钢铁、有色金属、化工、建材等主要行业也得到了迅速发展，已经成为支持国民经济发展及国防现代化的基础产业与发展高新技术的支柱和关键。由于我国国民经济持续稳定地发展，在今后较长的时间内，对原材料的需求将继续保持增长趋势。据统计，我国几种主要的原材料，如钢铁、水泥、煤炭、平板玻璃等的产量已连续几年位列世界第一。可以说，在世界范围内，我国既是一个材料生产大国，又是一个材料消费大国。

二、材料生产和使用带来的环境和资源问题

材料产业作为国民经济的基础和先导，一方面推动着社会经济的发展和人类文明的进步；另一方面，在材料的采矿、提取、加工、制备、生产以及使用和废弃的过程中，需要消耗大量的资源和能源；排放出的大量废水、废气和废渣又会造成环境的污染与生态的破坏，威胁着人类的生存和健康。

从能源、资源消耗和造成环境污染的根源分析，材料及其产品的生产是造成环境污染、能源短缺、资源过度消耗乃至枯竭的主要原因之一。而且随着世界经济的快速发展，对资源的消耗速度在成倍增长。例如，在20世纪的前50年间，全世界消耗的金属总量约40亿t，而在20世纪80年代的10年间，全世界金属的消耗量就达到58亿t。

在人类社会中大量应用的各类材料，如化工、建材、钢铁、有色金属、煤炭等，在原材料及产品的运输、粉碎及由各种原料制成成品的过程中，都会有大量的污染物排放到大气环境中，所排放污染物的种类、数量、组成、性质因生产工艺、流程、原材料及操作条件和管理水平的不同而异。主要的污染物有粉尘、碳氢化合物、含氮化合物及卤素化合物等，它们会对环境造成难以弥补的损害。各种材料使用之后的固体废物处理也已经成为世界性难题。

我国是材料生产和消费的大国，但由于我国的资金、技术、管理等原因造成资源的不合理开发和利用，使资源效率低下，浪费严重。我国几种主要原材料如钢材、铜、铝、铅、锌等单位国民生产总值（GNP）的资源消耗率远高于世界平均水平。我国的能源对单位GNP的产出率仅为世界平均水平的1/7。自然资源不合理地开发和利用，不仅进一步加剧了资源的短缺，而且加剧了对环境的污染与破坏。

表2-1所示为2019年我国主要原材料工业的能源消耗统计数据。由表可见，这7种主要原材料工业的能耗占当年工业总能耗的43.80%。其中，能耗最多的是黑色金属冶炼（主要是炼钢炼铁），其所消耗的能源接近整个工业能耗的1/5；其次是非金属矿物制造，如水泥、瓷砖等，约占整个工业能耗的1/10。这些数据证实材料产业是我国能源消耗、资源消耗的主要大户。因此，提高材料产业的资源和能源效率会对我国国民经济的可持续发展产生重大影响。

表 2-1　2019 年我国主要原材料工业的能源消耗统计数据

材料种类	能耗/万 t 标准煤	占工业总能耗比例(%)
矿产采选业	4242	1.32
化学纤维制造业	2416	0.75
橡胶和塑料制品业	4868	1.51
非金属矿物制品业	33344	10.34
黑色金属冶炼和压延加工业	65387	20.27
有色金属冶炼和压延加工业	24436	7.58
金属制品业	6552	2.03
材料产业合计	141245	43.80
工业总能耗	322503	100

2020 年 6 月 8 日，生态环境部、国家统计局、农业农村部联合发布《第二次全国污染源普查公报》中显示，2017 年年末，工业企业脱硫设施 7.67 万套，脱硝设施 3.44 万套，除尘设施 89.79 万套。

2017 年大气污染物排放量为：二氧化硫 529.08 万 t，氮氧化物 645.90 万 t，颗粒物 1270.50 万 t，挥发性有机物 481.66 万 t（表 2-2）。

表 2-2　2017 年我国主要原材料工业大气污染物排放统计

大气污染物	行业 1	行业 2	行业 3	三行业污染物占工业源总排放量(%)	大气污染物排放量/万 t
二氧化硫	电力、热力生产和供应业 146.26 万 t	非金属矿物制品业 124.59 万 t	黑色金属冶炼和压延加工业 82.31 万 t	66.75	529.08
氮氧化物	非金属矿物制品业 173.97 万 t	电力、热力生产和供应业 169.24 万 t	黑色金属冶炼和压延加工业 143.42 万 t	75.34	645.90
颗粒物	非金属矿物制品业 371.62 万 t	煤炭开采和洗选业 193.13 万 t	黑色金属冶炼和压延加工业 131.12 万 t	54.77	1270.50
挥发性有机物	化学原料和化学制品制造业 107.57 万 t	石油、煤炭及其他燃料加工业 67.75 万 t	橡胶和塑料制品业 40.36 万 t	44.78	481.66

上述资料充分说明，一方面，材料工作者和材料产业，为国民经济发展、国防建设和人民生活水平的提高做出了巨大的贡献；另一方面，材料产业又是资源、能源的主要消耗者和环境污染的主要责任者之一。

三、材料中化学元素对环境和人体的影响

人类在生存和发展过程中，在向自然界索取各种物质财富的同时，又向环境中排放出大

量的废弃物质，造成环境污染。目前，造成环境污染的因素有物理的、化学的和生物的多个方面，但其中因化学物质引起的环境污染占总数的80%~90%，这是造成环境污染和环境质量下降的主要原因。因此，消除污染、改善环境也必然涉及化学问题。

环境化学物质种类繁多，进入环境的途径多种多样。众多的化学物质以废物的形式被人们直接排放到环境中。此外，各种冶炼、加工制造、储存运输及使用消费等，都能使化学物质进入环境。

目前，环境中存在的化学物质有55000多种，这些化学物质在复杂的环境条件作用下，会发生物理、化学和生物化学性变化。有些物质的毒性可能降低，有些则可能变为剧毒物质。不过大部分物质能被环境吸收或分解为无害物质。但是，有相当多的人造化学物质难以分解，很难转变为无害物质。这类物质在环境中逐渐积累到较高含量时，就会导致环境质量下降，甚至对生物和人类造成危害。目前，研究较多的是那些与人类生活关系最密切的物质，如医药、食品添加剂、日用品等。

食品添加剂中只有少数来自天然物质，大部分是人工合成的化学物质，它们进入人体后会发生潜移默化的作用。有些食品添加剂虽然本身无害，但在使用过程中发生某些化学反应后，就有可能生成有毒、有害的物质。常用防腐剂亚硝酸盐能抑制一些腐败菌的生长，在探索环境与癌的关系过程中，人们发现亚硝酸盐能和环境中的二级胺和三级胺作用生成亚硝胺化合物。若人食用含胺类的食物，再食用含硝酸盐的蔬菜等，就有可能在体内合成亚硝胺。因为硝酸盐在体内能被细菌等还原为亚硝酸盐，而亚硝胺已成为一种重要的致癌性污染物。

化学工业的迅速发展，尤其是高分子化学的发展，为人类提供了许多用途广泛、品质优良的化工制品。但是，大量化工产品的制造和使用同样带来环境问题，并对人体造成危害。大量的化学合成品在使用之后都作为废物而抛到环境中，常常成为令人头痛的污染问题。这些废物堆积则污染土壤，焚烧则污染空气，而且这种压力越来越大。因此，日用化工制品是环境化学物质重要的污染源。

此外，有机溶剂的广泛使用，如涂料、黏结剂、干洗剂、印刷用的稀料、有机合成过程等都离不开有机溶剂，常使劳动环境、生活环境受到污染。

除上述几大类物质之外，广泛存在于环境的化学污染物还有很多，如多氯联苯、多环芳烃，其中有些具有较强的致癌作用。化学污染物对人体健康的影响已成为环境医学、环境生物学以及环境化学的重要研究课题。

四、材料中主要元素的环境和资源特征

（一）化学元素的环境分布特征

由于自然界的物质循环，使构成物质的化学元素在环境中不断地迁移转化，其转化的形式是多种多样、非常复杂的，这主要与化学元素在环境中的迁移能力有关。不同的化学元素其迁移能力有着很大的差别。根据其迁移能力的强弱，可将化学元素分成三种基本类型。第一类元素迁移能力非常强，其中包括很多组成各种常见化合物的元素，它们决定着自然系统的很多重要特性和性质。第二类元素仅具有微弱的迁移能力，它们对自然系统的影响较小。第三类元素无论在水溶液或是大气中基本上不迁移，虽然它们也能在环境中移动，但不是参加化学反应的结果，而是被动地参与了岩石与矿物的机械迁移过程。正是由于化学元素的迁

移转化，使其在环境中的分布体现出三大特征，即普遍性、富集性和共生性。

1. 普遍性

在自然界中，构成物质的元素有 90 多种，它们不仅广泛存在于宇宙中，而且均存在于由矿物、岩石和土壤等构成的各种地质体中，从而体现出化学元素分布的普遍性。从宏观的角度来看，似乎地球上各种化学元素的含量或总量一定很可观。事实上，地壳中各种元素的含量分布存在很大的差异。为了定量表示化学元素在地壳中的平均含量，人们引入“丰度”的概念，它表示地壳中各化学元素的相对平均含量（常用单位为 g/t），也称为该元素的“克拉克数”。

2. 富集性

化学元素在地壳中的含量分布不仅相差很大，而且很不均衡。由于某些地质条件的作用，如风化、沉积、火山爆发、岩浆活动等促使有用的化学元素发生富集现象，从而形成各种具有工业开采价值的矿床。这体现了地壳中化学元素分布的第二个特征，即富集性。事实上，人类获取的金属资源都是从矿石中提取的。由于地质成矿作用极少发生，元素富集需要相当漫长的岁月，因而具有工业开采价值的矿床数目和数量是极其有限的。地壳中元素富集形成过程所需时间是以亿年为单位的，而人类大规模开采矿石是以 10 年为单位，如果人类将具有开采价值的矿床采空，就会导致金属资源枯竭。

3. 共生性（复合性）

地壳中的化学元素具有富集性，但这种富集是一种多组元的共生富集，体现出了其分布的第三个特性，即共生性或复合性。世界上尚不存在具有工业开采价值的单一化学元素形成的矿床，很多常见矿产都具有多种有用的伴生元素。因此，开采某一矿床时必然涉及多种元素的综合利用。

（二）金属资源的储量及其寿命

1. 储量及寿命

人类社会所需要的各种金属元素均以矿产的形式存在于地壳之中。这种金属矿产资源称为一次资源。源于金属资源的金属材料是人类社会赖以生存和发展的重要物质基础。但随着人类社会的发展和科学技术的进步，金属材料的大量生产和消费导致了地球上有限的一次金属资源量锐减。因此，人们越来越关注金属一次资源在地球上的储量及其能维持开采的年限。

金属储量是指由于地质作用，在地壳中某些地段内，形成金属矿物的富集，其质和量能够满足工业要求，并在当前经济技术条件下能够开采的自然堆积体的总量。根据有关的统计数据，尽管不同年代的金属资源储量和可开采年限是波动的，甚至有时波动较大，但总的趋势是可开采年限越来越短了。

金属资源的可开采年限又称为金属资源的静态寿命，即某金属资源的当年总储量与其当年总产量之比。在金属资源的形成过程中，分散的金属元素在地质条件作用下富集成矿。人类在使用金属资源的过程中，情况往往正好相反，即金属由富集状态变成分散状态。根据物质不灭原理，在自然环境中这些金属元素资源的总量是不会变化的，在理论上能够重新加以开发和利用。这就是金属资源的循环再利用。

2. 影响寿命的因素

影响金属寿命的因素是多方面的，主要包括三个因素，即某一金属元素在地球上的总储藏量、金属资源的消耗量或生产量以及该元素物质的再生量。前两个因素构成了某一金属资源的静态寿命，它取决于当年的科学技术发展水平及其已探明的储藏总量。而金属资源的再生程度同样会对其寿命产生极大的影响。为了清楚地说明二者的关系，可以引入动态寿命或循环寿命的概念，即某一资源的当年储藏总量与其当年总产量和再生总量之差的比。某物质的再生总量越大，其资源的循环寿命或可供开采的年限越长，因此引用循环寿命的概念来描述金属矿产的实际可开采年限更合理。由于物质高的循环再生率是延长金属资源寿命的有效手段之一，因此在讨论金属资源的寿命时，应该树立开源节流的观点。开源就是开发新的可代替的资源，节流即指资源的循环再生。

从长远的观点看，随着生产的发展和科技的进步，若想实现社会的可持续发展，人类对一次金属资源开采需求的增长将逐步减慢并有所下降，而对再生资源（二次资源）的开发和利用将逐步强化。可以预测，金属的二次资源将在材料行业发挥与一次资源同等重要的作用。

第三节　材料产业烟气排放控制法规与政策

我国是世界上最大的建筑材料生产国和消费国，截至2015年年底，我国水泥、玻璃、陶瓷的产量分别占全世界总产量的55%、50%和60%，而我国目前建材行业烟气排放量大，造成对空气中主要污染物的贡献率上升，如水泥行业NO_x排放总量已经跃居各类污染物之首。

一、建材行业

（一）水泥行业

世界上水泥产量较大的国家有中国、印度、美国、土耳其、越南、日本等。2000年，欧洲规定协同处置固废的水泥厂氮氧化物排放标准限值为老厂800mg/m^3，新厂500mg/m^3。2011年起，标准更新为500mg/m^3。瑞士、奥地利等国家执行500mg/m^{3}的水泥窑氮氧化物排放标准。世界上水泥产量较大的国家中，美国水泥窑氮氧化物排放标准为90mg/m^3。德国是水泥窑氮氧化物减排技术较先进的国家，其氮氧化物排放标准比欧洲标准更为严格：从2013年起，新建厂和由重大改进的老厂将执行200mg/m^{3}的新标准。近年来，在*Best Available Techniques For The Cement Industry*等氮氧化物减排技术文件的指导下，德国水泥窑氮氧化物的平均排放水平大幅下降。

2013年，我国对水泥行业排放标准进行了修订，新颁布了《水泥工业大气污染物排放标准》（GB 4915—2013）（表2-3），水泥行业氮氧化物排放标准收紧至400mg/m^3（重点地区为320mg/m^3），二氧化硫排放标准收紧至200mg/m^3（重点地区为100mg/m^3），烟尘排放（水泥窑等热力设备）收紧至30mg/m^2（重点地区为20mg/m^3），该限值低于世界上绝大部分国家的排放要求（图2-1）。我国尚未出台对水泥行业氮氧化物减排的扶持政策，部分省份发布了水泥行业的脱硝减排期限和具体实施方案，但就如何扶持、补贴、鼓励水泥企业实施脱硝工程的政策的推动还有很长的路。

表 2-3　水泥行业大气污染物特别排放限值　（单位：mg/m^3）

生产过程	生产设备	颗粒物	二氧化硫	氮氧化物（以 NO_2 计）	氟化物（以总 F 计）	汞及其化合物	氨
矿山开采	破碎机及其他通风生产设备	20	—	—	—	—	—
水泥制造	水泥窑及窑尾余热利用系统	30	200	400	5	0.05	10①
	烘干机、烘干磨、煤磨及冷却机	30	600②	400②	—	—	—
	破碎机、磨机、包装机及其他通风生产设备	20	—	—	—	—	—
散装水泥中转站及水泥品生产	水泥仓及其他通风生产设备	20	—	—	—	—	—

① 适用于使用氨水、尿素等含氨物质作为还原剂，去除烟气中氮氧化物。

② 适用于采用独立热源的烘干设备。

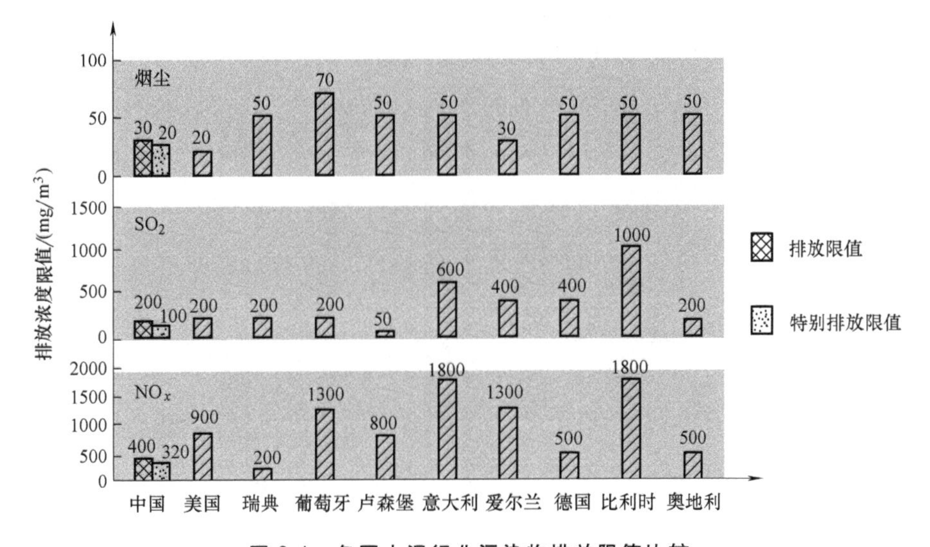

图 2-1　各国水泥行业污染物排放限值比较

（二）玻璃行业

截至 2015 年年底，全国浮法玻璃生产线共 346 条，总产能为 12.25 亿重量箱，约占全球产能的 50%以上。

在 2011 年 4 月颁布的《平板玻璃工业大气污染物排放标准》（GB 26453—2011）中规定，现有企业在 2014 年 1 月 1 日前对玻璃炉窑进行冷修重新投入运行的，自投入运行之日起执行新建企业大气污染物排放限值；自 2011 年 10 月 1 日起，新建企业也执行新建企业大气污染物排放限值。当干烟气氧含量为 8%时，颗粒物和氮氧化物的排放限值分别为 $50mg/m^3$ 和 $700mg/m^3$（表 2-4）。如图 2-2 所示，通过对比分析国内外平板玻璃行业污染物排放限值可以发现，我国在平板玻璃行业大气污染物排放控制方面已经与发达国家持平。

表 2-4 新建企业大气污染物排放限值

序号	污染物	排放限值			污染物排放监控位置
		玻璃熔窑①	在线镀膜尾气处理系统	配料、碎玻璃等其他通风生产设备	
1	颗粒物/(mg/m^3)	50	30	30	车间或生产设施排气筒
2	烟气林格曼黑度(级)	1	—	—	
3	二氧化硫/(mg/m^3)	400	—	—	
4	氯化氢/(mg/m^3)	30	30	—	
5	氟化物(以总 F 计)/(mg/m^3)	5	5	—	
6	锡及其化合物/(mg/m^3)	—	5	—	
7	氮氧化物(以 NO_2 计)/(mg/m^3)	700	—	—	

① 指干烟气中 O_2 含量 8%状态下（纯氧燃烧为基准排气量条件下）的排放浓度限值。

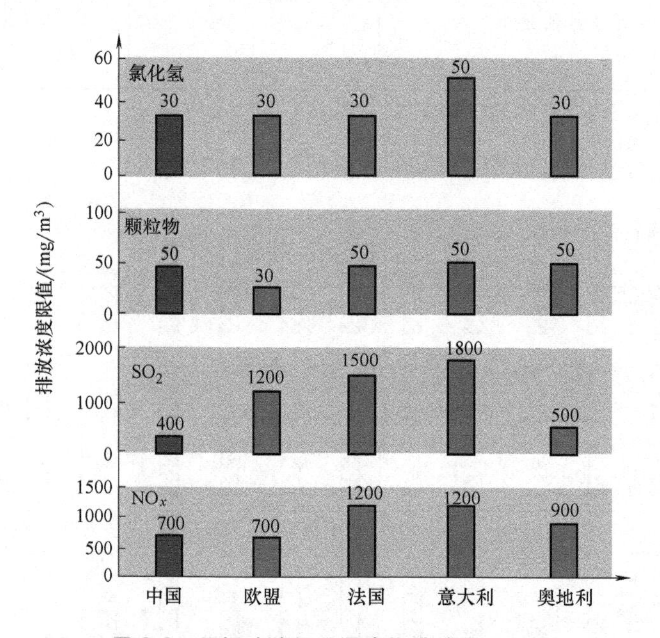

图 2-2 平板玻璃行业污染物排放限值对比

2018 年 7 月 12 日，生态环境部发布了《日用玻璃工业污染物排放标准（征求意见稿）》，现有企业自 2020 年 1 月 1 日起及新建企业自 2019 年 10 月 1 日起执行更为严格的大气污染物排放限值（表 2-5），颗粒物和氮氧化物的排放限值分别为 $50mg/m^3$ 和 $700mg/m^3$。

（三）陶瓷行业

我国是陶瓷王国，截至 2015 年年底，全国共有建筑陶瓷生产线 3000 多条，陶瓷总产量达 101.8 亿 m^2，占全球陶瓷总产量约 60%。

2010 年 9 月，我国颁布了《陶瓷工业污染物排放标准》（GB 25464—2010），规定了新建企业大气污染物排放浓度限值（表 2-6），颗粒物、二氧化硫以及氮氧化物的排放浓度限值分别为 $50mg/m^3$、$300mg/m^3$ 和 $240mg/m^3$。该项标准是我国首次对陶瓷行业的大气污染物排放控制进行了规定，也是我国首个针对陶瓷行业在生产过程中污染物排放控制的国家标准。

表 2-5　大气污染物排放限值

序号	污染物项目	适用条件	排放限值			污染物排放监控位置
			原料称量、混合等其他通风生产设备	玻璃熔窑①		
				排放浓度	单位产品排放量（kg/t 玻璃液）	
1	颗粒物/(mg/m^3)	全部	30	50	0.16	车间或生产设置排气筒
2	烟气林格曼黑度(级)	全部	—	1	—	
3	二氧化硫/(mg/m^3)	全部	—	400	1.3	
4	氮氧化物(以 NO_2 计)/(mg/m^3)	全部	—	200②	2.2/5③	
5	氯化氢/(mg/m^3)	全部	—	700	0.1	
6	氟化物(以总 F 计)/(mg/m^3)	全部	—	30	0.016	
7	砷及其化合物/(mg/m^3)	使用砷化合物作为澄清剂	—	5	0.016	
8	锑及其化合物/(mg/m^3)	使用锑化合物作为澄清剂	—	1	0.003	
9	铅及其化合物/(mg/m^3)	铅晶质玻璃制品	—	0.5	0.0016	

① 电熔窑监测项目：颗粒物、二氧化硫、氯化氢、氯化物、砷及其化合物、铅及其化合物、锑及其化合物。
② 电熔窑二氧化硫执行该限值。
③ 硼硅玻璃器皿执行该限值。

表 2-6　新建企业大气污染物排放浓度限值

生产工序	原料制备、干燥		烧成、烤花		监控位置
生产设备	喷雾干燥塔		辊道窑、隧道窑、梭式窑		
燃料类型	水煤浆	油、气	水煤浆	油、气	
颗粒物/(mg/m^3)	50	30	50	30	污染物净化设施排放口
二氧化硫/(mg/m^3)	300	100	300	100	
氮氧化物(以 NO_2 计)/(mg/m^3)	240	240	450	300	
烟气林格曼黑度(级)	1	—	—	—	
铅及其化合物/(mg/m^3)	—		0.1		
镉及其化合物/(mg/m^3)	—		0.1		
镍及其化合物/(mg/m^3)	—		0.2		
氟化物/(mg/m^3)	—		3.0		
氯化物(以 HCl 计)/(mg/m^3)	—		25		

二、钢铁行业

世界上钢铁主要生产国有中国、日本、美国、印度、俄罗斯、韩国和德国等。改革开放以来，我国钢铁工业取得了举世瞩目的成就。截至 2015 年年底，全国粗钢总产量为 8.04 亿 t，钢材产量为 1.2 亿 t，接近世界总量的 50%。2015 年，全国环境统计年报显示，钢铁冶炼企业二氧化硫排放量为 136.8 万 t，氮氧化物排放量为 55.1 万 t，烟（粉）

尘排放量为 72.4 万 t。钢铁行业排放的废气污染物中约有 40%以上的粉尘，70%以上 SO_2，50%以上 NO_x 来自烧结机。钢铁行业是继火力发电、机动车、水泥行业之后的第四大氮氧化物排放源。

从钢铁工业排放标准的内容来看，发达国家（如美国）规定得非常详细、具体，不仅规定每道生产工序的排放限值，还对不同排放点都做了规定，而我国钢铁工业现行排放标准则显得过于粗糙。2012 年，我国颁布了《钢铁烧结、球团工业大气污染物排放标准》（GB 28662—2012），其中对大气污染物排放浓度限值见表 2-7 和表 2-8，中国、欧盟、日本钢铁行业污染物排放限值比较如图 2-3 所示。

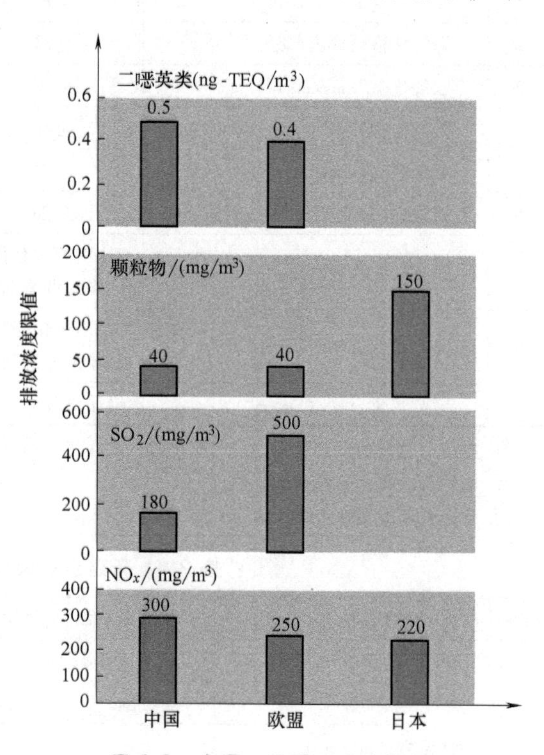

图 2-3 中国、欧盟、日本钢铁行业污染物排放限值比较

“十二五”规划中，对钢铁行业排放污染物从排放标准和总量控制两个方面进行要求，长远看来，对于大型钢铁企业烧结工序，单纯靠燃料、烧结过程控制减排已经难于满足要求，采用高效、经济适用的烧结烟气污染物控制技术成为我国烧结烟气污染物减排的发展趋势。

2018 年 5 月初，我国生态环境部办公厅发布《钢铁企业超低排放改造工作方案（征求意见稿）》，该征求意见稿中规定 PM、SO_2、NO_x 超低排放浓度分别小于 10mg/m^3、35mg/m^3、50mg/m^3，成为世界上钢铁行业最严苛的排放标准。钢铁行业超低排放标准及工作规划的推出，标志着非电行业在全国范围内的大气治理工作即将拉开序幕；而与此前系列政策相比，此次历史最严的排放标准也显示了政府坚定控制大气污染、打赢蓝天保卫战的决心；环保税、差异化电价、有差别限产等多维度奖惩政策为超低排放改造的执行力和持续性提供了有力保障。

表 2-7 钢铁烧结、球团工业大气污染物排放浓度限值（现有企业）

生产工序或设施	污染物项目	限值	污染物排放监控位置
烧结机 球团焙烧设备	颗粒物/(mg/m^3)	80	车间或生产设施排气筒
	二氧化硫/(mg/m^3)	600	
	氮氧化物(以 NO_2 计)/(mg/m^3)	500	
	氟化物(以 F 计)/(mg/m^3)	6.0	
	二噁英类/(ng-TEQ/m^3)	1.0	
烧结机机尾 带式焙烧机机尾 其他生产设备	颗粒物/(mg/m^3)	50	

表 2-8　钢铁烧结、球团工业大气污染物排放浓度限值（新建企业）

生产工序或设施	污染物项目	限值	污染物排放监控位置
烧结机 球团焙烧设备	颗粒物/(mg/m^3)	50	车间或生产设施排气筒
	二氧化硫/(mg/m^3)	200	
	氮氧化物(以 NO_2 计)/(mg/m^3)	300	
	氟化物(以 F 计)/(mg/m^3)	4.0	
	二噁英类/(ng-TEQ/m^3)	0.5	
烧结机机尾 带式焙烧机机尾 其他生产设备	颗粒物/(mg/m^3)	30	

第四节　生态环境材料

一、生态环境材料的内涵与定义

材料的生产、使用、废弃的过程是将大量资源提取出来，又将大量废物排到自然环境中的循环过程。传统的材料研究、开发与生产，往往过多地追求良好的使用性能，而对材料的生产、使用和废弃过程中需消耗大量的能源和资源，并造成严重的环境污染，危害人类生存的严峻事实重视不够。作为人类社会和经济发展物质基础的材料将来应该以怎样的模式发展下去？材料工作者都在认真思考、探索这个问题，而且材料学科科学技术的发展使人们有能力解决材料设计、生产、使用、废弃、回收全过程的环境问题。

国际材料界在审视材料发展与资源和环境关系时发现：过去的材料科学与工程是以追求最大限度发挥材料的性能和功能为出发点，而对资源、环境问题没有足够重视，这反映在1979 年美国材料科学与工程调查委员会给“材料科学与工程”所下的定义中：材料科学与工程是关于材料成分、结构、工艺和它们性能与用途之间的有关知识的开发和应用的科学。这一传统的材料四要素体系没有充分考虑材料的环境协调性问题，或者说环境协调性在当时还没有那么尖锐突出。

目前，人们认为在理解上述定义的内涵时应予拓宽乃至修订补充，应该更明确地要求材料科学与工程工作者认识到：①在尽可能满足用户对材料性能的要求的同时，必须考虑尽可能节约资源和能源，尽可能减少对环境的污染，要改变片面追求性能的观点；②在研究、设计、制备材料以及使用、废弃材料产品时，一定要把材料及其产品整个生命周期中，对环境的协调性作为重要评价指标，改变只管设计生产，而不顾使用和废弃后资源再生利用及环境污染的观点；③这个定义的拓宽将涉及多学科的交叉，不仅是理工交叉，而且具有更宽的知识基础和更强的实践性，不仅讲科学技术效益、经济效益，还要讲社会效益，把材料科学技术与产业的具体发展目标和全球、各国可持续发展的大目标结合起来。

生态环境材料正是在这样的背景下提出来的，它是 20 世纪 90 年代国际上材料科学与工程发展的最新趋势之一，这已在世界各国达成共识，并已逐渐兴起全球性的生态环境材料的研究、开发和实施热潮。这是时代赋予人们的义不容辞的历史责任，是人类社会进步到一定时期的自然产物，是时代的需求。

有关生态环境材料的范围和定义，国际上目前还没有形成统一的说法。1993 年以来，每两年举行一次生态环境材料国际会议（The International Conferences on Ecomaterials）。另外，生态环境材料的专题研讨会也在世界范围内召开数次。按照有关的研究报道和生态环境材料的要求，可将有关的材料特征分为 10 类：

1）节约能源。材料能降低某一系统的能量消耗。通过具有更优异的性能（如轻质、耐热、绝热性、探测功能、能量转换等）实现提高能量效率，即改善材料的性能可以降低能量消耗达到节能目的。

2）节约资源。材料能降低系统的资源消耗。通过更优异的性能（强度、耐磨损、耐热、绝热性、催化性等）可降低材料消耗，从而节省资源，如能提高资源利用率的材料（催化剂等）和可再生的材料也能节省资源。

3）可重复使用。材料的产品收集后，允许再次使用该产品的性质，仅需要净化过程如清洗、灭菌、磨光和表面处理等即可实现。

4）可循环再生。材料产品经过收集、重新处理后作为另一种新产品使用的性质。收集产品视为原材料。

5）结构可靠性。材料使用时具有不会发生任何断裂或意外的性质，是通过其可靠的力学性能（强度、延展性、刚度、硬度、蠕变等）实现的。

6）化学稳定性。材料在很长的使用时间内通过抑制其在使用环境中（暴风雨、化学、光、氧气、水、土壤、温度、细菌等）的化学降解实现的稳定性。

7）生物安全性。材料在使用环境中不会对动物、植物和生态系统造成危害的性质。不含有毒、有害、导致过敏和发炎、致癌和环境激素的元素和物质的材料，具有很高的生物学安全性。

8）有毒、有害替代。可以用来替代已经在环境中传播并引起环境污染的材料。因为已经扩散的材料是不可收回的，使用具有可置换性的材料是为了防止进一步的行染。例如，氯氟甲烷的替代材料、生物降解塑料等都有很高的可置换性。

9）舒适性。材料在使用时能给人提供舒适感的性质，包括抗振性、吸收性、抗菌性、湿度控制、除臭性等。

10）环境清洁、治理功能。材料具有的对污染物分离、固定、移动和解毒以便净化废气、废水和粉尘等的性质，包括探测污染物的功能。

对于生态环境材料的合成与加工工艺（也称作绿色工艺），可分为 4 类：

1）能源节约工艺，是能够通过提高能源效率或降低能量消耗但又不损害生产率来节省能量的加工方法，包括热能循环。

2）资源节约工艺，是能够通过提高材料的效率或降低材料的消耗但不损害生产率来节省资源的加工方法。

3）降低污染的加工技术，是能够降低污染物（如废气、废液、有毒副产品和废渣等）排放但又不损害生产率的加工技术。

4）净化环境的加工技术，是能够净化有害物质（如废气、废液和有毒副产品）以及净化已经污染的空气、河流、湖泊和土壤等的加工技术。

通过多年的研究，材料工作者较为普遍接受的观点为，生态环境材料应是同时具有满意的使用性能和优良的环境协调性，或者是能够改善环境的材料。所谓环境协调性是指对资源和能源消耗少、对环境污染小和循环再生利用率高。

这类材料对资源和能源消耗少、对生态和环境污染小、再生利用率高或可降解和可循环利用，而且要求从材料制造、使用、废弃直到再生利用的整个生命周期中，都必须具有与环境的协调共存性。因此，所谓生态环境材料，实质上是赋予传统结构材料、功能材料以特别优异的环境协调性的材料，它是由材料工作者在环境意识指导下，或开发新型材料，或改进、改造传统材料所获得的。人们之所以强调它并非仅特指新开发的新型材料、并不是排它的新材料体系，是因为实际上任何一种材料只要经过改造达到节约资源并与环境协调共存的要求，就应视为生态环境材料。这种定义、概念有助于调动更广大的材料工作者的积极性，鼓励和支持他们结合本职工作，对量大、面广的材料产品进行生产技术改革，实现节能、降耗和治理污染的目的。生态环境材料与量大、面广的传统材料不可分离，通过对现有传统工艺流程的改进和创新，实现材料生产、使用和回收的环境协调性，是生态环境材料发展的重要内容。同时，要大力提倡和积极支持开发新型的生态环境材料，取代那些资源和能源消耗高、污染严重的传统材料。还应该指出，从发展的观点看，生态环境材料是可持续发展的，应贯穿于人类开发、制造和使用材料的整个历史过程。随着社会发展和科技进步，以新产品取代旧产品是个不断进步的过程，从科学上讲是一个广泛的概念。其实，生态环境材料是材料发展的必然结果，其概念是发展的，也是相对的，还需进一步研究和探讨。

生态环境材料的研究进展，将有助于解决资源短缺、环境恶化等一系列问题，促进社会经济的可持续发展。另外，生态环境材料的研究还与政治、经济、贸易等领域的国际竞争相联系，如许多发达国家已将环境保护列入贸易往来的条件，环境问题已直接关系到我国履行国际公约的责任和义务。

二、生态环境材料的发展

近年来，世界各国无论是在量大、面广的现用材料与技术的环境协调性改造升级方面，还是在新型环境工程材料的研制和开发方面，都取得了较大的进展。

（一）清洁生产工艺

材料洁净生产技术又称为零排放与零废弃加工技术（Zero Emission and Zero Waste Processing technology），已引起各行业材料科技工作者的极大关注。其基本出发点是，通过对材料制备加工中各种过程的综合分析，采取有效的综合技术，从技术及经济成本的可行性两方面考虑，尽可能减少乃至最终避免在材料制备加工中废物和污染物向生态环境中的排放，实现材料制备加工技术洁净化。

（二）冶金短流程

钢铁冶金中，直接还原铁工艺与高炉炼铁工艺相比，原材料种类比较简单，只用铁矿石、煤和石灰石三种物料，省去了高炉炼铁工艺中的烧结、焦化工序，缩短了炼铁生产工艺流程，大大降低了生产过程中的环境负荷。近终型加工和短流程的开发应用，极大地降低了生产过程中的物耗和能耗。

（三）生态水泥

水泥生产中利用可燃废料，包括废轮胎、废塑料等，替代部分煤来煅烧熟料，可以显著降低水泥生产能耗，也起到了防治污染、保护环境的作用。目前，具有广泛应用前景的绿色高性能混凝土，更多地添加以工业废渣为主的活性细掺料，不但节省水泥熟料，而且可更大限度地发挥高性能优势，减少水泥和混凝土的用量。

（四）环保建材

新型的功能型和环保型建材、废旧建材的再生利用开发异常活跃，如污泥水泥、木材陶瓷、废旧有机物增强混凝土等，还包括节能建筑材料，如利用相变材料具有可以重复吸热、储热、放热的特点，将相变材料用于建筑物的自动调温等。这些较先进的技术将是环保建材的发展方向。在涂料方面，已发展了多种无毒、无污染的水溶性涂料、粉末涂料、无溶剂涂料等，还可具有杀菌、防霉的作用。

（五）环境工程材料

环境工程材料主要包括对废物污染控制和处理的环境净化材料、对已被破坏的环境进行生态化治理的环境修复材料，以及替代有毒有害材料的环境替代材料等。在生态环境材料概念指导之下的环境工程材料不仅要具有环境治理功能，更要强调其本身与环境的协调性，如具有阻燃、低烟雾、消声、隔热、散热、烟尘过滤、电磁屏蔽、吸收冲击波等功能的特种建材、无石棉特种防火材料等。

（六）天然资源环境材料

许多天然矿物及其改性材料在治理环境污染、水资源利用和污水处理、替代有毒有害材料、制作绿色建材、作为催化剂载体等方面有广阔的应用前景。例如，应用矿物的环境属性开发起保水与保肥作用的材料治理土地沙漠化等。

自然界存在的天然生物高分子是可再生资源，包括植物的纤维素、虫胶和各种蛋白质等。它们为人类提供丰富的原材料来源，而且其制品都可以在自然环境中实现生物降解。

还有陶瓷化木材、竹材等，通过碳化、热处理等可极大地提高这一类天然材料的利用效率，实现资源的高效利用和可再生循环。

（七）降解树脂

合成高分子材料引起的“白色污染”已经引起各国政府和产业部门的高度重视，尤其在农用地膜、一次性包装材料等领域已经有使用全降解塑料的强烈要求。生物降解树脂在土壤中可以被微生物分解为水和二氧化碳。制备成本可接受的全降解塑料已经成为工业界在该领域研发的焦点课题，其中成本和知识产权的国际化竞争极为激烈。

（八）电磁波防护类材料

随着信息技术的发展，电磁波对人类生存环境的污染越来越受到关注。为了减少电磁波对人体的辐射污染，大量的研究集中在开发有效的屏蔽措施方面，特别是屏蔽材料的加工制备，对不同的电子设备采用不同的防护层，尽量将电磁波屏蔽在机内，最大限度地减少电磁波的机外辐射，是源头治理的努力方向。

（九）电子功能材料领域的毒害元素替代材料

环境友好的高性能电子材料的系列开发研究已成为世界范围内电子材料产业可持续发展的趋势，某些产品的研究开发已迫在眉睫。欧盟委员会于 2004 年 1 月 1 日开始全面实施电子产品无铅化，2008 年以后禁止使用铅、汞、镉和溴化阻燃剂等物质制造电器；日本 2002 年开始含铅材料只在特殊情况下使用，并逐步实现全面禁止；美国国会在电子及其他工业部门中酝酿禁止使用含铅材料的法案。欧洲各主要厂家迫于环保要求，将从 2002 年开始停止生产含钍的各种钨电极材料。

环境工程专家郝吉明

思　考　题

1. 简述生态学和生态系统的概念、组成及类型。
2. 简述生态环境的影响因素。
3. 简述生态环境材料的内涵。
4. 简述生态环境材料的发展。
5. 简述材料中元素对生态环境的影响。
6. 简述建材行业、钢铁行业烟气大气污染物的由来及相关控制法律法规。

第三章　大气污染及其防治

第一节　大气污染与气象

一、环境空气与空气污染

（一）环境空气

地球周围有一层很厚的大气圈。近代卫星探测资料表明，大气上界在高空 2000~3000km 处。与人类关系最为密切的是底层大气。

近地层的大气常称为空气，环境空气是指室外的空气。空气由干洁空气、水蒸气和杂质三部分组成。空气是最宝贵的资源之一，它是生命物质。如果地球上没有空气，人类和其他一切生物就不会存在。

不含水蒸气和杂质的空气称为干洁空气。它是混合气体，气体组分主要是氮、氧，次要是稀有气体（如氦、氖、氩、氪、氙、氡）、二氧化碳和其他气体（如臭氧等）。

空气中的水蒸气含量是不稳定的，它随着时间、地点、气象条件的不同而有较大的变化，变化范围在 0~4%，且沿垂直方向和水平方向的分布也是不均匀的。水蒸气能演变成云、雾、雨、雪等复杂的天气现象。

空气中的二氧化碳主要来源于燃料的燃烧、动植物的呼吸和有机物的腐烂。二氧化碳吸收短波辐射的能力弱，吸收长波辐射的能力强。当大气中二氧化碳含量增多时，地球向宇宙空间辐射热量减弱，使气温变暖。由此可导致冰川融化、海洋水平面上升、沿海城市被淹没。为避免这一灾难，世界各国正在设法减少二氧化碳的排放量。

近地层空气中臭氧含量极少，随着距地面（称下垫面）高度的增加其含量也不断增加，约在 20~30km 高度处臭氧含量达到最大值，再向上臭氧含量又逐渐减少，到 55~60km 高空处臭氧含量就极少了。臭氧能吸收波长短于 0.29μm 的紫外线，这就保护了动植物有机体免受过量紫外线照射的危害。

空气中的杂质可分为固态杂质和液态杂质。固态杂质主要有烟尘、粉尘、扬尘等，多集中在空气的底层；液态杂质主要指水汽凝结物，如云、雾滴杂质（它们以气溶分散体的形式存在于空气中）。

（二）空气污染

空气污染是指由于人类活动或自然作用，使某些物质进入空气，但这些物质在空气中达到足够的浓度，并持续足够的时间，危害了人体的舒适，健康和福利，或危害了生物界及环境。人类的活动包括生产活动和生活活动。自然的作用主要是火山的喷发、森林火灾、岩石风化、土壤扬尘等。

所谓危害了人体的舒适和健康是指对人体生活环境和生理机能有负面影响，引起急慢性疾病，以至死亡等。所谓福利是指人类为更好地生活所创造的各种物质条件，如建筑物、器物等。

当今世界的空气污染主要是燃烧煤和石油造成的。当然，人类其他活动排放的空气污染物也使空气受到不同程度和不同性质的污染。我国是世界上空气污染较严重的国家之一。我国的空气污染属于煤烟型污染，随着城市机动化程度的快速提高，我国空气污染的类型也逐渐向石油型污染转变。

（三）我国空气污染现状

近年来，中国大气污染物排放总量呈逐年降低态势，部分污染较严重的城市空气质量有所好转，环境质量劣于三级的城市比例下降，但污染仍然很严重。我国大气污染的主要来源是生活和生产用煤，主要污染物是可吸入颗粒物和二氧化硫。可吸入颗粒物是影响我国城市空气质量的主要污染物，二氧化硫污染也保持在较高水平。随着机动车辆迅猛增加，我国部分城市的大气污染特征正在由烟煤型向汽车尾气型转变，NO_x、CO 呈加重趋势，有些城市已出现光化学烟雾现象，全国形成华中、西南、华东、华南多个酸雨区，多地出现雾霾天气、沙尘暴天气。

空气污染源可分为两类：一类是固定污染源，如火电厂、水泥厂、冶炼厂、炼油厂、化工厂、采暖锅炉、家庭炉灶等；另一类是移动污染源，如汽车、拖拉机、火车、飞机、轮船等。移动污染源主要集中在交通运输产业中。

根据国际能源署的数据，就全球而言，运输业所产生的 CO_2 排放量占到总排放量的21%。对于发达国家而言，其工业生产的碳排放并不占绝对比重，建筑、交通领域的排放比例也非常高。例如，2001 年英国交通的耗能占总量的 26%，比工业高 4%；2007 年英国交通运输业产生的温室气体排放量占总量的 21%，仅比工业低 12%。

2002 年，发展中国家运输业 CO_2 排放量仅为 1245 亿 t，比其石化等工业排放量少 36%，总量和所占总排放的比例也远远低于经济合作与发展组织（OECD）国家。预测到 2030 年，发展中国家运输业的排放量将达到 3353 亿 t，比其石化等工业排放量多 12%，总量达到 OECD 国家目前的水平。

我国交通运输业的温室气体排放规模逐年上升，增速超过全社会总排放量的增速。《交通运输系统节能减排方向与途径研究》指出到 2020 年，在乐观情境下，道路机动车、民航、铁路、水运船舶的总能耗比 2007 年增长约 1.5 倍，交通运输领域 CO_2 总排放量将达到 15 亿 t 左右，届时交通运输领域 CO_2 排放贡献率将提高到 18%～20%。如果不加控制，交通运输的 CO_2 排放增长将更为惊人。

在移动污染源中，汽车数量最大，排放污染物最多，是主要的移动污染源。发达国家的汽车保有量十分巨大，如美国平均 2 个人拥有 1 辆汽车，汽车排气已成为主要空气污染源。

据美、日两国所做的研究与推测，汽车排放的污染物在空气污染物总量所占的分担率为：一氧化碳（CO）达80%~90%，碳氢化合物达50%以上。

我国随着道路交通的不断发展，汽车保有量的迅速增加，汽车向空气中排放的CO、NO_x和碳氢化合物的排放量也逐年增加。表3-1给出了我国几个城市汽车污染物分担率分析结果。从表中可看出，汽车排气已是我国大城市空气污染的主要来源，因此控制汽车排气，改善我国城市环境空气质量势在必行。

表3-1　城市汽车源的污染分担率

城市	CO(%)	碳氢化合物(%)	NO_x(%)	类别
北京	48~64	60~74	10~22	区域
上海	69	37		区域
沈阳	27~38		45~53	区域
济南	28		46	区域
广州	70		43	

二、环境空气质量标准及大气污染物及其危害

（一）环境空气质量标准

为控制和改善空气质量，保护人体健康和自然生态环境，我国在1982年首次制定了《大气环境质量标准》(GB 3095—1982)，1996年第一次修订，颁布了《环境空气质量标准》(GB 3095—1996)，2000年对《环境空气质量标准》(GB 3095—1996）进行了微调。2012年，《环境空气质量标准》(GB 3095—2012）发布代替GB 3095—1996和GB 9137—1988，标准自2016年1月1日起全国实施。随着国家经济社会发展状况和环境保护要求变化，2018年，《环境空气质量标准》（GB 3095—2012）修改单颁布。此次修订的主要内容：调整了环境空气功能区分类，将三类区并入二类区；增设了颗粒物（粒径小于或等于2.5μm）浓度限值和臭氧8h平均浓度限值；调整了颗粒物（粒径小于或等于10μm）、二氧化氮、铅和苯并芘等的浓度限值；调整了数据统计的有效性规定。

《环境空气质量标准》（GB 3095—2012）中规定，按功能区划分为两类：一类区为自然保护区、风景名胜区和其他需要特殊保护的区域；二类区为居住区、商业交通居民混合区、文化区、工业区和农村地区。环境空气功能区质量要求：一类区适用一级浓度限值；二类区用二级浓度限值。环境空气污染物的各项目浓度限值见表3-2。标准中的年平均是指一年的日平均浓度的算术均值，24h（日平均）是指任何一日的平均浓度，1h平均是指任何一小时的平均浓度，季平均是指任何一季的日平均浓度的算术均值。植物生长季平均是指任何一个生长季的月平均浓度的算术均值。标准中规定了各种污染物的分析方法及其统计方法。环境空气污染物的各项目浓度限值见表3-2。

（二）大气污染物及其危害

按照国际标准化组织（ISO）规定的定义，大气污染通常是指由于人类活动和自然过程引起某种物质进入大气中，呈现出足够的浓度，达到了足够的时间并因此危害了人体的舒适、健康和福利或危害了环境的现象。从定义可以看出，造成大气污染的原因是人类活动（包括生活活动和生产活动，以生产活动为主）和自然过程；形成大气污染的必要条件是污

表 3-2　环境空气污染物的各项目浓度限值

污染物项目	时间	浓度限值		单位
		一级	二级	
二氧化硫（SO_2）	年平均	20	60	μg/m³
	24h 平均	50	150	
	1h 平均	150	500	
二氧化氮（NO_2）	年平均	40	40	
	24h 平均	80	80	
	1h 平均	200	200	
一氧化碳（CO）	24h 平均	4	4	mg/m³
	1h 平均	10	10	
臭氧（O_3）	日最大 8h 平均	100	160	μg/m³
	1h 平均	160	200	
颗粒物（粒径小于等于 10μm）	年平均	40	70	
	24h 平均	50	150	
颗粒物（粒径小于等于 2.5μm）	年平均	15	35	
	24h 平均	35	75	
总悬浮颗粒物（TSP）	年平均	80	200	
	24h 平均	120	300	
氮氧化物（NO_x）	年平均	50	50	
	24h 平均	100	100	
	1h 平均	250	250	
铅（Pb）	年平均	0.5	0.5	
	季平均	1	1	
苯并[a]芘（BaP）	年平均	0.001	0.001	
	24h 平均	0.0025	0.0025	

注：1. 适用于城市地区。
2. 适用于牧业区和以牧业为主的半农半牧区、蚕桑区。
3. 适用于农业和林业区。

染物在大气中要含有足够的浓度并对人体作用足够的时间。按污染的范围由小至大，大气污染可分为四类：

1）局部地区污染，如某工厂排气造成的直接影响。

2）区域大气污染，如工矿区或整个城市的污染。

3）广域大气污染，如酸雨，涉及地域广大。

4）全球大气污染，如温室效应、臭氧层破坏，涉及整个地球大气层的破坏。

大气污染物种类繁多，主要来源于自然过程和人类活动（表 3-3）。

由自然过程排放污染物所造成的大气污染多为暂时的和局部的，人类活动排放污染物是大气污染的主要根源。因此，人们对大气污染所做的研究针对的主要是人为造成的大气污染问题。

表 3-3 地球上自然过程及人类活动的排放源及排放量

污染物名称	自然排放		人类活动排放		大气背景浓度/(mg/m^3)
	排放源	排放量/(t/a)	排放源	排放量/(t/a)	
SO_2	火山活动	未估计	煤和油的燃烧	1.46×10^8	2×10^{-10}
H_2S	火山活动、沼泽中的生物作用	1.0×10^8	化学过程污水处理	3×10^6	2×10^{-10}
CO	森林火灾、海洋、萜烯反应	3.3×10^7	机动车和其他燃烧过程排气	3.04×10^8	1×10^{-7}
NO NO_2	土壤中细菌作用	NO:4.3×10^8 NO_2:6.58×10^8	燃烧过程	5.3×10^7	NO:$(2\sim40)\times10^{-7}$ NO_2:$(5\sim40)\times10^{-7}$
NH_3	生物腐烂	1.16×10^9	废物处理	4×10^6	$(6\sim20)\times10^{-9}$
N_2O	土壤中的生物作用	5.9×10^8	无	无	2.5×10^{-7}
C_mH_n	生物作用	CH_4:1.6×10^9 萜烯:2×10^8	燃烧和化学过程	8.8×10^7	CH_4:1.5×10^{-6} 非CH_4:小于1×10^{-9}
CO_2	生物腐烂、海洋释放	10^{12}	燃烧过程	1.4×10^{19}	3.2×10^{-7}

1. 污染源分类

为满足污染调查、环境评价、污染物治理等环境科学研究的需要，对人工污染源进行分类。

(1) 按污染源存在的形式分类

1) 固定污染源。位置固定，如加工厂的排烟或排气。

2) 移动污染源。在移动过程中排放大量废气，如汽车等。

这类分类方法适用于进行大气质量评价时满足绘制污染源分析图的需要。

(2) 按污染物排放的方式分类

1) 高架源。污染物通过高烟囱排放。

2) 面源。许多低矮烟囱集中起来而构成的一个区域性的污染源。

3) 线源。移动污染源在一定街道上造成的污染。

这类分类方法适用于大气扩散计算。

(3) 按污物排放的时间分类

1) 连续源。污染物连续排放，如化工厂排气等。

2) 间断源。时断时续排放，如取暖锅炉的烟囱。

3) 瞬时源。短暂时间排放，如某些工厂事故性排放。

这种分类方法适用于分析污染物排放的时间规律。

(4) 按污染物产生的类型分类

1) 工业污染源。火力发电厂、钢铁厂、大型锅炉厂等用煤量最大的工矿企业以及生活用煤是燃煤产生大气污染的主要来源。工业污染源包括工业排放的废气，如石油工业排出硫化氢和各种碳氢化合物；有色金属冶炼工业排出 SO_2、NO_x 以及有毒的重金属；磷肥厂排出氟化物；酸碱盐工业排出 SO_2、NO_2、HF 以及各种酸性废气；钢铁工业在炼焦、炼铁和炼钢过程中，排放出大量的粉尘、碳氧化物、CO、氨、氰及相当数量的氟化物等。

2）农业污染源。农业活动排放、农药及化肥的使用会给环境带来不利影响。例如，施用农药时，一部分农药会以粉尘等颗粒物形式散逸到大气中，残留在作物上或黏附在作物表面的则可以挥发到大气中。进入大气中的农药可以被悬浮的颗粒物吸收并随气流向各地输送，造成大气农药污染。氮肥施用后，在土壤中经过一系列的变化，会产生氮氧化物释放到大气中。

3）生活污染源。人类生活过程中产生大量的固体废弃物，焚烧是目前处理固体废的主要方法之一。用焚烧炉焚烧垃圾，虽然热能可以利用，但是垃圾中有害成分燃烧尾气排入大气会造成污染。

4）交通运输污染源。汽车、火车、飞机、轮船等运输工具烧煤或石油产生的废气也是重要的污染物，特别是城市中的汽车尾气量大而集中，对城市的空气污染很严重，成为大城市空气的主要污染源之一。汽车排放的废气主要有 CO、SO_2、NO_2 和碳氢化合物等。

2. 大气污染物来源

大气污染物的产生源主要为以下几个方面：

（1）燃料燃烧　火力发电厂、钢铁厂、炼焦厂等工矿企业和各种工业窑炉、民用炉灶、取暖锅炉等燃料燃烧均向大气排放大量污染物。发达国家能源以石油为主，大气污染物主要是一氧化碳、二氧化硫、氮氧化物和有机化合物。我国能源以煤为主，约占能源消费的75%，主要污染物是二氧化硫和颗粒物。

（2）工业生产过程　化工厂、炼油厂、钢铁厂、焦化厂、水泥厂等各类工业企业，在原材料和产品的运输、粉碎以及各种成品生产过程中，都会有大量的污染物排入大气中。这类污染物主要有粉尘、碳氢化合物、含硫化合物、含氮化合物以及卤素化合物等。生产工艺、流程、原材料及操作管理条件和水平的不同，所排放污染物的种类、数量、组成、性质等也有很大的差异。化工主要行业废气来源及其主要污染物见表 3-4。

表 3-4　化工主要行业废气来源及其主要污染物

行业	主要来源	废气中主要污染物
氮肥	合成氨、尿素、碳酸氧铵、硝酸铵、硝酸	NO_x、尿素粉尘、CO、Ar、NH_3、SO_2、CH_4
磷肥	磷矿石加工、普通过磷酸钙、钙镁磷肥、重过磷酸钙、磷酸铵类氯磷复合肥、磷酸、硫酸	氯化物、粉尘、SO_2、酸雾、NH_3
无机盐	铬盐、二硫化碳、钡盐、过氧化氢、黄磷	SO_2、P_2O_5、Cl_2、HCl、H_2S、CO、CS_2、AsF_x、S、氯化铬酰、重芳烃
氯碱	烧碱、氯气、氯产品	Cl_2、HCl、氯乙烯、汞、乙炔
有机原材料及合成材料	烯类、苯类、含氧化合物、含氮化合物、卤化物、含硫化合物、芳香烃衍生物、合成树脂	SO_2、Cl_2、HCl、H_2S、NH_3、NO_x、CO、有机气体、烟尘、烃类化合物
农药	有机磷类、氨基甲酸酯类、菊酯类、有机氯类等	HCl、Cl_2、氯乙烷、氯甲烷、有机气体、H_2S、光气、硫醇、三甲醇、二硫酯、氨、硫代磷酸酯农药
染料	染料中间体、原染料、商品染料	H_2S、SO_2、NO_x、Cl_2、HCl、有机气体、苯、苯类、醇类、醛类、烷烃、硫酸雾、SO_3
涂料	涂料：树脂漆、油漆 无机颜料：钛白粉、立德粉、铬黄、氧化锌、氧化铁、红丹、黄丹、金属粉	芳烃
炼焦	炼焦、煤气净化及化学产品加工	CO、SO_2、NO_x、H_2S、芳烃、尘、苯并[a]芘、CO

（3）农业生产过程　农药和化肥的使用可以对大气产生污染，如 DDT 施用后能在水面漂浮，并同水分子一起蒸发而进入大气；氮肥在施用后，可直接从土壤表面挥发成气体进入大气；以有机氮肥或无机氮进入土壤内的氮肥在土壤微生物作用下转化为氮氧化物进入大气，从而增加了大气中氮氧化物的含量。

（4）交通运输过程　各种机动车辆、飞机、轮船等均排放有害废物到大气中。交通运输产生的污染物主要有碳氢化合物、一氧化碳、氮氧化物、含铅污染物等。这些污染物在阳光照射下，有的可经光化学反应，生成光化学烟雾，形成了二次污染物，对人类的危害更大。

3. 大气污染物分类

按照污染物存在的形态，大气污染物可分为颗粒污染物与气态污染物。依照与污染源的关系，可将其分为一次污染物和二次污染物。若从污染源直接排出的原始物质进入大气后性质没有发生变化，则称为一次污染物；若一次污染物与大气中原有成分，或几种一次污染物发生了一系列的化学变化或光化学反应，形成了与原污染物性质不同的新污染物，则称为二次污染物。

（1）颗粒污染物　进入大气的固体粒子和液体粒子均属于颗粒污染物，有以下几种类型：

1）尘粒。粒径大于或等于 75μm 的颗粒物。粒径较大，易于沉降。

2）粉尘。粉尘含降尘和飘尘。粒径大于或等于 10μm 而小于 75μm，靠重力作用能在较短时间内沉降到地面，称为降尘。粒径大于或等于 1μm，小于 10μm 不易沉降，能长期在大气中飘浮者，称为飘尘。粉尘一般是在固体物料的输送、粉碎、分级、研磨、装卸等机械过程或由于岩石、土壤风化等自然过程而产生的颗粒物。

3）烟尘。粒径均小于 1μm。在燃料燃烧、高温熔融和化学反应等过程中所形成的颗粒物，漂浮于大气中称为烟尘。它包括因升华、熔烧、氧化等过程形成的烟气，也包括燃料不完全燃烧所造成的黑烟以及由于蒸气凝结所形成的烟雾。

4）雾尘。小液体粒子悬浮于大气中的悬浮体的总称。一般是由于蒸汽的凝结、液体的喷雾、雾化以及化学反应过程所形成，如水雾、酸雾、碱雾、油雾等，粒子粒径小于 100μm。

（2）气态污染物　气态污染物种类极多，能够检出的有上百种。对我国大气环境产生危害的主要污染物有以下五种（表 3-5）：

表 3-5　气体状态大气污染物的种类

污染物	一次污染物	二次污染物
含硫化合物	SO_2、H_2S	SO_3、H_2SO_4、H_2SO_3
含氮化合物	NO、NH_3	NO_2、HNO_3、H_2SO_3、O_3
碳氧化合物	CO、CO_2	无
碳氢化合物	C_mH_n	醛、酮、过氧化酰基硝酸酯
卤素化合物	HF、HCl	无

1）含硫化合物，主要指 SO_2、SO_3 和 H_2S 等，以 SO_2 的数量最大，危害也最大。

2）含氮化合物，最主要的是 NO、NO_2、NH_3 等。

3）碳氧化合物，CO、CO_2 是主要污染大气的碳氧化合物。

4）碳氢化合物，主要指有机废气。有机废气中的许多组分构成了对大气的污染，如醇、酮、酰胺等。

5）卤素化合物，主要是含氯化合物及含氟化合物，如 HCl、HF、SiF_4 等。

（3）二次污染物　最受人们普遍重视的二次污染物是光化学烟雾，有以下几种类型：

1）伦敦型烟雾。大气中未燃烧的煤尘、SO_2，与空气中的水蒸气混合并发生化学反应所形成的烟雾，也称为硫酸烟雾。

2）洛杉矶型烟雾。汽车、工厂等排入大气中的氮氧化物或碳氢化合物，经光化学作用形成的烟雾，也称为光化学烟雾。

3）工业型光化学烟雾。如氮肥厂排放的 NO_x，炼油厂排放的碳氢化合物，经光化学作用所形成的光化学烟雾。

4. 大气的主要污染物及其危害

大气中的污染物对环境和人体都会产生很大的影响，同时对全球环境也带来影响，如温室效应、酸雨、臭氧层破坏等，对全球的气候、生态、农业、森林等产生一系列影响。

图 3-1 所示为大气污染对人体及环境的影响途径。大气污染物可以通过降水、降生等方式对水体、土壤和农作物产生影响，并通过呼吸、皮肤接触、食物、饮用水等进入人体，给人体健康和生态环境造成直接的近期或远期的危害。

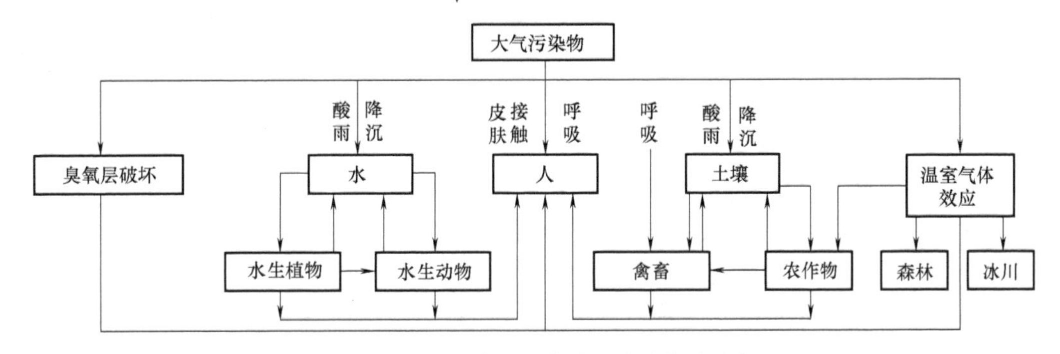

图 3-1　大气污染对人体及环境的影响途径

由于“污染（Pollution）”这个词具有“毁坏”的含义，世界卫生组织（WHO）把大气中那些含量和存在时间达到一定程度以致对人体、动植物和物品危害达到可测程度的物质称为大气污染物。当前最普遍被列入空气质量标准的污染物，除颗粒物外，主要有碳氧化物、碳氢化合物、氮氧化物、硫氧化物、臭氧等。

（1）一氧化碳（CO）　一氧化碳也是城市大气中数量最多的污染物，碳氢化合物燃烧不完全是 CO 的主要来源，如汽车排放尾气。

一氧化碳中毒是含碳物质燃烧不完全时的产物经呼吸道吸入引起中毒。中毒机理是一氧化碳与血红蛋白的亲和力比氧与血红蛋白的亲和力高 200~300 倍，所以一氧化碳极易与血红蛋白结合，形成碳氧血红蛋白，使血红蛋白丧失携氧的能力和作用，造成窒息。空气中混有大量的一氧化碳（大于 30mg/m）即可引起中毒。其对全身的组织细胞均有毒性作用，尤其对大脑皮质的影响最为严重。

一氧化碳（煤气）中毒大多由于煤炉没有烟囱或烟囱闭塞不通，或因大风吹进烟囱，使一氧化碳逆流入室，或因居室无通气设备所致。冶炼车间通风不好，发动机废气和火药爆炸都含大量一氧化碳。工业上，炼钢、炼铁、炼焦等都要接触一氧化碳。

目前对 CO 的局部排放源的控制措施主要集中在汽车方面，如使用排气的催化反应器，加入过量空气使 CO 氧化成 CO_2。

（2）二氧化碳（CO_2） 二氧化碳是含碳物质完全燃烧的产物，也是动物呼吸排出的废气。它本身无毒，对人体无害，但其含量大于 8%时会令人窒息。近年来研究发现，现代大气中 CO_2 的浓度不断上升，引起地球气候变化，这个问题称为“温室效应”。所以联合国环境规划署决议将 CO_2 列为危害全球的 6 种化学品之一，其越来越受到环境科学的关注。

（3）碳氢化合物 碳氢化合物的人为排放源有汽油燃烧（38.5%）、焚烧（28.3%）、溶剂蒸发（11.3%）石油蒸发和运输损耗（8.8%）、提炼废物（7.1%）。美国排放的碳氢化合物半数以上来自交通运输。汽车排放的碳氢化合物主要有：甲烷、乙烯、乙炔、丙烯、丁烷、芳香烃等。

一般碳氢化合物对人的毒性不大，主要是酸类物质，具有刺激性。对大气的最大影响是碳氢化合物在空气中反应形成危害较大的二次污染物，如光化学烟雾。此外，多环芳烃等对人体健康危害较大。例如，苯并［a］芘是一种强致癌物质。

碳氢化合物从大气中去除的途径主要有土壤微生物活动、植被的化学反应、对流层和平流层化学反应，以及向颗粒物转化等。

（4）氮氧化物（NO_x） 在大气中含量最多、危害最大的是由一氧化氮（NO）和二氧化氮（NO_2），NO 和 NO_2 统称氮氧化物（NO_x）。人为排放主要来源于矿物燃料的燃烧过程（包括汽车及一切内燃机排放）、生产硝酸的工厂排放的尾气。氮氧化物浓度高的气体呈黄棕色，从工厂烟囱排出来的氮氧化物气体俗称“黄龙”。

NO 是一种无色、无臭、无味的气体。它和血红蛋白的结合力比氧高 30 万倍，如果 NO 侵入人体与血红蛋白相结合，就会造成体内缺氧，严重时可引起意识丧失，甚至死亡。NO 本身对呼吸道也有影响。因此，NO 对健康的影响是不容忽视的。

NO_2 是棕色气体，有特殊的刺激性臭味。NO_2 被吸入肺部后，能与肺部的水分结合，生成可溶性硝酸，严重时会引起肺气肿。

空气中 NO_x 和碳氢化合物同时存在时，在太阳光紫外线的照射下，有潜在的光化学烟雾污染。

（5）光化学烟雾 光化学烟雾，是 HC 和 NO_x 在阳光紫外线作用下，进行一系列的光化学反应而形成的一种毒性较大的浅蓝色烟雾。光化学烟雾是臭氧（O_3）、NO_2、过氧酰基硝酸盐（PAN）、硫酸盐、颗粒物及还原剂等的混合物。

实验证明，对烟焦油刺激作用时氧化剂（以 O_3 表示）的浓度为 0.10~0.90mg/m^3。引起人体有下列症状的氧化剂浓度为：头痛 0.10mg/m^3；咳嗽 0.53mg/m^3；胸部不适 0.58mg/m^3。

（6）二氧化硫（SO_2） SO_2 是一种无色气体。空气中 SO_2 浓度达 1~3mg/m^3 时，大多数人都会有感觉，当浓度再高一些时便感觉有刺鼻的气味。由于 SO_2 的高度可溶性，大部分可被鼻腔和上呼吸道吸收，很少达到肺部。

（7）颗粒物 悬浮在大气中的微粒统称为悬浮颗粒物，简称颗粒物，这种微粒可以是固体也可以是液体。因其对生物的呼吸、环境的清洁、空气的能见度以及气候因素等造成不良影响，所以是大气中危害最明显的一类污染物。

粒状污染物的危害简单归纳如下：遮挡阳光，使气温降低，或形成冷凝核，使云雾和雨水增多，以致影响气候；使能见度降低，交通不便，航空与汽车事故增加。

机动车排气中的颗粒物主要有铅化物微粒和燃料不完全燃烧而生成的烟雾等。如果采用无铅汽油，铅化物微粒影响便可基本消失。

三、空气污染物扩散有关的气象要素

（一）描述大气的物理量

对大气状态和大气物理现象给予定量或定性描述的物理量称为气象要素。与道路交通空气污染物扩散有关的气象要素主要有气温、气压、空气湿度（气湿）、风向、风速、云况、云量、能见度及太阳辐射等。

1. 气温

气象上讲的地面气温一般是指距离地面 1.5m 高处，在百叶箱中观测到的空气温度。气温一般用摄氏温度（单位为℃）表示，理论计算常用热力学温度（单位为 K）表示。

2. 气压

气压是大气作用到单位面积上的压力，气压的单位为帕斯卡（Pa）。

3. 气湿

空气湿度简称气湿，它是反映空气中水汽含量多少和空气潮湿程度的物理量，常用的表示方法有绝对湿度、水汽分压、相对湿度等。其中，相对湿度应用较普遍，它是空气中的水汽分压与同温度下饱和水汽压的比值，以百分数表示。

4. 风

气象上把空气质点的水平运动称为风。空气质点的垂直运动称为升气流和降气流。风是矢量，用风向和风速描述其特征。

风向是指风的来向。例如，从东方吹来的风称东风，向南边吹去的风称北风。风向的表示方法有方位表示法和角度表示法两种。

风速是单位时间内空气在水平方向移动的距离，单位用 m/s 表示。气象站给出的通常是地面风速，地面风速是指距地面 10m 高的风速。

5. 云

云是由飘浮在空中的大量小水滴或小冰晶或两者的混合物构成。云的生成、外形特征、量的多少、分布及其演变不仅反映了当时大气的运动状态，而且预示着天气演变的趋势。云可用云状和云量描述。

云状是指云的形状。根据《国际云图》，按云的高度及其形状将云分为三族，十属，几十种。具体分类可查有关资料。

云量（云总量）是指云的多少。我国将视野能见的天空分为 10 等份，被云遮蔽的份数称为云量。例如，碧空蓝天，云量为零；云遮蔽了 4 份，云量为 4；满天乌云，云量为 10。低云量是指低云遮蔽天空的份数，低云是指云底高度在 2500m 以下的云。我国低云量记录以分数表示，分子为总云量。低云量不应大于总云量，如总云量为 8，低云量为 3，记作 8/3。

6. 能见度

正常人的眼睛能见到和辨认出在地面附近一个大小适度的黑色目标物的最大距离称为能见度。所谓“能见”，就是能把目标物的轮廓从它们的背景中分辨出来。

能见度的大小反映了大气的浑浊程度，反映出大气中杂质的多少。

（二）气温层结与风速廓线

1. 气温层结

从地面到大约高度为 1~2km 的大气层称为大气边界层或行星边界层。地面以上 100m 左右的一层大气称为近地层。在大气边界层中，大气的温度随着高度变化而变化，气温随高度的变化可以用气温沿垂直高度分布曲线来表示，该曲线称为大气层结曲线，简称大气层结或热力层结。

气温随高度变化的快慢用气温递减率来表示。气温递减率的数学定义式为 $\gamma=-\Delta T/\Delta Z$，是指单位高差（通常取 100m）气温变化的负值。

干空气在绝热升降过程中，每升降 100m 气温变化的负值称为干空气温度绝热递减率，以 γ_d 表示。经计算，$\gamma_d \approx 0.98\text{K}/100\text{m}$（取 1.0K/100m），这表示干空气在做绝热上升（或下降）运动时，每升高（或下降）100m 气温约降低（或升高）1K。

大气边界层中气温层结有 4 种典型情况：

1）气温随高度的增加而递减，即 $\gamma>0$，称为正常分布层结或递减层结。气温随高度的分布多数是这种分布。

2）气温递减率等于或近似等于干绝热递减率，即 $\gamma=\gamma_d$，称为中性层结。

3）气温随高度增加而增加，即 $\gamma<0$，称为气温逆转，简称逆温。

4）气温随高度增加而不变化，即 $\gamma=0$，称为等温层结。

2. 风速廓线

大气的水平运动是作用在大气上的各种力的总效应。作用在大气上的水平力有：①水平气压梯度力，它是空气水平运动的原动力；②地转偏向力，又称科里奥利力，简称科氏力；③惯性离心力，是做曲线运动的大气所受的力；④摩擦力，是阻碍运动的力。由于这些力在不同高度上的组合不同，产生了风速随高度变化而变化。表示风速随高度变化的曲线称为风速廓线，风速廓线的数学表达式称为风速廓线模式。常用的风速廓线模式有对数律风速廓线模式和幂函数风速廓线模式两种。

（1）对数律风速廓线模式　对数律风速廓线模式用于近地层（100m 以下）中性层条件下，精度较高，其模式为

$$\bar{u}=\frac{u^*}{k}\ln\frac{z}{z_0} \tag{3-1}$$

式中　$\bar{u}$——计算高度 z 处的平均风速（m/s）；

u^*——摩擦速度（m/s）；

k——卡门常数，$k=0.4$；

z_0——地面粗糙度（m）。

（2）幂函数风速廓线模式　幂函数风速廓线模式使用范围较广，其模式为

$$\bar{u}=\bar{u}_1\left(\frac{z}{z_1}\right)^m \tag{3-2}$$

式中 $\overline{u}$——计算已知高度 z 处的平均风速（m/s）；

$\overline{u}_1$——已知高度 z_1 处的已知平均风速（m/s）；

m——幂指数，一般是地面粗糙度和气温层结的函数。

3. 大气稳定度及其判据

如果大气中空气受到外力作用，产生了向上或向下运动，当外力去除后可能发生以下 3 种情况：①若气块逐渐减速并有返回原来位置的趋势，则称这种大气是稳定的；②若气块加速上升或下降，则称这种大气是不稳定的；③若气块立即停止运动或作等速直线运动，则称这种大气是中性的。

大气静力稳定度（简称稳定度）是表示大气抗干扰能力的物理量。大气扩散中，大气稳定度表征了大气的扩散能力。不稳定的大气扩散能力强，中性的大气扩散能力次之，稳定的大气扩散能力弱。

判断大气稳定度的方法较多，这里只介绍其中一种，用气温递减率（γ）与干绝热递减率（γ_d）之差来判断。当 $\gamma-\gamma_d>0$ 时，大气是不稳定的；当 $\gamma-\gamma_d=0$ 时，大气是中性的；当 $\gamma-\gamma_d<0$ 时，大气是稳定的。

四、气象条件与地形对大气污染的影响

（一）近地层大气温度分布与空气污染

近地层大气运动不仅存在着有规律的水平运动和垂直运动，还存在着空气微团的无规则的湍流运动，大气的湍流运动使气体各部分之间充分混合，从而使进入大气的污染物得以逐渐扩散、稀释。大气湍流运动的成因和强弱取决于：一是机械作用引起的机械湍流，其强度取决于风速、风雨和地面起伏度；二是由于大气各部分的温度差而引起的热力湍流，这种热力湍流与空气污染关系极大。

如果将大气作为一个热力学系统，根据热力学第一定律

$$dQ = dU + PdV \tag{3-3}$$

式中 dQ——气体热量变化量；

dU——气体热能变化量；

PdV——气体体积变化功。

对于空气，式（3-3）可写为

$$dT = \frac{dQ}{mc_p} + \frac{RT}{c_p} \cdot \frac{dP}{P} \tag{3-4}$$

式中 dT——空气温度；

dP——空气压力变化量；

m——空气质量；

R——理想气体常数；

T——空气温度；

c_p——定比压热容；

P——空气压力。

由式（3-4）可知，引起大气温度变化的原因有两个：一是空气与外界的热量交换，二

是大气本身的压力变化。

大气低层，气压变化不大，热交换的影响是主要的，此时式（3-4）简化为

$$dT=\frac{dQ}{mc_p} \tag{3-5}$$

而在大气高层，往往气压变化的影响大大超过热交换的影响，此时式（3-4）可简化为

$$dT=\frac{RT}{c_p}\cdot\frac{dP}{P}$$

或

$$\frac{T_2}{T_1}=\left(\frac{P_2}{P_1}\right)^{\frac{K-1}{K}} \tag{3-6}$$

式中　K——绝热指数，$K=c_p/c_V$。

由式（3-5）、式（3-6）两式可知，在大气低层，气温随大气吸热量增加而升高，而在大气高层，气温是随气压升高而升高。大气的热量来源于四个方面：①大气直接吸收太阳短波辐射 dQ_s；②大气中的水气 ω_2 能强烈吸收地面的长波辐射 dQ_l；③大气向地面的逆辐射 dQ_a；④大气与地面之间的对流换热 dQ_c。所以，大气吸收的热量 dQ 为

$$dQ=dQ_s+dQ_l+dQ_a+dQ_c \tag{3-7}$$

对于从地面起到 10km 左右的一层大气而言，从热交换的影响来看，在式（3-7）中以 dQ_l 项最大，而且越接近地面，dQ_l 越大；从气压变化的影响来看，气压是随高度的降低而增加的，所以在这一层中的大气温度总是随高度增加而降低的，即气温总是下高上低的。其气温平均直减率为 6.5℃/km，这样的温度分布引起空气在垂直方向上强烈的自然对流，特别是在 100m 以下的近地层中，上下气温之差很大，可达 1～2℃，在这一层中，有规则的对流和无规则的湍流都比较盛行，直接影响着污染物的扩散。

（二）逆温层与大气污染

近地层中气温的垂直递减型分布不是绝对不变的，如果从下层使空气降温或从上层向空气加热，都会改变气温的这种垂直分布情况而造成气温上高下低的倒置分布，即形成逆温。逆温阻碍大气的热力湍流，使大气中的污染物不易扩散而大量积聚，造成严重的空气污染。

按逆温的成因，可将逆温分为五种类型：辐射逆温、平流逆温、下沉逆温、湍流逆温及锋面逆温，其中辐射逆温与大气污染的关系最为密切。

辐射逆温完全取决于大气与地面的热交换。夜晚地面不再吸收太阳辐射，但本身仍有强烈的对空辐射，所以地面很快冷却下来，近地面气层也随之很快冷却，较高气层由于受地面辐射影响较小而冷却较慢，这样就形成了气温上高下低的辐射逆温层。辐射逆温层从日落前 1h 开始形成，黎明时最强，日出后便自下而上逐渐消失，大约在 10：00 全部消失。

在上述 5 种逆温中，下沉逆温和湍流逆温发生在离地面几百米至 2km 的高度，为上部逆温层，其余三种为近地逆温层。上部逆温层起着限制污染物向上扩散的顶盖作用，它使污染物的垂直扩散受到抑制，污染物的扩散被限制在逆温层底部和地面之间进行，形成封闭型扩散；近地逆温层又大大削弱了地面附近的大气湍流，使排在逆温层内的污染物扩散缓慢，在地面上积聚，浓度增加而造成污染。许多大气污染事件多发生在有逆温和静风的条件下。例如，1948 年美国多诺拉烟雾事件是由海拔 210～340m 高度的逆温层造成的，其污染源主要是工厂烟囱的排出物；而 1952 年英国伦敦烟雾事件，则是由 60～150m 的低空逆温层引起的，其污染源主要是家庭采暖排出的烟气。

逆温强度（用负温度梯度$-\Delta T/\Delta t$的数值表征）和逆温层厚度都会影响污染的程度。研究表明当逆温强度增大和逆温层厚度增加时，污染都将加重。

（三）城市热岛环流与空气污染

让我们来考察一下城乡上空在式（3-7）中各项热量的大小。

1）由于城市人口密集，工厂集中，交通繁忙，使得能量消耗巨大，产生的大量余热直接释放到大气之中。

2）城市地面大多被水泥、砖石覆盖，地面蒸发热量少，温度较高；另外，城市内高低错落且密集的建筑物群带来了更高的粗糙度，由于城市的摩擦作用，城市风场受到影响，这都使城市上空大气向地面吸收的对流换热量dQ_c增加。

3）城市上空笼罩着大量烟气和CO_2，CO_2能强烈吸收地面长波辐射，加强大气逆辐射而使大气增温。因此，城市大气吸收的太阳辐射dQ_s及吸收地面的长波辐射dQ_l，都要大于农村上空大气对应的吸热量。

4）城市覆盖物（建筑物、水泥路面等）热容量大，白天吸收太阳辐射热，夜间放热缓慢，使低层空气冷却缓慢。

由于以上原因，城市近地层大气的净吸热量dQ比周围农村多，其平均气温高于周围农村（特别是夜间），据统计，城乡年平均温度差一般为0.4~1.5K，最大差别可达6~8K。由于城市气温经常高于农村，使得城市上空暖而轻的空气上升，周围郊区的冷空气则向城区上空补充，形成城市热岛环流或城市风。这种城市风是向市区中心汇合上升的，若城市周围有较多产生污染物的工厂，就会使污染物向市中心输送，造成污染，特别是夜间且城市上空有逆温存在时，这种污染更严重。例如，日本旭川市的工厂虽然分散建立在四周的郊区，但由于城市风的影响，市区污染物浓度反比郊区高出3倍左右。

（四）地形与空气污染

1. 山谷风

在山区，白天太阳光照射到山坡，使山坡温度比同高度的山谷中的空气温度要高，形成由谷底吹向山坡的风，称为谷风；夜间山坡比谷底冷却得快，冷空气沿山坡滑向谷底，形成山风。山风和谷风的交替出现使工厂排出的污染物常在谷地与坡地之间回旋，当夜晚出现山风时，由于冷空气下沉于谷底，上面为山谷上原来的暖空气，所以常伴随有逆温层出现，污染物就更不易扩散而造成污染。多诺拉烟雾事件及1930年比利时的马斯河谷烟雾事件都与这样的地形条件有密切关系。

2. 水陆风

在沿海地区以及大湖泊和江河沿岸的水陆交界地带，由于陆地和水域的热力学性质不同，水的比热容比陆地要大得多（约是干旱土壤的5倍），所以水要比土壤吸收更多的热量，此外水的对流换热作用使局部区域吸收的热量能迅速传播到整个水域，这种冷热各部分的混合换热作用是陆地无法实现的，因此水温的昼夜变化很小。而陆地在白天吸收太阳辐射迅速升温，使陆地气温高于水面气温，夜晚放热时，水面气温又高于陆地气温，这种水陆区域空气层的温度差造成气流的自然对流，白天近地层的风从水域吹向陆地，形成水风，夜晚风从陆地吹向水面，形成陆风。而在水陆上空则存在着方向相反的气流，形成水陆风环流。这样就使排入近地层的污染物在夜晚被陆风吹向水域，而在白天又被水风吹回来，或进入水陆风环流中，使污染物循环积累，不能稀释扩散；而直接排入上层反旋气流的污染物也会随环流重新被带回地面。如果水陆交界区域上空存在着与水方向相反的较强的主导风，则由于水风温度低于陆上来的主导风的温度，在冷暖风交界面上部会出现逆温层，这样，沿岸近地层污染物随水风吹向内陆，上部逆温层又阻碍其向上扩散，从而造成近地层污染物高浓度的封闭型扩散。沿海的工业城市，为了运输和用水的方便，常将工业区建在海边，生活区建在内地，这样就会由于海陆风的影响而使生活区受到污染，如果生活区背面有山，则污染物遇山产生回流，将对生活区造成更严重的污染，日本的神户、大阪、横滨等城市都存在这种情况。

第二节　气态污染物的治理

一、常用的气态污染物的治理方法

工农业生产、交通运输和人类生活活动中所排放的有害气态物质种类繁多，根据这些物质不同的化学性质和物理性质，采用不同的技术方法进行治理。

（一）吸收法

吸收法是采用适当的液体作为吸收剂，使含有有害物质的废气与吸收剂接触，废气中的有害物质被吸收于吸收剂中，使气体得到净化的方法。在吸收过程中，用来吸收气体中有害物质的液体称为吸收剂，被吸收的组分称为吸收质。吸收了吸收质后的液体称为吸收液。吸收操作可分为物理吸收和化学吸收。在处理以气量大、有害组分浓度低为特点的各种废气时，化学吸收的效果要比单纯的物理吸收好得多，因此在用吸收法治理气体污染物时，应多采用化学吸收法。例如：若去除氯化氢、氨、二氧化硫、氟化氢等，可选用水作吸收剂；若去除二氧化硫、氢氧化物、硫化氢等酸性气体，可选用碱液（如烧碱溶液、石灰乳、氨水等）作吸收剂；若去除氨等碱性气体可选用酸液（如硫酸溶液）作吸收剂。

（二）吸附法

吸附法就是使废气与表面多孔性固体物质相接触，使废气中的有害组分吸附在固体表面上，使其与气体混合物分离，从而达到净化气体目的的方法。只有吸附作用的固体物质称为吸附剂，被吸附的气体组分称为吸附质。

吸附过程是可逆的过程，在吸附质被吸附的同时，部分已被吸附的吸附质分子还可因分子的热运动而脱离固体表面回到气相中去，这种现象称为脱附。当吸附与脱附速度相等时，就达到了吸附平衡，吸附的表观过程停止，吸附剂就丧失了吸附能力，此时应当使吸附剂再生，即采用一定的方法使吸附质从吸附剂上解脱下来。吸附法治理气态污染物包括吸附及吸附剂再生的全部过程。

（三）催化法

催化法净化气态污染物是利用催化剂的催化作用，将废气中的有害物质转化为无害物质或易于去除的物质的一种废气治理技术。

催化法与吸收法、吸附法不同，在治理污染过程，无须将污染物与主气流分离，可直接将有害物质转变为无害物质，这不仅可避免产生二次污染，而且可简化操作过程。此外，所处理的气体污染物的初始浓度都很低，反应的热效应不大。由于上述优点，可用催化法使废气中的碳氢化合物转化为二氧化碳和水，氮氧化物转化为氮，二氧化硫转化为三氧化硫后加以回收利用，使有机废气和臭气催化燃烧，以及将气体尾气的催化净化等。该法的缺点是催化剂价格较高、废气预热需要一定的能量，即需添加附加的燃料使得废气催化燃烧。

（四）燃烧法

燃烧法是对含有可燃有害组分的混合气体加热到一定温度后，使组分燃烧或在高温下氧化分解，从而使这些有害组分转化为无害物质。该方法主要应用于碳氢化合物、沥青烟、黑烟等有害物质的净化治理。燃烧法工艺简单，操作方便，净化程度高，但不能回收有害气体，有时会造成二次污染。实用中的燃烧法有三种分类，见表3-6。

表3-6 燃烧法分类及比较

方法	使用方法	燃烧温度/℃	生成气体	设备	特点
直接燃烧法	含可燃烧组分浓度高或热值高的废气	>1100	CO_2、H_2O	一般窑炉或火炬管	有火焰燃烧，燃烧温度高，可燃烧掉废气中的炭粒
热力燃烧	含可燃烧组分浓度低或热值低的废气	720~820	CO_2、H_2O	热力燃烧炉	有火焰燃烧，需加辅助燃料，火焰为辅助燃料的火焰，可烧掉废气中的炭粒
催化燃烧	基本上不受可燃组分的浓度与热值限制，但废气中不许有尘粒、雾滴及催化剂毒物	300~450	CO_2、H_2O	催化燃烧炉	无火焰燃烧，燃烧温度最低，有时需电加热点火或维持反应温度

（五）冷凝法

冷凝法是利用物质在不同温度下具有不同饱和蒸气压这一性质，采用降低废气温度或提高废气压力的方法，使处于蒸气状态的污染物冷凝并从废气中分离出来的方法。冷凝法不宜处理低浓度的废气，常作为吸附、燃烧等净化高浓度废气的前处理，以便减轻这些方法的负荷。例如，炼油厂、油毡厂的氧化沥青生产中的尾气，先用冷凝法回收，然后送去燃烧净化；氯碱及炼金厂中，常用冷凝法使汞蒸气成为液体而加以回收；此外，高湿度废气也用冷凝法使水蒸气冷凝下来，大大减少气体量，便于下一步操作。

二、颗粒物的净化方法

随着工业的不断发展，人为排放的气溶胶粒子所占的比例逐渐增加。据估计，2000年人为活动所造成的气溶胶粒子的排放量是1968年的两倍，城市大气首要污染物主要是悬浮颗粒物。在化学工业中所排放的废气中的粉尘物质主要还有硅、铁、镍、钒、钙等氧化物及粒度在10μm以下的浮游物质。抑制这些粉尘污染物的排放量，是大气保护的重要内容。

（一）粉尘的控制与防治

粉尘的控制与防治工作主要涉及以下四个工程技术领域：

1. 防尘规划与管理

主要内容包括：园林绿化的规划管理以及对有粉状物料加工过程和生产中产生粉尘的过程实现密封化和自动化。园林绿化带具有阻滞粉尘和收集粉尘的作用，尽量合理地对生产粉尘的单位用园林绿化带保护起来或隔开，可使粉尘向外扩散量下降到最低限度；而对于在生产过程中需要对物料进行破碎、研磨等处理时，要使生产过程在采用密闭技术的自动化装置中进行。

2. 通风技术

对工作场所引进清洁空气，以替换浓度较高的污染空气。通风技术分为自然通风和人工通风两大类。人工通风又包括单纯换气技术及带有气体净化措施的换气技术。

3. 除尘技术

除尘技术包括对悬浮在气体中的粉尘进行捕集分离，以及对已落到地面或物体表面上的粉尘进行清除。前者可采用干式除尘和湿式除尘等不同方法；后者采用各种除（吸）尘设备进行处理。

4. 防护技术

防护技术包括个人使用的防尘面罩及整个车间的防护措施。

（二）除尘装置

1. 分类

根据各种除尘装置作用原理的不同，可以分为机械除尘器、湿式除尘器、电除尘器和过滤除尘器等四大类。另外，声波除尘器除依靠机械原理除尘，还利用了声波的作用使粉尘凝集，故有时将声波除尘器分为另一类。机械除尘器还可分为重力除尘器、惯性力除尘器和离心除尘器。

近年来，为提高对微粒的捕集效率，出现了综合几种除尘机制的新型除尘器，如声凝聚器、热凝聚器、高梯度磁分离器等。但目前大多仍处于试验研究阶段，还有些新型除尘器由于性能、经济效果等方面原因不能推广应用。

2. 除尘器的防尘机理及使用范围

常用除尘器的除尘机理及适用范围见表 3-7。

表 3-7　常用除尘器的除尘机理及适用范围

除尘装置	除尘机理								适用范围
	沉降作用	离心力作用	静电作用	过滤	碰撞	声波吸引	折流	凝集	
沉降室	○								烟气除剂、磷酸盐、石膏、氧化铝、石油精制催化剂回收
挡板式除尘器					○		△	△	
旋风式除尘器		○			△			△	
湿式除尘器		△	○		○		△	△	硫铁矿焙烧、硫酸、磷酸、硝酸生产等
电除尘器			○						除酸雾、石油裂化催化剂回收、氧化铝加工等
过滤式除尘器				○	△		△	△	喷雾干燥、炭黑生产、二氧化钛加工等
声波式除尘器					△	○	△	△	尚未普及应用

注：○为主要机理；△为次要机理。

表 3-8 列出了主要除尘设备的优缺点，便于比较和选择。

表 3-8　主要除尘设备的优缺点

除尘器	原理	适用粒径/μm	除尘效率(%)	优点	缺点
沉降式	重力	100~50	40~60	造价低、结构简单、压力损失小、磨损小、维修容易、节省运转费用	不能除小颗粒粉尘，效率较低
挡板式	惯性力	100~10	50~70	造价低、结构简单、处理高温气体、几乎不用运转费用	不能除小颗粒粉尘，效率较低
旋风式分离器	离心式	5~3	50~80 10~40	设备较便宜、占地小、处理高温气体、效率较高、适用于高浓度烟气	压力损失大，不利于湿、黏气体，不适于腐蚀性气体
湿式除尘器	湿式	1左右	80~99	除尘效率高，设备便宜，不受温度、湿度影响	压力损失大，费用较高；用水量大，有污水需要处理；容易堵塞
过滤除尘器（袋式除尘器）	过滤	20~1	90~99	效率高、使用方便、适用于低浓度气体	容易堵塞，滤布需要替换，操作费用高
电除尘器	静电	20~0.05	80~99	效率低，适用于处理高温、低浓度气体；压力损失小	设备费用高；粉尘黏附在电极上时，对除尘有影响，效率降低；需要维修费用

“气象泰斗”叶笃正

思　考　题

1. 结合你所在的（或熟悉的）城市的现状，分析城市热岛效应的成因及影响因素。
2. 除了课本的介绍，你认为各类废气排放的管理措施还有哪些？

第四章　水环境影响与防治

第一节　水资源与水体污染

一、水体及水体污染

（一）水资源概况

水与水资源并不是同一概念，水资源是指地球水中可供人类利用的那部分，即陆地上由大气降水补给的各种地表、地下淡水体的存储量和动态水量。地表水包括河流、湖泊、冰川等，其动态水量为河流径流量，地表水资源由地表水体的储存量和河流径流量组成。地下水的动态水量由降水深入和地表水深入补给量组成。水资源虽然是指可资利用或有可能被利用的水源，但这个水源应具有足够的数量和合适的质量，并满足某一地方在一段时间内具体利用的需求。从表4-1可以看出，水资源的可利用量不到1%，仅是河流、湖泊等地表水和地下水的一部分。地球上的水，尽管数量巨大，而能直接被人们生产和生活利用的却很少。

表4-1　地球水资源分布及分配表

水的类型	水量/km^3	占总储量(%)	占淡水的储量(%)
海洋	1320000000	97.2	—
淡水湖	125000	0.009	0.33
盐湖和内海	104000	0.008	—
河流	1250	0.0001	0.003
土壤水	67000	0.005	—
地下水	8350000	0.61	22.2
冰冠和冰川	29200000	2.15	77.5
大气水	13000	0.001	0.03
合计	1357860250	100	100

当今世界面临的人口、资源、环境、生态等四大问题，水资源和它们有密切的联系，因此水资源已成为世界各国关心的一个重要问题。随着人口的增长、经济的发展，以及人类生活水平的提高，人类社会对水的需求日益增长，不少国家和地区已经发生了不同程度的水资源危机，水资源短缺已成为不亚于能源和粮食紧张的严重问题。据联合国发表的《对世界淡水资源的全面评估》报告，缺水问题将严重制约21世纪全球的经济和社会发展，并可能导致国家间的冲突。目前，世界上约有五分之一的人口面临中高度到高度缺水的压力。到2025年，世界人口将增至83亿，除非更有效地使用淡水资源，控制河流和湖泊污染，以及更多地利用净化后的废水，否则全世界将有三分之一的人口受到高度缺水的压力。我国的水资源是比较丰富的，约为2.8亿m^3，居世界第6位，但由于人口众多，人均水量仅为世界人均水量的1/4，且水资源在空间上分布很不均匀，占全国土地面积63.7%的北方，其水资源仅占全国水资源的14.4%，而占全国土地仅为36.5%的南方，水资源却占总量的81%。因此，正确认识我国水资源的特点，合理开发利用，防止水污染，保护水资源已成为刻不容缓的任务。

（二）水体及水体污染

水体一般指河流、湖泊、沼泽、水库、地下水、冰川、海洋等地表处水体的水本身及水体中的悬浮物、溶解物质、底泥，甚至包括水生生物等。从自然角度看，水体指地表水覆盖地段的自然综合体。水体可以按类型划分，也可以按区域划分。按类型划分时，可将地表水分为海洋水体和陆地水体；按区域划分的水体，是指某一具体的被水覆盖的地段，如太湖和洞庭湖是两个不同区域的水体。水体划分的目的在于更好地研究和利用这些不同类型、不同区域的水体。

水，由于受到外界各种复杂因素的影响，通常是不纯净的，在水的流动和循环中会带入物理、化学和生物的成分，使得水的感官性状（如色度、味、浑浊度等）、物理化学性能（如温度、电导率、氧化还原电位、放射性等）、化学成分（有机物和无机物）以及水中的生物组成（种群、数量）均有差异。由于人类生产和生活活动，不可避免地有污染物排放，这些污染物质会通过不同的途径进入水体，进而改变水体的组成。当污染物进入水体后，其含量超过水体的自然净化能力（简称水体自净能力），使得水质变坏，水的用途受到影响，这种情况就称为水体污染。在水体污染的研究中，将水与水体加以区别是十分重要的。水的结构、特性和水的循环运动等，无疑对人类生活及环境有重大作用和影响。但很多污染物质在水中的迁移转化是与整个水体密切联系在一起的，仅仅从水着眼往往会得出错误的结论，对污染预防和治理产生误导。

水污染是当前世界上突出的环境问题之一。水污染是外来污染直接进入水体的数量达到破坏水体原有用途的程度的污染。随着人类生产、生活活动的不断扩大与增强，水体的污染程度有日益恶化的趋势。不少国家的河流、湖泊、海湾和地下水出现污染，甚至发展为严重污染。水体的污染程度可分为以下五级：

一级：水体水质良好，符合饮用水、渔业用水水质标准。

二级：水体受污染物轻度污染，符合地面水水质卫生标准，可作为渔业用水，经处理之后可作为饮用水。

三级：水体污染较严重，但可以作为农业灌溉用水。

四级：水体受到重污染，水体中的水几乎无使用价值。

五级：水体受到严重污染，水质已超过工业废水最高允许排放浓度标准。

造成水体污染的原因是水体（包括降水、地面水、地下水）受到人类、自然因素或因子（物质或能量）的影响（主要是人类污染物排入水体），使水体的感观性状、物理化学性能、化学成分、生物组成及基底质状况恶化。水污染的发生和过程取决于污染物、污染源及承受水体三方面的特征及其相关作用和关系。水污染可以分为自然污染和人为污染两大类。

1. 自然污染

自然污染是指自然因素产生的污染，如降水对各种矿石的溶解作用和对大气的淋洗作用，以及地表径流携带各种污染物进入水体而形成的污染。一般来说，自然污染只发生在局部地区，因此危害也往往具有地区性。

2. 人为污染

人为污染是指人类在生产和生活中产生的“三废”对水源的污染，其中工业废水是造成水体污染的主要污染源。人类活动造成的水质污染首先从住宅区开始，并因人口的增长而急剧增加。化学物质从地方到地区，乃至全球，污染影响的范围也不断扩大。起初，有机废物的污染和灌溉系统的盐碱化是主要问题，现在人们关心的是悬浮物、重金属、放射性废物、硝酸盐和有机微量污染物以及湖泊和河流酸化与湖泊、沿海岸及海湾水体的富营养物问题。

水体污染源于人类的生产和生活活动。人们把向水体排放或释放污染物的来源和场所称为水体的污染源。根据来源不同分类，污染源可分为工业污染源、生活污染源、农业污染源三大类。

（1）工业污染源　各种工业生产中所产生的废水排入水体就成了工业污染源。不同工业产生的工业废水中所含污染物的成分有很大差异。

冶金工业（包括黑色冶金工业、有色冶金工业）所产生的废水，主要有冷却水、洗涤水和冲洗水等。冷却水（分为直接冷却水和循环冷却水）中的直接冷却水由于与产品接触，其中含有油、铁的氧化物、悬浮物等；洗涤水为除尘和净化煤气、烟气用水，其中含有酚、氯、硫氰酸盐、硫化物、钾盐、焦油悬浮物、氧化铁、石灰、氟化物、硫酸等；冲洗水中含有酸、碱、油脂悬浮物和锌、锡、铬等。在上述废水中，含氰、酚的废水危害最大。化学工业废水的成分很复杂，常含有多种有害、有毒甚至剧毒物质，如氯、酚、砷、汞等。虽然有的物质可以降解，但其可通过食物链在生物体内富集，仍可造成危害，如多氯联苯等。此外，化工废水中有的具有较强的硬度，有的则具有较强的碱性、pH 不稳定，对水体的生态环境、建筑设施和农作物都有危害。一些废水中含氯、磷均很高，易造成水体富营养化。

电力工业中，电厂冷却水则是热污染源。炼油工业中大量含油废水排出，由于排放量大，超出水体的自净能力，形成油污染。

由此可见，工业污染源向水体排放的废水具有量大、面广、成分复杂、毒性大、不易净化、处理难的特点，是需要重点解决的污染源。

（2）生活污染源　生活污染源主要是指城市居民聚集地区所产生的生活污水，这种污染源排放的多为洗涤水、冲刷物所产生的污水，主要由一些无毒有机物（如糖类、淀粉、纤维素、油脂、蛋白质、尿素等）组成，含氮、磷、硫较高。在生活污水中还含有相当数量的微生物，其中一些病原体如病菌、病毒、寄生虫等，对人的健康有较大危害。

(3) 农业污染源 农业污染源包括农业牲畜便、污水、污物、农药、化肥、用于灌溉的城市污水、工业污水等。农田施用化学农药和化肥，灌溉后经雨水将农药和化肥带入水体，造成农药污染或富营养化，使灌溉区、河流、水库、地下水出现污染。此外，地质溶解作用以及降水淋洗也会使诸多污染物进入水体。农业污染源的主要特点是面广、分散、难于收集、难于治理，含有机质、植物营养素及病原微生物较高。

二、水体污染指标

河水和受纳水体的物理、化学、生物等方面的特征是通过水污染指标来表示的，水污染指标又是控制和掌握污水处理设备的处理效果和运行状态的重要依据。

关于水污染指标的检测方法，国家已有明确的规定，检测时应按国家规定的方法或公认的通用方法进行。由于水污染指标数目繁多，在水污染控制工程的应用中，应根据具体情况选定。现就一些主要的水污染指标分别进行介绍。

(一) 悬浮物

水体中悬浮物的含量是水质污染程度的基本判断指标之一。悬浮物是指在水中呈悬浮状态的固体物质，它包括无机物和有机物，如不溶于水的淤泥、枯叶、微生物等。悬浮物直径一般小于 2mm，含量用每升水样中含有多少毫克悬浮物来表示，记为 mg/L。

悬浮物是造成水质浑浊的主要原因，其浓度越高，表示水质受到的污染越严重。水体被悬浮物污染后会降低光的穿透率，减弱水的光合作用，并妨碍水体的自净作用。含有大量悬浮物的废水不得直接排入天然水体，以防止悬浮物形成河底淤泥。由于悬浮物中有一部分是有机物，大量的排入水体的悬浮物在水中微生物的呼吸作用下，会使溶解氧的含量大大减少，也容易使水体变黑、变臭。

水中悬浮物浓度的测定方法是，将待测的水样用 0.45μm 的滤膜进行过滤，把过滤下来的残渣在 103~105℃的条件下烘干后称重，最后用烘干后得到的残渣的质量与水样体积相除，这就是该水样的悬浮物浓度。

(二) 有机物污染

有机物的污染种类有很多，用现有分析技术难以将它们准确地加以区分和定量。因此，为了简单起见，对水中的有机物的分析，目前采用综合指标的方法来表示。这些综合指标的基础就是：在微生物的作用下，如果水中存在溶解氧，微生物分解有机物就要消耗水中的溶解氧，那么就可以用水中的溶解氧减少的量来间接表示水体受有机物污染的状况。常用间接表示水中有机物污染的指标是生化需氧量（BOD）和化学需氧量（COD）。

1. 生化需氧量（BOD）

生化需氧量是指水中有机物在好氧微生物的作用下，分解成稳定状态的无机物时所需要的氧量，用 mg/L 来表示。其数值越大，表示有机物污染的程度越高。这是一种间接表示水被有机污染物污染程度的指标，首先是借助微生物来表示，但也不是直接用微生物，而是通过微生物代谢作用所消耗的溶解氧来表示。

由于水中有机物的生物氧化过程与水的温度和氧化时间有关，所以测定生化需氧量必须按规定的水温和时间进行。一般规定在 20℃的条件下，连续培养 5d 之后，测定水中溶解氧的消耗量，所测得的生化需氧量用 BOD_5 表示。由于生化需氧量是以微生物降解有机物时消耗的氧量为基础的，因此当水中的有机物易于生物降解时，就可测得生化需氧量，但当水中的有机物为不易于生物降解时（如目前为数不少的人工合成有机物），就测不出生化需氧量。当水中有机物主要是微生物不易降解的或对微生物有毒性的物质，就会出现虽然水中有机污染物浓度很高，但测得的生化需氧量却可能很低的情况。此时，可能会使人们判断水的污染情况产生错觉。这也是生化需氧量作为水中有机污染物的指标在运用时存在的缺陷。因此，在很多情况下，还要用化学需氧量指标来表示有机污染物的浓度。

2. 化学需氧量（COD）

化学需氧量是指用化学氧化剂在酸性条件下，将水中有机污染物氧化为 CO_2、H_2O 等所消耗的相当于氧的量，该指标的单位是 mg/L。与生化需氧量类似，化学需氧量数值越大，表示水中有机物含量越高，受到的污染程度也越高。化学需氧量测定中常用的氧化剂是重铬酸钾和高锰酸钾。目前测定中用得最多的氧化剂是重铬酸钾，测得的化学需氧量用 COD_{Cr} 表示。由于化学氧化剂的氧化能力强，水中存在的有机物能够比较完全地被氧化，用化学需氧量表示水中的有机物就相对准确。

化学需氧量的监测分析时间短，只需数小时，而生化需氧量的测定则需 5d，省时是采用化学需氧量指标的主要优点。但是化学需氧量只能反映有机物的含量，无法像生化需氧量那样表示出微生物可降解的有机物的含量，因此用化学需氧量不能直接从卫生学的角度来说明水的污染情况。从数值上讲，化学需氧量要大于生化需氧量，两者之差基本上等于难于生物降解的有机物的量。

对于水质成分相对稳定的废水，生化需氧量与化学需氧量有一定的相关关系。从化学需氧量的数值可以大致了解生化需氧量的数值。通常也用生化需氧量与化学需氧量的比值（COD_5/COD_{Cr}）作为废水是否适合采用生物处理的衡量指标。这一比值越大，表明水中可以被微生物降解的有机物就越多，污水就越适合用生物处理的方法进行净化。一般认为，这一比值大于 0.3 时，污水就适合采用生物处理的方法进行处理。

除了上面这两个表示水中有机物的指标外，还有其他几个指标用于表示水中有机物，如总有机碳、总需氧量等。总有机碳（TOC）这一指标表示水体中有机污染物总碳的含量，其测定结果以碳（C）含量表示。总需氧量（TOD）是将水中有机物在 900℃ 高温下燃烧，确定出燃烧消耗的氧量，测定结果用氧（O）含量表示。

3. 溶解氧

溶解氧是指溶解于 1L 水中的分子氧的含量，用毫克（氧）/升（mg/L）表示。它是衡量水体污染程度的重要指标，是水环境监测中必不可少的一项指标。在没有污染的水体中，溶解氧是处于饱和状态的。例如，1 个标准大气压（1.01×10^5Pa）下，温度为 0℃ 的淡水中溶解氧的含量是 10mg/L，在 20℃ 时，为 6.1mg/L，海水中的溶解含量约为淡水溶解氧含量的 80%。

溶解氧是鱼类等水生生物和好氧微生物生存、生长的基本条件，当溶解氧的含量低于 4.0mg/L 时，鱼类等水生生物就难以生存。水被有机物所污染后，在有氧的条件下，好氧微生物能分解有机物，同时消耗水中的溶解氧，当水生植物的光合作用和大气向水体中补充氧的速度小于好氧微生物消耗氧的速度时，水体中的溶解氧的含量就会变得很少，水体逐渐发臭、变黑。因此，水体中溶解氧的含量越少，表明水体受污染的程度越高。

4. pH 值

pH 值是反映水的酸碱度的一项指标。对 pH 值的监测和控制对维护污水处理设施的正常运行、防止污水处理及输送设备的腐蚀、保护水生生物的生长和水体自净功能都有着重要的作用。

工业废水中排放大量的酸性或碱性废水，雨水淋洗受污染空气中的二氧化硫而产生酸雨等，都会污染水体。酸、碱污染水体，使水体的 pH 值发生变化，这会破坏自然水体的缓冲能力，抑制微生物的生长。如长期遭受酸、碱的污染会使水质逐渐恶化，周围土壤酸化。水的 pH 值过高或过低，都表明水质受到污染。不仅不能饮用，而且不适用于渔业和农田灌溉。测定水中的 pH 值一般用酸度计直接测定。

5. 氮、磷等植物性营养物质

氮、磷等物质主要来自于人、动物的排泄物，以及一些工厂排放的废水，如化肥厂、食品厂排出的废水中均含有氮、磷，氮、磷属植物性营养物质，是造成水体富营养化现象的主要因素。

天然水体中氮和磷的含量，尤其是磷的含量，在一定程度上是水中浮游生物数量的控制因素。天然水体接纳了含有氮、磷等营养物质的废水后，水中营养物质增多，促使水生植物及藻类旺盛生长。水体中的藻类通常是以绿藻为主，蓝藻的大量出现就是富营养化的征兆。随着富营养化的发展，水体中的藻类变为以蓝藻为主。藻类繁殖迅速、生长周期短，藻类和其他浮游生物死亡之后，首先被好氧微生物分解，并不断消耗水中的溶解氧。随着溶解氧减少，厌氧微生物参与分解的比例逐渐增加，不断产生硫化氢等恶臭气体，使水质恶化，同时鱼类和其他水生生物大量死亡。藻类和其他浮游生物的残体在腐烂的过程中，又把生物所需的氮、磷等营养物质释放入水体，供新的一代藻类等生物利用。富营养化了的水体，即使水体没有外界营养物的来源，水体也很难自净而恢复到正常状态。由于藻类不断得到营养物质，就可以大量地繁殖下去，死亡的藻类残体沉入水底，水体就逐渐变浅，直到成为沼泽。

上述的过程就是富营养化过程，许多研究人员的研究得出，水体中氮、磷等物质浓度的升高是藻类大量繁殖的原因。由于水生植物大多具有从大气中摄取氮源的固有功能，因此水体中磷的含量是富营养化的关键因素。影响藻类生长的物理、化学和生物因素（如阳光、营养盐类、季节变化、水温、水的 pH 值以及生物本身的相互作用关系）是极其复杂的，所以很难预测藻类生长的趋势，定量地给出富营养化的指标难度较大。目前，一般采用的指标是：水体中氮的浓度超过 0.3mg/L；磷的浓度超过 0.02mg/L；BOD_5 的浓度超过 10mg/L；pH 值为 7~9 的淡水中细菌总数超过 10 万个/mL，表征藻类数量的叶绿素的含量大于 10μg/L。

针对氮、磷的污染问题，我国制定了严格的排放规定，如从 1998 年开始，城市污水处理厂磷的排放量不得超过 1.0 mg/L，此外对工业企业污水中磷的排放也做出了相应的规定。

6. 有毒物质

有毒物质是指当达到一定浓度后，对人体健康或水生生物的生长造成危害或毒害的物质。随着人类生产力水平的提高，生产过程中排出的废水中的组成成分日益复杂，其中有毒物质的种类和数量也不断增加。尤其是在工业生产中，新产品的涌现伴随着新的污染物质的出现，特别是一些人工合成有毒污染物的出现。

有毒物质的特点主要是：难于在自然环境中降解，在环境中残留的时间长；具有生物的积累性，一旦进入生物体内难以排出体外，积累到一定的程度后，对生物体会产生毒性影响。这些有毒物质还有所谓的“三致”作用（即致癌作用、致畸作用、致突变作用），对人体的健康和环境构成潜在的威胁。虽然在排放污水的污染物中有毒物质所占的比例相对较小，但其对人体和环境的影响是很大的。

有毒物质常分为两大类，即无机有毒物质和有机有毒物质。无机有毒物质中常见的有：氰化物、砷化物及汞、铬、铅、锌、铜、钴等，其中汞、铬、镉、铅、氰化物、砷化物被国际上公认为“六大毒性物质”。面对有毒物质对环境影响大的问题，世界上许多国家都对有毒有害物质加强了控制，对产生有毒有害物质的企业，要求排放的污水达到标准后才能排放。

7. 大肠菌群数

大肠菌群数是污水水质分析中常用的细菌学指标，用单位体积水中的大肠菌群个数表示，单位为个/L。

大肠菌群包括大肠杆菌等几种大量存在于人体肠道中的细菌，因此粪便中存在大量的大肠菌群。在一般情况下，大肠菌群属于非致病菌。如果在水样中检测出大肠菌群，表明水被粪便所污染。由于水致传染病菌和病毒的生长环境与大肠菌群基本相同，而对水致传染病菌和病毒的检测又比较困难，因此通常用大肠菌群作为间接的检测指标。如果水中的大肠菌群个数超过规定的指标，就认为这些水中可能含有导致传染的病菌和病毒，如果人体直接接触这些水就可能会被传染上疾病。

第二节　水体污染的检测分析

一、水体污染的检测项目

由于污染物质的特性和环境条件的差异，在不同的水体中，有害物质的种类和浓度千差万别，但在实际监测工作中，受人力、物力及其他条件的制约，不可能也没有必要不分污染物质的主次和危害程度的大小全部进行监测。

对水环境污染监测项目的选择，可参考表 4-2，并按下列顺序选择：

1）首先选择国家和地方水环境质量标准中所要求控制的污染物质。

2）根据污染物的性质，选择危害大、影响范围广的污染物质。

3）选择有可靠分析方法及相应监测手段的污染物质。

4）对本地区有特殊需要和影响的污染物质。

表 4-2　地表水体的污染监测项目

水体	必测项目	选测项目
河流水体	水温、pH 值、悬浮物、总硬度、电导率、BOD_5、COD、氨氮、亚硝酸、硝酸盐氮、挥发性酚、氰化物、砷、汞、六价铬、铅、镉、石油类等	硫化物、氟化物、氯化物、有机氯农药、有机磷农药、总铬、铜、锌、大肠菌群、总 α 放射性活度、总 β 放射性活度、铀、镭
饮用水源	水温、pH 值、浑浊度、总硬度、BOD_5、COD、氨氮、硝酸盐氮、挥发性酚、氰化物、砷、汞、六价铬、铅、镉、氟化物、细菌总数、大肠菌群等	锰、铜、锌、阳离子洗涤剂、硒、石油类、有机氯农药、有机磷农药、硫酸根、碳酸根等
湖泊水库	水温、pH 值、悬浮度、总硬度、透明度、总磷、总氮、BOD_5、COD、挥发性酚、氰化物、砷、汞、六价铬、铅、镉等	钾、钠、藻类（优势种）、浮游藻、可溶性固体总量、铜、大肠菌群等
排污河（渠）	根据纳污情况	根据纳污情况

工程上对水环境监测的主要项目有：COD、石油类、悬浮物、pH 值、高锰酸钾指数、溶解氧等。

二、水体污染的分析方法

水体污染的分析方法是确定各类水体中各种杂质的种类和数量，根据水环境污染物的特征及监测项目的内容，主要从化学、物理、生物三个方面进行。

（一）物理和化学分析法

物理分析法是在水样中污染物质不发生化学变化的条件下，确定其污染物质的存在及含量，一般使用光学、电学、力学等方法进行。

化学分析法是使污染物质参与化学反应，如产生颜色、放出气体、发生沉淀等，根据它的反应和变化来确定污染物质的种类和含量。

在化学分析方面，近几年来发明了许多选择性较好的试剂和掩蔽剂等，能提高测定的特效性和灵敏度，减少分析操作的步骤，加快分析的速度。另外，随着科学技术的发展，新型、高灵敏度的仪器不断涌现，有效地提高了分析方法的快捷程度和灵敏度。电子工业和真空技术使许多物理方法逐渐渗透到分析化学中来。激光技术在可见光分光广度分析、原子吸收分光广度分析和液相色谱分析等方面得到广泛应用。傅里叶变换技术的引入使得电化学、红外光谱与核磁共振分析技术的面貌焕然一新。各种方法的联合使用，如色谱—质谱联用等也解决不少新问题。电子技术的使用，扩大了分析方法的应用范围，提高了分析的准确度，也简化了分析步骤。计算机与分析仪器的联用不仅可以自动快捷获得数据，还可以控制分析工作的程度和仪器的操作条件，使分析过程自动化，大大提高了分析工作的水平，降低了测试人员的劳动强度。目前，化学分析法和辅以光谱及色谱仪器的物理分析在水质监测中得到广泛运用。

（二）生物监测分析法

水体生物学监测是研究各类水中污染物质对水生生物群落结构和功能的影响，测定水中各种污染物质长期综合影响的结果。各类天然水体的水域是由栖息生物和水体环境共同组成的复杂、动态平衡的生态平衡系统。污染物质进入各类水体后，水体环境的变化必然引起栖息生物种类和数量上的相应变化，通过一定的时间达到新的平衡。不同污染状况的水体存在着不同种类和数量的化学和生物特征，人们可以根据污染水体中的化学和生物特征来确定污染物质的种类和浓度，并划出一些指示性生物作鉴定标志，这种方法一般称之为污水化学和生物体系法。

一般的水体污染监测方法只能表明污染水体中采样瞬时的各单一污染物质的含量和危害，无法反映各种污染物质的综合影响和水体污染的历史演变情况，而生物监测方法在这方面却有独特作用。它具有综合性、长期性和灵敏性三大特征。

水质监测常用的分析方法见表 4-3。

三、水体的自净作用

水体自净是指对于受到污染的水体，在一定的时间内，通过自然的物理、化学和生物等作用，污染程度逐渐降低。在水体自净的限度内，水体本身就像一座天然的污水处理厂。但水体的自净能力是有限的，超过一定的范围之后，水体仍然会被污染。

表 4-3　水质监测常用的分析方法

监测项目	检测方法	监测项目	检测方法
pH 值	玻璃电极法	生物需氧量	稀释与接种法
溶解氧	电化学探头法、碘量法	铜、锌、铅、铬	原子吸收分光光度法
悬浮物(SS)	重量法	氨氮	纳氏试剂比色法
化学需氧量(COD)	重铬酸盐法	侵蚀性二氧化碳	甲基橙指示剂滴定法
氯化物	硝酸银滴定法	酸度	酸度指示剂滴定法
氟化物	离子选择电极法	碱度	酸碱指示剂滴定法
石油类	红外光度法	钾、镍	火焰原子吸收分光光度法
甲醛	乙酰丙酮分光光度法	钠	火焰原子吸收分光光度法

水体的自净作用主要包括物理自净过程、化学自净过程和生物自净过程三种自净过程。

（一）水体的物理自净过程

水体的物理自净过程包括污染物在水体中的混合稀释、沉淀及挥发等。水体的物理自净能力及其效果受到许多因素的影响，如污水中污染物的性质和浓度，污水在河流中所流经的距离，水体的水文、水温条件等。例如，当水体的流量比较大时，排入可溶性或胶体悬浮性有害污染物后，通过水体的稀释，水体的整体并未超过污染的程度，此时水体就未受到污染。当污水中的污染物是密度比水大的固体颗粒时，那么这些固体颗粒依靠本身的自重，可沉到水体底部，而使水体得到净化。

污水排入河流与水流逐渐混合均匀。若污染物以浓度 C_1 和流量 q 进入河流，河流的流量为 Q，河水中污染物的原有浓度为 C_0，由于河水对污染物的浓度有稀释作用，污水排入河流并完全混合后的平均浓度可由下式计算

$$C_2=\frac{QC_0+qC_1}{Q+q} \tag{4-1}$$

上式是工程上常用的一种近似计算方法，为了精确计算某一断面的污染物浓度，需要考虑河流的流体动力学与污染物的关系。

（二）水体的化学自净过程

水体的化学自净过程包括氧化、还原、中和、化合、凝聚、吸附等过程。这些过程可使部分污染初始的形态发生变化，数量减少。例如，排入水体的废水污染物为二氧化铁时，可溶的二氧化铁可以转化为不溶解的三氧化铁。又如，铝的氧化物可以吸附悬浮性胶体物质，将这些不易沉淀的污染物由水中去除。化学自净过程的速度取决于废水中的污染物性状和水体的情况，如水体的流动情况以及水温等。

（三）水体的生物自净过程

水体的生物自净过程就是在有溶解氧存在的条件下，通过水体中大量存在的微生物的作用，将排入水体的有机污染物氧化分解为简单的无害污染物（如水、二氧化碳和某些盐类等物质），使水体得以净化。各类水体都有一定的生物自净能力，自净过程与水体中氧的消耗及溶解状况、微生物种类和数量及水温、水文条件、污物性质及浓度有关。

1. 水体中氧的消耗及溶解

污水进入水体后，污水中的有机物在微生物的作用下进行氧化分解，这时需要消耗一定

数量的氧。由于需氧性降解而消耗水中的溶解氧，称为耗氧。空气中的氧气溶于水中，称为复氧。

（1）有机物质的耗氧速率　生化氧化过程可以分为两个阶段，第一阶段主要为含碳有机物的氧化，这个过程将随水温和油污的浓度不同而持续数日。第二阶段是含氮有机物的氧化，也称硝化过程，硝化过程持续的时间可长达40～50d。人们关心的是在微生物的参与下有机物的第一阶段氧化，污水经过氧化以后就不会再腐败。有机物的生化氧化速度与有机物的浓度成正比，而与用于氧化的氧数量无关。

能被生化氧化的有机物物质浓度，以氧化时所消耗的氧的数量表示，即生化需氧量（BOD），有机物的耗氧速率由下式表示

$$\begin{cases} -\frac{\mathrm{d}L}{\mathrm{d}t}=K_1L \\ L_t=L_0\mathrm{e}^{-k_1t} \end{cases} \tag{4-2}$$

式中　L——水体BOD浓度；

K_1——有机物耗氧常数（1/d）；

L_t——时间为t时，单位体积废水中的生化需氧量（BOD_t）（mg/L）；

L_0——时间为零时，也就是起始点（排放口处）的有机物浓度，第一阶段完全需氧量（BOD_u）表示（mg/L）。

对于不同的废水，常数K_1具有不同的数值，可由实验方法求得。K_1与温度有关，温度不变时被视为常数。若已知20℃时的K_1值，可用下式计算其他温度下的$K_{1(T)}$值

$$K_{1(T)}=K_{1(20)}\theta^{T-20} \tag{4-3}$$

式中　T——水体温度；

θ——温度系数，当$T=4\sim20$℃时，$\theta=1.135$，当$T=20\sim30$℃时，$\theta=1.056$。

（2）水体的复氧速率　水体的自净必须从空气中不断得到氧气补充才能进行。复氧过程与水中的亏氧量（饱和溶解氧和实测溶解氧的差值）成正比。河流的复氧速率用下式表示

$$\frac{\mathrm{d}D}{\mathrm{d}t}=-K_2D \tag{4-4}$$

式中　D——亏氧量，$D=C_S-C$；

C_S——饱和溶解氧浓度（mg/L）；

C——河流中实际溶解氧浓度（mg/L）；

K_2——复氧常数，其取值见表4-4。

表4-4　复氧常数K_2的值

水体类型	20℃时的K_2值	水体类型	20℃时的K_2值
池塘水和受阻回流的水	0.043～0.1	正常流速的大河	0.2～0.3
迟缓的河流和大湖	0.1～0.152	流动快的河流	0.3～0.5
低流速的大河	0.152～0.2	急流和瀑布	>0.5

水体的复氧常数K_2可实测，也可按表4-4估计，其他温度的K_2值可由式（4-5）估算。

$$K_{2(T)}=K_{2(20)}\times 1.024^{T-20} \tag{4-5}$$

（3）氧垂曲线模式　当污水排入受纳河流后，污水中的有机物因生物作用而消耗河水中的溶解氧，同时大气中的氧不断溶入河水中。污水排放口下游河水中的溶解氧浓度（C）随流行距离而不断变化。河水中溶解氧在复氧共同作用下的变化速率由下式表示

$$\frac{dC}{dt}=-K_1L+K_2(C_S-C) \tag{4-6}$$

开始时，由于有机物浓度总生化需氧量（BOD_u）较高，耗氧速率大于复氧速率，河水中的溶解氧不断减少。随着有机物被微生物不断降解，BOD_u 不断减小，耗氧速率也随之减少。在某一点耗氧速率等于复氧速率，这点称为临界点。从起点到临界点的流行距离称为临界距离，流行所需要的时间称为临界时间。河水流过临界点后，耗氧速率小于复氧速率，此后河水中的溶解氧会不断增加。假如没有新的污染，溶解氧会恢复到受污染前的状态。以纵坐标表示溶解氧，横坐标表示流行距离，所绘制的曲线称为氧垂曲线（图 4-1）。

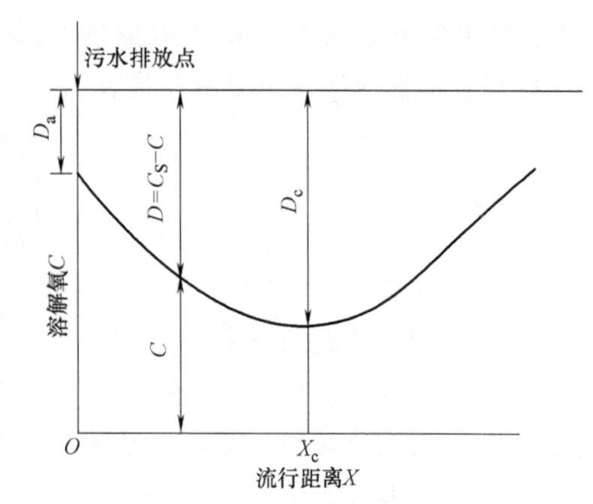

图 4-1　氧垂曲线图

经推导，污水排放点下游任意时间 t 的亏氧量以氧垂曲线方程表示为

$$D=\frac{K_1L_0}{K_2-K_1}(e^{-K_1t}-e^{-K_2t})+D_ae^{-K_2t} \tag{4-7}$$

式中　D——时间为 t 时的亏氧量（mg/L）；

D_a——在污水排放点处时间 $t=0$ 时的亏氧量（mg/L）。

临界时间 t_c 由下式求得

$$t_c=\frac{1}{K_2-K_1}\ln\frac{K_2}{K_1}\left[1-\frac{D_a(K_2-K_1)}{K_1L_0}\right] \tag{4-8}$$

临界点处的亏氧量 D_c 为

$$D_c=\frac{K_1}{K_2}L_0e^{-Kt_c} \tag{4-9}$$

以上公式只考虑了污水排入河流后，生物降解耗氧与空气复氧两种因素对河水中溶解氧的影响，没有考虑藻类光合作用的产氧及其呼吸耗氧、污泥沉淀和水流的离散作用等影响，该方法为工程上常用的一种粗略的计算方法。

2. 水中的微生物

在水中微生物摄取污水中的有机物作养料的过程中，将有机物的一部分变成微生物本身的细胞，并提供合成细胞的维持生命的能量，一部分有机物变成废物排出。当水中溶解氧很充足时，一部分有机物就可以通过微生物的作用变成水和二氧化碳气体以及无机盐类排出。如果水中的氧气不足，将产生厌氧分解。厌氧微生物不断分解污水的有机物，提供本身合成细胞维持生命的能量，排出含有臭味的气体。因此，它受存在于水中的微生物的数量和种类的影响。如果水中存在对微生物有毒的物质，则微生物的活动也会受到阻

碍，自净能力降低。

第三节　水污染防治途径及治理技术

一、水污染防治途径

控制水污染的基本途径就是降低污、废水的污染程度和提高受纳污水、废水水体的自净能力。由于受纳水体的自净能力是有限的，一般采用降低污水、废水的污染程度来控制水污染的发生。要控制和进一步消除水的污染，必须从控制废水的排放入手，将“防”“治”“管”三者结合起来。有效防治水污染的主要途径有：

1）改革生产工艺，减少和压缩排污量。优先采用技术先进、经济合理、无污染或少污染的新工艺、新技术，从根本上杜绝或降低水污染的发生。

2）提高水的循环利用率，降低单位产品的排污量。这样不仅节约水资源，而且降低了废水的污染。

3）加强废水的处理，使排放的废水必须满足排放标准的要求。针对不同的水污染物，采用技术先进、经济合理的污水处理技术，减少污水对环境的不良影响。对于一些难处理的废水要加强研究可行的治理技术，大力推广高效、低耗、经济的废水处理技术。

4）加强管理，减少污染。一方面，从废水产生的工艺环节入手，严格控制操作条件，加强生产过程中的监督，同时降低生产原材料的消耗，将有助于降低废水污染的程度；另一方面，强化环境治理，制定环保责任制度，防止生产过程中的“跑、冒、滴、漏”，推广清洁生产和清洁工艺，在生产过程中有意识地减少污染物。

二、水污染治理技术

污水治理技术就是采用各种方法将污水中所含的污染物质分离出来，或将其转换为无害和稳定的物质，从而使污水得以净化。

（一）污水治理方法的分类

污水治理的主要方法虽然种类繁多，但归纳起来，主要有物理法、化学法、物理化学法和生物法。

1. 物理法

物理法主要是利用物理作用分离或回收废水中的悬浮物质。物理法操作简单、经济，常用的有沉淀法、离心分离法、过滤法、气浮法等。

（1）沉淀法　沉淀法是利用废水中悬浮物自身的重力分离废水中的悬浮杂质的一种方法。沉淀池是分离悬浮物的主要构筑物。当含有大量悬浮物的废水进入沉淀池后，经过一段时间的停留，废水中的悬浮物沉降到沉淀池的底部，澄清后的废水从沉淀池的上部出水口排出。沉淀工艺广泛用于处理有大量悬浮物的各类废水。

（2）离心分离法　物体高速旋转时会产生离心力场。利用离心力分离废水中悬浮杂质的处理方法称为离心分离法。污水高速旋转时，由于水中的悬浮物和水的质量不同，所受的离心力也不相同，质量大的悬浮物颗粒被抛向外侧，质量小的水被推向内侧，将水和悬浮物从各自的排出口排出，从而使废水得到净化。

(3) 过滤法　利用过滤介质截留废水中的悬浮物的处理方法称为过滤法。根据所采用的介质的不同，过滤可分为筛滤和颗粒材料过滤两类。筛滤中最常采用的设备是格栅和筛网。

格栅是由一组平行的钢制栅条制成的框架，框架倾斜架设在废水处理构筑物前或泵站进水口的渠道中，主要用于拦截废水中的大块悬浮物，既可减轻后面的处理设备的处理工作量，又可以防止大块悬浮物对后面处理设备的损坏（图 4-2）。使用时可根据需要设置多道格栅。格栅可分为人工清除格栅和机械清除格栅两类。格栅设计主要控制流速及其水头损失。一般流速取 0.8~1.0m/s，水头损失采用 0.05~0.15m。

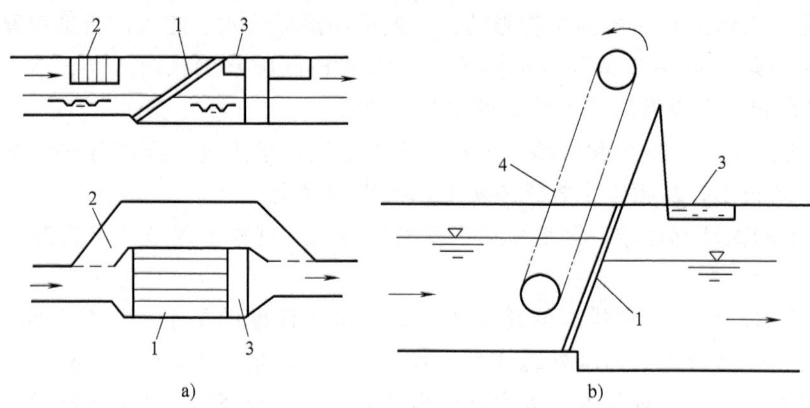

图 4-2　格栅构筑示意图

a）人工清除　b）机械清除

1—格栅　2—溢流道　3—平台　4—除渣机

网筛用金属丝或纤维丝编织而成，与格栅不同，其主要用来截留尺寸较小的悬浮物，尤其是适宜分离和回收废水中细碎的纤维类悬浮物。

颗粒材料过滤在废水处理中主要用于去除悬浮物和胶体杂质，特别是用于重力沉淀不能有效去除的微小颗粒和细菌。颗粒材料过滤对废水中的有机物也有一定的去除效果。当废水通过颗粒滤料层时，废水中的悬浮物和胶体杂质就会被截留在滤料表面和滤料内部的空隙中，废水流过滤料层后得到净化。颗粒材料过滤采用的设备是滤池。

(4) 气浮法　气浮法是固—液或液—液分离的一种方法。它是通过某种方式产生大量的微气泡，使气泡与水中密度接近于水的固体或液体黏附，形成密度小于水的气浮体，在浮力的作用下，上浮到水面，进行固—液或液—液分离。气浮法的关键是在水中通入或产生大量的微细气泡。废水处理采用的气浮法，按气泡产生的方式不同，可分为充气气浮、溶气气浮和电解气浮三类。

2. 化学法

向污水中投加某种化学物质，利用化学反应来分离、回收污水中的某些污染物质，或使其转化为无害的物质。常用的方法有中和法、化学沉淀法、氧化还原法及电解法等。

3. 物理化学法

污水的物理化学处理主要是利用物理化学作用来处理或回收废水中溶解性状态的污染物，常采用的方法有混凝法、吸附法、离子交换法、电渗析法和反渗透法等。

4. 生物法

废水的生物处理就是利用微生物的新陈代谢作用处理废水的一种方法。废水生物处理的主要目的是将废水中携带的有机污染物质通过微生物的代谢活动予以转化、稳定，使之无害。废水的生物处理实质就是将废水中含有的污染物质作为微生物生长的营养物质，使其被微生物代谢、利用、转化，使得废水得到净化。

（1）好氧微生物处理法　微生物具有很强的吸附能力，当污水中的有机物与好氧微生物接触后，在短时间内吸附了污水中的有机物。那些分子量小或溶于水的有机物直接被微生物吸收；而一部分分子量大且不溶于水的有机物，经微生物分泌的外酶作用，先分解为分子量小或溶解性的有机物，然后被微生物吸收，在内酶的作用下，微生物通过自身的生命活动——氧化、还原、合成等过程，将部分有机物氧化为简单的无机物，同时释放出微生物生长、生活需要的能量，而另一部分有机物被分解后则转换为生物肌体，组成新的微生物。图 4-3 所示为好氧微生物生化过程示意图。

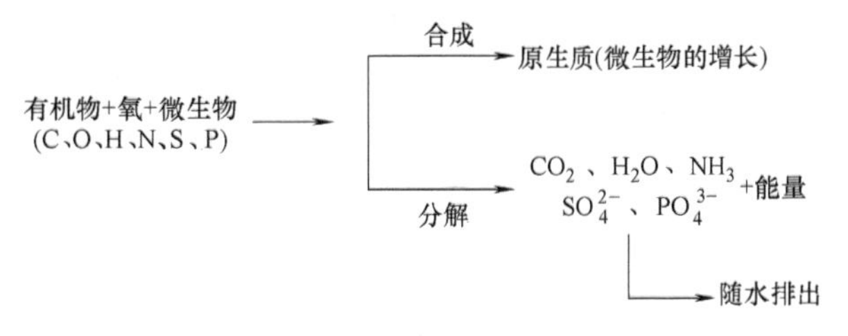

图 4-3　好氧微生物生化过程示意图

在污水的好氧微生物处理中，通常采用活性污泥法和好氧生物膜法两种基本工艺。

（2）污水的厌氧微生物处理法　废水的厌氧微生物处理是在无氧的条件下，利用厌氧菌的作用来分解有机物的一种处理方法。由于这种方法与好氧生物处理相比存在着处理时间长、对低浓度有机废水处理效率低等缺点，所以一度发展缓慢。20 世纪 70 年代以后，能源短缺问题日益突出，这促使污水处理向节能和资源化方向发展。厌氧生物处理具有低能耗、污泥量少、可以回收部分能源的特点，因此得到了快速发展。

高浓度有机物和污泥的消化通常采用厌氧处理。厌氧处理在无氧条件下，依靠厌氧菌、兼性厌氧菌对有机物进行分解。在分解初期，有机物在胞外酶作用下先进行水解，再经过产酸细菌的作用分解为各种有机酸、醇等，在这个过程中 pH 值下降，故称酸性发酵过程。在分解期，由于含氮化合物的分解产生氨的中和作用，使 pH 值逐渐上升，在一群统称为甲烷菌族微生物的作用下分解有机酸和醇，生成甲烷和二氧化碳等物质，这个过程称为碱性发酵过程。整个处理过程如图 4-4 所示。

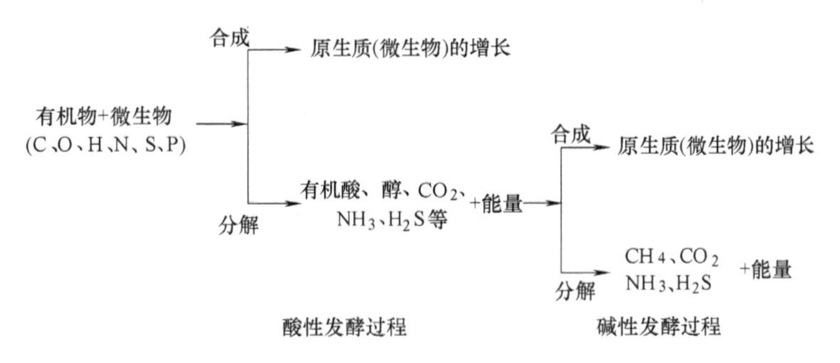

图 4-4　厌氧微生物处理过程示意图

在实际的废水处理中，对于一些高浓度的有机废水，常采用厌氧—好氧生物处理的组合系统，充分发挥各自的长处。

（二）污水处理流程

污水中的污染物质是多种多样的，不能预期只用一种方法就能够把污水中所有的污染物质去除殆尽，一种污水往往需要通过几种方法组成的处理系统，才能达到处理要求的程度。

按污水的处理程度划分，污水处理分为三个级别，分别称为污水一级处理、污水二级处理和污水三级（深度）处理。污水一级处理就是使用物理处理方法（如格栅、沉淀池等）去除水中不溶解的污染物。经一级处理后的污水，BOD 只能去除 30%左右，仍不宜排放，还必须进行二级处理。二级处理主要应用生物处理法，通过微生物的代谢作用进行物质的转化，将污水中的复杂有机性污染物质（即 BOD）氧化降解为简单的物质，BOD 去除率可达 90%以上。三级处理主要是用生物法、离子交换法等去除水中的氮和磷，并用臭氧氧化、活性炭吸附等去除难降解的有机物，用反渗透法去除盐类物质，用氯化法对水进行消毒。三级处理往往以污水回收、再次复用为目的。

三、水环境污染防治处理技术

由于设施施工和运营期场站、服务区产生的污水类型主要以生活污水、含油污水和路面径流污水为主，且其施工、运营管理场所分布较散，具有线长、面广的特点，对其污水处理技术的选择上要具有针对性，要考虑运行管理费用低、管理维护简单、消耗能源量低。在此仅对这类污水类型采用的处理技术进行介绍。

（一）生活污水处理

1. 化粪池

化粪池是污水沉淀与污泥消化同在一个池子内完成的处理构筑物（图 4-5），其构造简单。污水在池中缓慢流动，停留时间为 12~24h，污泥沉淀于池底进行厌氧分解。污泥的储存容积较大，停留时间为 3~12 个月。由于污泥消化过程完全在自然条件下进行，所以效率低、历时长、有机物分解不彻底，且上部流动的污水易受到下部发酵污泥的污染。通常化粪池用作初步处理，以减轻污水对环境的污染。

2. 双层沉淀池

双层沉淀池又称隐化池（图 4-6）。它具有使污水沉淀，并将沉淀的污泥同时进行厌氧消化的功能。污水从上部的沉淀槽中流过，沉淀物从槽底缝隙滑入下部污泥室进行消化。在沉淀槽底部缝隙处设阻流板，使污泥室中产生的沼气和随沼气上浮的污泥不能进入沉淀槽

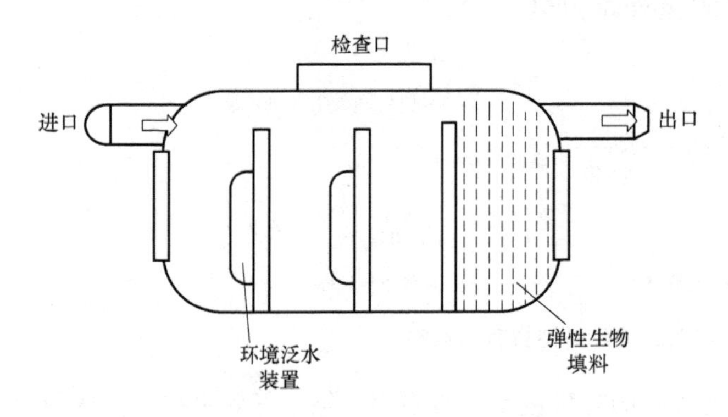

图 4-5 化粪池示意图

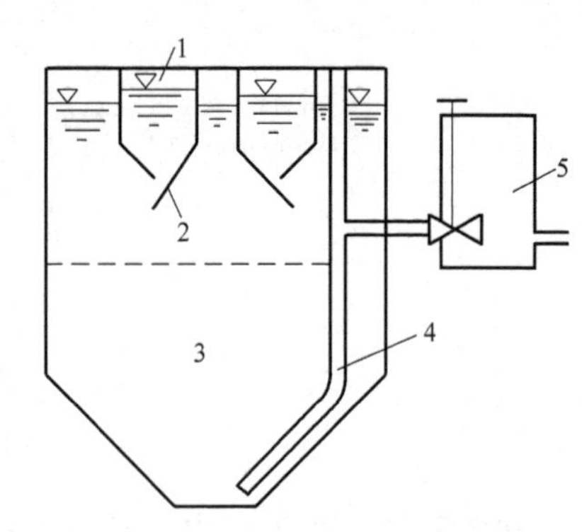

图 4-6 双层沉淀池示意图

1—沉淀槽 2—阻流板 3—消化室
4—排泥管 5—窨井

内，以免影响沉淀槽的沉淀效果和污水受到污染。双层沉淀池的污泥消化仍在自然条件下进行，冬季污水平均温度在 10～15℃，污泥的消化时间约需 60～120d，因此消化室的容积较大。

双层沉淀池的沉淀槽设计与前述平流式沉淀池相同，排泥净水压头不小于 1.5m，沉淀槽的宽度不大于 2.0m，其斜底与水平底夹角不小于 50°，底部缝宽一般为 0.15m，阻流板宽度一般取 0.15～0.35m。沉淀槽底部到消化室污泥表面应有缓冲层，其高度一般为 0.5m。消化室的容积根据当地年平均气温，按表 4-5 确定。

表 4-5 消化室容积确定

年平均气温/℃	每人所需消化室容积/L	年平均气温/℃	每人所需消化室容积/L
4～7	45	>10	30
7～10	35		

3. 生物塘

当交通服务设施附近有取土坑（或洼地）可以利用时，可将取土坑（或洼地）适当整修，作为生物塘。生物塘是一种构造简单、管理容易、处理效果稳定可靠的污水处理设施。生物塘可以作为化粪池或双层沉淀池的后续处理设施，也可单独使用。

污水在塘内经较长时间的停留和储存，通过微生物（细菌、真菌、藻类、原生动物等）的代谢活动与分解作用，对污水中的有机物污染物进行生物降解，最后达到稳定。因此，生物塘又称为生物稳定塘。生物塘可分为好氧塘、兼性塘、厌氧塘、曝气塘四种。

（1）好氧塘　好氧塘的深度较浅，有效水深一般小于1m，通常采用0.5m，阳光可以透入池底。塘内存在着藻—菌—原生动物生态系统。在阳光照射的时间内，藻类光合作用而释放大量氧，塘表面由于风力的搅动而进行自然复氧，使塘内保持良好的“好氧”条件。好氧异养型微生物通过生化代谢活动对有机污染物进行氧化分解，代谢产物 CO_2 供作藻类光合作用所需的碳源。藻类利用 CO_2、H_2O、无机盐及光能合成细胞质，并释放出氧气。

（2）兼性塘　兼性塘的水深较好氧塘深，因而塘内的污水有较长的停留时间，对于污水流量和浓度的波动有较好的缓冲能力。兼性塘内存在着好氧层、兼性层和厌氧层三个区域。好氧层在塘的上层，阳光能透入，藻类光合作用旺盛，溶解氧充足，好氧微生物在这个区域内进行生化代谢活动。兼性层在塘的中间，藻类光合作用减弱，溶解氧不足，白天处于好氧状态，夜间则处于厌氧状态，兼性微生物占优势。塘的底部厌氧微生物占主导，对沉淀池底泥进行酸性发酵和碱性发酵。

（3）厌氧塘　当塘内的有机负荷超过光合作用产生的氧量时，生物塘便处于厌氧状态。减小塘的表面积和加大塘的水深，都能降低光合作用的强度，塘内呈厌氧状态。有机物在厌氧状态作用下缓慢降解，最后转化为甲烷，并释放出 H_2S 及其他致臭物。

（4）曝气塘　采用人工曝气（多采用曝气机）在水面进行曝气充氧，以维持良好的充氧状态。由于曝气具有搅拌和充氧双重功能，当曝气机的动力足以维持塘内全部固体处于悬浮状态，并向污水提供足够的溶解氧时，这种塘称为好氧曝气塘。当曝气机的动力仅能供应污水必要的溶解氧，并使部分固体处于悬浮状态，而另一部分固体沉积于塘底并发生厌氧分解，这种塘称为兼性曝气塘。

（二）含油污的处理

大型洗车场和加油站的污水常含有泥沙和油类物质。油类不溶于水，在水中的形态为浮油或乳化油。乳化油的油滴微细，且带负电荷，需破乳混凝后形成大的油滴才能除去。洗车场和加油站的含油污水以浮油为主，通常采用隔油池进行处理。当污水进入隔油池后，泥沙沉淀于池的底部，浮油漂浮于水面，利用设置在水面的集油管收集去除。隔油池的形式有平流式、波纹板式、斜板式等。

（三）地面径流中携带污物的处理

通过对路面径流主要污染物分析，需要处理的污染物为固体悬浮物 SS、石油类、COD、BOD_5 等一些有机物及重金属，对于 SS，可采取物理沉淀的方法将其去除；有机物一般可以用生物及微生物降解的方法进行处理。考虑交通设施的运营特点，可采用工程措施达到控制污染的目的。

1. 植被

由于地面径流是一种面污染源，具有污染来源广泛、种类多、排放呈随机性等特点，使得其控制管理措施不同于生活污水的控制。如果采用统一收集、集中处理的方法对其控制，不仅代价昂贵，而且几乎难以办到。植被控制对地面径流中污染物的去除是十分有效的，且适用于各种不同的地理环境，在设计和实施过程中都具有很大的灵活性，而且其耗费也较省，在任何地方都可以使用。

植被控制是一种利用地表密植的植物对路面径流中的污染物进行截流的方法，它能够在径流输送的过程中将污染物从径流中分离出来，使到达受纳水体的径流水质获得明显的改善，从而达到改善径流水质、保护受纳水体的目的。地表的植被不但有助于减小径流的流速，提高沉淀效率，过滤悬浮固体，提高土壤的渗透性，而且能够减轻径流对土壤的侵蚀，是一种有效的径流污染控制的方法。

植被控制包括植草渠道和地表漫流两种。植草渠道即在径流输送的水渠中密植草皮以防止土壤侵蚀并提高悬浮固体的沉降效率。经国外专家研究，在较为平缓的坡度上（<5%）种植高于水面至少 15cm 的草，保持植草渠道内较小的流速（<46cm/s）对污染物有良好的去除效率。地表漫流是过滤带理论的应用，它是在坡度较小的带状地面密植草皮，使水流发散成为面流，从而提高其渗透性能的一种方法。

研究表明，地表植被去除污染物的机理为：吸附、沉淀、过滤、共沉淀和生物吸收过程。重金属、氮、磷的去除主要与渗透损失、地表驻留有关。草的种类、密度、叶片的尺寸、形状、柔韧性、结构等会影响污染物的去除效率。

2. 沉淀池

植被控制是在流动过程中去除污染物，而采用沉淀池处理技术能进一步清除公路地表径流中所携带的淤泥、污染物以及垃圾，大大提高污染物的去除效率。

沉淀池由进水渠、冲洗集砂槽、沉淀池、储水池、溢流堰、出水管及相应控制闸门等。沉淀池平面图和剖面图如图 4-7 和图 4-8 所示。沉淀池用于路面径流污染物沉淀，污染物沉于池底，储水池主要用来储存水对沉淀池底进行冲洗，沉淀的污染物经冲洗后进入冲洗集砂槽，由清理车抽吸后运走处置。溢流堰保证沉淀后的澄清水可沿池宽均匀地流入出水管。堰前设浮渣槽和挡板以截留水面浮渣。

沉淀池的大小要能容纳常年不同强度的降雨量下产生的路面径流量，为保证路面径流污

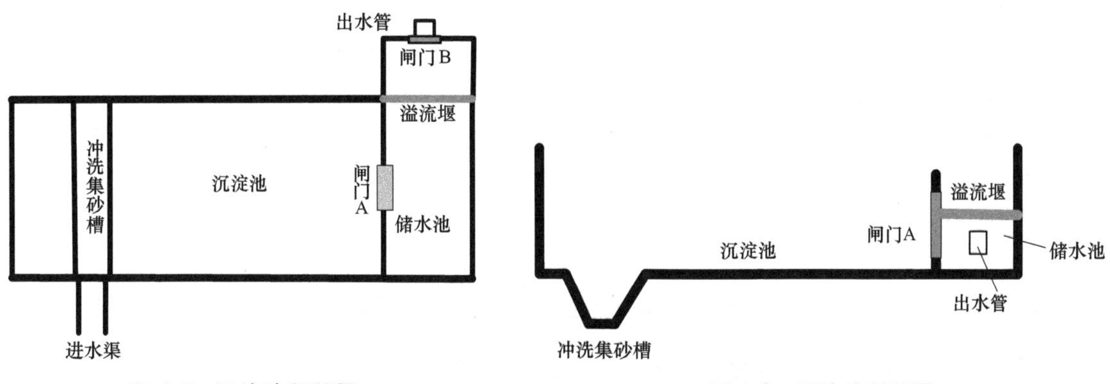

图 4-7　沉淀池平面图　　　　图 4-8　沉淀池剖面图

水不进入水源保护水域，一般要容纳最大暴雨条件下持续降雨 30min 的雨量。根据《给水排水设计手册》和《室外排水设计标准》（GB 50014—2021），沉淀池容积和暴雨强度计算公式如下

$$V=FqT\times\frac{60}{1000} \tag{4-10}$$

式中　V——沉淀池容积（m^3）；

F——汇水面积（hm^2）；

q——设计暴雨强度［$L/(s\cdot hm^2)$］；

T——收集路面径流的时间，取 $T=30min$。

$$q=\frac{167A_1(1+C\lg P)}{(t+b)^n} \tag{4-11}$$

式中　P——设计重现期（a）；

t——降雨历时（min）；

A_1,C,n,b——参数，根据统计方法进行计算确定。

沉淀池其他参数如池子长高比、池内挡板的高度等采用经验法，根据《室外排水设计标准》进行确定。

3. 人工湿地

人工湿地污水处理技术是20世纪70年代提出的一项低投资、低能耗、低运行费用、高生态效益的处理污水的湿地系统。它是人工挖掘，增加水力负荷，栽植物形成的。近年来，人工湿地污水处理系统在世界各地逐渐受到重视并被运用。它利用生态系统中物种共生、物质循环再生原理，结构与功能协调原则，在促进废水中污染物良性循环的前提下，充分发挥资源的生产潜力，防止环境的再污染，获得污水处理与资源化的最佳效益，湿地污水处理系统是一种集环境效益、经济效益及社会效益为一体的污水处理方式，比较适合于处理水量不大、水质不是很差、管理水平不是很高的污水。

人工湿地具有独特而复杂的净化机理，它利用基质-微生物-植物这个复合生态系统的物理、化学和生物的三重协同作用，通过过滤、吸附、共沉淀、离子交换、植物吸收和微生物分解来实现对废水的高效净化，同时通过营养物质和水分的生物地球化学循环，促进绿色植物生长并使其增产，实现废水的资源化和无害化。人工湿地系统主要由5部分组成：

1）具备一定透水能力的基质层。

2）适应在经常处于水饱和厌氧状态的基质中生长的水生植物。

3）有好氧和厌氧微生物（细菌、真菌、藻类和原生物等）。

4）有无脊椎动物和脊椎动物。

5）有可在基质层中及基质表面流动的水流。

人工湿地污水处理结构如图 4-9 所示。

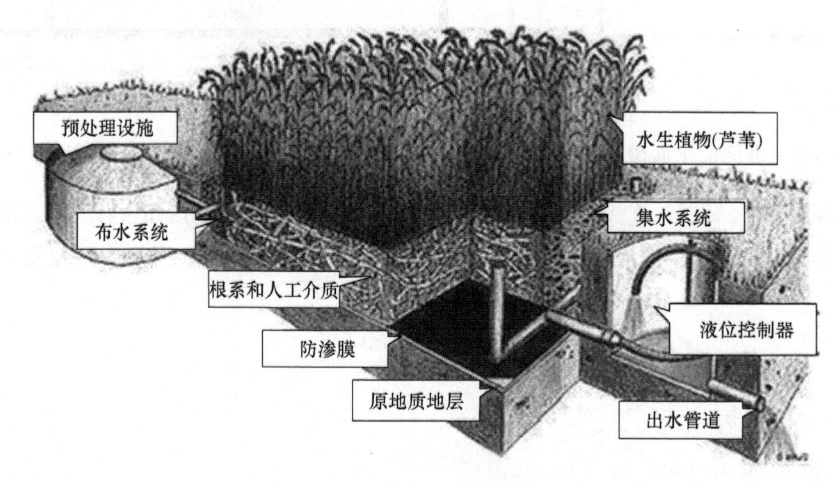

图 4-9　人工湿地污水处理结构

人工湿地污水处理系统的核心是土壤-植物-微生物系统，其净化机理主要是通过三者共同作用完成的。该系统具有生命的基本特征，人工基质为水生植物提供载体和营养物质，为微生物的生长提供稳定的依附表面，并通过物理和化学作用去除污染物；湿地中植物的主要作用是吸附、附集一些有毒有害物质以及吸收利用污水中的营养物质；微生物主要是利用代谢作用来降解污水中有机污染物，三者互相联系形成一个稳定的系统。人工湿地床上种植着生命力强、生长周期长、污水处理效果好、美观的水生植物。当污水流过时，固体物质被基质及植物根系截留，有机质则被生物膜的吸附、同化及异化作用去除。因植物根系对氧的传递释放，湿地床层及附近呈现出好氧、缺氧和厌氧状态，这种状态有利于微生物对磷的过量积累作用、硝化和反硝化作用，从而达到除氮、磷的效果。通过湿地基质的更换和植物收割使污染物最终从系统中去除。污水中可溶性有机物通过植物根系生物膜的吸收、吸附及生物降解被去除；不溶性有机物则通过沉淀、过滤作用可以很快地被截留而被微生物分解。

人工湿地按照水体流动方式的差异，可以分为表面流湿地、水平潜流湿地和垂直潜流湿地三种，各类型在运行、管理等方面存在着一定的差异。表面流湿地不需要砂砾等物质作填料，具有造价低、操作简便、运行费用低等优点，但其水力负荷较低、占地面积大、去污能力有限，受气候条件影响较大，夏天易滋生蚊蝇，目前已较少采用。水平潜流湿地的保湿性较好，床底设有防渗层，防止污染地下水，与表面流湿地相比，水平潜流人工湿地的污染负荷高和水力负荷大，对 BOD、COD、SS、重金属等的去除效果好，且很少有恶臭和蚊蝇滋生的现象发生，这种类型的人工湿地缺点是除磷脱氮的效果不如垂直潜流人工湿地。垂直潜流人工湿地的硝化能力高于水平潜流湿地，可用于处理含 NH_4-N 较高的污水，缺点是对有机物的去除能力不如水平潜流人工湿地，控制相对复杂，夏季有蚊蝇滋生现象。

"治水达人" 钱易

思　考　题

1. 水体污染的主要指标有哪些，分别用什么方法检测？
2. 污水的处理方法有哪些？
3. 污水处理的一般流程是什么？

第五章　固体废物的综合利用和处置

人类在生产和生活过程中排出的固体废弃物质简称为固体废物，如工矿业生产过程中排放的废渣、尾矿、粉煤灰等，产品经过使用和消费后形成的生活垃圾以及农业固体废物等。这些固体废物虽然不像工业废气、废水那样到处流失扩散，但是它们对环境的危害是不能低估的。许多有害固体废物通过不同途径污染大气、水体、土壤等环境，危害人群健康。

第一节　固体废物的种类

固体废物种类繁多，按其组成可分为有机废物和无机废物；按其形态可分为固态的废物、半固态废物和液态（气态）废物；按其污染特性可分为有害废物和一般废物等。在《中华人民共和国固体废物污染环境防治法》中将其分为工业固体废物、生活垃圾、建筑垃圾和农业固体废物、危险废物。各类发生源产生的主要固体废物见表 5-1。

表 5-1　各类发生源产生的主要固体废物

发生源	产生的主要固体废物
矿业	麦石、尾矿、金属、砖瓦和水泥、砂石等
冶金、金属结构、交通、机械等工业	金属、渣、砂石、陶瓷、涂料、管道、绝热和绝缘材料、黏结剂、污垢、塑料、橡胶、纸、各种建筑材料、烟尘等
建筑材料工业	金属、水泥、黏土、陶瓷、石膏、石棉、砂、石、纸、纤维等
食品加工业	肉、谷物、蔬菜、硬果壳、水果、烟草等
橡胶、皮革、塑料等工业	橡胶、塑料、皮革、纤维、染料等
石油化工工业	化学药剂、金属、塑料、橡胶、陶瓷、沥青、油毡、石棉、涂料等
电器、仪器仪表等工业	金属、玻璃、木、橡胶、塑料、化学药剂、研磨料陶瓷、绝缘材料等
纺织服装工业	纤维、金属、橡胶、塑料等
造纸、木材、印刷等工业	刨花、锯末、碎木、化学药剂、金属、塑料等
居民生活	食物、纸、木、布、庭院植物修剪物、金属、玻璃、塑料、瓷、燃料、灰渣、碎砖瓦、废器具、粪便等

（续）

发生源	产生的主要固体废物
商业、机关	同上，另有管道、碎砌体、沥青及其他建筑材料，易爆、易燃、腐蚀性、放射性废物以及废汽车、废电器、废器具等
市政维护、管理部门	碎砖瓦、树叶、死禽畜、金属、锅炉灰渣、污泥等
农业	秸秆、蔬菜、水果、果树枝条、人和禽畜粪便、农药等
核工业和放射	金属、含放射性废渣、粉尘、污泥、器具和建筑材料等

一、工业固体废物

工业固体废物是在工业生产和加工过程中产生的，排入环境的各种废渣、污泥、粉尘等。工业固体废物如果没有严格按环保标准要求安全地处理、处置，则对土地资源、水资源会造成严重的污染。工业固体废物主要有下列几种：

（1）冶金固体废物　冶金固体废物主要是指各种金属冶炼过程中排出的残渣，如钢渣、高炉炉渣、有色金属渣、铁合金渣等。

（2）煤炭电力固体废物　煤炭电力固体废物包括煤矸石、煤炭燃烧所排出的粉煤灰、炉渣以及烟道灰等。

（3）矿业固体废物　矿业固体废物来自矿物开采和矿物洗选过程，如废石、尾矿、砂石等。废石是指各种金属、非金属矿石开采过程中从主矿石剥离下来的，从工业角度看利用价值不大的各种岩石。这类废物量大，多在采矿现场就近排放。尾矿是指选矿过程中经提取精矿以后剩余的尾渣。这类废物排放量也相当大，多弃置于选矿工场附近。

（4）其他工业固体废物　其他工业固体废物包括机械加工的金属碎屑，木材加工的边角料、木屑、刨花，粮食加工的谷屑、下脚料、渣料，化工、造纸等的废渣、泥渣等。其中以化工废渣毒性最大，污染最严重。

二、生活垃圾

生活垃圾是指在日常生活中或者为日常生活提供服务的活动中产生的固体废物，包括有机类，如瓜果皮、废纸、剩菜、剩饭；无机类，如饮料罐、废金属等；有害类，如荧光灯管、过期药品等。

三、建筑垃圾和农业固体废物

（1）建筑垃圾　建筑垃圾是指人们在从事拆迁、建设、装修、修缮等建筑业的生产活动中产生的渣土、废旧混凝土、废旧砖石及其他废物的统称。

（2）农业固体废物　农业固体废物包括耕作业和畜牧业等农业生产和禽畜饲养产生的动物粪便、尸骸、作物枝叶、秸秆、壳屑、废弃农用薄膜、农药包装废物等。

四、危险废物

危险废物是指列入国家危险废物名录或者根据国家规定的危险废物鉴别标准和鉴别方法认定的具有危险特性的固体废物。

危险废物特指有害废物，其具有易燃性、腐蚀性、反应性、传染性、毒性、放射性等特性，产生于各种有危险废物产物的生产企业。如放射性物体废物，主要来自核工业生产、放射性医疗、科学研究等，还包括核武器试验所产生的具有放射性的各种碎片、弹壳、尘埃等。

第二节　固体废物的危害

一、我国固体废物排放状况

固体废物的数量在近百年来迅猛增加，几乎各个国家都堆积如山。中华人民共和国成立以来，随着国民经济的发展，固体废物的排放量也在逐年大幅度地增加。据不完全统计，我国工业和矿业固体废物排放量为 4.05×10^8t，全国城市每年排放的生活垃圾粪便为 1.46×10^8t。我国固体废物的现状是：排量大，占地多，危害重，处置和利用少，与国外先进水平差距悬殊。例如，每炼 1t 钢铁就要排放出 1t 废渣，比国际先进水平高出将近一倍。工业废渣利用率为 24%，不及国际先进水平的一半；尚有 76%工业废渣堆弃城郊或排入江河湖海，成为环境的重要污染源。2019 年全国重点城市及模范城市的一般工业固体废物产生量为 72544 万 t，占主要城市产生总量的 52.57%；2019 年全国重点城市及模范城市工业危险废物产生量为 2978 万 t，占主要城市产生总量的 66.19%；城市医疗废物产生量为 65 万 t，占主要城市产生总量的 76.63%；城市生活垃圾产生量为 18544 万 t，占主要城市产生总量的 78.71%。

二、固体废物对水体的污染

固体废物主要通过四种途径污染水体。

1）固体废物直接倾入江河湖海。一些国家把海洋投弃作为对固体废物处置的一种方法。美国 1968 年投入太平洋和大西洋的固体废物达 4800 多万 t。我国江湖面积，20 世纪 80 年代比 50 年代减少 2000 多万亩（1 亩 ≈ 666.67m^2），除围海造田外，主要是由于大量固体废物的侵入造成的。

2）固体废物随地面径流进入江河湖泊。许多河流成为污水沟，德国埃森附近的净水设施，每年可收集 60 万 t 沉积物。美国俄亥俄州的废渣随雨水流入江河，使 1.6 万 km^2 的流域中鱼类大量死亡。

3）粉状和尘粉状固体废物随风飘入地面水，造成地面水污染。

4）固体废物中有毒物质在降水的淋溶、渗透作用下进入土壤、污染地下水。我国某钢铁的尾矿积存量达 15000 万 t，因尾矿含氟，致使地面水、土壤和地下水中氟浓度相当高。某铁合金厂的渣露天堆积，经雨水渗入土壤，厂区下游 10 多 km^2 范围内地下水污染，水中六价铬超标 1000 多倍。

三、固体废物对大气的污染

固体废物中的尘粒会随风飘入大气，遇到大风，会刮到很远的地方。垃圾、废渣中的某些有机物质在生物分解过程中产生恶臭和有害气体污染大气。固体废物露天焚烧或用没有净化装置的焚化炉焚烧时，也会排出大量有害气体。据美国统计，大气污染物中，来自固废处理的占5%左右。我国包头市的粉煤灰堆场，遇4级以上风力时，可剥离1～1.5cm。灰尘飞扬高度达20～50m，平均视度降低30%～70%，形成“黑风口”，车辆行人难以通行。

四、固体废物对土壤和生物的污染

固体废物中的有害物质会改变土质成分和土壤结构。有毒废物还能杀伤土壤里的微生物和动物，破坏土壤生态平衡，影响农作物生长。某些有毒物质，特别是重金属和农药，会在土壤中累积并迁移到农作物中去。例如，德国某冶金厂附近的土壤污染后，使该地生长的农作物铅含量为一般农作物的80～260倍，锌含量为一般农作物的26～80倍。英国威尔士北部康维盆地某铅锌尾矿场经雨水冲刷，废渣覆盖地面，使土壤中铅含量超过极限值100多倍，严重地危害了草场和牲畜，使草原不能放牧。

五、固体废物对人群健康的危害

固体废物中的病原体和有毒物质，经大气、水体、生物为媒介传播和扩散，危害人群健康。许多种传染病，如鼠疫等都同固体废物处置不当有关。固体废物对人群健康的危害潜伏期长，往往短期内反映不出来，需要相当长时间才能表现出危害。例如，20世纪40年代美国胡克化学公司在美国加利福尼亚州附近的腊芙运河堆放数以百计的废渣桶。1953年，该废运河河道被废渣填满后，在此修建中学和运动场，建起住宅区，后来发现这里的孩子皮疹患者增多。1978年，许多建筑物渗进了各种剧毒化学物质。经纽约州环境保护部门对当地空气、地下水和土壤监测，发现六六六、氯苯等82种有毒化学物质，其中有11种是致癌物质。卫生部门对居民健康进行了调查，发现该地区新生儿生理缺陷、早产、癫痫、肝障碍、直肠出血、头痛等症状发病率都高。

六、固体废物的其他危害

固体成物的堆弃占用大量土地，不但污染环境，还浪费土地资源。我国仅工业废渣和尾矿堆积占地60万亩，俄罗斯固体废物占地约100万 hm^2。固体废物堆置不当，还可能发生塌方、滑坡和泥石流，造成生命财产损失。

第三节　固体废物的综合利用

固体废物是指相对某一过程或某一方面没有使用价值的物质，并不是在一切过程或一切方面都没有使用价值。实际上，某一过程所产生的废物，往往是另一过程的原材料。实践证明，处理固体废物的最好办法是综合利用，变废为宝；而消极的埋藏、填坑、填海或者焚烧都可能造成二次污染。随着现代科学技术的发展，综合利用固体废物的方法越来越多，许多国家设立专门机构，研究固体废物的处置、回收、利用技术，使固体废物逐步资源化。

下面介绍矿业废物、煤矸石、粉煤灰和钢渣的综合利用。

一、矿业废物的处理和利用

废石和尾矿的无害化处理和综合利用是处理利用矿业废物的首要问题和发展方向。

1. **无害化处理**

为了防止废石风化和尾矿被水冲污染大气和水体，往往对它们进行稳定处理，避免危害。常用的稳定处理方法有物理法、化学法和植物法。

物理法是在废石和尾矿上覆盖石灰、泥土或草根、树皮等物，避免废物受风吹、雨淋、日晒而污染环境。

化学法是应用某些化学反应剂与尾矿反应，生成硬结物质来抵御水和空气侵蚀的。用这种方法选择反应剂要得当，并注意购买方便、价格便宜的化学反应剂，如水泥、石灰等。

用植物法稳固矿业废物，是在废物堆场上种植各种永久性植物，如苇草、牛毛草、禾草及某些灌木等。植物长出后一般能起到良好的稳定和保护作用。为了帮助植物长势，施加一些化肥或化学药品效果会更好。

2. **矿业废物的综合利用**

矿业废物的综合利用像工业废物一样，有着巨大的潜力和前途。表 5-2 所列是其主要用途。

表 5-2 矿业废物的主要用途

废物名称	主要用途
重金属尾矿	制作砖瓦和回填矿坑
轻金属尾矿和废石	制作建筑材料和水泥
多种金属共生矿的废石和尾矿	回收有价值的金属
含二氧化硫大于 70%的尾矿	作加气混凝土的配料
无毒无害废石和尾矿	铺路、填坑造地、建筑骨料
大部分废石和尾矿	作矿坑回填材料
煤矸石	燃料、建筑材料和化工材料

多数矿山开采剩下的废石和矿石洗选剩的尾矿可以作为天然的建筑材料，或人工制成的建筑材料，广泛用于建筑材料工业。例如，含石灰石成分多的废石可制成水泥，化学成分及体积稳定的各种废石可直接作为混凝土的骨料或铺路材料。铁和铜的尾矿粉可用来蒸制或烧制砖瓦、水泥原材料或制成加气混凝土等。

从废石和尾矿提炼金属或其他有用物质，是综合利用的良好途径，因为许多种废石和尾矿都含有一定数量有用的金属和非金属元素，回收后用于生产，有显著的技术经济效果。例如，铜、铅、锌矿体多是共生的，采取综合冶炼工艺可以提取多种金属并减少尾矿排量。对于以铁为主的铁钒钛共生矿，可从废石中或尾矿中可提取钒钛金属。从世界范围看，从废石、尾矿中回收金属，在技术上或数量上都是不够的。

在煤矿开采、洗选过程排出煤矸石，我国每年的排出量上亿 t。煤矸石的综合利用潜力很大。通过简单洗选工艺，仍可选出好煤，作为动力锅炉的燃料。有些取暖锅炉，也可以直接以煤矸石为燃料，从而增加能源。例如，用沸腾炉烧煤矸石其效果很好。

从煤矸石及其他尾矿中提取化工原材料目前有成功经验。例如，焙烧煤矸石可使无化学活性的高岭土转变为有活性的高岭土（$Al_2O_3 \cdot 2SiO_2 \cdot 2H_2O$），再用盐酸浸取可制得结晶氯化铝。

二、煤矸石的作用

煤矸石是煤矿开采中产生的废渣，包括掘进时产生的矸石及洗煤过程中排出的洗矸石。一般 1t 原煤排矸石 0.2t 左右，包括掘进矸石时，平均排矸石 1t。

煤矸石是成煤过程中与煤层伴生的一种碳含量低，比较坚硬的黑色岩石。它是由含碳物和岩石组成的混合物，发热量一般为 4180～12540kJ/kg(1000～3000kcal/kg)，是一种值得回收利用的资源。

（一）煤矸石的化学成分和矿物组成

1. 煤矸石的化学成分

煤矸石的化学成分及烧失量见表 5-3。

表 5-3　煤矸石的化学成分及烧失量

种类	SiO_2	Al_2O_3	Fe_2O_3	CaO	MgO	SO_3	烧失量
煤矸石 1	59.50	22.40	3.22	0.46	0.74	0.12	10.49
煤矸石 2	57.24	25.14	1.86	0.96	0.53	1.78	12.75
煤矸石 3	52.47	15.28	5.94	7.07	3.51	1.99	13.27

2. 煤矸石的矿物组成

煤矸石主要由高岭土、石英、蒙脱石、长石、伊利石、石灰石、硫化铁、氧化铝和少量的稀有金属的氧化物组成。

（二）煤矸石的处理方法

1）难以综合利用的某些煤矸石可充填矿井，荒山沟谷和塌陷区或覆土造田。

2）暂时不能利用的矸石山可覆土、植树。

3）自燃矸石山可浇石灰水，利用酸碱中和制止自燃。

（三）煤矸石的利用

碳含量较高的煤矸石可作燃料；碳含量较低的和自燃后的煤矸石可生产砖瓦、水泥和轻骨料；碳含量很少的煤矸石可用于填坑造地、回填和用作路基材料。一些煤矸石粉还可用来改良土壤或作肥料。

煤矸石含有一定数量的固定碳和挥发分，一般烧失量在 10%～30%，可用来代替燃料。铸造时，可用焦炭和煤矸石的混合物作燃料化铁；用煤矸石代替煤炭烧石灰，也可用作生活炉灶燃料等。

1. 煤矸石生产砖、瓦

煤矸石经过配料、粉碎、成形、干燥和焙烧等工序可制成砖、瓦。除煤矸石必须破碎外，其他工艺与普通黏土砖、瓦基本相同。

1）煤石内燃砖。利用煤石本身的发热量作为内燃料，将煤矸石掺入黏土内压制成形，经焙烧而成。这种砖比一般单靠外部燃烧的砖可节约用煤量 50%～60%。

2）微孔吸声砖。用石膏、白云石、锯末、硫酸作原材料可生产微孔吸声砖。其参考配比见表 5-4。

表 5-4 微孔吸声砖参考配比

名称	煤矸石	石膏	白云石	锯末	硫酸
微孔吸声砖	100%	20%	4%	20%	2%

微孔吸声砖的生产工艺是将破碎后的煤矸石、晒干锯末与白云石、半水石膏混合，送硫酸溶液中混拌。白云石与硫酸反应产生气泡，使混合料膨胀，然后浇注入模，经干燥、焙烧制成。微孔吸声砖具有隔热、保温、隔声、防潮、防火、防冻等性能。

煤矸石瓦生产工艺流程如图 5-1 所示。生产煤矸石瓦最好采用自燃煤矸石（含水量不超过 3%，粒径 10mm 以下）。在瓦坯成形过程中，其泥料水分保持 21%～24%，瓦坯干燥 1～2d 可入窑焙烧，其温度为 1050～1100℃。煤矸石瓦是一种新型的屋面材料，其质量符合黏土瓦的标准。

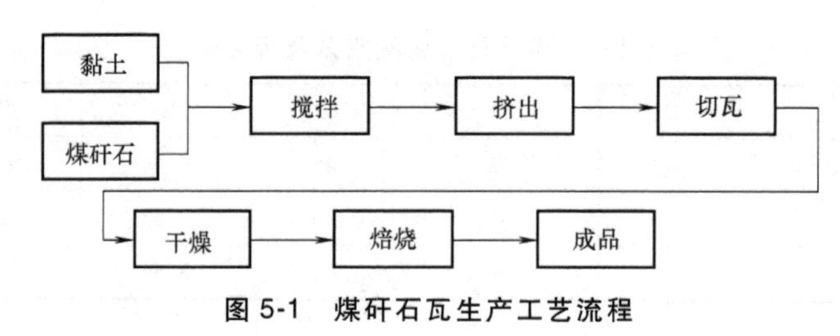

图 5-1 煤矸石瓦生产工艺流程

2. 煤矸石生产快硬硅酸盐水泥

煤矸石中二氧化硅、氧化铝及氧化铁的总含量在 80% 以上，是一种天然黏土质原料，可代替黏土配料，烧制普通硅酸盐水泥、快硬硅酸盐水泥、煤矸石炉渣水泥、煤矸石无熟料水泥等。

1）煤矸石快硬硅酸盐水泥。利用氧化铝含量高的煤矸石与石灰石、铁粉混合磨成生料，与无烟煤混拌，加水制成生球后煅烧（温度 1400～1450℃）。将烧成熟料与石膏磨细即成快硬硅酸盐水泥。煤矸石快硬硅酸盐熟料参考配比（原料质量比）为石灰石 82%、煤矸石 13%、无烟煤 13%、铁粉 5%、水 16% ～18%。煤矸石快硬硅酸盐水泥具有早期强度高、凝结硬化快等特点。

2）煤矸石炉渣水泥。将煤矸石与粒径 10mm 以下烟煤混合喷入沸腾炉内，在 900～1000℃下可用煅烧。燃烧后的炉渣与生石灰、石膏混合磨细即成煤矸石炉渣水泥，其参考配比：煤矸石炉渣 66%～77%，生石灰 15%～25%，石膏 8%。生产该水泥时，要求生石灰中氧化钙含量在 60% 以上，用低碳含量的煤矸石，制成的水泥构件需蒸汽养护。

3）煤矸石无熟料水泥。由自燃煤矸石或经 800℃煅烧的煤矸石与石灰、石膏（也可加入适量高炉水渣）混合磨细而成。

3. 用煤矸石生产预制构件

利用煤矸石中所含可燃物，经 800℃煅烧成为熟煤矸石，加入适量磨细生石灰、石膏经轮碾、振动成形、蒸汽养护可生产矿井支架，水沟盖板等预制构件。

4. 利用煤矸石生产空心砌块

煤矸石空心砌块是以煤矸石无熟料水泥作胶结料，自燃煤矸石作粗细骨料，加水搅拌，配制成半干硬性混凝土，经振动成形。煤矸石空心砌块参考配比见表 5-5。

表 5-5　煤矸石空心砌块参考配比（%）

煤矸石空心砖块混凝土质量配比			水胶比	煤矸石空心砌块用料量/(kg/m^3)		
煤矸石无熟料水泥	粗骨料	细骨料		煤矸石无熟料水泥	粗骨料	细骨料
1%	2.7%	0.8%	0.5%	302	815	242

5. 用煤矸石生产轻骨料

用煤矸石生产轻骨料的工艺可分为两种：一种是用烧结机生产烧结型的煤矸石多孔烧结料；另一种是用回转窑生产膨胀型的煤矸石陶粒。

6. 从煤矸石中提取化工产品

从煤矸石中提取化工产品，目前比较多的是将铝量较高、铁含量低的煤矸石中经过高温焙烧，再用盐酸浸泡以后提取结晶氯化铝。结晶氯化铝经过热解、聚合等工艺，可得到固体聚合氯化铝。经过盐酸处理后的煤矸石，渣中的二氧化硅的活性提高了，在常压下与液体烧碱反应即可生成水玻璃，又可用水玻璃进一步制成白炭黑。

从煤矸石中提取的上述化工产品性能都比较好。例如，结晶氯化铝是一种净水剂，性能比硫酸铝好，而用量比硫酸铝少，还可以代替硫酸铝作造纸橡胶剂；聚合氯化铝是一种新型无机高分子混凝剂，广泛用于生活饮用水和污水处理，还可以代替硅酸乙酯应用于陶瓷精密铸造；湿法水玻璃则广泛用于纸制品、铸造、电焊条和建筑部门等；白炭黑则是一种橡胶补强剂。煤矸石的利用途径还有不少，如可以从中提取煤炭和黄铁矿、用煤矸石可制作矸石棉，还可以用来制作矿井支架（制成矸石混凝土）以及生产高效复合絮凝剂等。

三、粉煤灰的综合利用

粉煤灰是煤燃烧所产生的烟气中的细灰，一般多指燃煤电厂从烟道气中收集的细灰。煤灰有许多有用成分。对煤灰的综合利用，目前已有几十种用途，随着科学技术的发展，其综合利用的前景是非常广阔的。我国是以煤为主要能源的国家，粉煤灰排出量很大，更应当重视对它的综合利用。

1. 从粉煤灰中提取炭和铁

粉煤灰中含有多种化学成分，如二氧化硅、三氧化二铁、二氧化钛和炭等。人们可以采用适当的方法提取其有用成分，例如，利用煤炭和煤灰同水的亲疏关系不同的特点，如煤灰亲水疏油，煤炭则亲油疏水，采用浮选的方法，用油（一般用煤油和柴油）作为辅收剂来收集煤，这种方法浮选收回煤 90%以上。又如，粉煤灰中的铁可采用磁选方法加以回收。经过磁选的铁精矿粉，品位一般在 50%左右，硫含量较低，主要为四氧化三铁，还有少量固定碳。经过磁选从粉煤灰提取的铁精矿，完全可以产出高质量的铸造生铁。

2. 粉煤灰水泥

由硅酸盐水泥熟料、粉煤质和加入适量石膏磨细制成的水硬胶凝材料称为粉煤质硅酸盐水泥（简称粉煤灰水泥）。水泥粉煤质掺加量按质量百分比为 20%~40%。

3. 粉煤灰砖

利用粉煤灰可生产蒸养粉煤灰砖、烧结粉煤灰砖、碳化粉煤灰砖等，我国已建成许多粉煤灰砖厂，年产量达 16 亿块，年处理粉煤灰 500 万 t。

4. 粉煤灰砌块与板材

利用粉煤灰生产的各种砌块有蒸养粉煤灰硅酸盐砌块、蒸压粉煤灰泡沫混凝土砌块和粉煤灰混凝土大型墙板等。

1）蒸养粉煤灰硅酸盐砌块（简称硅酸盐砌块）是以煤渣为骨料，以粉煤灰、磨细石灰和石膏为胶结料，加水搅拌、振动成形、蒸汽养护而成的一种墙体材料。蒸养粉煤灰硅酸盐砌块参考配比见表 5-6。

表 5-6　蒸养粉煤灰硅酸盐砌块参考配比（质量比）

粉煤灰	石灰	石膏	煤渣	用水量
35%	8%	2%	55%	30%~33%

2）蒸压粉煤灰泡沫混凝土砌块是一种轻质多孔墙体材料。采用粉煤灰、磨细石灰、石膏与泡沫剂拌和成形，经蒸压养护而成。

3）粉煤灰墙板。目前生产的粉煤灰墙板有粉煤灰硅酸盐大板、粉煤灰矿渣混凝土墙板、粉煤灰炉渣大型墙板等。

粉煤灰墙板以粉煤灰、磨细生石灰和石膏为胶结料，以矿渣碎石或炉渣等为骨料配制而成。粉煤灰矿渣混凝土墙板参考配比见表 5-7。粉煤灰墙板已在我国工业与民用建筑中使用，效果良好。

表 5-7　粉煤灰矿渣混凝土墙板参考配比

名称	胶结料(%)			水胶比	胶骨比	砂率(%)	工作度/s
	粉煤灰	石灰	石膏				
内墙板	65	35	5	0.75~0.85	1:(3.8~4.2)	36	6~9
外墙板	65	35	5	0.8~0.9	1:(3.2 ~3.3)	40	5~7

5. 粉煤灰生产其他建筑材料

（1）粉煤灰陶粒　粉煤灰陶粒是以粉煤灰为主要原料，掺部分黏土及无烟煤混合成球，在 1200~1300℃高温下烧结而成的一种人造轻骨料，可以采用回转窑、烧结机、立波尔窑等焙烧。

（2）粉煤灰作混凝土掺和料及细骨料　在配制混凝土混合料时，加入一定量的粉煤灰（或磨细粉煤灰），可有效地节约水泥，改善混凝土和易性，提高混凝土质量。其已在我国一些大型水电工程的混凝土中使用，取得良好的经济效果。国外对粉煤灰作混凝土掺和料也很重视，在泵送混凝土、压浆、灌缝混凝土中都广泛应用。粉煤灰还可用作细骨料，代替轻砂配制轻质混凝土。

（3）粉煤灰加气混凝土　采用粉煤灰、磨细生石灰、石膏及少量水泥配料，并加入适量加气剂（铝粉），经搅拌注模、静停切割，入窑蒸养即制成粉煤灰加气混凝。

（4）制轻质耐热混凝土　用强度等级为 425 的硅酸盐水泥为胶结料，粉煤灰作为填充料，可生产使用温度在 1100℃以下的轻质耐热混凝土。粉煤灰轻质耐热混凝土适用于一般机械、化工使用的窑炉中。

6. 粉煤灰筑路

用粉煤灰可代替砂石作公路路基材料的承重层。采用粉煤灰和石灰的混合料作路面，强度比砂石材料高 1.5~3 倍，路面造价降低 10%，路基不但能防冻、防翻浆和龟裂，而且板体性好，后期强度高。

7. 粉煤灰在农业上的应用

利用粉煤灰可生产肥料，不经处理直接施用于农田。

粉煤灰中一般含一定量的钙和镁，只要加适量的磷矿粉，并利用白云石作助熔剂，以增加钙和镁的含量，就可达到钙镁磷肥的质量要求。利用粉煤灰可以生产高效低污染的直接用于农田的化肥。

利用电厂旋风炉附烧钙镁磷肥，可使灰渣全部变成磷肥，这是发电厂粉煤灰综合利用的途径之一。但对锅炉排烟中的氟化物等要采取措施。

粉煤灰中有营养价值的元素（如钾、磷、铁、钙、锰、硼等）作为农作物的刺激剂。粉煤对水稻的稻瘟病、苹果的黄叶病均有抑制作用。

8. 粉煤灰制分子筛

分子筛是用碱、铝、硅酸钠等人工合成的一种泡沸石晶体，其中含有大量的水。当把它加热到一定温度时，水分被脱去而形成一定大小的孔洞。它具有很强的吸附能力，能把小于孔洞的分子吸进孔内，而把大于孔洞的分子挡在孔外，这样就把大小不同的分子过筛。

用粉煤灰制成的分子筛主要用于各种气体与液体的脱水和干燥以及气体的分离和净化等方面。利用粉煤灰制分子筛工艺简单、质量好。

四、钢渣的综合利用

以钢渣和铁渣为主要原材料，掺入少量激发剂（水泥熟料、石膏等）经磨细后即可制成钢渣水泥。钢渣水泥的质量同钢、铁渣所含成分、原材料的配比和工艺过程有关。目前生产的钢渣水泥有两种，一种是用石膏作激发剂生产的水泥，这种水泥早期强度较低，可能对钢筋有锈蚀作用，一般用于无筋混凝土构件；另一种是用熟料和石膏作复合激发剂的水泥，性能比前一类好，又无锈蚀钢筋的缺点。

1. 钢渣砖

利用钢渣制砖，原材料与钢渣水泥相似，都要掺入高炉水渣和激发剂，不同的是用石灰和石膏作激发剂。原材料的配比（质量百分比）对砖的质量和成本都有很大影响。为增加砖的强度，改变钢渣活性低、颗粒坚硬、胶结量过少的缺点，一般要加高炉水渣或粉煤灰，且水渣或粉煤灰的掺量不宜少于 30%。

2. 钢渣磷肥

钢渣含有较多的五氧化二磷及其他几种对农作物有益的元素，如铁、铝、镁、锰、钙、硅等，可作为生产磷肥的原材料。

钢渣磷肥的肥效显著，成本低，所含硅、钙、锰等养分对植物生长的早期和晚期都有肥效，是一种复合矿质肥料。不但对当季有效，而且对第二、三茬作物也有一定的增产效果。

第四节　有害废物的处置

目前，固体废物中危害较大的是工业生产排出的有害固体废物，它可分为有害、易燃、有腐蚀性和有较强化学反应性等几类。处理这些废物的方法有焚化法、固化法、海洋投弃法、化学处理法和生物处理法等。

一、焚化法

焚化法适用于有机有毒固体废物，通过焚化使其转化成二氧化碳、水和灰分，以及少量含硫、氯、磷的化合物等。这种方法效果好，占地少，对环境影响小，但设备和操作较为复杂，费用大，还需处理焚烧过程中产生的有害气体和剩余的有害灰分。因此，如果有害固体废物的毒性是由所含元素造成的，则不宜采用这种方法。沈阳环境科学研究院建立了一座焚烧多氯联苯等有害废物的中心，将难以处理的有害、有毒废物集中焚烧处理。

二、固化法

固化法是采用物理的或化学的固化剂，使有害废物形成基本不溶解或溶解度较低的物质，或将它们包封在惰性固化体中的处理技术。通过这种处理，有害废物的渗透性和浸出性都可大大降低，利于进一步处置和运输，达到无害化或低害化的目的。最常用的方法是用水泥固化和沥青固化。

水泥固化是把工业有害废物按一定的水胶比直接与水泥混合，还可加入一定的添加剂，经过养护形成水泥固化块。这种方法适用于处理有毒无机物、金属污泥、洗涤塔污泥等，尤其是对含硫化物的污泥，水泥固化能特别有效地抑制汞的浸出。但此法不能用来处理有机物和有毒阴离子。这种方法的工艺和设备简单，不需热源，无尾气处理；固化体强度高，抗渗性强，耐久性好，适于向海洋投放。但固化体如果不进行涂覆，其中的污染物易于在酸性溶液中浸出，影响水泥的凝结和硬化，需要进行预处理。

沥青固化法是为处理放射性废物而发展起来的固体废物处理方法，对于工业废物的处置也很适用，如核工业系统使用过的离子交换树脂、其他工业的有害金属污泥的处理都可以采用此法。沥青固化法一般要求先将废物干燥脱水，然后与沥青在高温下混合，也可将废物与沥青放在一起加热脱水并混合、冷却成固态混合物。通常需要有沥青废物包装容器。对于沥青有溶解作用的有机化合物和强氧化剂，如硝酸盐等废物，不宜采用此法。

三、海洋投弃法

将有害固体废物直接或经过处理以后投入海洋的方法称为海洋投弃法。投弃的废物主要是放射性废物或其他剧毒的工业废物。人类向海洋投弃废物的历史较久，且各国投弃废物的种类也不同，如美国每年向海洋投弃的废物，以污泥数量为最大，其次是工业废物。废物入海造成的海洋污染正在引起人们的重视。目前虽然在应用，但人们呼吁应予以取缔，或至少先进行无害处理后再投弃。1974 年召开的国际大会提出防止海洋因倾倒废物遭受污染，并通过了一项国际协议，禁止把超过一定限量的污染物泄入海洋。1983 年在伦敦召开的国际原子能机构会议上，也通过了禁止把放射性废物投入海洋的决议。

四、化学处理法

化学处理法是利用有害固体废物的化学性质，将有害物质转化为无害的最终产物的方法，最常用的是酸碱中和法、氧化还原法、化学沉淀法等。酸碱中和法可采用弱酸或弱碱就地中和；氧化还原法常用于处理氰化物和硫酸盐类有害废物，需用强氧剂和还原剂，通常需用一个运转反应池；化学沉淀法是利用沉淀作用使溶解度低的水合氧化物和硫化物沉淀下来，以减少毒性。

五、生物处理法

利用生物技术和特性，通过生化过程，使废物经生物的降解而降低或消除毒性，常用的方法有堆肥法等，这些方法主要是降解有害有机物，使之无害化。

第五节　城市垃圾的回收和处理

一、城市垃圾的回收

城市垃圾的回收包括材料回收和能源回收两方面。

（一）材料回收

我国大、中、小城市都有废旧物资回收系统。经加工处理可利用的废旧物资（如废纸张、旧衣物、废器具及旧塑料制品、金属制品）均在回收之列。

收购的废旧物品可以作为资源重新利用。过去在利用这些废旧物品时多用手工分类，挑选、处理，费事、费时、费力。现在正在逐渐改进和提高，走机械分选和自动分选的路。根据废物密度、电磁性、导电性、块状大小以及物理、化学特性和成分的不同，分成几道工序分别选出。例如，利用电磁性把钢铁废品选出，利用导电性把各种金属选出，利用密度的大小把沉淀与漂浮的废品分开等。回收物重新利用。从城市垃圾中回收各种材料资源，具有处理废物和开发资源两大特点，因此引起人们的重视。

（二）能源回收

从总的趋势看，城市垃圾中的有机成分占60%以上，所以通过焚烧垃圾回收能源逐渐提到议事日程上来。垃圾中的废纸、塑料、旧衣物发热量都很大，一般在8kJ/kg以上。以垃圾作为煤的辅助燃料，可以生产蒸汽，也可以发电。小型焚烧垃圾炉可以用来烧开水、蒸饭。

我国城市垃圾中有机成分较低，这是由于我国城市居民以煤为燃料，垃圾中煤渣、炉灰密度大形成的。为了回收能源，机关、学校、医院、工厂等部门的垃圾，应把有机成分和无机成分大致分开，而后用有机成分代替燃料，无机成分另做处理。

二、城市垃圾处理方法

1. 焚化法

最简单的焚化方法是垃圾的露天焚化，此法容易造成大气污染，目前多采用焚化炉。

2. 填埋法

该法是将垃圾填入预备好的坑洼地或土沟内，压实盖土，使其发生化学、生物、物理等变化，使垃圾中有机质分解，从而达到无害化的目的。采用此法，首先要选好场地。可挑选废矿坑、废黏土坑、废采石场等作为填埋场地。将垃圾回填这些人工坑洞，有利于恢复地貌，维持生态平衡。其次要防止垃圾溶液渗漏以及地面雨水径流对水源的污染。一般填埋场地的最低处应高出地下水位3m以上。若回填地下部为透水层，则要铺黏土、沥青或塑料薄膜作为隔水层。填埋地段最好还应有排气设施，使厌氧微生物分解出的甲烷、二氧化碳等气体能及时排出，避免长期积聚气体而引起爆炸。

3. 堆肥法

堆肥法是利用微生物对垃圾和粪便中的有机物分解作用及其产生的热量来杀灭垃圾中的病菌和寄生虫卵等，从而使垃圾达到无害化、腐熟化。主要分厌氧分解和好氧分解两种。厌氧分解是在无空气供应的情况下，利用厌氧微生物将垃圾中的有机物分解，产生甲烷、二氧化碳、硫化氢等气体。采用厌氧分解的堆肥周期长，常需要几个月时间，无害效果差，且生成热量少，一般为35℃左右，如果管理不善，将有害卫生。堆肥法的好氧分解是在供给充足空气的条件下，利用好氧微生物分解垃圾中的有机物质。好氧处理法效果较前者好，温度高达60℃，可以杀灭致病菌。无害处理只需7~10d，然后进行二次腐熟，前后三周就可完成堆肥工作。堆肥法消纳的固体量（即能转化为肥料的量）约为80%以上，垃圾处理后的产品是一般堆肥或有机复合肥。

当前，城市垃圾的处理对各国来说都是个大问题，究竟采用哪种方法适宜，应根据各地的具体条件，如地质、成分、产量等全面考虑。目前我国城市垃圾问题还没有得到很好的解决。

徐洛屹解析固废综合利用

思 考 题

1. 固体废物的种类有哪些，分别来源于哪些生产和加工过程？
2. 固体废物对大气和水体有何危害？
3. 固体废物有哪些综合利用？试举例说明。

2

第二篇　安全生产技术

第六章　化工行业安全生产技术

第一节　化工安全设计与安全管理

随着科学技术的不断进步，化学工业为满足人类不断增长的物质需求做出了巨大的贡献。但由于化工生产的特殊性，其生产过程充满了潜在的危险源。为了不让这些“危险因素”变成破坏性的“现实灾难”，必须从产品规划和设计开始，对这些危险因素有全面的了解，特别是要认真吸取已发生事故的惨痛教训，有针对性地采取切实有效的措施，才能保证安全生产。

一、化工生产中的危险因素

（一）化工危险因素分类

要确保化工生产过程的安全，必须搞清所有的危险因素。化学工业中的危险因素从危害形式来看可分成毒害性危险（对人类和动物）、腐蚀性危险（对生物、建筑物、设备）、爆炸和燃烧性危险、环境污染危险4大类。其中，以爆炸和燃烧性危险最为突出。美国保险协会（AIA）对化工行业317起火灾、爆炸事故进行了调查分析，并按事故原因又将化工行业危险因素归纳为以下9个类型：

1. 工厂选址问题

1）工厂所在地易受地震、洪水、暴风雨等自然灾害。

2）水源不充足。

3）缺少公共消防设施的支援。

4）有湿度、温度变化显著等气候问题。

5）受邻近危险性大的工业装置影响。

6）邻近公路、铁路、机场等运输设施。

7）在紧急状态下难于把人和车辆疏散至安全地点。

2. 工厂布局问题

1）工艺设备和储存设备过于密集。

2）有显著危险性和无危险性工艺装置间的安全距离不够。

3）昂贵设备过于集中。

4）对不能替换的装置没有有效的防护。

5）钢炉、加热器等火源与可燃物工艺装置间距离太小。

6）有地形障碍。

3. 结构问题

1）支承物、门、墙等不是防火结构。

2）电气设备无防护措施。

3）防爆通风换气能力不足。

4）控制和管理的指示装置无防护措施。

5）装置基础薄弱。

4. 对加工物质的危险性认识不足

1）对在装置中原料混合，在催化剂作用下自然分解等问题认识不清。

2）对处理的气体、粉尘等在其工艺条件下的爆炸范围不明确。

3）没有充分掌握因误操作、控制不良而使工艺过程处于不正常状态时的物料和产品物性变化的详细情况。

5. 化工工艺问题

1）没有足够的有关化学反应的动力学数据。

2）对有危险的副反应认识不足。

3）没有根据热力学研究确定爆炸能量。

4）对工艺异常情况检测不够。

6. 物料输送问题

1）各种单元操作时对物料流动不能进行良好的控制。

2）产品的标示不完全。

3）对送风装置内的粉尘爆炸认识不足。

4）对废气、废水、废渣的处理不当。

5）装置内的装卸设施不完善。

7. 误操作问题

1）忽略关于运转和维修的操作教育。

2）没有充分发挥管理人员的监督作用。

3）开车、停车计划不当。

4）缺乏紧急停车的操作训练。

5）没有建立操作人员和安全人员之间的协作体制。

8. 设备缺陷问题

1）因选材不当而引起装置腐蚀、损坏。

2）设备不完善，如缺少可靠的控制仪表等。

3）材料疲劳。

4）对金属材料没有充分地进行无损探伤检查或没有经过专家验收。

5）设备结构上有缺陷，例如，若不停车则无法定期检查或不能进行防护维修。

6）设备在超过设计极限的工艺条件下运行。

7）对运转中存在的问题或不完善的防灾措施没有及时改进。

8）没有连续记录温度，压力，开、停车情况及受压罐内压力变动情况。

9. 防灾计划不充分

1）没有得到管理部门的大力支持。

2）责任分工不明确。

3）装置运行异常或故障仅由安全部门负责，只是单线起作用。

4）没有预防事故的计划，或即使有也很差。

5）遇有紧急情况未采取得力措施。

6）没有实行由管理部门和生产部门共同进行的定期安全检查。

7）没有对管理和技术人员进行安全生产的继续教育和必要的防灾培训。

瑞士再保险公司统计了化学工业和石油工业的102起事故案例，分析了上述9类危险因素引起的事故（表6-1）。

表6-1　化学工业和石油工业危险因素占比　（%）

类别	危险因素	化学工业	石油工业
1	工厂选址问题	3.5	7.0
2	工厂布局问题	2.0	12.0
3	结构问题	3.0	14.0
4	对加工物质的危险性认识不足	20.2	2.0
5	化工工艺问题	10.6	3.0
6	物料输送问题	4.4	4.0
7	误操作问题	17.2	10.0
8	设备缺陷问题	31.1	46.0
9	防灾计划不充分	8.0	2.0

由表6-1可知，设备缺陷问题是第一位的。除此以外，对化学工业来讲，其危险因素依次为第4、7、5类，对石油工业为第3、2、7类。以此统计可定性地看出化学工业和石油工业危险因素所在。管理人员、技术人员、生产人员在规划、设计、建设及生产管理时，应有针对性地采取相应措施，以确保生产安全。

（二）化学物质的危险因素

化学工业的危险性实质在于：一是所处理的许多化学物质本身具有潜在的危险性，而且处理过程常常处在使这些潜在的危险性变成实际危害的条件之下；二是加工条件具有危险性，如高温、超高温，低温、超低温，高压、超高压，以及高真空等。而且化工生产常常使这二者结合在一起，因而具有更大的危险性。

从前面的统计数据看，对加工物质的危险性认识不足引发事故的占20%以上，化工工艺问题（实际主要是对化学反应中的危险因素掌握不足）引发事故的占10%以上。所以，在设计和生产中充分掌握所加工物质（包括原料、中间品、产品、溶剂、催化剂及助剂等）的危险因素是至关重要的。这些危险因素可分为爆炸性危险，氧化性危险，易燃性危险，腐蚀性危险，急慢性中毒性、刺激性、致癌性、致畸性和致突变性危险，放射性危险以及环境污染危险等。

有关燃烧、爆炸、毒害以及环境污染危险问题，已在或将在其他章节做介绍。在此，要特别强调的是，在有关资料中往往只能查到或只注意到纯物质的闪点、燃点、爆炸极限及毒性等数据，而难于得到混合物的数据，对此要十分小心，安全的做法是广泛收集、仔细研究同类生产的经验教训，切实采取一切必要的预防措施，尽可能使同样的事故不发生第二次。

（三）生产事故发生过程

化工生产中存在许多危险因素（源），但不是所有的危险因素都会发展成事故，而只有少数危险因素才会形成事故。这是因为从危险因素到事故是一个逐级发展的过程，是一种紧急状态逐步升级的过程。最终演变为重大或特大事故发生的过程可分为 5 个危险等级，具体如下：

（1）危险源　是指理论上为事故发生的一个必要条件，即危险因素状态，一般稍加安全措施，即可杜绝事故的发生，使生产正常进行。

（2）故障　是指生产装置某处偏离安全设计指标，需要停止设备运行，采取如维修之类的措施，但未发生其他损坏的状态。

（3）异常　是指生产装置危险源参数严重偏离安全设计指标，如果不对生产过程采取相应果断的措施，就会发生事故的状态。

（4）事故　是指设备损坏、泄漏发生火灾或爆炸等一类的现象，已造成一定损失，但如果采取恰当的紧急措施，破坏就能停止。一般是指对第三者未构成威胁。

（5）灾难　是指不但发生事故，当事人员、设备受到损害，还呈蔓延势态，对第三者构成威胁。此时，应通报邻居和上级单位，及时取得外部支援，才能抑制灾害进一步蔓延扩大。

例如，某化工厂生产设备中有易燃、有毒的化学品（危险源），在一个严冬的晚上，物料结晶，堵塞出口管道，且使安全阀失灵（故障），设备内压力剧增超压（异常），但操作工未及时发现、采取措施，导致设备爆炸、火灾事故，当场死伤数十人。当时，人们只注意灭火救人，未顾及同时有上百吨有毒物料与消防用水一起流入附近江河，继而造成重大水环境污染灾害。

为减少事故灾害发生，应使企业的员工都了解事故发生过程。在事故发生的各个等级（阶段）上处处设防，备有应急预案。在工厂设计时，就应努力减少原始危险源；在生产中，重点对故障、异常状态进行监测，及时采取相应的正确措施，抑制状态发展（升级），力求不到达事故状态。

二、化工安全设计

2021 年 6 月 10 日《安全生产法》修订，其第二十四条规定：生产经营单位新建、改建、扩建工程项目的安全必须与主体工程同时设计、同时施工、同时投入生产和使用。实际上，化工安全设计是化工设计的重要组成部分。从理论上讲，不使用具有危险性的产品、不加工有危险性的原材料、不在危险性条件下生产是最安全的。因此，开发、设计、生产及安全产品，是解决安全问题的根本出路。而实际情况是，部分危险性化学品的使用和生产是必不可少的。就化工行业来讲，安全生产技术的目标是保障生产安全正常进行，重点是防火、防爆、防毒以及防止对环境的污染。化工安全设计就是要贯彻“安全第一，预防为主”的方针，集中仔细研究化工生产中可能存在的潜在危险因素，特别是同类生产装置的安全措施、事故、灾害的经验教训，在设计时就按规范规定，采取事前消除、减少可能发生事故的有力措施，以保证生产装置在建设和投运时的安全生产。

（一）化工安全设计的法律依据

目前，我国已建成了较完整的安全生产法律法规体系，化工安全设计必须无条件地遵循安全生产的有关法律、法规、标准、规范，这是强制性的，也是保证安全生产的法治基础。表6-2列出了一些常用的有关化工安全生产设计的部分法律法规及标准。

表6-2　一些常用的有关化工安全生产设计的部分法律法规及标准

法律法规、标准名称	实施时间/标准号
中华人民共和国安全生产法	2021年9月1日
中华人民共和国环境保护法	2015年1月1日
中华人民共和国劳动法	2018年12月29日
中华人民共和国职业病防治法	2018年12月19日
中华人民共和国消防法	2019年4月23日
中华人民共和国大气污染防治法	2018年10月26日
中华人民共和国水污染防治法	2018年1月1日
中华人民共和国固体废物污染环境防治法	2016年7月7日
中华人民共和国环境噪声污染防治法	2018年12月19日
建设项目环境保护管理条例	2017年10月1日
建设(工程)项目劳动安全卫生监察规定	1996年10月17日
大气污染物综合排放标准	GB 16297—1996
地表水环境质量标准	GB 3838—2002
污水综合排放标准	GB 8978—1996
声环境质量标准	GB 3096—2008
城市区域环境振动标准	GB 10070—1988
危险化学品重大危险源辨识	GB 18218—2018
化工企业安全卫生设计规范	HG 20571—2014
爆炸危险环境电力装置设计规范	GB 50058—2014
化工企业静电接地设计技术规定	HG/T 20675—1990
建筑设计防火规范(2018年版)	GB 50016—2014
工业企业设计卫生标准	GBZ 1—2010
固定式压力容器安全技术监察规程	TSG 21—2016
化学品分类和危险性公示 通则	GB 13690—2009
石油化工企业设计防火规范	GB 50160—2018

（二）化工安全设计的基本内容

化工生产装置的安全问题，体现在设计方针、安装、维修、正常操作与事故时的操作、个人防护、装置保护等方面。化工安全设计一般要满足以下要求：①在设计条件下能安全运转，即使多少有些偏离设计条件，也能将其安全处理并恢复到设计条件；②确立安全的开车和停车方法；③发生意外事故时的紧急处置方法。由于化工生产的复杂性，其安全问题涉及工艺的安全性（如原料性质、工艺路线和生产流程、操作条件、总图运输和车间设备的布置等），装置及设备的安全性（如装置和设备类型，温度、压力等设计条件，材质等），控制系统的安全性（如控制方式，人机接口，动力源，检测、变送、接收、调节的方式和仪表、阀门等），建筑物、构筑物的安全性（如防火、防爆、抗震及耐蚀性等），电气的安全性（如供电的方式、一路或多路供电），其他公用设施的安全性（如燃料系统、制冷系统、压缩气体和惰性气体系统等）等多个方面。因此保障化工生产的安全需要工艺、设备、土建、电气、仪表、控制和给水排水等多个技术专业密切配合。在设计阶段，各专业也要同时研究，仔细进行安全审查，如制订安全检查表，将所有可能出现的安全问题逐一列出，逐条落实解决方案。化工安全设计的重点是保障正常生产安全和紧急情况有效处置。表 6-3 列举了一些为安全设计推荐的安全措施。

表 6-3　一些为安全设计推荐的安全措施

项目	目的	安全措施的内容	主要应用领域
工艺过程的安全措施	评价物料、反应、操作条件的危险性，研究安全措施	1. 评价由物料特性引起的危险性：①燃烧危险；②有害危险	全装置
		2. 评价反应危险	
		3. 抑制反应的失控	
		4. 设定数据测定点	
		5. 判断引起火灾、爆炸的条件	
		6. 评价操作条件产生的危险性	
		7. 材质：①耐应力性；②高低温耐应力性；③耐蚀性；④耐疲劳性；⑤耐电化学腐蚀性；⑥隔声；⑦耐火、耐热性	
		8. 填充材料	
	选择机器、设备的结构，研究安全措施	材质优良、结构合理、强度合格、标准等级适当	机械设备（包括配管、贮罐、加热炉、电器、仪表、土木及建筑）
	研究设备机器偏离正常操作条件及泄漏时的安全措施	1. 选择泄压装置的性能、结构、位置：①安全阀；②防爆板；③密封垫；④过流量防止器；⑤阻火器	设备与系统
		2. 惰性气体注入设备	反应器
		3. 爆炸抑制装置	装置区、化学品库
		4. 其他控制装置（包括程序控制等）	装置操作
		5. 测量仪表	安全、检测
		6. 气体检测报警装置	装置区
		7. 通风装置（厂房）	厂房、化验室
		8. 确定危险区和决定电气设备防爆结构	布置与电气设备管道
		9. 防止静电措施（包括防杂散电流的措施）	管道、电气
		10. 避雷设备	建筑物、设备
		11. 装置内的动火管理	管理措施
防止发生运转中的事故	防止由运转中所发生事故引起火灾的措施	1. 放空系统（安全阀、泄漏阀）	装置区
		2. 紧急输送设备	污水管网
		3. 排水排油设备（包括室外装置区）	
		4. 动力的紧急停供措施：①保安用电力；②保安用蒸汽；③保安用冷却水	电气、机械
		5. 防止误操作措施：①阀等的联锁；②其他	联锁系统
		6. 安全仪表	仪表
		7. 防止混入杂质等的措施	过滤器
		8. 防止外力产生断裂的措施	设备设计

（续）

<table>
<tr><th>项目</th><th>目的</th><th>安全措施的内容</th><th>主要应用领域</th></tr>
<tr><td rowspan="10">防止扩大受害范围的措施</td><td rowspan="10">防止发生灾害时扩大受害范围，将受害范围限制在最小限度内的措施</td><td>1. 总图布置的合理性</td><td>全厂布置</td></tr>
<tr><td>2. 耐火结构</td><td rowspan="2">建筑、耐火墙</td></tr>
<tr><td>3. 防油、防液堤</td></tr>
<tr><td>4. 紧急断流装置</td><td>工艺流程</td></tr>
<tr><td>5. 防火、防爆墙</td><td>钢结构化学品</td></tr>
<tr><td>6. 防火、灭火设备</td><td rowspan="2">装置区</td></tr>
<tr><td>7. 紧急通话设备</td></tr>
<tr><td>8. 安全急救设备</td><td>适宜地点</td></tr>
<tr><td>9. 防爆结构</td><td>建筑物</td></tr>
<tr><td>10. 其他</td><td></td></tr>
</table>

三、安全生产管理

（一）安全生产管理措施与设施

完善的安全生产措施与设施是企业实现安全生产的物质条件，但这些措施与设施的设计、建设和运行是人，是企业员工。如何使人做好安全生产工作，属于安全生产管理范畴。所谓安全生产管理是针对生产过程的安全问题，运用有效资源，发挥人们的智慧，进行有关决策、计划、组织和控制等活动，实现生产过程中人和机器、物料、环境的和谐，达到安全生产目标。安全生产管理包括安全生产法制管理、行政管理以及技术、设备等管理，内容十分丰富。

1. 企业安全管理体制与安全管理的基础工作

安全管理体制是指安全管理的组织原则、组织形式及其机构、相互关系，以及责任分工。它是实现企业安全管理目标、企业经营目标的组织保证。安全管理基础工作包括安全标准与规章制度的建立、安全设计与评价、全员安全培训教育、安全检查。

（1）企业安全管理体制

1）确立企业安全管理体制的基本原则。行政首长负责制：企业、各职能科室和车间、工段、班组的行政第一把手对本单位的全生产负首要责任。

安全生产，人人有责：企业的每一位员工都必须对自己工作岗位的安全负责。

安全生产委员会、安全生产小组与安全监督员：除安全管理专业外群众性的安全管理组织，可以将安全管理工作渗透到生产的各个环节和方面。

安全第一，重在预防：把防范事故的工作做在事前，是任何时候、任何情况下都必须坚持的一个原则。

2）各部门及人员的职责和权限。各部门及人员的职责和权限是根据“安全生产，人人有责”和“管生产的必须管安全”的原则确定的。其基本要求是要做到紧密结合生产实际，使安全管理制度化、规范化，做到事事有人管，层层有专责，既分工负责，又协调配合，以确保安全生产。

3）安全技术管理部门的作用。安全技术管理部门是在企业具体落实国家安全生产方针决策的监督部门，又是安全技术措施和组织协调的综合管理部门。其职责是负责安全生产的日常组织管理（如贯彻执行有关安全生产和劳动保护的法律、法规、条例，并结合实际制定本单位实施细则、规章制度），组织安全教育和安全检查，进行事故调查、处理、建档、汇报和安全技术管理，对各部门协调联络、监督检查。

（2）安全管理的基础工作

1）安全标准与规章制度的制定：安全标准和规章制度是将国家有关安全生产和劳动保护的法律、法规、条例、方针、政策具体化，促进安全工作逐步科学化、标准化和普遍化的措施，使安全生产做到有法可依、有章可循，是安全管理的法律依据。

2）全员安全培训教育的实施：认真搞好全员安全培训教育是企业安全生产的一个重要环节。在此，要特别强调安全培训教育的对象是“全员”，而不是部分人。要牢固树立“安全生产，人人有责”的观念。安全培训教育的主要内容包括通过思想素质的教育，使全体职工从思想理论上切实搞清“没有安全就不可能搞好生产”的道理，同时养成严格遵守劳动纪律的习惯，建立良好的生产秩序，防止事故的发生；通过有关安全和劳动保护法规政策的教育，把依法行事变成全体职工的自觉行为；通过有关安全生产科学知识的教育，使全体职工熟练掌握企业的生产情况、工艺流程、操作方法、设备性能，以及生产原材料、成品、半成品的性能等，熟知可能出现的危险因素及其处置方法，不断提高全体职工技术业务素质。在化工企业内部，安全培训教育的主要形式是厂级、车间、班组“三级”教育。只有通过“三级”安全教育，并且考试合格的人员才能上岗生产。而且这种教育要经常进行，常抓不懈，使安全生产的警钟长鸣。

3）安全检查：定期进行安全检查是发现和消除事故隐患、落实安全措施、预防事故发生的重要手段，其组织形式包括单位自查（如班组自检、夜间检查、季节性检查和专业性检查等），上级部门组织的安全检查（如互查、抽查、重点复查），上级行领导机关和劳动安全监察机关的检查，多部门组织的联合性安全检查等。

安全检查的内容一般为查领导、查思想（主要检查对安全的思想认识）、查现场、查隐患（主要查生产装置、安全设施与工作条件）、查管理、查制度、查整改。

2. 生产安全管理内容

（1）工艺操作安全管理　工艺操作安全管理是指为使工艺操作顺利进行并取得合格产品所采取的组织和技术措施，是化工企业安全管理的核心部分。其主要内容有：工艺规程、安全技术规程、安全管理制度、岗位作法的制定、修订及执行。

1）工艺规程：工艺规程是由技术部门负责起草，由总工程师负责批准，由企业行政负责人签发，在全企业推行，是生产操作的基本依据。其主要内容一般包括：产品与原料规格，包括名称、理化性质、质量指标、用途等，生产工序的划分、工作原理与反应条件，各控制点的技术指标控制范围，物料消耗指标，生产控制分析和检验方法，可能出现的不正常情况及处理方法，使用设备一览表，开、停车说明，安全生产要点，劳动保护设施，附带控制点和反应条件的生产工艺流程图。

2）安全技术规程：安全技术规程是根据工艺规程阐明生产原理、工艺路线、生产方法，指出生产过程中可能产生的危害及其原因，明确预防事故发生的措施和办法。其主要内容包括：物料性质，包括原料、燃料、轴料、中间产品及产成品的详细理化性质，特别应着重介绍与安全有关的数据；生产的基本原理与生产工序的划分，指明生产中可能造成的危险，明确规定操作中应遵循的程序、方法和应采取的安全措施；工艺参数与安全的关系；有毒有害物质的允许值，毒害的预防及急救措施；设备安全指标和安全附件说明；安全仪器、仪表、防护和消防器材的原理、使用、维护和保养。

3）安全管理制度：工艺规程和安全技术规程主要反映生产过程中客观自然规律的要求，管理制度指明人们应该怎么做，其通过岗位操作法得到落实。其主要内容包括：安全管理基本原则和安全生产责任制，安全教育制度，安全作业证制度，安全检查制度，安全检修制度，防火、防爆安全规定，危险物品管理制度，防止急性中毒制度，锅炉、压力容器安全管理制度，事故管理制度等。

（2）化学危险品的安全管理　化学危险品的储存必须有专用仓库。其储量限制由当地主管部门与公安部门明确规定。修建专用仓库确有困难者，应根据有关安全、防火规定和物品的种类、性质，设相应的通风、防爆、泄压、防火、防雷、报警、灭火、防晒、调温、消除静电和防护围堤等安全设施。

化学危险品的运输、装卸，必须按有关规定办理。要特别注意：碰撞、互相接触容易引起燃烧、爆炸的物品，因化学性质或防护、灭火方法互相抵触的物品不得混装；客货不得混装；装卸油料等易燃易爆液体时，导管必须能消除静电。

（3）人员的安全管理　人员的安全管理要注意以下两点：

1）人员素质的控制：参加化工企业生产和建设的人员，必须有相应的身体素质和文化素质，经过培训，能够掌握相应的技能。

2）人员进入现场的控制：进入生产现场的人员，必须经过厂级、车间、班组三级安全教育合格，并经过技能培训合格。

（二）企业安全生产标准化建设

针对我国当前安全生产形势总体稳定好转，但事故总量仍处高位，重大事故时有发生的情况，为早日实现安全形势根本好转，国务院安全生产委员会于2011年5月连发了《关于深入开展企业安全生产标准化建设的指导意见》（安委办〔2011〕4号）、《关于深入开展全国冶金等工贸企业安全生产标准化建设的实施意见》（安委办〔2011〕18号）等文件。此后两年多，国务院安全生产委员会和国家安全生产监督管理总局下发一系列的安全生产标准化实施指南、考评指标评分细则和评定标准等文件，要求全面推进企业安全生产标准化建设，建立健全工贸行业企业安全生产标准化建设政策法规体系，加强企业安全生产规范化管理，推进全员、全方位、全过程、全管理。力求通过努力，实现企业安全管理标准化、作业现场标准化和操作过程标准化，所有工贸行业企业实现安全生产标准化达标。企业安全生产标准化水平每三年审核一次，不达标者取消营业资格。

安全生产标准化包含安全目标、组织机构和人员、安全责任体系、安全生产投入法律法规与安全管理制度、队伍建设、生产设备设施、科技创新与信息化、作业管理、隐患排查和治理、危险源辨识与风险控制、职业健康、安全文化、应急救援、事故的报告和调查处理、绩效评定和持续改进16个方面。

企业安全生产标准化建设程序如下：

（1）企业自评自改　企业成立自评机构，全员参与，按照评定标准的要求进行自评自改，安全责任落实到每个人，安全措施落实到每个过程和设备，不留一处死角，建立健全法律法规制度体系，最终形成自评报告。企业自评可以邀请专业技术服务机构提供支持。

（2）外部评审　企业根据自评结果，经所在地应急管理部门同意后，向相应级别企业评审组织提出书面评审申请。经审核同意后，由评审单位按照相关标准的要求进行评审，三个月内形成符合要求的评审报告，报送审核公告的应急管理部门。

（3）公告、颁发证书　应急管理部门对提交的评审报告进行审核，对符合标准的企业予以公告。

经公告的企业，由应急管理部门或指定的评审组织单位颁发相应等级的安全生产标准化证书和牌匾。

企业安全生产标准化水平级别评定标准一般如下：

一级：优秀，安全生产标准化考核得分不少于900分（含900分），满分为1000分，下同。

二级：良好，安全生产标准化考核得分不少于750分（含750分）。

三级：合格，安全生产标准化考核得分不少于600分（含600分）。

应急管理部门对评审定级进行监督管理。

第二节　化学防火防爆技术

众所周知，化工生产从原料、中间产品到产品大都属易燃、易爆、有毒、有腐蚀性物质；而生产操作多为高温、高压、高速、化学反应复杂、连续性强的化工过程；一旦生产储运中有设计不合理，操作不当或管理不善等都有可能引起火灾、爆炸、中毒等事故，这不仅会造成人员伤亡和财产损失，甚至会毁灭整个车间或工厂，造成一个地区或部门不可弥补的损失。据统计，在工业爆炸事故中，化学工业占1/3，居各工业部门之首位。化工火灾和爆炸单件事故所造成的损失约为其他工业的5倍。所以，化工生产中的防火防爆是非常重要的。

一、燃烧与爆炸

（一）燃烧

1. 燃烧及燃烧条件

（1）燃烧　燃烧是一种同时伴有发光、发热激烈的氧化反应。其特征是发光、发热、生成新物质。铜与稀硝酸反应，虽属氧化反应，有新物质生成，但没有产生光和热，不能称它为燃烧；灯泡中灯丝通电后虽发光、发热，但不是氧化反应，也不能称它为燃烧。但如金属钠、赤热的铁在氯气中反应等，则能称为燃烧。

（2）燃烧条件　燃烧必须同时具备下列3个条件：

1）有可燃物存在，如木材、煤、汽油、液化石油气、甲烷等。

2）有助燃物存在，即有氧化剂存在，常见的有空气、氧气、氯气等。

3）有点火源，如撞击、明火、高温表面、发热自燃、电火花、光和射线等。

可燃物、助燃物和点火源是构成燃烧的三要素，缺少其中任何一个，燃烧便不能发生。在某些情况下，如可燃物未达到一定的浓度，助燃物数量不够，点火源不具备足够的温度或热量，那么即便具备了3个条件，且相互作用，燃烧也不会发生。例如，空气中氧的含量低于14%时，一般可燃物在空气中便不会燃烧。一根火柴不能点燃一根木材。对于已经进行的燃烧，若消除其中任何一个条件，燃烧便会终止，这就是灭火的基本原理。

2. 燃烧过程

多数可燃物的燃烧是物质受热成为气体后进行的燃烧。因此，各聚集状态不同的可燃物的燃烧过程是不同的。

可燃气体最容易燃烧，只要达到其本身氧化反应所需的温度便能迅速燃烧。可燃液体的燃烧：液体受热时，首先是蒸发，然后蒸气氧化分解进行燃烧。固体燃烧：如果是简单物质，如硫磷等，受热时先熔化，后蒸发、燃烧，没有分解过程；如果是复杂物质，受热时，首先分解得到气态和液态产物，然后产物的蒸气着火燃烧。

物质燃烧时，其温度变化是很复杂的。最初一段时间，加热的大部分热量用于物质的熔化、汽化或分解，故可燃物温度上升较缓慢，随后，可燃物开始氧化。由于此时温度尚低，故氧化速度较慢，氧化所产生的热量还不足以克服系统向外界散热，此时停止加热，仍不能引起燃烧。若继续加热，则温度上升很快，氧化产生的热量与系统向外界散失的热量相等，处于平衡状态。若温度再升高，便打破平衡状态，即使停止加热，温度也能自行上升，到自燃温度时，就出现火焰而燃烧。

3. 燃烧形式

由于可燃物的存在状态不同，所以它们的燃烧形式是多种多样的。按参加反应的相态不同，燃烧可分为均一系燃烧和非均一系燃烧。均一系燃烧是指燃烧反应物为同一相，如氢气在氧气中燃烧，煤气在空气中燃烧等；非均一系燃烧是指燃烧反应物为不同相，如石油、木材和煤等液、固体在空气中的燃烧均属于非均一系燃烧。

根据可燃气体的燃烧过程，又分为混合燃烧和扩散燃烧。混合燃烧是指可燃气体预先同空气或氧气混合而进行的燃烧。扩散燃烧是指可燃气体由管中喷出，同周围空气或氧气接触，可燃气体分子与氧分子相互扩散，一边混合，一边进行的燃烧。混合燃烧反应迅速，温度高，火焰传播速度快，通常爆炸反应就属于这类。

至于可燃液体和固体的燃烧，通常不是原始态燃烧，而是先汽化再燃烧，而汽化又分为纯相变的蒸发（多数的可燃液体）和经热分解产生可燃气体（多数的可燃固体）两种，故可叫作蒸发燃烧或分解燃烧。

气体燃烧均有火焰产生，也叫火焰型燃烧，而纯碳或金属燃烧在表面进行、没有可见火焰，故也叫作表面燃烧或均热型燃烧。

根据燃烧的起因和剧烈程度的不同，又有闪燃、着火及自燃的区别。

4. 闪燃与闪点

当点火源接近易燃或可燃液体时，液面上的蒸气与空气混合物会发生瞬间火苗或闪光，这种现象称为闪燃。引起闪燃时的最低温度称为闪点。在闪点时，液体的蒸发速度并不快，蒸发出来的蒸气仅能维持一刹那的燃烧，还来不及补充新的蒸气，所以一闪即灭。从消防角度来说，闪燃是将要起火的先兆。某些可燃液体的闪点见表 6-4。

表 6-4　某些可燃液体的闪点

液体名称	闪点/℃	液体名称	闪点/℃	液体名称	闪点/℃
戊烷	-42	甲酸	69	乙醚	-45
庚烷	-4	冰醋酸	40	苯	-14
环己烷	6.3	乙酸甲酯	-13	汽油	-43
乙炔	-18	乙酸乙酯	-4	石油醚	30~70
乙醇	11	丙酮	-10	重油	80~130

不同浓度的可燃液体的闪点不同。例如，乙醇水溶液中乙醇含量为80%、40%、20%、5%时，其闪点分别为19℃、26.75℃、36.75℃、62℃。当含量为3%时，没有闪燃现象。

两种可燃液体组成混合物的闪点，一般介于两种液体闪点之间，并低于这两种物质闪点的平均值。

某些固体，如樟脑和萘等，也能在室温下挥发或缓慢蒸发，因此也有闪点。

闪点是可燃物的固有性质之一，可根据各种可燃液体闪点的高低来衡量其危险性，即闪点越低，火灾的危险性越大（表6-5）。

表6-5　液体根据闪点分类分级表

种类	级别	闪点 t/℃	举例
易燃液体	Ⅰ	$t \leqslant 28$	汽油、甲醇、乙醇、乙醚、苯、甲苯、丙酮、二硫化碳
	Ⅱ	$28 < t \leqslant 45$	煤油、丁醇
可燃液体	Ⅲ	$45 < t \leqslant 120$	戊醇、柴油、重油
	Ⅳ	$t > 120$	植物油、矿物油、甘油

在化工生产中，可由闪点的高低来确定易燃和可燃液体在生产、运输和储存时的火灾危险性，进而针对其火险的级别，采取相应的防火、防爆措施。

5. 着火与着火点

当温度超过闪点并继续升高时，若与点火源接触，不仅会引起易燃物与空气混合物的闪燃，而且会使可燃物燃烧。这种当外来火源与可燃物接近时，产生持续燃烧的现象叫着火。使可燃物持续燃烧5s以上时的最低温度称为该物质的着火点或燃点，也称火焰点。所有可燃物，无论是气态、液态还是固态都有各自的着火点。可燃液体燃点比闪点高出5～20℃，但闪点在100℃以下时，二者往往相同。易燃液体的燃点与闪点很接近，仅差1～5℃；可燃液体，特别是闪点在100℃以上时，两者相差30℃以上。

6. 自燃与自燃点

自燃是可燃物自行燃烧的现象，是可燃物在没有外界点火源的直接作用下，在空气中自行升温而引起的燃烧。

可燃物发生自燃的最低温度称为自燃点，也称最低引燃温度。自燃又可分为受热自燃和自热自燃。

（1）受热自燃　受热自燃是指可燃物在外界热源作用下，温度升高，当达到自燃点时，即着火燃烧，如化工生产中，可燃物由于接触高温表面、加热和烘烤过度、冲击摩擦，均可自燃。

（2）自热自燃　自热自燃是指某些物质在没有外来热源影响下，由于本身产生的氧化热、分解热、聚合热或发酵热，并经积累使物质温度上升，达到自燃点而燃烧的现象。自热自燃的物质可分为4类：

1）自燃点低的物质，如磷、磷化氢等。

2）遇空气、氧气发热自燃的物质，如油脂类、金属粉尘及金属硫化物类、活性炭、木炭、骨粉等。

3）自然分解发热物质，如硝化棉。

4）产生聚合热、发酵热的物质，如干草、湿木屑等植物类产品。

（3）影响可燃物自燃点的因素　主要有压力、组成、催化剂、物质的化学结构等，一般是：压力升高，自燃点降低；混合物的组成符合该可燃物氧化反应的化学计量时，自燃点最低；固体颗粒越细，自燃点越低；活性催化剂使自燃点降低；液体和固体可燃物越易汽化，自燃点越低；有机可燃物越不稳定，其自燃点越低。表6-6列出了某些气体及液体的自燃点。

表6-6　某些气体及液体的自燃点

物质	自燃点/℃		物质	自燃点/℃		物质	自燃点/℃	
	空气中	氧气中		空气中	氧气中		空气中	氧气中
氢	572	560	一氧化碳	609	588	氨	651	—
二硫化碳	120	107	硫化氢	292	220	庚烷	230	214
乙烯	490	485	丙烯	458	—	丁烯	443	—
戊烯	273	—	乙炔	305	296	苯	580	566
环丙烷	498	454	氢氰酸	538	—	甲烷	632	556
乙烷	472	—	丙烷	493	468	丁烷	408	283
环己烷	—	296	甲醇	470	461	乙醇	392	—
乙醛	275	159	乙醚	193	182	丙酮	561	485
醋酸	550	490	二甲醚	350	352			

7. 燃烧产物

火灾时不仅会产生高温破坏，而且往往会因燃烧产物有毒害而引起人员伤害。一般可燃物在空气中完全燃烧时，其产物是可燃物各元素最稳定的化合物或单质，如碳成为 CO_2，氢成为 H_2O，硫成为 SO_2，碘成为碘分子。但在火灾条件下，则不一定是这样的。表6-7为火灾条件下一些可燃物的生成物。

表6-7　火灾条件下一些可燃物的生成物

可燃物	生成物
芳香族含硫化合物	硫化氢、硫醚、噻吩、亚硫酸酐
丙酮	酮类
无烟火花	乙炔、氰类、一氧化碳、氮氧化物
雷酸汞	醋酸脂、醋酸、硝酸的脂类氮氧化物、氯化氢、氰类、汞蒸气和有机汞的化合物
橡胶	异戊二烯、高级不饱和碳氢化合物
脂肪酸	丙烯醛、巴豆醛
清漆、含硝化纤维素的产品	一氧化碳、二氧化碳、氮氧化物、氰酸
萘	联萘
硝酸甘油	一氧化碳、二氧化碳、氮氧化物
薄膜赛璐珞	一氧化碳、二氧化碳、氰化物
松节油	异戊二烯、苯的同系物及蒽等
甲醇	一氧化碳、氰、甲醛、巴豆醛、甲烷、乙炔乙烯、氢和一氧化碳
乙醚	乙醛、乙烷、过氧化物和己烯的化合物
脂肪类醚类	醛类

8. 燃烧速度

(1) 气体燃烧速度　由于气体燃烧不需要像固体、液体那样经过熔化、蒸发等过程，所以燃烧速度较液体、固体要快。气体扩散燃烧时，其燃烧速度取决于气体的扩散速度。而在混合燃烧时，由于较慢的扩散过程已预先完成，故燃烧速度则取决于本身的化学反应速率。通常混合燃烧速度要比扩散燃烧速度快得多。

气体的燃烧性能常以火焰传播速度来衡量。火焰传播速度是指火焰前锋沿其法线方向相对于未燃可燃混合气体的推进速度，其值取决于混合气体本身性质及外部条件，并存在一个最大值。一些可燃气体与空气的混合物在直径为 25.4mm 管道中燃烧时火焰的传播速度见表 6-8。

表 6-8　一些可燃气体与空气的混合物在直径 25.4mm 管道中燃烧时火焰的传播速度

气体	最大火焰传播速度/(m/s)	可燃气体在空气中的体积分数(%)	气体	最大火焰传播速度/(m/s)	可燃气体在空气中的体积分数(%)
氢	4.83	38.5	丁烷	0.82	3.6
一氧化碳	1.25	45	乙烯	1.42	7.1
甲烷	0.67	9.8	炉煤气	1.70	17
乙烷	0.85	6.5	焦炭发生煤气	0.73	48.5
丙烷	0.82	4.6	水煤气	3.1	43

管道中气体燃烧速度随管径增大而增大，但当管径增大到 500mm 后，燃烧速度便不再增大了，而当管径小于某一值时，燃烧速度为零。实际估算任意直径管道中气体燃烧速度，可以直径为 25.4m 管道中的燃烧速度为基准，乘以上一校正系数后获得。管径为 100mm、200mm、300m、400mm、500mm 的校正系数分别为 1.8、2.5、3.0、3.2、3.4。

(2) 液体燃烧速度　其速度取决于液体的蒸发速度。液体在其表面上进行燃烧时，速度有两种表示方法：一种是以每平方米面积上一小时烧掉液体的质量来表示，叫作液体燃烧的质量速度；另一种是以单位时间内烧掉液体层的高度来表示，叫作液体燃烧的直线速度。易燃液体的燃烧速度与很多因素有关，如液体的初温、储罐的直径、罐内液面的高低及其液体中水分含量等。初温越高、储罐中液位越低，燃烧速度就越快。石油产品中，水分含量高的燃烧速度比含量低的要慢。

(3) 固体燃烧速度　固体燃烧速度一般小于可燃气体和液体。不同固体其燃烧速度有很大差别。例如，萘及其衍生物、三硫化磷、松香等的燃烧过程是受热熔化、蒸发、分解氧化、起火燃烧，一般速度较慢；而硝基化合物、含硝化纤维的制品等，本身含有不稳定的基团，燃烧是分解型的，比较剧烈，燃烧速度也很快。对于同一固体，其燃烧速度还取决于表面积的大小。固体燃料单位体积的表面积越大，则燃烧速度越快。

(二) 爆炸

1. 爆炸及其分类

物质自一种状态迅速地转变成另一种状态（最终以气态为主），并在瞬间放出巨大能量同时产生巨大声响的现象称为爆炸。其也可视为瞬间形成的高温、高压气体或蒸气的骤然膨胀现象。爆炸常伴有发热、发光、压力上升、真空和电离等现象。爆炸的一个最重要特征是爆炸点周围介质发生急剧的压力变化，而这种压力突跃变化是产生爆炸破坏作用的直接原因。爆炸过程一般为 $10^{-2} \sim 10^{-5}$ s，气压由 0.1MPa 上升到 10^{4} MPa。根据其形成机理，爆炸可分为物理性爆炸、化学性爆炸和核爆炸。化工生产遇到的爆炸事故是物理性爆炸和化学性爆炸。

（1）物理性爆炸　物质因状态或压力发生突变等物理变化而形成的爆炸称为物理性爆炸。例如，容器内液体过热、汽化而引起的爆炸，锅炉的爆炸，压缩气体、液化气体超压引起的爆炸等，都属于物理性爆炸。物理性爆炸前后物质的性质及化学成分均不改变。设备内为可燃气体发生物理性爆炸后，还常常会引起化学性的第一次爆炸。

（2）化学性爆炸　由于物质发生极迅速的化学反应，产生高温、高压而引起的爆炸称为化学性爆炸。化学性爆炸前后物质的性质和成分均发生了根本的变化。按其变化性质，又可分为简单分解爆炸、复杂分解爆炸和爆炸性混合物的爆炸。

2. 粉尘爆炸

（1）粉尘爆炸　普通块状固体可燃物在空气中只能燃烧，不会爆炸，但当固体可燃物成粉生态在空气中以悬浮状存在，且达到一定浓度时，被点火源点燃后，就会激烈燃烧爆炸，即为粉尘爆炸。很早人们就知道煤尘有发生爆炸的危险。此后，在机械化的磨粉厂、制糖厂、纺织厂以及铅、镁、碳化钙等生产场所，也发现悬浮于空气中的细微粉尘有极大的爆炸危险性。不同的粉尘具有不同的爆炸特性，像镁粉、碳化钙粉与水接触后会引起自燃或爆炸；有些粉尘，如铝粉、煤尘等，当在空气中达到一定浓度时，在外界的引爆能源作用下也会引起爆炸：有些粉尘，如溴与磷、镁粉接触混合就能发生爆炸。

（2）影响粉尘爆炸的因素　①物理化学性质燃烧热越大的物质越易引起粉尘爆炸，越易氧化或易带电的粉尘越易爆炸，粉尘中挥发分越多越易爆炸，此外，粉尘中所含的不燃物越多爆炸危险性越低；②颗粒越小，越易爆炸，当粉尘颗粒大于 10^{-2} mm 时，一般没有爆炸危险；③尘的浓度粉尘在空气中的浓度只有达到一定程度时才能爆炸。

3. 爆轰

燃烧速度极快的爆炸性混合物在全部或部分封闭的状况下，或处于高压下燃烧时，如达到相应的混合物组成及预热条件，可以产生一种比一般爆炸更为剧烈的现象，这种现象称为爆轰。

爆轰的特点是具有突然引起的极高的压力，爆轰波是通过超声速的“冲击波”，速度可达 1000~7000m/s（而一般爆炸传播速度为几十到几百 m/s），爆轰是在极短的时间内发生的，燃烧的产物以极高的速度膨胀，像活塞一样挤压其周围空气。反应所产生的能量有一部分传给被压缩的空气层，于是形成了冲击波。冲击波的传播速度极快，以至于物质的燃烧也落在它的后面，所以它的传播并不需要物质的完全燃烧，而是由它本身的能量所支持的。这样，冲击波便能远离爆轰地而独立存在，并能引起该处其他炸药的爆炸，称为诱发爆炸，也就是殉爆。

为了防止殉爆的发生，在选择炸药的存放地点及确定存放量时，应考虑一定的安全距离。这个安全距离可按下式计算

$$L = K\sqrt{m} \tag{6-1}$$

式中　L——不致引起殉爆的最小安全距离（m）；

m——爆炸物的质量（kg），标准物是 TNT，其他爆炸物的爆炸能量可按其燃烧热值计算；爆炸能量按 4186.5kJ/kg 折算为 TNT 质量；

K——安全系数，其值为1~5（有围墙取1，无围墙取5）。

周围建筑物防止冲击波破坏的安全距离也可用上式计算。安全系数K值取决于建筑物的安全等级及周围有无爆炸条件。该安全系数K值取值为4~14，爆炸物储量小时取大些，如10kg以下取10以上，4000kg以上取4，其他必要条件是爆炸物库房均有围墙。

（三）爆炸极限的含义及影响因素

1. 爆炸极限

可燃物与空气或其他氧化剂的混合物，并不是在任何混合比例下都是可燃或可爆的，而且混合物的比例不同，燃烧的速度也不同。当混合物中可燃物含量接近于完全燃烧时的理论量时，燃烧最快、最剧烈。若含量减少或增加，燃烧速度就降低。当浓度低于或高于某一极限值时，火焰便不再蔓延。可燃物在空气中达到刚好足以使火焰蔓延的最低浓度，称为该物质的爆炸下限；同样，达到刚足以使火焰蔓延的最高浓度，称为该物质的爆炸上限。混合物浓度低于爆炸下限时，因含有过量的空气，空气的冷却作用阻止了火焰的蔓延；当浓度高于爆炸上限时，由于过量的可燃物使空气中的氧含量非常不足，火焰也不能传播。所以，当浓度在爆炸范围以外时，混合物就不会爆炸。但对于浓度在爆炸上限以上的混合物还不能认为是安全的，因为其一旦补充进空气就具有危险性了。

爆炸极限的表示常用可燃气体或蒸气在混合物中的体积百分数表示，也可用可燃气体或蒸气在每立方米或每升混合气体中含有的质量表示。固体可燃物浓度则用每立方米气体中含有的质量表示。

多年来，人们开发了多个计算爆炸极限的经验公式，但均有一定的误差和使用的局限性。实际工程涉及的常见可燃物在一定条件下的爆炸极限，以及闪点、自燃点等可从有关资料查得，也可用相关仪器测定。

2. 危险度

可燃气体或蒸气的危险度为该气体或蒸气的爆炸上、下限之差除以爆炸下限值，即

$$H=\frac{x_2-x_1}{x_1} \tag{6-2}$$

式中　H——危险度；

x_2——爆炸上限；

x_1——爆炸下限。

从式（6-2）看出，气体或蒸气的爆炸极限范围越宽，其危险度H值越大，即该物质的危险性越大。粉尘爆炸也有一定的浓度范围，有上、下限之分。一般以爆炸下限表示。因为粉尘的爆炸上限较高，在通常情况下是遇不到的。

3. 影响爆炸极限的因素

爆炸极限不是一个固定值，它受各种因素的影响。如果掌握外界条件对爆炸极限的影响规律，在一般条件下所测得的爆炸极限就有普遍的参考价值。影响爆炸极限的主要因素有以下几点：

（1）原始温度　爆炸性混合物的原始温度越高，则爆炸极限范围越大，即爆炸下限值变低，上限值变高。

（2）原始压力　一般原始压力增大，爆炸范围扩大。但也有例外，如磷化氢与氧混合

一般不反应，但将压力降至一定值时，会突然爆炸；再如，压力越高，CO 爆炸范围越窄。

（3）惰性介质　当混合物中所含惰性气体含量增加，其爆炸极限范围将缩小，以至不爆炸。

（4）容器的尺寸和材质　容器的尺寸和材质对可燃物爆炸极限均有影响。容器、管子直径越小，火焰在其中的蔓延速度越小，爆炸范围也就越小。当容器或管子直径达到某一数值（临界直径）时，火焰即不能通过，这一间距称为最大灭火间距。这是因为火焰通过管道时被表面所冷却。管道尺寸越小，则单位体积火焰所对应的固体冷却表面积就越大，散出热量也越多。当通道直径小到一定值，火焰便会熄灭，干式阻火器就是用此原理制成的。火焰的熄灭直径 D_0（mm）可以通过试验测定，也可以用最低引爆能量 H（mJ）进行估算。

$$D_0 = 6.98H^{0.403} \tag{6-3}$$

容器的材质对爆炸极限也有影响。例如，氢和氟在玻璃容器中混合，甚至在液态空气的温度下于黑暗中就会发生爆炸，而在银制容器中，在常温下才能发生反应。

（5）点火源　点火源的能量、性质以及与混合物接触时间对爆炸极限有很大的影响。如果点火源的强度高，热表面积大，点火源与混合物的接触时间长，就会使爆炸的界限扩大，其爆炸危险性也就增加。对每一种爆炸混合物都有一个最低引爆量（在接近化学反应的理论量时出现）。低于这个能量，混合物在任何比例下都不会爆炸。

（6）两种以上可燃气体或蒸气混合物的爆炸极限　混合气体的爆炸极限可用理·查特里（Le Chatelier）方法计算，即根据各组分已知的爆炸极限按下式求得。该式适用于各组分间不反应、燃烧时无催化作用的可燃气体混合物

$$\varphi_m = \frac{100}{\dfrac{\varphi_1'}{\varphi_1} + \dfrac{\varphi_2'}{\varphi_2} + \cdots + \dfrac{\varphi_n'}{\varphi_n}} \tag{6-4}$$

式中　φ_m——混合气体的爆炸极限（体积分数，%）；

φ_1、φ_2、…、φ_n——混合气体中各组分的爆炸极限（体积分数，%）；

φ_1'、φ_2'、…、φ_n'——各组分在混合气体中的浓度（体积分数，%）。

（7）可燃气体与可燃粉尘混合物的爆炸极限　液体蒸气混入含可燃粉尘空气内，会使其爆炸下限浓度降低，危险性增大。即使可燃气体及可燃粉尘都没有达到其爆炸下限，但当二者混合在一起时，可形成爆炸性混合物。即使是强能量的点火源也不能引爆的粉尘掺入可燃气或可燃蒸气以后，即可能变成爆炸性粉尘。

混合物里粉尘爆炸下限与气体中的可燃气浓度之间的关系可近似地用下式表示

$$\varphi_m = \varphi_d \left(\frac{\varphi_G'}{\varphi_G} - 1 \right)^2 \tag{6-5}$$

式中　φ_m——混合物粉尘爆炸下限；

φ_d——粉尘爆炸下限；

φ_G——可燃气体爆炸下限；

φ_G'——可燃气体浓度。

（8）其他因素　除上述因素外，还有其他因素影响爆炸的进行，如光的影响。在黑暗中，氢与氯的反应十分缓慢，但在强光照射下，就会发生链式反应导致爆炸。又如，甲烷与氯的混合物，在黑暗中长时间不发生反应，但在日光照射下，会引起剧烈的反应，如果比例适当，便会爆炸。

另外，表面活性物质对某些气体混合物也有影响，如在球形器皿内，530℃时，氢与氧完全无反应，但如果向器皿中投入石英、玻璃、铜或铁棒，则发生爆炸。

二、化工物料的火灾危险性评定

（一）化工物料的火灾爆炸危险性分析

化工生产中，在采取一些防火防爆措施之前，要对火灾爆炸危险性进行分析，了解生产过程中的危险因素，弄清各种危险因素间的联系和变化规律。在危险性分析之前，先要对生产物料的危险性进行分析，并初步掌握其变化规律。

1. 气体

评定气体火灾爆炸危险性的主要指标包括爆炸极限、自燃点、化学活泼性、相对密度和扩散性、压缩性和受热膨胀性等。

（1）爆炸极限　爆炸极限的范围越大，其火灾爆炸危险性越大。爆炸下限较低的可燃性气体一旦泄漏在空气中，即使量不大也容易达到爆炸的浓度范围，因而具有较大的危险性。爆炸上限较高的气体在容器或管道中，如果空气进入，不需要很大的空气量，就能达到爆炸浓度范围，危险性也很大。

（2）自燃点　可燃气体的自燃点越低，受热自燃的危险性就越大。

（3）化学活泼性　化学活泼性越强，其火灾爆炸危险性越大。对于气态烃来说，分子不饱和性越大，火灾爆炸危险性越大，如乙烷、乙烯、乙炔的危险性就是依次增大的。

（4）相对密度和扩散性　某气体的相对密度是指其对同体积标准状态空气质量之比。比空气轻的可燃气体逸散在空气中可以无限制地扩散，易与空气形成爆炸性混合物，并顺风飘移，促使火灾的蔓延扩展。比空气重的可燃气体往往飘散在地面上，沉积于沟渠及厂房的死角，长时间聚集不散，遇火种很容易造成火灾爆炸事故。同时，相对密度大的可燃气体一般都有较大的发热量，当火灾发生时，火势易扩大。

（5）压缩性和受热膨胀性　气体经降温、压缩，其体积可以大大减小，甚至成为液化气，因此对热的作用十分敏感，若液化石油钢瓶靠近热源或用沸水烫，则液化气体积膨胀，压力增大，以致爆裂，可造成火灾爆炸事故。

2. 液体

评定液体火灾爆炸危险的主要指标是闪点和爆炸极限，还有些其他指标。

（1）闪点　可燃性液体闪点越低，越易起火燃烧。对于闪点在100℃以上的可燃液体，危险性的标志用燃点来体现。燃点越低，越易起火燃烧，危险性也越大。

（2）爆炸极限　范围越大，危险性越大；爆炸下限越低，则危险性越大。

（3）饱和蒸气压　液体的饱和蒸气压越大，其火灾危险性越大。

（4）受热膨胀性　根据此性质，对盛装易燃液体的容器应留有不少于5%的空隙。同时，受热体积膨胀数值还可通过下式求得

$$V_t = V_0(1+\beta t) \tag{6-6}$$

式中 V_t、V_0——液体在温度为 t、0℃时的体积；

t——当前温度（℃）；

β——液体膨胀系数（$℃^{-1}$），一般为 $10^{-4} \sim 10^{-3}℃^{-1}$。

通过式（6-6）可求得受热体积膨胀数值，进而可确定容器不同温度下的安全性。

（5）流动扩散性　由于液体具有扩散性，对于易燃液体，如有渗漏，会很快向四周扩散；毛细管浸润等作用可扩大表面积，加快蒸发速度，提高蒸气浓度，易于起火蔓延。

（6）相对密度　一般是液体的相对密度小，其蒸发速度就快，闪点低，则发生火灾的危险性就大。可燃液体的相对密度大都小于1，只有 CS_2 例外，其相对密度为1.26。

（7）沸点　可燃液体沸点越低，越易与空气形成爆炸性混合物，火灾爆炸危险性越大。确定了可燃液体沸点，便可正确选择储存和运输的形式。

（8）相对分子质量　同一类有机化合物，其相对分子质量越小，沸点越低，闪点也越低，火灾危险性也就越大。但相对分子质量大的液体，一般发热量高，蓄热条件好，自燃点低，易自燃。因此，在以相对分子质量评定火灾危险性时，要综合加以考虑。

（9）化学结构　可燃液体化学结构不同，表现出不同的危险性。

1）烃的含氧衍生物中，醚、醛、酯、醇、羧酸的火灾危险性依次降低。

2）不饱和有机化合物比饱和有机化合物火灾危险性大。

3）有机化合物中的异构体比正构体的闪点低，火灾危险性大。

4）芳香烃中，以某种基团取代苯环中氢的各种衍生物，火灾危险性一般是下降的，取代的基数越多，火灾危险性越低，如氯基、氢氧基、氨基等都是如此，而酸基更不易着火，但硝基相反，取代的基数越多，爆炸的危险性越大。

在评定液体火灾爆炸危险性时，还要考虑可燃液体的带电性、水溶性、毒害性等。

3. 固体

固体物质的火灾危险性主要决定于固体的熔点、燃点、自燃点、比表面积和热分解性等。

（1）熔点　熔点低的固体易熔化、蒸发或汽化，燃烧速度较快，危险性大。

（2）燃点　燃点是评定固体物质火灾危险性的主要标志。燃点越低，火灾危险性越大。如红磷的燃点是160℃，五硫化磷的燃点是300℃，红磷比五硫化磷容易燃烧，危险性也大。燃点大于等于300℃的称为可燃固体，燃点低于300℃的称为易燃固体。

（3）自燃点　固体物质的自燃点越低，其受热自燃的危险性就越大。一般的规律是：熔点高的固体物质比熔点低的固体物质的自燃点低；粉状固体比块状固体的自燃点低；长时间受热的固体的自燃点会逐渐降低。

（4）比表面积　同样的固体物质，单位体积的表面积越大，其危险性就越大。

（5）热分解性　许多化合物受热分解，并产生气体，释放出分解热，从而引起燃烧和爆炸。分解温度低的物质，其火灾危险性越大。

（二）物质的火灾危险性分类

为储存、运输安全的需要，《建筑设计防火规范（2018年版）》（GB 50016—2014）把工业物品的火灾危险性分成甲、乙、丙、丁、戊5类，其中甲类危险等级最高，其特征见表6-9。

表 6-9　物质的火灾危险性分类原则

分类	火灾危险性特征
甲	1. 常温下能自行分解或在空气中氧化即能导致迅速自燃或爆炸的物质 2. 常温下受到水或空气中的水蒸气的作用，能产生可燃气体并引起燃烧或爆炸的物质 3. 受撞击、摩擦或与氧化剂、有机物接触时能引起燃烧或爆炸的物质 4. 闪点<28℃的易燃液体 5. 爆炸下限<10%的可燃气体，以及受到水或空气中的水蒸气的作用，能产生爆炸下限<10%的可燃气体的固体物质 6. 遇酸、受热、撞击、摩擦以及遇到有机物或硫黄等易燃的无机物，极易引起燃烧
乙	1. 不属于甲类的化学易燃危险固体 2. 28℃≤闪点<60℃的易燃、可燃液体 3. 属于甲类的氧化剂 4. 助燃气体 5. 爆炸下限≥10%的可燃气体 6. 常温下与空气接触能缓慢氧化、积热不散引起自燃的危险品
丙	1. 闪点≥60℃的可燃液体 2. 可燃固体
丁	难燃烧物品
戊	非可燃物

（三）非互溶性危险物质

要特别注意的是物质的非互溶性质，即有许多化学物质必须在严格控制的条件下接触，否则会生成剧毒物质或发生强烈化学反应，甚至引起爆炸。

1. 毒性危险

表 6-10 列出了一些可产生剧毒物质的非互溶物质。A 类物质与 B 类物质必须完全隔绝，否则会生成 C 类毒性物质。

表 6-10　可产生剧毒物质的非互溶物质

A 类	B 类	C 类	A 类	B 类	C 类
含砷物质	任何还原剂	砷化物	亚硝酸盐	酸	亚硝酸烟雾
叠氮物质	酸	叠氮化氢	磷	苛性碱或还原剂	磷化氢
氰化物	酸	氢氰酸	硒化物	还原剂	硒化氢
次氯酸盐	酸	氯或次氯酸	硫化物	酸	硫化氢
硝酸盐	硫酸	二氧化氮	碲化物	还原剂	碲化氢
硝酸	铜或重金属	二氧化氮			

2. 反应危险

表 6-11 列出了一些会发生危险反应的非互溶物质。A 类和 B 类物质不能在无法控制的条件下接触，否则会发生剧烈反应。

表 6-11　一些会发生危险反应的非互溶物质

A 类	B 类
高氯酸钾	酸
高锰酸钾	甘油、乙二醇、苯甲醛、硫酸
银	乙炔、草酸、酒石酸、雷酸、氨化合物

（续）

A类	B类
亚硝酸钠	硝酸铵或其他氨盐
过氧化钠	任何可氧化的物质，如甲醇、乙醇、冰醋酸、酸酐、苯甲醛、二硫化碳、甘油、乙二醇、醋酸乙酯、醋酸甲酯、糠醛等
硫酸	氯酸盐、高氯酸盐、高锰酸盐

3. 水敏性危险

水敏性是很常见的非互溶现象，如钾、钠、碳化钙等与水接触，会产生易燃气体，水解热有时足以点燃反应释放出的气体，造成火灾危险。

水敏性物质很容易不经意地暴露在冷却水、冷凝水、雨水之中，因此更具危险性。

三、防火防爆的基本技术措施

（一）生产工艺的火灾危险性分类

目前，对化工生产工艺过程火灾危险性的分类，主要是依据生产中所使用的原料、中间产品及产品的物理化学性质、数量及工艺技术条件等综合考虑确定的，也分为甲、乙、丙、丁、戊5类，其中甲类最危险，戊类的火灾危险性最小。生产的火灾危险性分类原则见表6-12。

表6-12　生产的火灾危险性分类原则

类别	特征
甲	生产中使用或产生下列物质： 1. 闪点<28℃的易燃液体 2. 爆炸下限<10%的可燃气体 3. 常温下能自行分解或在空气中氧化即能导致迅速自燃或爆炸的物质 4. 常温下受到水或空气中水蒸气的作用，能产生可燃气体并引起燃烧或爆炸的物质 5. 遇酸、受热、撞击、摩擦以及遇有机物或硫黄等易燃无机物，极易引起燃烧或爆炸的强氧化剂 6. 受撞击摩擦或与氧化剂、有机物接触时能引起燃烧或爆炸的物质 7. 在压力容器内物质本身温度超过自燃点的生产
乙	生产中使用或产生下列物质： 1. 28℃≤闪点<60℃的易燃、可燃液体 2. 爆炸下限≥10%的可燃气体 3. 助燃气体和不属于甲类的氧化剂 4. 不属于甲类的化学易燃危险固体 5. 排出浮游状态的可燃纤维或粉尘，并能与空气形成爆炸性混合物
丙	生产中使用或产生下列物质： 1. 闪点≥60℃的可燃液体 2. 可燃固体
丁	具有下列情况的生产： 1. 对非燃烧物质进行加工，并在高热或熔化状态下经常产生辐射热、火花或火焰的生产 2. 利用气体、液体、固体作为燃料或将气体、液体进行燃烧做其他用的各种生产 3. 常温下使用或加工难燃烧物质的生产
戊	常温下使用或加工非燃烧物质的生产

根据分类原则，表6-13详细列举了化工生产的火灾危险性分类。化工厂在采取防火防爆措施时，必须遵循表中的分类原则。防火设计还要遵守化工企业的设计防火规定和规范。

表 6-13　化工生产的火灾危险性分类

类别	举例
甲	1. 闪点<28℃的油品和有机溶剂的提炼、回收或洗涤工段及其泵房，二硫化碳工段，环氧丙烷工段，甲醇、乙醚、丙酮、异丙醇、醋酸乙酯、苯等的合成或精制工段，苯酚丙酮车间 2. 乙烯、丙烯制冷、分离工段，丁烯氧化脱氢制丁二烯工段，乙烯水合制酒精工段，顺丁橡胶、丁苯橡胶的聚合工段 3. 硝化棉工段、赛璐珞车间、黄磷制备工段 4. 金属钠、金属钾加工车间，五氧化二磷工段、三氯化二磷工段 5. 氯酸钠、氯酸钾车间，过氧化氢工段，过氧化钠工段 6. 红磷制备工段，五硫化二磷工段 7. 轻质油、重质油、天然气裂解工段
乙	1. 闪点大于或等于 28℃ 小于 60℃ 的油品和有机溶剂的提炼、回收、洗涤工段及其泵房，己内酰胺的萃取精制工段，乙二醇精制工段，环己酮精馏、肟化、转位、中和工段 2. 一氧化碳压缩及净化工段，发生炉煤气或鼓风炉煤气净化工段，氨压缩、氨制冷工段，氨水吸收工段，尿素合成、气提工段，氨接触氧化，制硝酸工段 3. 氧气站，发烟硫酸或发烟硝酸浓缩工段，高锰酸钾工段 4. 硫黄回收车间、精萘车间 5. 铝粉、镁粉车间，煤粉车间，活性炭制造及再生工段
丙	1. 闪点≥60℃的油品和有机液体的提炼、回收工段及其泵房，焦油生产、沥青加工，润滑油再生工段、苯甲酸工段，苯乙酮工段 2. 顺丁橡胶生产的后处理、脱水、干燥包装工段，橡胶制品的压延成型和硫化工段 3. 合成氨生产用煤焦和煤的备料干燥及输送，尿素生产的蒸发造粒输送工段
丁	1. 化纤后加工润湿部位，印染漂染部位，碳酸氢铵离心分离、包装工段 2. 石灰焙烧工段，电石炉，硫酸生产焙烧工段 3. 酚醛塑料加工，金属冶炼、锻造、铆焊、铸造、热处理车间，锅炉房，汽车库
戊	纯碱车间（煅烧炉除外），氯化钠生产工段，空气分离、压缩、净化工段，二氧化碳压缩、装瓶工段，氮气压缩、装瓶工段

需要注意的是，在石油化工厂的液化烃、可燃液体总体是按表 6-13 所列，按闪点划分为甲、乙、丙 3 类。实用时此 3 类中又细分为 A、B 两小类：由于液化烃的蒸气压大于其他“闪点<28℃”的可燃液体的蒸气压，故其火灾危险性大于其他“闪点<28℃的可燃液体”，因此列为甲$_A$类；另外生产中操作温度超过其闪点的乙类液体视为甲$_B$类；操作温度超过其闪点的丙类液体视为乙$_A$类；在丙类液体中，闪点高于 120℃的视为丙$_B$类。

（二）点火源的控制

在化工企业里，可能遇到的点火源，除生产过程本身具有的加热炉火、反应热、电火花等以外，还有维修用火、机械摩擦热、撞击火星及吸烟等。这些点火源经常是引起易燃易爆物着火爆炸的原因。控制这类火源的使用范围，严格用火管理，对于防火防爆是十分重要的。

1. 明火的控制

化工生产中的明火，主要是指生产过程中的加热用火、维修用火及其他火源。

（1）加热用火的控制　主要采取以下措施：

1）加热易燃液体时，应尽量避免采用明火。加热时可采用蒸气或其他热载体。如果必须采用明火，设备应严格密闭，燃烧室应与设备分开建筑或隔离。设备应定期检验，防止泄漏。

2）装置中明火加热设备的布置，应远离可能泄漏易燃气体或蒸气的工艺设备和储罐区，并应布置在散发易燃物料设备的侧风向或上风向。

有两个以上的明火设备，应将其集中布置在装置的边缘。

（2）维修用火的控制　化工生产维修常需要用到电焊、气焊等动火作业，必须严格按我国化工行业关于在厂区动火作业的安全规程进行。

2. 预防摩擦与撞击产生的火花

机器中轴承等转动部分的摩擦、铁器的相互撞击或铁器工具打击混凝土地面等，都可能产生火花，当管道或铁容器裂开，物料喷出时，也可能因摩擦而起火。应采取以下预防措施：

1）机器上的轴承应保持良好的润滑，及时添油，并经常清除周围的油垢。

2）凡是撞击或摩擦的两部分都应采用不同的金属（铜与钢、铝与钢等）制成。为避免撞击打火，工具应用青铜或镀铜的金属制品或木制品。

3）为防止金属零件落入机器、设备内发生撞击产生火花，应在设备上安装磁力离析器。

4）不准穿带钉鞋进入易燃易爆区。不能随意抛、撞金属设备、管线。

3. 电器火花的控制

可燃气体、可燃蒸气和可燃粉尘与空气形成爆炸混合物，电器火花是引起这种混合物燃烧爆炸的重要火源。因此，对有火灾爆炸危险场所的电气设备必须采取防火防爆措施。

最有效的防火防爆措施是选用合适的防爆电器。在特殊情况下，选用非防爆电气设备时应采取相应防火防爆措施：首先考虑把电气设备安装在爆炸危险场所以外或另室隔离；采用非防爆照明灯具时，可在外墙上通过两层玻璃密封的窗户照明；小型非防爆电器用塑料袋密封，也是临时防爆措施的一种。

4. 其他点火源的控制

1）要防止易燃物料与高温的设备、管道的表面接触；可燃物料排放口应远离高温表面，高温表面要有隔热保温措施。

2）油抹布、油棉纱等易自燃引起火灾，因此应装入金属桶、箱内，放在安全地点并及时处理。

3）吸烟易引起火灾，而且往往可引燃很长时间，因此要加强宣传教育和防火管理，严禁在有火灾爆炸危险的厂房和仓库内吸烟。

4）汽车、拖拉机等机动车在易燃易爆区域的行驶一般应予禁止，必须行驶时，应装配火星熄灭器。

（三）防爆电气设备的选用

在火灾和爆炸事故中，由电气火花引发的火灾事故占有很大比例，据统计，在火灾事故中，由电气原因引起的火灾起数仅次于明火所引起的火灾起数，为此，在有火灾危险环境中生产必须选好防爆电气设备。各化工生产过程中发生火灾爆炸的情况是不同的，而可供选用的防爆电气设备也有多种。必须本着安全可靠、经济合理的精神，从实际情况出发，根据火灾爆炸危险场所的类别等级和电火花形成的条件，选择相应的防爆电气设备。

1. 爆炸火灾危险场所的分类

我国将爆炸火灾危险场所分为3类8区（级），气体、粉尘爆炸危险场所区域等级见表6-14和表6-15，火灾危险场所区域等级见表6-16。

表6-14　气体爆炸危险场所区域等级

区域等级	说明
0区	连续出现爆炸气体环境，或会长期出现爆炸性气体环境的区域
1区	在正常运行时，可能出现爆炸性气体环境的区域
2区	在正常运行时，不可能出现爆炸性气体环境，即使出现也可能是短时存在的区域

表6-15　粉尘爆炸危险场所区域等级

区域等级	说明
10区	爆炸性粉尘混合物环境连续出现或长期出现的区域
11区	有时会将积留下的粉尘扬起而偶然出现爆炸性粉尘混合物危险环境的区域

注：该表分级按《爆炸危险环境电力装置设计规范》（GB 50058—2014）。

表6-16　火灾危险场所区域等级

区域等级	说明
21区	具有闪点高于场所环境温度的可燃液体在数量和配置上能引起火灾危险的区域
22区	具有悬浮状、堆积状的爆炸性或可燃性粉尘，虽不可能形成爆炸性混合物，但在数量和配置上能引起火灾危险的区域
23区	具有固体状可燃物质，在数量和配置上能引起火灾危险的区域

注：该表分级按《爆炸危险环境电力装置设计规范》（GB 50058—2014）。

2. 防爆电气设备类型

防爆电气设备按防爆结构的防爆性能的不同特点，可分为下列几种类型：

1）增安型（标志e）：是指在正常运行时，不产生点燃爆炸混合物的火花电弧或危险温度并在结构上采取措施提高安全程度的电气设备，如防爆安全型高压水银荧光灯。

2）隔爆型（标志d）：是指在电气设备内部发生爆炸时，不至于引起外部爆炸性混合物爆炸的电气设备，其外壳能承受0.78~0.98MPa内部压力而不损坏，如隔爆型电动机。

3）充油型（标志o）：是指将全部或某些带电部件浸在绝缘油中，使其不能点燃油面上或外壳周围的爆炸性混合物的电气设备。

4）正压充气型（标志p）：是指向外壳内通入新鲜空气或充入惰性气体，并使其保持正压，防止外部爆炸性混合物进入外壳内部的电气设备。

5）本质安全型（标志i）：是指电路系统中在正常运行中或标准试验条件下所产生的电火花或热效应，都不可能点燃爆炸性混合物的电气设备。本型又分ia、ib两类：ia类可用于0级区域，ib用于1级以下区域。

6）防爆特殊型（标志s）：是指结构上不属于上述各种类型，而是采取其他防爆措施的电气设备，如填充石英砂等。

7）充沙型（标志g）：外壳内充填细颗粒材料，以便在规定使用条件下，外壳内产生的电弧、火焰传播、壳壁或颗粒材料表面的过热温度均不能点燃周围的爆炸性混合物的电气设备。

8）无火花型（标志 n）：在正常运行条件下，不产生电弧或火花，也不产生能够点燃周围爆炸性混合物的高温表面或灼热点，并且一般不会发生有点燃作用的故障。

3. 电气设备的外壳防护等级

电气设备的外壳一般是防止固体和水分进入内部，但也有一定的防爆功能。其外壳防护等级的标志由字母“IP”及其后的两个数字组成，两个数字分别表示防固体和防水分进入内部的防护等级（表 6-17 和表 6-18）。如只需单独标志一种防护形式的等级，则被略去数字的位置应以“X”补充。例如 IPX3 或 IP5X。

表 6-17 防止固体进入内部的防护等级

第一位特征数字	简短说明	防护等级含义
0	无防护	没有专门防护
1	防大于 50mm 的固体异物	能防止直径大于 50mm 的固体异物进入壳内 能防止人体的某一大面积部分(如手)偶然或意外地触及壳内带电部分或运动部件,不能防止有意识地接近
2	防大于 12mm 的固体异物	能防止直径大于 12mm、长度不大于 80mm 的固体异物进入壳内 能防止手指触及壳内带电部分或运动部件
3	防大于 2.5mm 的固体异物	能防止直径大于 2.5mm 的固体异物进入壳内 能防止厚度(或直径)大于 2.5mm 的工具、金属线等触及壳内带电分或运动部件
4	防大于 1mm 的固体异物	能防止直径大于 1 mm 的固体异物进入壳内 能防止厚度(或直径)大于 1mm 的工具、金属线等触及壳内带电部分或运动部件
5	防尘	不能完全防止尘埃进入,但进入量不能达到妨碍设备正常运转的程度
6	尘密	无尘埃进入

表 6-18 防止水分进入内部的防护等级

第二位特征数字	简短说明	防护等级含义
0	无防护	没有专门防护
1	防滴	滴水(垂直滴水)无有害影响
2	15°防滴	当外壳从正常位置倾斜在 15°以内时,垂直滴水无有害影响
3	防淋水	与垂直成 60°范围以内的淋水无有害影响
4	防溅水	任何方向溅水无有害影响
5	防喷水	任何方向喷水无有害影响
6	防猛烈海浪	猛烈海浪或强烈喷水时,进入外壳水量不致达到有害程度
7	防浸水影响	浸入规定压力的水中经规定时间后,进入外壳水量不致达到有害程度
8	防潜水影响	能按制造厂规定的条件长期潜水

4. 防爆电气设备的选型

防爆电气设备的选型原则是：防爆电气设备所适用的级别不应低于场所内爆炸性混合物的级别。当场所内存有两种以上爆炸性混合物时，应按危险程度高的级别选定。表 6-19 为防爆电气设备选型举例。

表 6-19　防爆电气设备选型举例

电气设备及其使用条件		气体爆炸危险场所			粉尘爆炸危险场所		火灾危险场所		
		0 区	1 区	2 区	10 区	11 区	21 区	22 区	23 区
三相鼠笼电动机		d、p、0	d、p	d、p、e、n	尘密、p	IP54	IP44	IP54	IP21
变压器		d、p	d、p	d、p、e	尘密、p、0	尘密	尘密	尘密	尘密
电器、仪表、灯具	固定式	ia	ib、d	ib、d	尘密、p、0	IP65	0、IP56、IP65	IP65	IP22
	移动式	ia	ib、d	ib、d	尘密、P	IP65	IP56、IP65	IP65	IP44
	携带式	ia	ib、d	ib、d	尘密	IP65	IP56、IP65	IP65	IP44
配电盘			d	d	尘密、P		防尘	防尘	
通信、信号装置		ia	ib、d、p	ib、d、p、e	防尘	防尘	防尘	防尘	防尘

5. 关于静电危害的消除

在易燃易爆环境中，可能由电气火花引起火灾爆炸的另一个隐患是某些化工过程会产生静电。必须周密防止和消除它。消除静电最常用的方法是接地和静电屏蔽法。这些方法既简单又有效。

（四）有火灾爆炸危险物质的处理

化工生产中，对火灾爆炸危险性比较大的物质，应该采取安全措施。首先应尽量通过工艺的改进，以危险性小的物质代替危险性大的物质。如果不具备上述条件，则应根据物质燃烧爆炸特性采取相应的措施，来防止燃烧爆炸条件的形成。

1. 根据物质的危险特性采取措施

对于具有自燃能力的危险物质，如遇空气能自燃的黄磷、三异丁基铝，遇水燃烧的物质（如钾、钠）等，应采用隔绝空气、防水、防潮或通风、散热、降温等措施。

两种互相接触会引起燃烧爆炸的物质不能混存；遇酸、碱有分解爆炸燃烧的物质应防止与酸碱接触；对机械作用比较敏感的物质要轻拿轻放。

易燃、可燃气体和易燃液体的蒸气，要根据它们的密度，采取相应的排除方法。根据物质的沸点、饱和蒸气压力，来考虑容器的耐压强度、储存温度、保温降温措施等。

对于不稳定的物质，在储存中应添加稳定剂。例如，含有水分的氯化氢长期储存时，会引起聚合，而聚合热又会使蒸气压上升导致爆炸。故通常加入浓度为 0.01%～0.5%的硫酸等酸性物质作稳定剂。丙烯在储存中也易发生聚合，因此必须添加稳定剂（对苯二酚）。某些液体如乙醚，受到阳光作用时能生成过氧化物，必须存放在金属桶内或暗色的玻璃瓶中。

易燃液体具有流动性，因此要考虑到容器破裂后液体流散和火灾蔓延的问题；不溶于水的燃烧液体由于能浮于水面燃烧，故要防止火灾随水流由高处向低处蔓延，要设置必要的防护堤。

物质的带电性能直接关系到物质在生产储运过程中有无产生静电的可能，对容易产生静电的物质，应采取防静电措施。

2. 系统密闭操作

为防止易燃气体、蒸气和可燃性粉尘与空气构成爆炸性混合物，应设法使操作系统设备密闭，对于在负压下生产的设备，应特别注意防止空气吸入。为了保证设备的密闭性，对危险设备及系统应尽量少用法兰连接，但要保证安全检修方便。输送危险气体、液体的管道应采用无缝钢管。在生产中应严格控制加压或减压系统的压力，防止超压。在装置检修时，应检查密闭性和耐压程度，如密封填料等有损坏，应立即调换，以防渗漏。

3. 通风置换

生产厂房内泄漏的易燃易爆气体易于积聚并达到爆炸浓度。通风、排风是防止这种积聚的有效措施。因含有易燃易爆气体的空气不能循环使用，排风设备和送风设备应有独立分开的通风机室。如通风机室设在厂房内，应有隔绝措施。排除、输送温度超过80℃的空气或其他气体以及有燃烧爆炸危险的气体、粉尘的通风设备，应使用非燃烧材料制成。排除有燃烧爆炸危险粉尘的排风系统，应采用不产生火花的除尘器。当粉尘与水接触能形成爆炸性混合物时，不应采用湿式除尘系统。

含有爆炸粉尘的空气应在进入风机前进行净化，防止粉尘进入排风机。排风管应直接通往室外安全处。通风管道不宜穿过防火墙或非燃烧体的楼板等防火分隔物，以免火灾时火势顺管道通过防火分隔物。

4. 惰性介质保护

惰性介质保护也是一种行之有效的方法，化工生产中常用的惰性介质有氮、二氧化碳、水蒸气等。惰性介质作为保护性气体，常用在以下几方面：

1）在易燃固体物质的粉碎、筛选处理及其粉末输送时，可采用惰性气体进行覆盖保护。

2）处理易燃易爆的物料系统，在进料前用惰性气体进行置换，以排除系统中原有的气体，防止形成爆炸性混合物。

3）将惰性气体通过管线与有火灾爆炸危险的设备、储槽等连接起来，在发生危险时使用。发现易燃易爆气体泄漏时，采用惰性气体（水蒸气）冲淡。发生火灾时用惰性气体灭火。

4）易燃液体利用惰性气体充压输送。

5）在有爆炸性危险的生产场所，对有引起火灾危险的电器、仪表等应采用充氮正压保护。

6）易燃易爆系统检修动火前，使用惰性气体进行吹扫和置换。

表6-20列出了可燃物与空气的混合物在加入惰性气体后成为非爆炸性混合物时氧的最高允许浓度。

表6-20　部分可燃物的最高允许含氧量　（%）

可燃物	用 CO_2	用 N_2	可燃物	用 CO_2	用 N_2	可燃物	用 CO_2	用 N_2
甲烷	11.5	9.5	甲醇	11	8	煤粉	12~15	
乙烷	10.5	9	乙醇	10.5	8.5	麦粉	11	
丙烷、丁烷	11.5	9.5	丁二醇	10.5	8.5	硫黄粉	9	
汽油	11	9	氢	5	4	铝粉	2.5	7
乙烯	9	8	一氧化碳	5	4.5	锌粉	8	8
丙烯	11	9	丙酮	12.5	11			
乙醚	10.5		苯	11	9			

（五）工艺参数的安全控制

在化工生产中，工艺参数主要是指温度、压力、流量、流速及物料配比等。确定工艺参数时，一定考虑安全因素，并把它放在首位，要有可靠的安全控制措施。生产中要求严格控制工艺参数在安全限度之内，可以防止操作中的超温、超压和物料损耗等，是防止火灾爆炸发生的根本措施。

1. 温度控制

正确控制反应温度不但对保证产品质量、降低能耗有重要意义，也是防火防爆所必需的。温度过高，会引起剧烈反应而发生冲料或爆炸，也可能引起反应物的分解着火；温度过低，会引起反应速率减慢或停滞，而一旦反应温度恢复正常，则往往会由于反应的物料过多而发生剧烈反应，甚至爆炸。温度过低时，还会使某些物料冻结，使管路堵塞或破裂，造成易燃物料的外泄而引起爆炸。

为严格控制温度，必须从以下几方面采取相应措施：

（1）除去反应热　化学反应过程一般都伴有热效应。对于吸热反应，要正确地选择传热介质；对于放热反应，必须选择最有效的传热方法和传热设备，保证反应热及时传出，以免超温。例如，合成甲醇是一个强烈的放热反应，必须用一种结构特殊的反应器，器内装有热交换装置，且混合合成气分两路，并通过控制一路气体量的大小来控制反应温度。

（2）防止搅拌中断　搅拌可以加速热量的传导，在生产过程中，如果搅拌中断，可能会造成散热不良或局部反应加剧而发生危险。例如，苯与浓硫酸混合进行磺化反应时，物料加入后由于迟开搅拌器，会造成物料分层。搅拌器开动后，反应剧烈，冷却系统不能将大量的反应热带走，使其温度升高，未反应完的苯很快受热汽化，造成超压爆裂。为此，加料前必须先启动搅拌器，防止物料积存。

对于因搅拌中断而引起事故的反应装置，应采取有效措施，如双路供电、增设人工搅拌装置及有效的降温措施等。

（3）正确选择传热介质　正确选择传热介质如水蒸气、热水、烟道气、联苯、熔盐、熔融金属等，对加热过程的安全有十分重要的意义。应避免选择与反应物相作用的物质作为传热介质。例如，环氧乙烷很容易与水发生剧烈的反应，甚至极微量的水分渗到液体环氧乙烷中，也会引起自聚发热，产生爆炸。冷却或加热这类物质时，不能选用水或水蒸气作为介质，而应该选用液状石蜡等作为传热介质。防止传热面的结疤，并采取措施。同时对热不稳定物也要及时处理。

2. 投料控制

（1）投料速度　对于放热反应，加料速度不能超过设备的传热能力，否则将会引起温度骤升，加剧副反应的进行或引起物料的分解。加料速度如果太慢，反应温度降低，反应物不能完全作用而积聚，升温后反应加剧，温度及压力都可能突然升高而造成事故。

（2）投料配比　反应物料的配比要严格控制，为此对反应物料的浓度、含量、流量都要准确地分析和计算。催化剂对化学反应速率影响很大，如果多加催化剂，就可能发生危险。在化工生产过程中，若易燃物与氧化剂能进行反应，则要严格控制氧化剂的投料量。在某一配比下能形成爆炸性混合物的生产，其配比浓度应尽量控制在爆炸极限范围以外，或添加水蒸气、氮气等惰性气体进行稀释，以减小生产过程中火灾爆炸的危险程度。

（3）投料顺序　在化工生产过程中，必须按一定顺序进行投料，例如，合成氯化氢，应先投氢，后投氯；生产三氯化磷，应先投磷，后投氯，否则有可能发生爆炸。为了防止误操作颠倒投料顺序，可将进料阀门联锁。

（4）原料纯度控制　许多化学反应，由于反应物料中存在杂质，而发生副反应或过反应，以致造成火灾爆炸。所以，发料和领料要有专人负责，要有制度。配料时应取样进行化验分析，以保证原料的纯度。例如，若电石中含磷过高，则在制取乙炔时易发生事故。反应原料气中的有害成分应清除干净或控制一定的排放量，以防止生产系统中有害成分的积聚而影响生产的正常进行。

3. 防止跑、冒、滴、漏

在化工生产过程中，由于物料的起泡、设备的损坏、管道破裂、人为操作错误、反应失去控制等原因，常出现跑、冒、滴、漏现象，从而导致火灾爆炸事故的发生。为杜绝跑、冒、滴、漏现象，确保安全生产，应采取如下措施：

1）加强操作人员和维修人员的责任心，提高他们的技术水平，稳定工艺操作，提高设备完好率。

2）在工艺方法、设备结构方面应采取相应措施。例如，易泄漏的重要阀门，采用两级控制；危险性大的装置，应设置远距离的遥控断路阀等。

3）对比较重要的各种管线，涂以不同颜色加以区别，对重要阀门采取挂牌、加锁等措施。不同管道上的阀门，应相隔一定的距离。同时，对管道的振动或管道与管道之间的摩擦，应尽力防止和消除。

4. 紧急情况停车处理

当发生停电、停气（或汽）、停水等紧急情况时，整个装置的生产控制将会由平衡状态变为不平衡状态，这种不平衡若处理不及时或处理不当，便会造成事故或使事故扩大。

（1）停电　操作者要及时向调度汇报和联系，查明停电原因，同时要注意加热设备的温度和压力变化，保持物料流通，某些设备的手动搅拌、紧急排空等安全装置，应有专人看管。

（2）停水　停水时要注意水位和各部位的温度变化。可采用减量的措施维持生产，如果水压降为零时，应立即停止进料，并注意用水降温的所有设备，不要超温、超压。当压力高时，应立即采取紧急放空措施，应注意对运转设备轴的降温。

（3）停蒸汽　水蒸气一旦停止，加热装置的温度便会下降，气动设备停止运转，一些常温下是固体，而在操作温度下是液态的物料，应根据温度变化进行处理，防止堵塞管道。另外，应及时关闭蒸汽与物料系统相连通的阀门，以防止物料倒流到蒸汽管线系统。

（4）停压缩空气　当气流压力回零时，所有气动仪表和阀门都不能动作，这时生产装置中的流量、压力、液面等，应根据一次仪表或实际情况来分析判断，改自动为手动。

5. 设备自动信号、联锁和保护系统

在化工生产过程中，当某些机器、设备发生不正常情况时，会发生警报或自动采取措施，以防事故，保证安全生产，这是化工生产实现自动化的重要组成部分，近年来已被许多大中型化工厂所采用。

（六）限制火灾爆炸的扩散与蔓延

在化工生产过程中，由于化学危险物质多，火灾、爆炸的危险性大，且设备和管线又连通在一起，一处发生爆炸或燃烧，便可能扩展到其他部位。在设计化工生产装置时，既要考虑工艺装置的布局和建筑结构，又要考虑防火区域的划分和消防设施，既要有利于安全，又要有利于生产。常用的限制措施有以下几种：

1. 设置必要的阻火设备

阻火设备包括安全液封、阻火器和单向阀等。其作用是防止外部火焰蹿入有燃烧爆炸危险的设备、管道、容器，或阻止火焰在设备和管道间扩展。各种气体发生器或气柜多用液封进行阻火。液封是靠设备中的一段封闭液（常用水）柱分隔系统以达到阻火蔓延的目的。常用的安全液封有敞开式和封闭式两种。

在容易引起燃烧爆炸的高热设备、燃烧室、高温氧化高温反应器与输送可燃气体、易燃液体蒸气的管线之间，以及易燃液体、可燃气体的容器、管道、设备的排气管上，多用阻火器进行阻火。阻火器灭火的作用是：当火焰通过狭小孔隙时，由于冷却作用而中止燃烧。阻火器是利用内装的金属网、波纹金属片、砾石等形成许多小孔隙而起阻火作用的。对只允许流体（气体或液体）向一定方向流动，防止高压窜入低压及防止回火时，应采用单向阀。为了防止火焰沿通风管道或生产管道蔓延，可采用阻火门。

2. 设置防爆泄压设施

防爆泄压设施包括采用安全阀、爆破片、防爆门和放空管等。安全阀主要用于防止物理性爆炸；爆破片主要用于防止化学爆炸；防爆门和防爆球阀主要用于加热炉上；放空管用来紧急排泄有超温、超压、爆聚和分解爆炸的物料。有的化学反应设备除设置紧急放空管外，还宜相应设置安全阀、爆破片或事故储槽，有时只设置其中一种。

3. 分区隔离

在总体设计时，应慎重考虑危险车间的布置。按照国家有关规定，危险车间与其他车间或装置应保持一定的间距，应充分估计到相邻车间建构筑物可能引起的相互影响，须采用相应的建筑材料和结构形式等。例如，合成氨生产中，合成车间压缩岗位的布置，焦化炼焦和副产品回收车间的间隔，染料厂的原料仓库和生产车间的间隔，高压加氢装置的间隔，厂区、厂前区、生产区等的划分等，都必须合理。

在同一车间的各个工段，应视其生产性质和危险程度而予以隔离，各种原料成品、半成品的储藏，也应按其性质、储量不同而进行隔离；对个别有危险过程，也可采用隔离操作和防护屏的方法，使操作人员和生产设备隔离。分区隔离的具体设计应按《石油化工企业设计防火标准（2018 年版）》（GB 50160—2008）等。

4. 露天安装

为了便于有害气体的散发，减少因设备泄漏造成易燃气体在厂房中积聚的危险性，一般将这类设备和装置露天或半露天放置，如氮肥厂的煤气发生炉及其附属设备，加热炉、炼焦炉、气柜、精馏塔等。石油化工生产的大多数设备都是放在露天的。露天安装的设备密闭性要考虑气象条件对生产设备、工艺参数及工作人员健康的影响。注意冬季防冻保温，夏季防暑降温、防潮气腐蚀等，并应有合理的夜间照明。

5. 远距离操纵

远距离操纵不但能使操作人员与危险工作环境隔离，同时提高了管理效率，消除人为的误差。对大多数的连续生产过程，主要是根据反应的进行情况和程度来调节各种阀门。特别是某些阀门操作人员难以接近、开启又较费力，或要求迅速启闭的阀门，都应该进行远距离操纵。操作人员只需在操纵室进行操作，记录有关数据。另外，对于辐射热高的反应设备以及某些危险性大的反应装置，也可以采用远距离操纵。远距离操纵和自动调节一样，可以通过机动、气动、液动、电动和联动等方式来传递动作。所不同之处在于远距离操纵需要人去动作，而自动调节则是根据预先规定的条件自动进行。

6. 厂房的防爆泄压措施

要建造能够耐爆炸最高压力的厂房和仓库是不现实的。因为可燃气体、蒸气和粉尘等物质与空气混合形成的爆炸性混合物，其爆炸最高压力可达 $110t/m^2$，而 30cm 厚砖墙只能耐压 $0.2t/m^2$。通常应在具有爆炸的危险厂房设置轻质板制成的屋顶、外墙或泄压窗，发生爆炸时这些薄弱部位首先遭受爆破，顷刻间向外释放大量气体和热量，室内爆炸产生的压力骤然下降，从而减轻承重结构受到的爆炸压力，避免遭受倒塌破坏。

四、消防设施及措施

（一）消防设施及器材

为了及时迅速扑救化工厂的火灾，各企业内应拥有一定数量消防力量。各生产装置内也应按火灾危险的大小，设置固定、半固定或移动式灭火设施。此外，应配备手提式灭火器及其他简易灭火器材，如泡沫灭火器、干粉灭火器等，其数量和种类应根据保护部位的物料性质、可燃物数量、占地面积及固定灭火设施对外扑救初起火灾的可能性等因素综合决定。

1. 生产场所消防器材的基本配置

随着全社会对防火要求的提高，现在不只是化工生产场所，而且所有公共工作场所都必须配置一定量的基本消防器材。其中，配置最普遍的是灭火器和消火栓。

灭火器是内装灭火剂和喷射压力源的最常用小型灭火器材，施用时靠喷射压力将灭火剂喷出，把初起火灾扑灭。灭火器分为手提式和推车式两类，手提式应用最广。在化工生产场所，一般情况下，手提式灭火器设置数量不应少于表 6-21 中的要求。

表 6-21 手提式灭火器设置数量

场所	设置数量/(个/m^2)	备注
甲、乙类露天生产装置	1/100～1/50	1. 装置占地面积大于 $1000m^2$ 时，选用小值；小于 $1000m^2$ 时，选用大值 2. 不足 1 个灭火器数时，按 1 个计算
丙类露天生产装置	1/100～1/50	
乙类生产建筑物	1/1200～1/150	
甲、乙类仓库，丙类生产区	1/50	
丙类仓库	1/100	
易燃、可燃液体装卸栈台	按栈台长度 10～15m 设 1 个	设置干粉灭火机
液化石油气、可燃气体罐区	按储罐数，每罐设 2 个	

注：此表所确定的灭火器是指 $0.01m^3$ 泡沫、8kg 干粉、5kg 二氧化碳手提式灭火器。

消火栓是另一种常见灭火器材，实为消防给水设施。我国《建筑设计防火规范》规定：进行建筑设计时，必须同时设计消防给水系统。消火栓是该系统的重要组成部分，其数量按照防水量计算决定。每个室外消火栓供水量按 10～15L/s 计，其保护半径不超过 150m。实践证明，配置适量的基本灭火器材对扑救初起火灾有特别重要的作用。

2. 防火重点区的灭火装置

化工生产防火重点区，如炼油车间，原油或成品罐区等，除配置手提式灭火器外，还需设灭火能力更强大的灭火装置。灭火装置有以下三种类型：

1）固定式灭火装置，由足够储量灭火剂罐、齐全的喷射动力及管线阀门等控制系统组成。其中，喷嘴可布置在危险部位。

2）半固定式灭火装置由一定储量的灭火剂罐和喷射系统组成，它固定在重点防火的装置上，有外源灭火剂和喷射动力的连接器。

3）移动式灭火装置把灭火剂罐、喷射设备装于推车上，可轻便移动、灵活运用。

固定式灭火装置一般设置于10min内不能调来足够消防力量的防火重点区，其他防火重点区可设置半固定或移动式灭火装置。这些装置目前大多配用化学泡沫灭火剂。

（二）灭火剂的种类及选用

对化工厂火灾的扑救，必须根据化工生产工艺条件、原材料、中间产品、产品的性质，建筑物、构筑物的特点，灭火物质的价值等原则，选择合理的灭火剂和灭火器材。

化工企业常用的灭火剂有水和水蒸气、化学泡沫灭火剂、酸碱灭火剂、二氧化碳灭火剂、干粉灭火剂、1211灭火剂（目前已很少使用）等。下面就这几类灭火剂的性能及应用范围进行简单介绍。

1. 水和水蒸气

水是消防上最普遍应用的灭火剂，因为水在自然界广泛存在，供应量大，取用方便，成本低廉，对人体及物体基本无害，具有很好的灭火效能。水在灭火时，虽然可同时产生几种灭火作用，但多数情况下，主要是冷却和窒息作用。水灭火的喷射动力源来自自来水压或水泵加压。

凡具有下列性质的物品及设备不能用水扑救：

1）相对密度小于水和不溶于水的易燃液体，如汽油、煤油、柴油等油品（相对密度大于水的可燃液体，如二硫化碳，可以用喷雾水扑救，或用水封阻止火势的蔓延）。某些芳香烃类、能溶或稍溶于水的液体，如苯类、醇类、醚类、酮类、酯类及丙烯腈等大容量储罐，如用水扑救，易造成可燃液体的飞溅和溢流，使火势扩大。

2）遇水能燃烧的物质不能用水或含有水的泡沫液灭火，而应用沙土灭火，如金属钾、钠、碳化钙等。

3）硫酸、盐酸和硝酸不能用强大的水流冲击。因为强大的水流能使酸飞溅，流出后遇可燃物质，有引起爆炸的危险。强酸溅在人身上，能使人烧伤。

4）电气火灾未切断电源前不能用水扑救。因为水是电的良导体，容易造成触电。

5）高温状态下的生产设备和装置的火灾不能用水扑救。因为可使设备遇冷水后引起形变或爆裂。

2. 化学泡沫灭火剂

常用的化学泡沫灭火剂主要是水溶液的酸性盐（硫酸铝）和碱性盐（碳酸氢钠）与少量的发泡剂（植物水解蛋白质或甘草粉）、少量的稳定剂（三氯化铁）等混合后，相互作用而生成的泡沫，其反应化学式为

$$Al_2(SO_4)_3+6NaHCO_3 = 3Na_2SO_4+2Al(OH)_3+6CO_2$$

反应中生成的 CO_2 气体，一方面在发泡剂的作用下，形成以 CO_2 为核心的外包 $Al(OH)_3$ 的大量微细泡沫，同时，使灭火器中压力很快上升，将生成的泡沫从喷嘴中压出。由于泡沫中含有胶体 $Al(OH)_3$，且泡沫相对密度小（0.2左右），故泡沫易于黏附在燃烧

物表面，且胶体可增强泡沫的热稳定性。灭火剂中的稳定剂不参加化学反应，但它分布于泡膜中可使泡沫稳定、持久，提高泡沫的封闭性能，起到隔绝氧气的作用，达到灭火的效果，主要用于油类可燃液体和木材、纤维、橡胶等固体的火灾灭火。

化学泡沫灭火剂不能用来扑救忌水、忌酸及水溶的化学物质和电气设备的火灾。

3. 酸碱灭火剂

手提式酸碱灭火器，内装 $NaHCO_3$ 溶液和另一小瓶 H_2SO_4。使用时将筒身颠倒，硫酸便与 $NaHCO_3$ 发生反应，筒内生成的 CO_2 气体产生压力，使 CO_2 和溶液从喷嘴喷出，笼罩在燃烧物上，将燃烧物与空气隔离而起到灭火的作用。

酸碱灭火剂适用于扑救竹、木、棉、毛、草、纸等一般可燃物的初起火灾，但不宜用于油类，忌水、忌酸物质及电气设备的火灾。

4. 二氧化碳灭火剂

二氧化碳在通常状态下是无色无味的气体，相对密度为 1.529，比空气重，不燃烧，不助燃。经过压缩液化的二氧化碳灌入钢瓶中，从钢瓶里喷射出来的固体二氧化碳（干冰）温度为-78.5℃。干冰汽化后，二氧化碳气体覆盖在燃烧区内，除了窒息作用之外，还有冷却作用，火焰就会熄灭。二氧化碳灭火剂有很多优点，灭火后不留任何痕迹，不损坏被救物品，不导电，无毒害，无腐蚀，用它可以扑灭一般可燃液体和固体物质的火灾，此外，还可以扑救电气设备、精密仪器、电子设备、图书资料档案等火灾。但忌用于某些金属，如钾、钠、镁、铝、铁及其氢化物的火灾，也不能用于某些能在惰性介质中自身供氧燃烧的物质，如硝化纤维火药的火灾，也难于扑灭一些纤维物质内部的阴火。

5. 干粉灭火剂

干粉灭火剂主要成分为碳酸氢钠、少量的防潮剂、硬脂酸镁及滑石粉等。用干燥的二氧化碳或氯气作动力，将干粉从容器中喷出形成粉雾，喷射到燃烧区灭火。在燃烧区干粉碳酸氢钠受高温作用。

在反应过程中，由于放出大量的水蒸气和二氧化碳，并吸收大量的热，因此起到一定的冷却和稀释可燃气体的作用；同时，干粉灭火剂与燃烧区碳氢化合物作用，夺取燃烧连锁反应的自由基，从而抑制燃烧过程，致使火焰熄灭。

干粉灭火剂无毒、无腐蚀作用，主要用于扑救石油及其产品，可燃气体和电气设备的初起火灾以及一般固体的火灾。扑救大面积的火灾时，需与喷雾水流配合，以改善灭火效果，并可防止复燃。

对于一些扩散性很强的易燃气体，如乙炔、氢气，干粉喷射后难以使整个范围内的气体稀释，灭火效果不佳。它也不宜用于精密机械、仪器、仪表的灭火，因为在灭火后留有残渣。

6. 1211 灭火剂

1211 是卤化物二氟一氯一溴甲烷的代号，又称 BCF，是一种低毒、不导电的液化气体灭火剂，其分子式是 CF_2ClBr，是卤代烷灭火剂的一种。它是通过夺去燃烧链锁反应中的活性物质来达到灭火目的的。

1211 灭火剂适于扑救各种易燃液体火灾和电气设备火灾，它具有绝缘性能好、不留痕迹、腐蚀性小、久存不变质、灭火效率高等优点。但它不适于扑救活泼金属、金属氧化物和能在惰性介质中自身供氧燃烧的物质的火灾；扑灭固体纤维物质火灾时要用较高的浓度。1211 灭火剂浓度在 4%~5%会使人和动物有轻微的中毒反应，浓度越高，危险性越大，使用时要慎重。

另外，卤化物灭火剂已被研究证实，其灭火产物对大气臭氧层有破坏作用，已被国际上列为淘汰品。我国已逐年削减生产和使用，现在一般不使用它了，现开发的替代品已有不少，如 HFC-227（C_3HF_7）、HFC-23（CHF_3）、HFC-125（C_2HF_5）、1301（CF_3Br）等。

（三）几种常见初起火灾的扑救

化工生产中大多数火灾都是从小到大，由弱到强。在生产中，能及时发现和扑救初起火灾，对安全生产有着重要意义。

火灾扑救的一般原则是：报警早，损失小；边报警，边扑救；先控制，后灭火；先救人，后救物；防中毒，防窒息；听指挥，莫惊慌。

1. 生产装置初起火灾的扑救

当生产装置发生火灾爆炸事故时，在场操作者应迅速采取如下措施：

1）迅速查清着火部位、着火物质及来源，准确关闭有关阀门，切断物料来源及加热源，并开启消防设备，进行冷却或隔离；关闭通风装置，防止火势蔓延。

2）压力容器内物料泄漏引起的火灾，应切断进料并及时开启泄压阀门，进行紧急排空；为便于灭火，将物料排入火炬系统或其他安全部位。

3）现场当班人员要及时做出是否停车的决定，并及时向厂调度室报告情况和向消防部门报警。在报警时要讲清着火单位、地点、部位和着火物质，最后报告自己的姓名。

4）发生火灾后，当班的车间领导或班长应迅速组织人员对装置采取准确的工艺措施，利用装置内的消防设施及灭火器材进行灭火。若火势一时难以扑灭，则要采取防止火势蔓延的措施，保护要害部位，转移危险物质。

5）在专业消防人员到达火场时，生产装置的负责人应主动及时向消防指挥人员介绍情况。说明着火部位、物料情况、设备及工艺状态、已经采取的措施等。

2. 易燃、可燃液体储罐初起火灾的扑救

对易燃、可燃液体储罐的初起火灾应采取如下措施：

1）储罐起火，马上就会有引起爆炸的危险，一旦发现火情，应迅速向消防部门报警并向厂调度室报告。报警和报告中需说明罐区的位置、着火罐的位号及储存物料的情况，以便消防部门及时赶到火场进行扑救。

2）若着火罐正在进料，应迅速切断进料。如果进料阀无法关闭，可在消防水枪掩护下进行抢关，并通知送料单位停止送料。

3）若着火罐区有固定泡沫发生站，则应立即启动泡沫发生装置，打开通向火罐的泡沫管阀门，利用泡沫灭火。

4）若着火罐为压力容器，打开喷淋设施，作冷却保护，以防止升温、升压而引起爆炸。打开紧急放空阀门进行安全泄压。

5）火场指挥员应根据具体情况，组织人员做防止物料流散、火势扩大的措施，并注意对相邻储罐的保护，减少人员的伤亡。

3. 人身着火的扑救

人身着火后，千万不能跑动，以防止风助火势。应迅速脱掉着火衣服，或就地打滚，用身体压灭火；用棉衣、棉被等物覆盖灭火，用水浸湿后覆盖效果更好；用灭火器扑救时，注意不要对着人的面部喷射。

在现场抢救烧伤患者时，应当特别注意保护烧伤部位，不要碰破皮肤，以防止感染。此外，要注意防止伤者的舌头收缩而堵塞咽喉，必要时应将伤者嘴巴撬开，将舌头拉出，保证呼吸顺畅，并尽快送往医院治疗。

第三节　工业毒物的危害与防护

当某些物质通过各种途径进入人体后，仅较小剂量就会与体液和组织发生生物化学作用或生物物理变化，扰乱或破坏人体的正常生理机能，使某些器官和组织发生暂时性或持久性病变，甚至危及生命，这些物质被称为毒物。由毒物侵入人体而导致的病理状态称为中毒。在工业生产过程中所使用或产生的毒物称为工业毒物。在劳动过程中，工业毒物引起的中毒称为职业中毒。

在化工生产中，常接触到许多有毒物质。这些毒物来源广、种类多，如某些原料、成品、半成品、副产品及“三废”等。因此，化工生产中预防中毒是极为重要的。

一、工业毒物的分类及毒性评价

（一）工业毒物的分类

在化工生产环境中，由于原料、产物或生产方法不同，工业毒物以各不相同的物理状态存在，具体分为气体、雾或粉尘3种。其中，粉尘又可分成几种，如按粉尘粒径大小，可分为粗尘、飘尘、烟尘等（表6-22）。

表6-22　粉尘粒径分类表

名称	粒径/μm	特性
粗尘	>10	肉眼可见，在静止空气中以加速度下降，不扩散
飘尘	0.1~10	在静止空气中按斯托克斯法则作等速下降，不易扩散
烟尘	0.01~0.1	在超显微镜下可见，大小接近于空气分子。在空气中是布朗运动状态。扩散施力强，在静止空气中不沉降或较缓慢曲折地沉降

工业毒物按其损害人体器官或系统可分为：神经毒性、血液毒性、肝毒性、肾毒性、呼吸道毒性和全身毒性等毒物。有的毒物主要具有一种作用，有的具有多种作用。

（二）工业毒物的毒性评价

1. 评价指标

毒物的剂量与生理反应之间的关系，用“毒性”一词来表示。毒性一般以毒物能引起实验动物某种毒性反应所需的剂量表示。最通用的毒性反应是由动物实验测定的。使毒物经口或经皮肤及经呼吸进入实验动物体内，再根据实验动物的死亡数与剂量或浓度对应值来作为评价指标。常用的评价指标有以下几种：

1）LD_{100} 或 LC_{100}：表示绝对致死剂量或浓度，即能引起实验动物全部死亡的最小剂量或最低浓度。

2）LD_{50} 或 LC_{50}：表示半数致死剂量或浓度，即能引起50%实验动物死亡的剂量或浓度。这是将动物实验所得数据经统计处理而得的。

3）MLD 或 MLC：表示最小致死剂量或浓度，即能引起实验动物中个别动物死亡的剂量或浓度。

4）LD_0 或 LC_0：表示最大耐受剂量或浓度，即使全组染毒，但实验动物全部存活的最大剂量或浓度。

除用实验动物死亡情况表示毒性外，还可以用人体的某些反应来表示，如引起某种病理变化、上呼吸道刺激、出现麻醉和某些体液的生物化学变化等。

上述各种剂量通常用毒物的毫克数与动物的每千克体重之比（mg/kg）表示。吸入浓度常用每立方米空气中含毒物的质量（mg/m 或 g/m）表示。

对于气态毒物，还常用 100 万份空气容积中，某种毒物所占容积的份数（10^{-6}）表示。此容积是在 25℃、101.3kPa 下计算的。

毒物在溶液中的浓度一般用每升溶液中所含毒物的质量（mg/L）来表示。

毒物在固体中的浓度用每千克物质中毒物的质量（mg/kg）表示，也可用 100 万份固体物质中毒物的质量份数（10^{-6}）表示。

2. 毒性分级

在各种评价指标中，常用半数致死量来衡量各种毒物的急性毒性大小。急性毒性数据来自受试动物 24h 内一次或数次接受毒物（合计量）后，观察该动物在 6～14d 中所产生的中毒效应。按照毒物的半数致死量大小，可将化学物质急性毒性分为 6 级，见表 6-23。

表 6-23　化学物质急性毒性分级

毒性分级	大鼠一次经口 LD_{50}/(mg/kg)	6 只大鼠吸入 4h 死亡 2～4 只的含量 (10^{-6})	兔涂皮时 LD_{50}/(mg/kg)	对人可能致死量(一次经口)	
				剂量/(g/kg)	总量/g (60kg 体重)
剧毒	<1	<10	<5	<0.05	<0.1
高毒	1～50	10～100	5～44	0.05	3
中等毒	50～500	100～1000	44～350	0.5	30
低毒	500～5000	1000～10000	350～2180	5	250
微毒	5000～15000	10000～100000	≥2180	15	1000
基本无毒	≥15000	>100000			>1000

二、工业毒物侵入人体的途径和危害

（一）工业毒物侵入人体的途径

毒物侵入人体的途径有 3 个，即呼吸道、皮肤和消化道。在生产过程中，毒物最主要的是通过呼吸道侵入，其次是皮肤，而经消化道侵入的较少。当生产中发生意外事故时，毒物有可能直接冲入口腔。生活性中毒则以消化道侵入为主。

1. 经呼吸道侵入

人的呼吸道可分为导气管和呼吸单位两大部分。按顺序，导气管包括鼻腔、口腔前庭、口、气管、主支气管、支气管、细支气管和终末细支气管。呼吸单位包括呼吸细支气管、终末呼吸支气管、肺泡小管和肺泡。肺中的支气管经过多次反复分支，其末端形成若干亿个肺泡，肺泡的直径为 100～200μm，所以人体肺泡总表面积为 90～160m^2，每天吸入空气 12m^3 左右，大约重 15kg。肺泡壁薄（1～4μm），而且有丰富的毛细血管，空气在肺泡内流速慢（接触时间长），这些都有利于吸收，所以呼吸道是工业毒物进入人体的最重要途径。在生产环境中，即使空气中有害物质含量较低，每天也将有大量的毒物通过呼吸道侵入人体。

从鼻腔到肺泡，整个呼吸道各部分结构的不同，对毒物的吸收也不同，越入深部，表面积越大，停留时间越长，吸收量越大。此外，吸收量的大小，对于固体有毒物质来讲，与其粒径、溶解度大小有关；对于气态有毒物质，则与肺泡壁两侧分压大小以及呼吸深度、速度、循环速度等有关，而这些因素又与劳动强度有关。环境温度、湿度、接触毒物的条件（如同时有溶剂存在）等也都能影响吸收量。

肺泡内的二氧化碳形成碳酸润湿肺泡壁，对增加某些物质的溶解度起一定的作用，从而能促进毒物的吸收。另外，由呼吸道吸入的毒物被肺泡吸收后，不经过肝解毒而直接进入血液循环系统，扩散到全身，所以毒害较为严重。

2. 经皮肤侵入

有些毒物可透过无损皮肤，通过表皮、毛囊、汗腺导管等途径侵入人体。经表皮进入人体的毒物需经过三种屏障：第一是皮肤的角质层，一般相对分子质量大于300的物质不易透过完整的角质层；第二是位于表皮角质层下面的连接角质层，其表皮细胞富有固醇磷脂，它能阻止水溶性物质的通过，但不能阻止脂溶性物质透过。毒物通过该屏障后即扩散，经乳头毛细血管进入血液；第三是表皮与真皮连接处的基膜。经表皮吸收的脂溶性毒物还需具有水溶性，才能进一步扩散和被吸收。所以溶于水和脂的物质（如苯胺）易被皮肤吸收。只有脂溶而水溶极微的苯，经皮肤的吸收量较少。

毒物经皮肤进入毛囊后，可绕过表皮的屏障直接透过皮脂腺细胞和毛囊壁而进入真皮，再向表皮扩散。电解质和某些重金属，特别是汞在频繁接触时可经过此途径被吸收。操作中如皮肤被溶剂沾染，则毒物贴附于表皮，促使毒物经毛囊被吸收。毒物通过腺导管被吸收是极少见的。手掌和足掌的表皮虽有很多汗腺，但没有毛，物只能通过表皮被吸收。由于这些部位表皮的角质层较厚，故不易吸收。某气态毒物如果浓度较高，即使在室温条件下，也能同时经表皮和毛囊两条途径进入血液。如果表皮屏障的完整性被破坏（如外伤、灼伤等），可促进毒物的吸收。潮湿环境也可促进皮肤吸收毒物，特别是促进吸收气态毒物。环境温度较高，出汗较多，也会促进黏附在皮肤上的毒物被吸收。此外，皮肤经常接触有机溶剂，会使皮肤表面的类脂质溶解，使接触到的毒物容易侵入和吸收。具有腐蚀性的物质，如强酸、强碱、强酚、黄磷等，是通过腐蚀皮肤进入人体的。经皮肤侵入人体的毒物，不先经过肝的解毒而直接随血液循环分布于全身。贴膜吸收毒物的能力远比皮肤强。部分粉尘也可以通过黏膜侵入人体。皮肤有破损的，将显著加重毒物对人体的侵入。

3. 经消化道侵入

由呼吸道侵入人体的毒物，一部分黏附在鼻咽部或混于口鼻咽的分泌物中；另一部分可被吞入消化道。不遵守操作规程（如用沾染毒物的手进食、吸烟、误服）也会使毒物进入消化道。毒物进入消化道后，可通过胃肠壁被吸收。

胃肠道的酸碱度是影响毒物吸收的重要因素。胃液呈酸性，对弱碱性物质可增加其解离程度，从而减少其吸收；而对弱酸性物质则具有阻止其解离的作用，因而增加其吸收。脂溶性和非解离的毒物能透过胃的上皮细胞。胃内的蛋白质和黏液状蛋白类食物则可减少毒物的吸收。

小肠吸收毒物同样受到上述条件的影响。肠内较大的吸收面积和碱性环境，使弱碱性物质在胃内不易被吸收，待到达小肠后，即转化为非电解质而被吸收。小肠内的多种酶可以使已与毒物结合的蛋白质或脂肪分解，从而释放出游离的毒物，促进其吸收。在小肠内物质可以经细胞壁直接透入细胞。此种吸收方式对毒物的吸收，特别是对大分子毒物的吸收起重要作用。化学结构上与天然物质相似的毒物可以通过主动的渗透而被吸收。

（二）工业毒物对人体的危害

1. 工业毒物对人体全身的危害

毒物侵入人体后，通过血液循环扩散到全身各组织或器官。由于毒物本身的理化特性及各组织的生化、生理特点，其可破坏人体正常生理机能，导致中毒。中毒可大致分为急性中毒和慢性中毒两种情况。急性中毒是指短时间内大量毒物迅速作用于人体后所发生的病变，表现为发病急剧，病情变化快，症状较重。慢性中毒是指毒物作用于人体的速度缓慢，在较长时间内才发生的病变，或长期反复接触少量毒物，毒物在人体内积累到一定程度所引起的病变。慢性中毒一般潜伏期长，发病缓慢，病理变化缓慢且不易在短时期内治愈。职业中毒以慢性中毒为主，而急性中毒多见于事故场合，一般较为少见，但危害甚大。毒物种类不同，作用于人体的不同系统，对各系统的危害也不同。

（1）对呼吸系统的危害

1）窒息状态。造成窒息的原因有两种：一种是呼吸道机械性阻塞，如氨、氯、二氧化硫急性中毒时能引起喉痉挛和声门水肿。当病情严重时可发生呼吸道机械性阻塞而窒息死亡。另一种是由于吸入高浓度刺激性气体引起迅速的反射性呼吸抑制；麻醉性毒物以及有机毒物可直接抑制呼吸中枢，使呼吸肌瘫痪；甲烷等稀释空气中的氧，一氧化碳等能形成碳氧血红蛋白，使中枢因缺氧而受到抑制。

2）呼吸道炎症。水溶性较大的刺激性气体对局部黏膜产生强烈的刺激作用而引起充血、水肿。吸入刺激性气体以及镉、锰、铍的烟尘可引起化学性肺炎。呼吸道误吸入汽油气会引起右肺下叶炎症。长期接触刺激性气体，可引起黏膜和肺间质的慢性炎症，甚至发生支气管哮喘。铬酸雾能起中隔穿孔。

3）肺水肿。中毒性肺水肿是由于吸入大量水溶性的刺激性气体或蒸气引起的，如氯气、氮氧化物、光气、硫酸二甲酯、三氧化硫、卤代烃、羰基镍等。

（2）对神经系统的危害

1）急性中毒性脑病。锰、汞、汽油、四乙基铅、苯、甲醇、有机磷等所谓“亲神经性毒物”作用人体会产生中毒性脑病。表现为神经系统症状，如头晕、呕吐、幻视、视觉障碍、复视、昏迷和抽搐等。有的患者有癔症样发作或神经分裂症、躁狂症、忧郁症，有的患者会出现自主神经系统失调，减慢、血压和体温降低、多汗等。

2）中毒性周围神经炎。二硫化碳、有机溶剂、铊、砷的慢性中毒可引起指、趾触觉减退，麻木、疼痛和痛觉过敏。严重者会造成下肢运动神经元瘫痪和营养障碍等。初期为指、趾肌力减小，逐渐影响到上下肢，以致发生肌肉缩、腱反射迟钝或消失。

3）神经衰弱症候群见于某些轻度急性中毒、中毒后的恢复期，以慢性中毒的早期症状最为常见，如头痛、头昏、倦怠、失眠和心悸等。

（3）对血液系统的危害

1）白细胞数变化。大部分中毒均呈现白细胞总数和中性粒细胞数的增高。苯、放射性物质可抑制白细胞和血细胞核酸的合成，从而影响细胞的有丝分裂，对血细胞再生产生障碍，引起白细胞减少，甚至导致中性粒细胞缺乏症。

2）血红蛋白变性。毒物引起的血红蛋白变性常以高铁血红蛋白症为最多。由于血红蛋白变性，使输氧功能受到障碍，患者常有缺氧症状，如头昏、乏力、胸闷甚至昏迷。同时，红细胞可以发生退行性病变、寿命缩短、溶血等异常现象。

3）溶血性贫血。砷化氢、苯胺、苯肼、硝基苯等中毒可引起溶血性贫血。由于红细胞迅速减少，导致缺氧，患者头昏、气急、心动过速等，严重者可引起休克和急性肾衰竭。

（4）对泌尿系统的危害　在急性和慢性中毒时，有许多毒物可引起肾脏损害，尤其以氯化汞（$HgCl_2$）和四氯化碳等引起的肾小管坏死性肾病最为严重。乙二醇、铅、铀等可引起中毒性肾病。

（5）对循环系统的危害　砷、磷、四氯化碳、有机汞等中毒可引起急性心肌损害。汽油、苯、三乙烯等有机溶剂能刺激 B-肾上腺素受体而导致心室颤动。氯化钡、氯化乙基汞中毒可引起心律失常。刺激性气体引起严重中毒性肺水肿时，由于渗出大量血浆及肺循环阻力的增加，可能引起肺源性心脏病。

（6）对消化系统的危害

1）急性肠胃炎经消化道侵入汞、砷、铅等，可出现严重恶心、呕吐、腹痛和腹泻等酷似急性肠胃炎的症状。剧烈吐、腹泻可以引起失水和电解质、酸碱平衡紊乱，甚至发生休克。

2）中毒性肝炎有些毒物主要引起肝损害，造成急性或慢性肝炎，这些毒物被称为“亲肝性毒物”。该类毒物常见的有磷、锑、四氯化碳、三硝基甲苯、氯仿及肼类化合物。

2. 工业毒物对皮肤的伤害

皮肤是机体抵御外界刺激的第一道防线，在从事化工生产中，皮肤接触外在刺激物的机会最多。许多毒物直接刺激皮肤，造成皮肤危害，有些毒物经口鼻吸入，也会引起皮肤病变。不同毒物对皮肤会产生不同的危害，常见的皮肤病症状有皮肤痒、皮肤干燥、皲裂等。有些毒物还会引起皮肤附属器官及口腔黏膜的病变，如毛发脱落、甲沟炎、牙龈炎、口腔黏膜溃疡等。

3. 工业毒物对眼部的危害

化学物质对眼部的危害是指某种化学物质与眼部组织直接接触造成的伤害，或化学物质进入人体后引起的视觉病变或其他眼部病变。

（1）接触性眼部损伤　化学物质的气体、烟尘或粉尘接触眼部，或其液体、碎屑飞溅到眼部，进入体内后引起视觉病变或其他眼部病变，可引起色素沉着、过敏反应、刺激性炎症或腐蚀灼伤。例如，对苯二酚等可使角膜、结膜染色。刺激性较强的物质短时间接触，可引起角膜表皮水肿、结膜充血等。腐蚀性化学物质与眼部接触，可使角膜、结膜立即坏死或糜烂。如果继续接触，可损坏眼球，导致视力严重减退、失明或眼球萎缩。

（2）中毒所致眼部损伤　毒物侵入人体后，作用于不同的组织，对眼部有不同的损害。例如，毒物作用于大脑枕叶皮质会导致黑蒙；毒物作用于视网膜周边及视神经外围的神经纤维会导致视野缩小；毒物作用于视神经中轴及黄斑会形成视中心暗点；毒物作用于大脑皮层会引起幻视。毒物中毒所造成的眼部损害还有复视、瞳孔缩小、眼睑病变、眼球震颤、白内障、视网膜及脉络膜病变和视神经病变等。

4. 工业粉尘对人体的危害

工业粉尘来源颇多，就化工生产而言，粉尘主要来源于固体原料和产品的粉碎、研磨、筛分、造粒、混合以及粉状物料的干燥、输送、包装等过程。

工业粉尘的尘粒直径在0.4~5μm时，对人体危害最大，可沉淀于支气管和肺泡内。高于此值的尘粒在空气中很快沉降，即使部分侵入呼吸系统也会被截留在上呼吸道，在打喷嚏、咳嗽时随痰液排出；低于此值的尘粒虽能侵入肺中，但有大部分随同空气一起呼出，其余的被呼吸道内的黏液纤毛由细支气管向喉外排出。由于粉尘的化学性质、物理性质（特别是溶解度）以及作用部位不同，其对人体的危害也不同。主要表现在以下几个方面：

1）粉尘如铅、砷、农药等，能够经呼吸道进入体内而引起全身性中毒。

2）粉尘能引起呼吸道疾病，如鼻炎、咽炎、气管炎和支气管炎等。

3）粉尘对人体有局部刺激作用，如皮肤干燥、皮炎、毛囊炎、眼病等病变。

4）变态反应性，是机体对某些物质如大麻、锌烟、羽毛等物质的异常反应，如过敏反应。

5）尘肺，是指肺内存在吸入的粉尘，并与之起非肿瘤的组织反应，引起肺组织弥漫性、纤维性病变。在我国，尘肺是危害最严重的职业病，现在法定的尘肺类职业病有13种，其中化工领域涉及的有矽肺、煤工尘肺、石尘肺、炭黑尘肺、石棉尘肺等。

尘肺的发生与被吸入粉尘的化学成分、空气中粉尘的浓度、颗粒大小、接触粉尘时间长短和身体健康状况等都有密切关系。因此，应严格控制作业场所中的含尘浓度。

5. 工业毒物与致癌性

在人体的正常发育和代谢过程中，每个细胞的形成和分裂都正常进行，使机体正常发育和保持各组织器官的机能。当受某些因素的影响，体内某一部位的组织细胞会突然毫无目的地生长。任何一种异常生长的细胞群都被称为肿瘤。如果肿瘤局限在局部范围内并不扩散就称为良性肿瘤。假如肿瘤扩散到邻近组织或体内其他部位，就称为恶性瘤，各种恶性肿瘤称为癌症。

癌症病因十分复杂。较深入的研究认为，它可能与物理、化学、细菌、病菌、真菌和遗传等因素有关。

人们在长期从事化工生产中，由于所接触的某些化学物质有致癌作用，可使人体产生肿瘤这种对机体能诱发癌变的物质被称为致癌物。

职业性肿瘤多发生于皮肤、呼吸道及膀胱，少见于肝、血液系统。由于许多致癌病因的基本问题未弄清楚，加之在生产环境以外的自然环境中也可接触到各种致癌因素，因此，要确定某种癌是否仅由职业因素引起是不容易的，必须有较充分的根据。现在法定职业性肿瘤分为8种，致癌物分别是：石棉、联苯、苯、氯甲醚、砷、氯乙烯、焦炉气和铬酸盐。

6. 职业病

职业病是指劳动者在职业活动中，因接触职业危险因素引起的疾病。职业病特征是：其与职业危险因素的因果关系明确，在接触同样因素的人群中常有一定的发病率，而很少是个别病人。在法律意义上，我国的职业病是指原卫生部颁发的《职业病分类和目录》（国卫疾控发〔2013〕48号）列入的职业病，共10类132种，包括前述的尘肺和肿瘤类别。其中，化工行业可能涉及的职业病有80多种。职业病的诊断应由专门机构按有关法规和程序进行，确诊有职业病的职工享受国家规定的工伤保险待遇。

三、防毒、防尘技术措施

企业及其主管部门在组织生产的同时，要加强对防毒工作的领导和管理，要有人分管这项工作，并列入议事日程，作为一项重要工作来抓。要认真贯彻国家“安全第一，预防为主”的安全生产方针，做到生产工作和安全工作“五同时”，即同时计划、同时布置、同时检查、同时评比、同时总结。对于新建、改建和扩建项目，防毒技术措施要执行“三同时”，即同时设计、同时施工、同时投产的原则；加强防毒知识的宣传教育；建立健全有关防毒的管理制度；定期检测环境中的毒物含量。防止毒物（包括尘埃）危害的关键是减少毒物源，降低空气中的毒物含量等；减少毒物与人体接触的机会；早发现，早治疗。

（一）防毒技术措施

（1）以无毒、低毒的物料或工艺代替有害、高毒的物料或工艺　这意味着从根本上改变有关生产装置的防毒技术措施和生产工艺，使生产过程中不产生或少产生对人体有害的物质，这是解决防毒问题的最好办法。

（2）生产装置的密闭化、管道化和机械化

1）装置密封勿使尘毒物质外溢。

2）密闭投料、出料，是指机械投料、真空投料、高位槽和管道密封、密闭出料等的装置密封，勿使尘毒物质外漏。

3）转动轴密封有多种形式，如填料罐、密封、迷宫式密封、机械密封、填料密封及磁密封等。

4）加强设备维护管理，消除跑、冒、滴、漏。

（3）通风排毒　通风是使车间空气中的毒物浓度不超过国家卫生标准的一项重要防毒措施，分为局部通风和全面通风两种。局部通风是把有害气体罩起来排出去，其排毒效率高，动力消耗低，比较经济合理，便于有害气体的净化回收。全面通风又称稀释通风，是用大量新鲜空气将整个车间空气中的有毒气体冲淡使室内空气质量达到国家卫生标准。全面通风一般只适用于污染源不固定和局部通风不能将污染物排除的工作场所。

（4）有毒气体的净化回收　净化回收是把排出来的有毒气体加以净化处理或回收利用。气体净化的基本方法有洗涤吸收法、吸附法、催化氧化法、热力燃烧法和冷凝法等。

（5）隔离操作和自动化控制　因生产设备条件有限，而无法将有毒气体浓度降低到国家卫生标准时，可采取隔离操作的措施，常用的方法是把这种生产设备单独安装在隔离室内，用排风的方法使隔离室处于负压状态，杜绝毒物外逸。

自动化控制就是对工艺设备采用常规仪表或计算机控制，使监视、操作地点离开生产设备。自动化控制按其功能可分为 4 个系统：自动检测系统、自动操作系统、自动调节系统、自动信号联锁和保护系统。

（二）防尘技术措施

在防止工业毒物危害的技术措施中有许多也适用于防止粉尘的危害。在防尘工作中，多种措施配合使用能收到较显著的效果。

1）采用新工艺、新技术，降低车间空气中粉尘浓度，使生产过程中不产生或少产生粉尘。

2）对粉尘较多的岗位，尽量采用机械化和自动化操作，尽量减少工人直接接触尘源的机会。

3）采用无害材料代替有害材料。

4）采用湿法作业，防止粉尘飞扬。

5）将尘源安排在密闭的环境中，设法使内部形成负压条件，以防止粉尘向外扩散。真空清扫。有扬尘点的岗位应采用真空吸尘清扫，避免用一般的方法清扫，更不能用空气吹扫。

6）个人防护。在粉尘场地工作的工人必须严格执行劳保规定，要穿防护服，戴口罩、手护面具、头盔和穿鞋盖等。

（三）空气中有害物质最高容许浓度

预防生产场所空气中有害物质危害的安全技术工作的重要内容之一是确定工人在该场所中工作容许有害物质的最高浓度，即职业接触限值。

我国卫生部发布的《工作场所有害因素职业接触限值第1部分：化学有害因素》（CBZ 2.1—2019）中规定的化学有害因素的职业接触值（OELs）分为以下三类：

（1）时间加权平均容许浓度（PC-TWA）　以时间为权数规定的8h工作日、40h工作周的平均容许接触浓度。实际的时间加权平均浓度 C_{TWA} 是根据采集一个工作日内一个工作地点，各时段的样品，按各时段的持续接触时间 T_i 与其相应浓度 C_i 乘积之和除以8得到，单位为 mg/m^3，其计算公式为

$$C_{TWA}=(C_1T_1+C_2T_2+\cdots+C_iT_i+\cdots+C_nT_n)/8$$

（2）短时间接触容许浓度（PC-STEL）　在遵守PC-TWA前提下容许短时间（15min）接触的浓度。该值要高于PC-TWA值。在实际生产中，当接触浓度超过PC-TWA，达到PC-STEL水平时，一次持续接触时间不应超过15min，每个工作日接触次数不应超过4次，两次间隔时间不应短于60min。

对已有PC-TWA而尚未制定PC-STEL的粉尘和化学物质，可采用超限倍数控制其短时间接触水平。在符合PC-TWA的前提下，粉尘的超限倍数是PC-TWA的2倍；而化学物质的超限倍数按如下方法取：PC-TWA<1，3；1≤PC-TWA<10，2.5；10≤PC-TWA<100，2.0；PC-TWA=100，15。

（3）最高容许浓度（MAC）　是指工作地点在一个工作日内，任何时间有毒化学物质均不应超过的浓度。

GBZ 2.1—2019对339种化学物质、47种粉尘、2种生物因素制定了工作场所空气中容许浓度。当工作场所存在两种以上化学物质时，可能发生三类作用：独立作用、协同作用（加强作用）和拮抗作用（减弱作用）。

若缺乏相关的毒理学资料时，分别测定各化学物质的浓度，按各个物质的职业接触限值进行评价。

若该两种以上物质系化学结构相似，或共同作用于同一器官、系统，或具有相似毒性作用，或已知它们可产生相加作用时，则按下式计算结果进行评价

$$C_1/L_1+C_2/L_2+\cdots+C_n/L_n=\text{比值}$$

式中　C_1，C_2，…，C_n——各化学物质的实测浓度；

L_1，L_2，…，L_n——各化学物质相应的容许浓度限值。

当比值≤1时，表示未超过接触限值，符合卫生要求；当比值>1时，表示超过接触限值，不符合卫生要求。

四、急性中毒的现场教训

在实际生产和检修现场，有时由于设备突发性损坏或泄漏致使大量毒物外溢（逸），造

成作业人员急性中毒。急性中毒往往发展急剧、病情严重，因此必须及时抢救。一旦发生急性中毒事故，应立即与医疗单位联系，同时及时、正确地抢救化工生产或检修现场中的急性中毒人员，对于挽救重危中毒者的生命、减轻中毒程度、防止并发症有十分重要的意义。另外，争取时间，为进一步治疗创造有利条件。

急性中毒的现场抢救应遵循下列原则：

1. 救护者应做好个人防护

急性中毒发生时毒物多由呼吸系统和皮肤侵入人体。因此，救护者在进入毒区抢救之前，首先要做好个人呼吸系统和皮肤的防护，佩戴好供氧式防毒面具或氧气呼吸器，穿好防护服。进入设备内抢救要系上安全带，再进行抢救。

2. 切断毒物源

救护人员进入事故现场后，除对中毒者进行抢救外，同时应迅速侦察毒物源，采取果断措施切断毒物源，防止毒物继续外溢（逸）。对于已经扩散出来的有毒气体或蒸气应立即启动通风设备或开启门向，以及采取中和处理等措施，降低有毒物质在空气中的浓度，为抢救工作创造有利条件。

3. 采取有效措施防止毒物继续侵入人体

（1）救离现场、去除污染　将中毒者迅速移至空气新鲜处，松开颈、胸部纽扣和腰带，让其头部侧偏以保持呼吸道通畅。同时要注意保暖和保持安静，严密注意中毒者神志、呼吸和循环系统的功能。

（2）消除毒物，防止沾染皮肤和黏膜　迅速脱去中毒者被污染的衣服、鞋袜、手套等，并用清水冲洗 15~20min。此外，还可用中和剂（弱酸性或弱碱性溶液）清洗。石灰、次氯化钛等遇水能反应的物质中毒时，应先用布、纸或棉花去除后再用水冲洗，以防加重损伤。对黏稠的毒物可用大量的肥皂水冲洗，尤其要注意皮肤褶皱、毛发和指甲内的污染。

（3）毒物进入眼睛时　用流水缓慢冲洗眼睛 15min 以上，冲洗时把眼睑撑开，并嘱咐伤员使眼球向各方向缓慢转动。

（4）毒物经口腔引起急性中毒时　可根据具体情况和现场条件正确处理。若毒物不具有非腐蚀性，应立即采用催吐、洗胃或导泻等方法去除毒物。对氯化钡等中毒，可口服硫酸钠溶液，使肠道内未被吸收的钡盐变成不溶的硫酸钡沉淀。胺、铬酸盐、铜盐、汞盐、羧酸类、醛类、酯类中毒时，可给中毒者喝牛奶、生鸡蛋等缓解剂。但当烷烃、苯、石油醚等中毒时，既不要催吐，也不要给中毒者喝牛奶、鸡蛋和油性食物，可喝少量（一汤匙）液状石蜡和一杯含硫酸镁或硫酸钠的水。一氧化碳中毒者应立即吸入氧气，以缓解机体缺氧。

4. 促进生命器官功能恢复

如遇到危及生命的严重现象，要当机立断，立即做紧急处理，千万不能等待诊断后再处理，特别是中毒者心跳、呼吸停止时，要立即就地抢救，尽快使心肺复苏。

中毒者若停止呼吸，应立即进行人工呼吸。人工呼吸方法有俯卧压背式、振臂压胸式和口对口（鼻）式 3 种。最好采用口对口式人工呼吸法。其具体做法是：将中毒者仰卧，救护者一手托起中毒者下颌，尽量使头部后仰，另一手捏紧中毒者鼻孔，救护者深吸气后，紧对中毒者的口吹气，使中毒者上胸部升起，然后松开鼻孔。如此有节律、均匀地反复进行，每分钟吹气 12~16 次，直至中毒者可自行呼吸为止。如果中毒者牙关紧闭，可进行口对鼻吹气，做法同上。

对心跳停止的中毒者应立即进行心肺复苏。使中毒者仰卧在硬地或木板床上，头部稍低。救护者将一手的根部放在中毒者胸骨下半段（剑突以上），另一手掌叠于该手背上，肘关节伸直，借救护者自己身体的重力向下加压。一般使胸骨陷下 3~4cm 为宜，然后放松。如此反复有节律地进行，每分钟 60~70 次。挤压时动作要稳健有力、均匀规则，注意不要用力过猛，以免发生肋骨骨折、血气胸等。

第四节　化工系统安全分析与评价

随着科学技术日新月异的发展，工业（包括民用工业和军用工业）规模越来越大，效率越来越高。同时，潜在事故的损害量或破坏力也越来越大。近年来，国内外工矿企业为了防止重大的灾难事故发生，全面推广现代安全管理方法，变事后处理为事前预防，其主要手段是对工程项目进行系统安全分析与评价。1998 年，我国政府以劳动部令的形式规定，凡属 6 种类型的建设（工程）项目，必须进行建设项目工程劳动安全卫生预评价。这 6 种类型的建设（工程）项目是：大中型的、有火灾危险的、有爆炸危险的、有毒害物的、有石棉或二氧化硅粉料的，以及其他危险的。显然，化工生产项目大都属于规定范围。评价工作应在项目可行性研究阶段进行，在项目初步设计会审前完成，由建设单位自由选择本建设项目设计单位以外的、熟悉本行业和本项目特点的、有劳动安全卫生预评价资格的单位承担。根据规定，应做评价而未做评价的工程项目（包括已建成的）要补做和改进。系统安全分析与评价的关键是采用先进的科学方法，全面分析、预测生产活动中的各种危险，正确识别和评价危险性问题，从而采取有效措施减少或消除危险因素。随着相关科学理论和技术的发展，经过几代安全技术领域研究人员的努力，现已形成一门新兴的工程学科——安全系统工程。它是目前进行工程项目全面或局部系统安全分析与评价的最有效的科学手段。

一、安全系统工程简介

安全系统工程属于系统工程学科，其萌芽于 20 世纪 60 年代，成熟于 20 世纪 90 年代，目前处于蓬勃发展阶段。

1959 年，苏联成功发射人类第一颗人造卫星，为了赶超苏联，美国采用研究、设计、施工齐头并进的方案进行导弹技术研究，但一年内连续发生 4 起重大事故，造成了巨大损失。痛定思痛，美国空军以系统工程原理和方法认真研究了导弹系统的可靠性和安全性，于 1962 年制定了“武器系统安全标准”，首次创立了安全系统工程的概念。20 世纪 60 年代到 20 世纪 70 年代，英国原子能公司和美国原子能委员会先后收集各原子能电站事故的有关数据，建立事故数据库，分析各个部位发生事故的概率，提出原子能电站风险评价方法，采用系统分析的方法分析评价人、机器和环境可能发生的事故，并依此调整原子能电站的工艺、设备和操作管理，使原子能电站的事故大为减少，成为安全性极高的电站，使原子能电站进入快速发展阶段。安全系统工程也很快被世界各国科技人员认识、接受和发展。

（一）安全系统工程的内容

安全系统工程主要包括以下 3 个方面内容：

1. 系统安全分析

系统安全分析是指以预测和防止事故为前提，对系统的功能、环境、可靠性等经济技术指标以及系统的潜在危险性进行分析和测定。系统安全分析的程序、方法和内容如下：

1）把所研究的生产过程和作业形式作为一个整体，确定安全设想和预定的目标。

2）把工艺过程和作业形式分成几个部分和环节，绘制流程图。

3）应用数学模型和图表形式以及有关符号，将系统的结构和功能抽象化，并将因果关系、层次和逻辑结构用方框或流线图表示出来，也就是将系统变换为图像模型。

4）分析系统的现状及其组成部分，测定与诊断可能发生的事故、危险及其灾难性后果，分析并确定导致危险的各个事件的发生条件及其相互关系。

5）对已确立的系统，采用概率论、数理统计、网络技术、模型和模拟技术、逻辑运算等数学方法，对各种因素进行数量描述，分析它们之间的数量关系，并进一步探求那些不容易直接观察到的各种因素的数量变化及其规律。

2. 系统安全评价

系统安全评价包括对物料、机械装置、工艺过程及人机系统的安全性评价，内容主要有以下3个方面：

1）确定适用的评价方法、评价指标和安全标准。

2）依据既定的评价程序和方法，对系统进行客观的、定性或定量的评价，结合效益、费用可靠性、危险度等指标及经验数据，求出系统的最优方案和最佳工作条件。

3）在技术上不可能或难以达到预期效果时，应对计划和设计方案进行可行性研究，反复评价，以达到安全标准的目的。

3. 系统安全措施

系统安全措施是在系统分析与安全评价的基础上，采取综合的控制和消除危险的措施，内容包括以下3个方面：

1）对已建立的系统形式、潜在的危险程度及可能的事故损失进行验证，提出检查与测定方式，制定安全技术规程和规定，确定对危险性物料、装置及废物的处理措施。

2）根据安全分析评价的结果，研究并改进工艺流程、设备、安全装置及控制系统，从而控制危险性物料、装置及废物的危险概率。

3）采取管理、教育和技术等综合措施，对预防及处理事故方案、安全组织与管理、教育培训等方面进行统筹安排和检查测定，以有效控制和消除危险危害。

（二）安全系统工程的特点

安全系统工程在工业中的应用使安全管理工作从传统的凭直观经验进行主观判断转变为有一定理论依据的定性、定量分析，是一种科学的方法体系，它具有以下5个特点：

1）能够系统地从计划、设计、制造、运行等全过程中考虑安全技术和安全管理问题，便于找出生产过程中固有的或潜在的危险因素。

2）便于对生产系统的安全性进行定性和定量的分析评价。

3）可对事故进行预测，并求得系统安全的最优方案。

4）有利于实现安全管理系统化，形成教育培训、日常检查、操作维修等的完整系统。

5）有利于实现安全技术和安全管理的科学化、规范化和标准化。

（三）系统危险性分析

1. 危险性及其表示方法

危险性是指对人体和财产造成危害和损失的事故发生的可能性。系统安全分析实质上就是系统危险性分析。危险性本身含有许多不确定的因素，因为在生产过程中的许多因素是随机的，危险的程度也是难以确定的。但要对系统的安全作明确的分析和评价，确定危险性的尺度是必要的。现在一般是以事故频率和损失严重程度作为衡量危险性的尺度，即根据经验和统计，找出一定的时间内危险因素可能导致事故的次数——事故率；另一方面是确定事故可能造成的人员伤亡和财产损失的数值——损失严重度。二者之间的乘积称为危险率或风险率，可表示为

危险率=严重度×频率=(损失额/事故次数)×(事故次数/单位时间)=损失额/单位时间 (6-7)

有了量的概念，就可以对系统的危险性进行定性或定量评价。所谓定性评价就是对生产活动中的危险性进行系统的、不遗漏的检查，根据检查结果做出大致的评价。为了便于管理，也可以按其重要程度进行概略的分级。所谓定量评价就是在定性评价的基础上，以统计方法得到的数据（如各种事故频率、设备零部件故障率等）比较精确地计算出其危险率，然后把计算出的危险率与可接受的危险率进行比较，确定被评价对象危险状况是否在容许范围之内。在评价危险性时，除去危险率外，还有一个常用指标，即死亡率。在一定的统计样本中，死亡率可表示为

死亡率=死亡人数/(年×总人数) (6-8)

不同产业的死亡概率，表示出了其危险性的差异。表6-24列出了英国1976年统计资料披露的英国部分行业每人每年（工作1920h/年）的死亡概率。

表6-24　英国部分行业的年死亡概率

行业种类	化学工业	钢铁工业	渔业	煤炭工业	建筑业	飞机乘员	拳击手
死亡率	6.75×10^{-5}	1.54×10^{-4}	6.72×10^{-4}	7.68×10^{-4}	1.28×10^{-3}	4.80×10^{-3}	7.10×10^{-2}

2. 危险性分析步骤

危险性分析一般按以下步骤进行：

1）把评价系统的危险因素识别出来。

2）计算系统危险率及事故后果的严重程度。

3）根据以往的经验或数据，确定可接受的危险率指标。

4）将计算的危险率与可接受的危险率指标进行比较，确定系统的危险性水平。

5）对危险性高的系统，找出主要危险性，并进一步分析、寻找降低危险性的途径，将危险率控制在可接受的指标内。

如果仅做定性评价，则只要做到第二步即可。

3. 危险性分析方法

人们已开发出几十种系统危险性的分析方法，其各有特点，各有适用范围，主要的危险性分析方法有：安全检查表法，危险预先分析法，故障类型分析法，火灾、爆炸危险指数评价方法，事故树分析法，事件树分析法等。

二、安全检查表法

安全检查表法产生于20世纪30年代，当时安全系统工程尚未出现，安全工作者为解决生产中遇到的事故，主要靠经验对生产过程编制较详尽的安全检查表。安全系统工程的建立

与应用使安全检查表的编制逐步朝着科学化、系统化、规范化、程序化的方向发展。现代安全检查表的定义为运用安全系统工程的方法，找出系统以及各部分工艺流程、设备、安全装置、环境影响以及操作管理中的各种不安全因素，按顺序编制成表格，表中应设有提问栏，以免漏检。

安全检查表按其性质可分为一般性检查、专业检查、季节性检查、特种检查等。通过安全检查表能及时了解和掌握安全生产情况，一旦发现物的不安全状态和人的不安全行为，应及时采取措施加以整顿和改进，总结经验，指导工作，这是管理部门防止事故、保护职工安全与健康的好方法。

（一）编制安全检查表的主要依据

（1）相关法律标准、规程、规范及规定　包括《中华人民共和国安全生产法》《危险化学品安全管理条例》等国家有关安全生产的法律、法规和标准规范，以及企业的有关规章制度和操作管理标准等。

（2）事故案例和行业经验　搜集国内外同行业及同类产品的事故案例，分析找出不安全因素，作为安全检查的内容。

（3）通过系统分析确定危险因素　这也是安全检查的内容。

（4）研究成果　编制安全检查表必须采用最新的知识和研究成果，包括新的理论、方法、技术、法规和标准等。

（二）安全检查表的编制

安全检查表应能列举评价对象所有需查明的、能导致事故的不安全状态和行为。这就需要对系统不安全因素有正确而全面的分析，列出清单，分门别类地制订安全检查表。表中所列的因素均采用提问的方式，并要求以“是”或“否”来回答。“是”表示符合要求；“否”表示存在问题，需要改进。为了编制出全面、正确、切合实际的安全检查表，应采取专业干部、技术人员和一线工人相结合的方式进行。

（三）安全检查表编制举例

以化工生产最常见的设备——蒸汽锅炉安全检查表为例，为使锅炉及其安全附件、辅助设备完好无损，正常运行，必须对锅炉进行定期或经常性的安全检查，及时消除不安全因素，安全检查表法可圆满完成此项任务。依据蒸汽锅炉安全检查表进行检查，可使重点检查能够抓住关键，全面检查不致漏项。检查时逐条对照标准，做出评价，做好记录，保存备查。表 6-25 就是某单位蒸汽锅炉安全检查表（部分）。

表 6-25　蒸汽锅炉安全检查表（部分）

检查顺序	检查项目	检查标准	实际情况
1	气压情况	不超过工作压力	
2	水位报警器	灵敏可靠	
3	安全阀完好状况	完好	
4	安全阀调压情况	调压准确	
5	操作人员坚守岗位情况	坚守岗位	
6	操作人员工作情况	精力集中	
	工作时看书、看报	无	
	打瞌睡、聊天	无	

（续）

检查顺序	检查项目	检查标准	实际情况
6	干与工作无关的事	无	
	酒后上(值)班	无	
7	操作规程执行情况	完善	
8	操作规程掌握程度	熟练,并持证上岗	
9	安全阀动作情况	灵活	
10	安全阀检验情况	按时检验,有检验证	
11	气压表完好情况	完好,按期检验	
12	气压表照明情况	充足	
13	气压表表盘尺寸	合适	
	气压表刻度范围	合适	
	气压表精度等级	合适	
	气压表清晰情况	清晰	
14	锅炉设计状况	合格,有使用证	
15	锅炉制造状况	合格,有使用证	
16	锅炉焊接状况	合格,有使用证	
17	锅炉安装状况	合格	
18	计划检修情况	计划检修	
19	技术检修情况	定期检验,有合格证	
20	气压表连接管件	通畅	
21	水位计连接管件	通畅	

注：检查时对照标准逐项进行，在“实际情况”栏中凡符合者打“√”，不符合者打“×”。

三、事故树分析法

事故树分析法（FTA）是20世纪60年代初美国贝尔（Bell）实验室的Watson首先提出来的，当时是为了分析评价美国民兵式导弹控制系统的安全性，其后美国波音公司及美国原子能委员会应用并完善了该分析法，现已成为安全系统工程分析中运用最广泛的分析方法之一。

事故树分析法是通过预先编制的事故树来进行系统安全性分析评价的。通过分析可以找出事故的直接原因和间接原因。可以用其对事故进行定性分析，查明事故原因的主次及未曾考虑到的隐患；也可以进行定量分析，预测事故发生的概率。事故树分析法是数学和专业知识的密切结合，其特点是直观明了、表达简洁、思路清晰、逻辑性强、易于掌握，故受到安全工作者的广泛欢迎。

（一）事故树的编制

1. 事故树的符号和意义

事故树（Fault Tree，FT）是由事件符号按其相互之间的逻辑关系连接起来的关系图。目前，对事故树的符号没有明确统一的规定，本书常用符号表示方法如图6-1环氧乙烷遇高热分解爆炸事故树图所示。

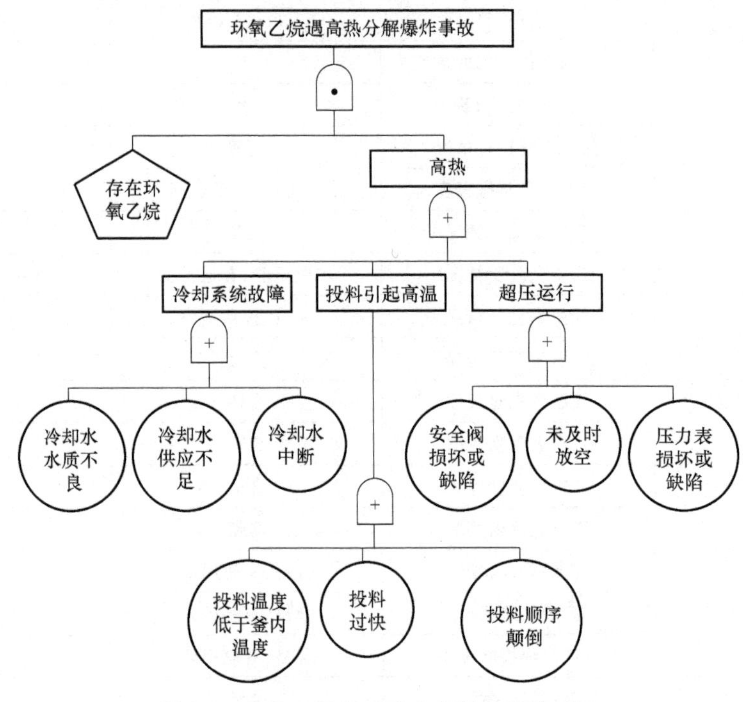

图 6-1　环氧乙烷遇高热分解爆炸事故树图

2. 收集资料

为做好分析，应广泛收集分析对象的工艺流程、设备特点、介质性质、控制系统、操作参数及周围环境和同行的事故分析等资料。

3. 事故树编制步骤

事故树是事故发展过程的图样模型。从已发生或设想的事故结果（即顶端事件），用逻辑推理的方法，寻找造成事故的原因。事故树分析与事故形成过程方向相反，所以是逆向分析程序。事故树编制步骤如下：

1）确定分析系统的顶端事件。

2）找出顶端事件的各种直接原因作为中间事件，并用“与门”或“或门”与顶端事件连接。

3）把上一步找出的直接原因作为中间事件，再找出中间事件的直接原因，并用逻辑门与中间事件连接。

4）反复重复步骤 3），直到找出最基本的原因事件。

5）绘制事故树图并进行必要的整理。

6）确定各种原因事件的发生概率，按逻辑门符号进行运算，得出顶端事件的发生概率。

7）对事故进行分析评价，确定改进措施。

如果数据不足，步骤 6）可以免做，可直接由 5）到 7），得出定性结论。

（二）事故树分析

当一幅事故树图绘制完成后，人们一般凭经验和常识就可以从图上对分析对象的安全性做出粗略的评价。但要得到更明晰精确的评价，就需借助一定的数学手段，结合统计数据进行有理有据的分析才能完成。

在事故树中，如果所有的基本事件都发生，则顶端事件必然发生。但在多数情况下，只要某个或某几个基本事件发生，顶端事件就会发生。事故树中能使顶端事件发生的基本事件的集合称为割集。能使顶端事件发生的最低限度的基本事件的集合称为最小割集。事故树中每一个最小割集都对应一种顶端事件发生的可能性。确定了事故树的所有最小割集，就可以明确顶端事件有哪些发生模式。事故树分析就是按照事故树所标示的各个事件之间的关系，运用逻辑运算的方法，求出事故树的所有最小割集，并计算出顶端事件的发生概率。

1. 逻辑运算方法

事故树分析中常用的逻辑运算法则和定律有如下几种：

（1）逻辑乘法则　如果事件 A，B，C，…，K 同时成立，事件 T 才成立，则 A，B，C，…，K 的逻辑运算称作事件的“与”，也叫作逻辑积，其表达式为

$$T=A\cdot B\cdot C\cdot \cdots \cdot K$$

（2）逻辑加法则　如果事件 A，B，C，…，K 任意一个成立，事件 T 就成立，则 A，B，C，…，K 的逻辑运算称作事件的“或”，也叫作逻辑和，其表达式为

$$T=A+B+C+\cdots+K$$

（3）分配律

$$A\cdot(B+C)=(A\cdot B)+(A\cdot C)$$

$$A+(B\cdot C)=(A+B)\cdot(A+C)$$

（4）幂等律

$$A+A=A \quad A\cdot A=A$$

（5）吸收律

$$A+AB=A \quad A\cdot(A+B)=A$$

逻辑运算求出事故树最小割集的过程，实际是事故树逻辑关系的化简过程。最后求出事故树的逻辑积的逻辑和，其中每一个逻辑积就是一个最小割集。最小割集常用符号 A，B，C，…表示，其中 A，B，C，…为基本事件。

2. 事故树的定性分析

通过逻辑运算，求出最小割集，就可对事故树做出较清晰的定性分析。一般可做如下分析：

（1）根据最小割集数　可确定导致顶端事件发生的基本事件组合数和可能性：一般来说，最小割集数就是基本事件组合数。其数量大，说明发生顶端事件（事故）的可能性大，即危险性大。

（2）根据各最小割集的组合情况　可比较出各基本组合对事故发生的影响大小：这可根据一个最小割集中的基本事件的个数来比较，即个数越少，系统越危险；个数越多，系统越安全。例如，只有一个基本事件的割集比有两个基本事件的割集容易发生。因为只有一个基本事件的只要该事件发生，顶端事件必然发生；而有两个基本事件的，则必须两个事件同时都发生，顶端事件才会发生。由此可推理，只要采取给基本事件个数少的割集增加基本事件的方法，就可提高系统的安全性和可靠性。例如，给一个危险点增设一个保护装置，往往可使系统的可靠性提高几倍，甚至上百倍。这实际是一种“冗余”技术措施。

（3）根据各最小割集的组合情况 可比较各基本事件对顶端事件发生的影响程度大小，影响程度又称结构重要度，用 I 表示。对结构重要度的比较，可按以下 3 项原则进行：

1）当最小割集中的基本事件个数不同时，基本事件少的割集中的基本事件比基本事件多的割集中的基本事件的结构重要度大。如果某事故树的最小割集为 $\{A、B、C、D\}$、$\{E、F\}$、$\{H\}$、$\{G\}$，则该事故树中基本事件的结构重要度顺序依次为：$I_H=I_G>I_E=I_F>I_A=I_B=I_C=I_D$。

2）当最小割集中的基本事件个数相等时，在各最小割集中重复出现的基本事件，比只在一个最小割集中出现的基本事件结构重要度要大；重复次数多的比重复次数少的结构重要度要大。

3）在基本事件少的最小割集中出现次数少的基本事件，与基本事件多的最小割集中出现次数多的基本事件比较，前者的结构重要度大于后者。用以上 3 原则可排列出结构重要度顺序，就可以从结构上知道各基本事件对顶端事件发生的影响程度，以便采取防护措施进行重点预防，加强安全检查，确保生产安全。

3. 事故树的定量分析

事故树的定量分析是在给定基本事件发生概率的条件下，求出顶端事件发生的概率。将所求的结果与预定目标值进行比较。如果超出了目标值，就应采取必要的改进措施，使其降至目标值以下。如果事故发生的概率及其造成的损失能够被社会接受，就不必花费更多的人力、物力和财力来进一步加强安全措施。

基本事件发生概率是研究对象系统元件或设备的故障率。故障率是指单位时间（或周期）发生故障的概率。故障率是通过元件（或设备）的故障实验或实际经验系统分析得到的。表 6-26 列出了部分元件的统计故障率。

表 6-26 部分元件的统计故障率

元件	故障率/(次/年)	元件	故障率/(次/年)
控制阀	0.60	pH 计	5.88
控制器	0.29	压力测量	1.41
流量测量(液体)	1.14	泄压阀	0.022
流量测量(固体)	3.75	压力开关	0.14
流量开关	1.12	电磁阀	0.42
气液色谱	30.6	步进电动机	0.044
手动阀	0.13	长纸条记录仪	0.22
指示灯	0.044	热电偶温度测量	0.52
液位测量(液体)	1.70	温度计温度测量	0.027
物位测量(固体)	6.85	阀动定位器	0.44
氧分析仪	5.65		

注：资料来源于 Frank P. Lees，Loss Prevention in the Process Industries（London：Butterworths，1986）。

四、火灾、爆炸危险指数评价方法

火灾、爆炸危险指数评价方法是美国陶氏化学公司（Dow Chemical Co.）首创。该法的成功开发和应用开创了化工生产危险度定量评价的历史。该评价方法自从 1964 年公布第 1 版以来，已做了多次修改，于 1995 年公布了第 7 版。该评价方法以物质系数为基础，再考虑工艺过程中的其他因素，如工艺条件、设备状况、安全装置等因素的影响，计算出装置的火灾、爆炸危险指数（即危险度），并可进一步测算出最大可能的财产损失。陶氏化学公司火灾、爆炸危险指数评价方法推出以后，各国竞相研究、应用，推动了这项技术的发展，使该方法日臻完善。

（一）评价程序与评价单元

陶氏化学公司火灾、爆炸危险指数评价方法的评价程序如图 6-2 所示。一套生产装置包括许多工艺单元（单元可以是具体设备、仓库，也可以是区域等），计算火灾、爆炸危险指数时，只评价那些从损失预防角度来看影响比较大的工艺单元，这些单元被称为评价单元。

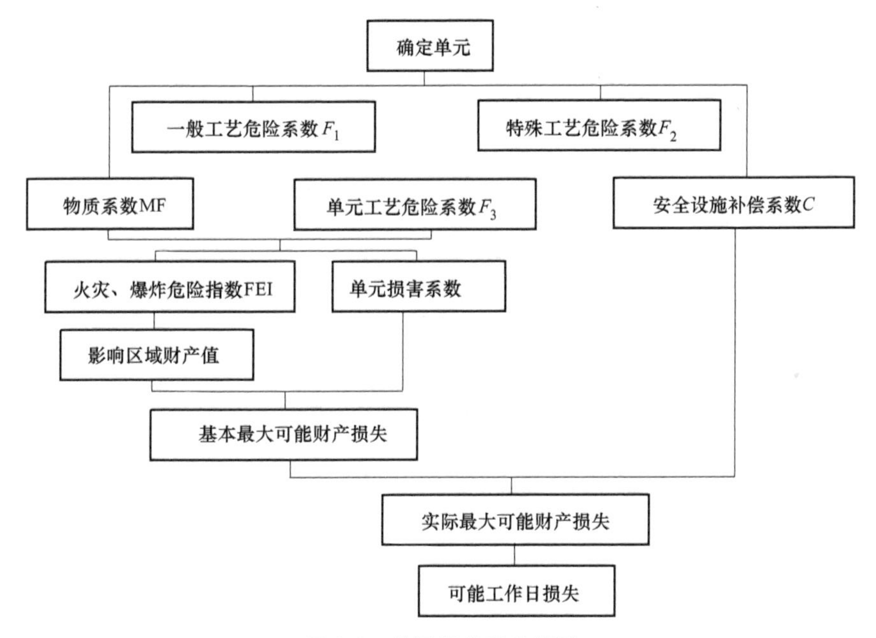

图 6-2　单元评价程序框图

（二）物质系数（MF）

在计算火灾、爆炸危险指数时，物质系数是最基本的数据，它表述了相关物质在燃烧或在其他化学反应中引起火灾、爆炸事故所释放能量的大小。陶氏化学公司提出的物质系数 MF 的定量方法不是采用理论计算，而是由美国消防协会（NFPA）燃烧性等级及物质稳定性状况确定的。部分物质的 MF 值见表 6-27。

表 6-27　部分物质的 MF 值

物质	MF 值	物质	MF 值	物质	MF 值
DER * 331	14	氨	4	胺氨	29
氨丙啶	29	氨基氰	29	保险粉	24
苯	16	苯胺	10	苯甲醛	10
苯甲酸	14	苯甲酸乙酯	4	苯乙烯	24
吡啶	16	苄醇	4	苄基氯	14

（续）

物质	MF 值	物质	MF 值	物质	MF 值
丙胺	16	丙苯	16	丙醇	16
丙二醇	4	1,3-丙二酰胺	16	丙基氯	16
丙醚	16	丙醛	16	丙酮	16
丙酮合氰化氢	24	丙烷	21	丙烯	21
丙烯腈	24	丙烯醛	19	丙烯酸	24
丙烯酸丁酯	24	丙烯酸甲酯	24	丙烯酸乙酯	24
丙烯酰胺	24	柴油	10	粗石油	16
醋酐	14	醋酸	14	醋酸苄酯	4
醋酸丙酯	16	醋酸丁酯	16	醋酸甲酯	16
醋酸戊酯	16	醋酸乙酯	16	道氏载热体 A	4
道氏载热体 G	4	道氏载热体 HT	4	道氏载热体 LF	4
1-丁醇	16	1,3-丁二烯	24	丁基醚	16
丁酸乙酯	16	丁烷	21	1-丁烯	21
二苯醚	4	二丙二醇	4	二甘醇	4
2,2-二甲基丙醇	16	二聚环戊二烯	16	二氯苯	10
二氯苯乙烯	24	二氯丙烷	21	二氯丙烯	16
1,3-二氯丙烯	16	2,3-二氯丙烯	16	3,5-二氯水杨酸	24
二硝基苯	40	2,4-二硝基酚	40	1,2-二氯乙烷	16
二氯乙烯	24	1,2-二氯乙烯	24	二硫化碳	21
二氧化硫	1	二氧化氯	40	二氧戊环	24
二乙醇胺	4	二乙基胺	16	二乙基醚	21
二乙烯基苯	24	二乙烯基醚	24	二异丙苯	10
二异丁烯	16	酚	10	氟	40
氟苯	16	呋喃	21	甘油	4
高氨水酸钾	14	高氯酸	29	高氯酸钾	14
高氯酸钠	14	庚烷	16	过氧乙酸	40
过氧化苯甲酸特丁酯	40	过氧化苯甲酰	40	过氧化醋酸特丁酯	40
过氧化枯烯	29	过氧化二乙基	40	过氧化钾	14
过氧化钠	14	(40%~60%)过氧化氢	14	过氧化特丁酯	29
过氧化乙酰	40	过氧化月桂酰	40	环丙烷	21
环丁烷	21	2,3-环氧丁烷	24	环氧乙烷	29
环己醇	10	环己烷	16	邻氯酚	10
邻溴甲苯	10	硫	4	硫化氢	21
六氯二苯醚	14	六氯丁二烯	14	氯苯	16
氯苯乙烯	24	氯丙烷	21	氯丁烷	16
氯仿	1	氯化苯	16	氯化硫	14

（续）

物质	MF值	物质	MF值	物质	MF值
氯化铝	24	3-氯-1,2-环氧丙烷	24	氯甲酸乙酯	16
氯甲烷	21	氯甲乙醚	14	氯气	1
氯酸钡	14	氯酸钾	14	氯酸钠	24
氯酸锌	14	1-氯-1-硝基乙烷	29	氯乙酰氯	14
氯乙烯	24	间二乙苯	10	甲胺	21
甲苯	16	甲苯乙烯	24	甲醇	16
甲基苯乙烯	14	2-甲基吡啶	14	甲基丙烯醛	24
2-甲基丙烯醛	24	甲基丙烯酸甲酯	24	甲基环戊二烯	14
甲基环己烷	16	甲基氯醋酸	14	甲基溶纤剂	10
甲基乙基酮	16	甲基乙炔	24	甲基、乙烯基酮	24
甲基异丁基酮	16	甲基肼	24	甲硫醇	21
甲醛	21	甲基醚	21	甲酸	10
甲酸甲酯	16	甲酸乙酯	16	甲烷	21
钾	24	矿物油	4	马来酸酐	14
镁	14	钠	24	萘	10
喷气燃料 A&JP-5-6	10	喷气燃料 A&JP-4	16	硼酸甲酯	16
汽油	16	羟基胺	29	氢	21
氢化钠	24	氰化氢	24	炔丙醇	29
炔丙基溴	40	燃油 1#~6#	10	润滑油	4
三丙基胺	10	三丁胺	10	三甘醇	4
三甲基胺	21	三甲基铝	29	三氯苯	4
三氯硝基甲烷	29	三氯乙烷	4	三氯乙烯	10
三乙醇胺	14	三乙基胺	16	三乙基铝	29
三异丙基苯	4	三异丁基铝	29	石脑油	16
四氯苯	4	双酚 A	14	碳化钙	24
碳酸二甲酯	16	碳酸二乙酯	16	碳酸乙酯	14
特丁基过氧化氢	40	无水肼	29	无水二甲胺	21
戊烷	21	烯丙胺	16	烯丙醇	16
烯丙醚	24	烯丙基氯	16	烯丙基溴	16
硝化甘油	40	硝基苯	14	硝基丙烷	29
2-硝基甲苯	29	硝基甲烷	40	硝基氯化苯	4
硝基双酚	14	硝基乙烷	29	硝酸铵	29
硝酸丙酯	29	硝酸丁酯	29	硝酸钾	29
硝酸戊酯	10	硝酸乙酯	40	香豆素	24
辛烷	16	辛硫醇	10	溴	1
溴苯	10	溴丁烷	16	氧化丙烯	24

（续）

物质	MF 值	物质	MF 值	物质	MF 值
氧己环	16	一氧化碳	21	一乙醇胺	10
乙胺	21	乙苯	16	乙醇	16
乙醇胺	10	乙醇腈	14	乙二胺	10
乙二醇	4	乙二醇二甲醚	10	乙二醇二酸酯	4
乙基丁基碳酸酯	14	2-乙基己醛	14	乙基丙基醚	16
乙基丁基胺	16	乙基氯	21	乙基溴	4
乙腈	16	乙硫醇	21	乙醚	21
乙醛	24	乙炔	29	乙酸异丙酯	16
乙烷	21	乙烯	24	乙烯基丙基醚	24
乙烯基醋酸酯	24	乙烯基丁基醚	24	乙烯基环己烯	24
乙烯基乙基醚	24	乙烯基乙炔	29	乙酰氯	24
乙酰柠檬酸三丁酯	4	乙酰水杨酸	16	N-乙酰乙醇胺	14
己烷	16	己醛	16	异丙胺	21
异丙醇	16	异丙基苯	16	异丙基过氧化氢	40
异丙醚	16	异丙烯基乙炔	24	异丁胺	16
异丁醇	16	异丁基氯	16	异丁烷	21
异戊间二烯	24	异戊烷	21	硬脂酸	4
硬脂酸钡	4	硬脂酸锌	4	月桂基硫醇	4
月桂溴	4	油酸	4	正丁胺	16

有些物质在表 6-27 中未列出，可按表 6-28 所列方法求出。在该方法中，易燃性气体和液体的物质系数根据美国消防协会易燃性等级 N_f 及物质稳定性指数 N_r 确定；易燃性粉尘或烟雾则根据美国消防协会爆炸指数 S_t 及物质稳定性指数 N_r 确定。物质稳定性指数 N_r 表示的是：$N_r=0$，燃烧条件下仍保持稳定；$N_r=1$，加温加压条件下稳定性较差；$N_r=2$，加温加压条件下易发生化学变化；$N_r=3$，有引发源时能发生爆炸，$N_r=4$，敞开环境自身易发生爆炸。

表 6-28 算法

易燃性气体、液体（包括挥发性固体）	NFPA325M 或 NFPA49	$N_r=0$	$N_r=1$	$N_r=2$	$N_r=3$	$N_r=4$
暴露在 816℃ 热空气中 5min 不燃烧	$N_f=0$	1	14	24	29	40
F. P. >93. 3℃	$N_f=1$	4	14	24	29	40
37. 8 ℃<F. P. ≤93. 3℃	$N_f=2$	10	14	24	29	40
F. P. <37. 8℃且 B. P. >37. 8℃	$N_f=3$	16	16	24	29	40
F. P. <22. 8℃且 B. P. >37. 8℃	$N_f=4$	21	21	24	29	40
易燃性粉尘或烟雾		$N_r=0$	$N_r=1$	$N_r=2$	$N_r=3$	$N_r=4$
S_t-1（K_{st}≤20. 0MPa · m/s）		16	16	24	29	40
S_t-2（K_{st}=20. 0~30. 0MPa · m/s）		21	21	24	29	40
S_t-3（K_{st}>30. 0MPa · m/s）		24	24	24	29	40

注：F. P. 为闭杯闪点：B. P. 为常压沸点；K_{st} 为爆燃指数（在密闭容器中，给定的粉尘爆炸时，产生的最大爆炸压力上升速率与爆炸容器的容积的立方根的乘积为一常数），其值是用带强点火源的 16L 或更大密闭容器测定的。

五、事件树分析法

（一）事件树分析原理

事件树分析法（ETA）是从一个初始事件开始，分析此事件可能导致的次生事件（一般分为成功与失败两个事件，再对每种次生事件分析可能导致的次生事件，如此逐步分析直至最终事件。分析过程以图形表示，呈树状，故称事件树。该分析法思想方法与事故树相同，均为步步深入，但方向相反。事故树是从顶部（结果）分析至底部（原因），而事件树是从底部分析至顶部。事件树是一种既能定性又能定量的分析方法。

（二）事件树分析步骤

（1）确定初始事件　初始事件一般是指系统故障、设备失效、人工失误或工艺异常，它们都是经过事先设想或估计的，设定为防止它们继续发展的安全措施、操作人员处理措施和程序等。通常安全措施包括：报警装置、自动停车（或保护）系统、正确的操作规程等。

（2）编制事件图　把初始事件写在左边，各种设定的安全措施按先后顺序写在上部横栏。每经过一个措施，就是事件发展的一个阶段，即有两个分支（成功与失败），直到不能再分。

（3）说明事故结果　通过事件树可以得到由初始事件导出的各种结果。如果知道各个阶段事件发生的概率（一个节点失败的概率设为 P，则成功的概率为 $1-P$），则可以进行定量分析。

下面以某反应堆系统冷冻盐水流量减少为例进行事件树分析。反应堆系统示意图如图 6-3a 所示。该反应为放热反应，为此在反应器的夹套内通入冷冻盐水以移走反应热。如果冷冻盐水流量减少，会使反应器温度升高，反应速度加快，以致反应失控。在反应器上安装有温度测量控制系统，并与冷冻盐水入口阀门连接，根据温度控制冷冻盐水流量。为安全起见，安装了超温报警仪，当温度超过规定值时自动报警，以便操作者及时采取措施。以冷冻盐水流量减少作为初始事件的事件树分析如图 6-3b 所示。

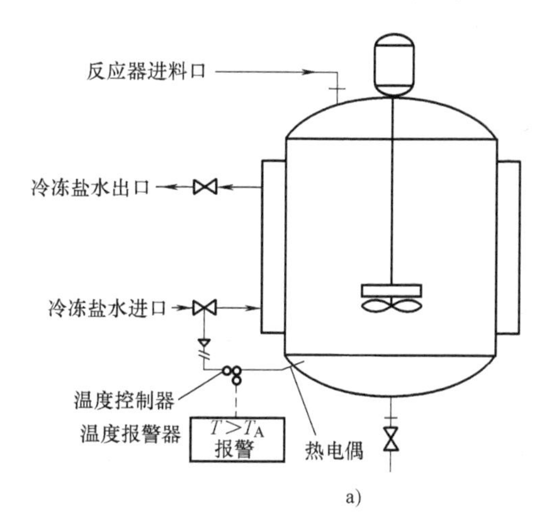

图 6-3　某反应堆系统冷冻盐水流量减少事件树

a）反应堆系统示意图

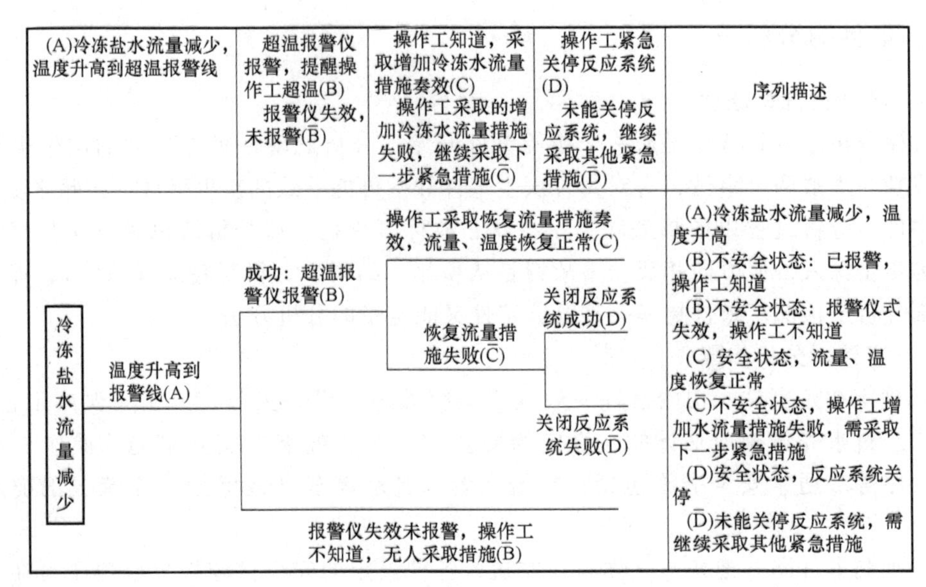

b)

图 6-3　某反应堆系统冷冻盐水流量减少事件树（续）

b）冷冻盐水流量减少的事件树

“中国催化剂之父”闵恩泽

思　考　题

1. 化工生产装置的安全问题体现在哪 5 个方面？工艺安全设计一般要满足哪 4 项要求？
2. 试举例说明工艺过程的安全措施、防止发生运转中的事故、防止扩大受害范围的措施。
3. 试举例说明如何从安全出发选择原料路线、技术路线以及选择工艺和操作条件。
4. 如何确定化工设备设计的温度和压力？选择化工设备材质要考虑哪些因素？
5. 举例说明在进行电气、仪表、自控设计时，如何考虑安全性。
6. 举例说明事故应急设施的作用。
7. 确定企业安全管理体制的基本原则是什么？
8. 安全管理的基础工作有哪些基本内容？
9. 生产安全管理主要包括哪些方面？
10. 简述人机工程原则。
11. 简述企业安全生产标准化建设的主要内容和程序。

第七章　新技术与新工艺的安全生产技术

第一节　纳米材料的安全与健康危害

美国“国家纳米技术计划”（NNI）将纳米技术定义为：在1~100nm尺度上认识和控制物质，从而产生独特现象并带来全新应用的技术。这个定义涵盖了纳米技术两个必不可少的基本特征：一是1~100nm的尺度；二是纳米尺度下的物质特性和应用方式是不同的。从科学的角度看，纳米尺度下物质特性和应用方式的改变对于人类而言可能是正面的，也可能是负面的，因为这种改变不仅会提高相关产品的效能、性能和质量，而且可能对公众的健康和环境产生未知的影响。

一、纳米材料的毒性与评估

（一）纳米材料的毒性

1. 颗粒大小

随着材料颗粒尺寸的减小，其表面积显著增加。增加的表面积会使其发生一些额外的化学反应，会增加反应性和毒性效应。纳米颗粒可以很容易地通过细胞膜，并与DNA结构相互作用而造成损害。与含有较大颗粒的相同材料相比，含有纳米颗粒（<100nm）的材料可造成更大的不利健康影响，如炎症、慢性呼吸道疾病和癌症。

2. 表面化学性质

据报道，聚集的纳米颗粒比单独的纳米颗粒毒性更小，因为它们的相对表面积大大减小。表面化学性质决定了纳米材料在干湿条件下的聚集水平，也决定了纳米材料的润湿特性和表面特性，而这些特性可以控制特定的化学反应，决定纳米材料在表面的生长过程中是主动的还是被动的。

3. 表面电荷

纳米材料的表面电荷密度是影响毒性水平的主要因素，高表面电荷密度比低表面电荷密度具有更高的细胞毒性效应。具有高表面电荷的粒子比那些具有低表面电荷的粒子更能够保持较长时间的悬浮状态。具有高表面电荷的粒子会对细胞和周围组织造成额外的损伤，因为它们与细胞膜的反应更强烈。动电位是衡量纳米材料样品在液体悬浮液中胶体稳定性的静电性质。这与粒子表面电荷密切相关，影响粒子的聚集态。纳米级胶体具有较低的动电位，易于聚集，这可以更好地降低毒性水平。由于团聚体的尺寸增大，由此产生的团聚体可以通过粒径和浓度测量来观察。

4. 表面积

纳米粒子具有更大的表面积和更高的单位质量粒子数。这为纳米材料的化学反应提供了更大的表面积，反应活性也更强。氧化应激是人体内纳米颗粒产生自由基的结果。生物氧化应激可能会导致炎症、细胞破坏和基因毒性。随着粒子尺寸的减小，材料表面原子/分子的数量增加，材料与周围组织和环境的相互作用增加，提高了化学反应活性，从而产生活性氧（ROS）和自由基。ROS 诱导的氧化应激是纳米材料毒性的原始机制，可导致 DNA 损伤、细胞膜破裂、细胞渗漏，干扰细胞信号。在纳米材料的次级毒性效应中也测定了 ROS，它会导致蛋白质氧化并释放危险成分。

（二）纳米材料的毒性评估

1. 纳米粒子暴露极限

由于其独特的物理、化学、物理化学和生物特性，纳米材料是 21 世纪的热门材料。然而，关于某些纳米材料可能产生的环境和健康影响的现有资料有限。因此，美国国家职业安全和健康研究所（NIOSH）通过标准做法，包括呼吸保护和其他安全实验室做法，对限制工人接触纳米颗粒提供了一些支持。NIOSH 对某些形式的工程纳米粒子的推荐暴露限值（RELs）主要与它们的质量有关，但也与纳米粒子的特殊化学和物理性质有关，如形状、表面能、表面积和反应活性。

职业暴露限值（OELs）是预防职业病的特定手段之一。它为风险管理人员和卫生当局提供定量的卫生基础，也是衡量纳米材料安全程序（使用工程控制和其他一般实验室指南）的有效做法。因此，许多纳米材料的 OELs 对于减少接触纳米颗粒的工人的健康风险是有用的。

每年都有一些新的纳米材料被开发出来并进入市场。目前，还没有针对特定纳米材料的监管标准。

由于关于所有纳米材料及其产品的接触限度的信息有限，应通过使用危害控制措施和其他现有最佳做法，尽量减少工人接触纳米材料。在工作环境中应采用以下相应措施：

1）工作人员和研究人员应该假设所有的纳米颗粒都是危险的。

2）为了减少有害纳米颗粒的吸入，应以溶液的形式处理，以防止灰尘和气溶胶的产生。

3）对于可能长时间暴露在限度浓度下的工人，应尽量减少接触时间，避免纳米粒子对肺部产生不良影响。

4）应实施健康监测和医疗筛查系统，帮助工人发现早期呼吸道疾病。

5）雇主必须了解接触有害纳米颗粒的风险，并采取措施确保所有工人的安全。

6）掌握纳米材料的鉴定与处理方法。

7）工程控制和个人防护设备是减少接触纳米材料、保护工人的最佳技术。

8）工人应该接受关于纳米材料潜在危险的培训，掌握正确使用纳米材料和安全工作实践的知识。

9）研究人员必须熟悉用于测量纳米材料暴露水平的分析仪器和方法。

10）纳米材料暴露的定量和定性测量对于保护工作场所的工人都是必不可少的。

2. 暴露监测

目前，从健康、环境和安全的角度来看，接触纳米材料会产生哪些问题尚不清楚。对于空气污染物，基于纳米材料浓度的度量已用于表征纳米材料的毒理学效应。通过调查，测量含有原生纳米颗粒和团聚体的气溶胶粒子浓度在检测纳米材料排放和评估控制系统中发挥着重要作用。应该发展便携、坚固和可靠的测量装置，用于评估工作场所纳米离子的浓度。

二、纳米材料的安全问题

（一）纳米物质理化特性带来的潜在风险

纳米物质理化特性带来的风险包括：纳米材料对生物生存、环境影响、其他物质影响、引起的生物应答、介质生命周期释放物质等存在的潜在风险。

1. 纳米材料理化特性对生物的潜在风险

纳米材料的理化性质对理解纳米材料引起生物应答的潜在机制是一个重大的考验，基本的材料特性，如颗粒大小、形状和表面化学等，决定了其生物应答（如细胞摄取、毒性）和转化、转移（如吸收、分布、代谢和排泄等全生态系统效应）。现有的用来测量理化性质的技术是成熟的，已经被广泛应用。但是对于纳米材料及技术来说缺乏特异性，或者是与应用相关的测量条件尚未得到验证。

2. 介质暴露对环境影响的潜在风险

在一个特定的环境中，纳米物质暴露在制造车间里，或者是废料堆放场，可能对人体、土壤及周边环境造成影响。目前测量和风险评估手段缺乏，现有的在工作场所中对纳米材料进行检测和控制的技术还不成熟，只能在空气中测量，并且在工作场所之外的应用很有限。同样，检测和控制人体和环境中纳米材料含量的技术也不成熟，对相关影响程度的测量也无统一的基础、标准和方法。

3. 纳米物质与其他物质作用带来的潜在风险

纳米材料和周围介质的相互作用往往导致其形态和理化性质发生改变，转化过程如溶解和团聚会影响纳米材料对人类和环境的暴露和风险。虽然有一些现有的技术可以测量微米到纳米尺度的材料的转换程度和速率，但是对于纳米材料来说，这些技术缺乏特异性，或是在与应用相关的测量条件下尚未得到验证。

4. 纳米物质引起的生物应答带来的潜在风险

在纳米材料与生物系统从分子、细胞、组织、器官到全身水平的毒性机制以及纳米材料的摄取、吸收和剂量效应方面，因为缺乏有效验证、基础数据和评测手段，会带来较大风险，目前还没有任何方法来检验其用于纳米材料评测的准确性和可扩展性，不能确定毒性反应和理化性质的相关性，缺乏纳米材料与蛋白质及人体其他种类分子相互作用对于评估生物应答和验证生物标志物的有效性评价。

5. 纳米材料生命周期释放物质的潜在风险

近年来，纳米技术大量应用在制造、使用、处理和回收的过程中，会释放出相关物质，给相应暴露条件下的人体和环境带来危害。尽管商品的中间产物、工业部件、消费类产品或者医疗设备等越来越多地使用纳米技术，人们对纳米材料释放相关物质的程度和释放速率却知之甚少。含有基质的发光、燃烧和焚烧，机械降解，溶解，化学反应或光致降解等过程，以及与生物有机体的相互作用等都带来较大风险。例如，消费者在使用含有纳米材料的气溶胶或是穿着被纳米材料处理后的衣物时，在一定条件下能够释放相关物质。在经历各种物理化学降解的过程（如机械性粉碎废弃物、日光导致的破坏或者经基质分解或化学反应）后，其相关排放物质对人体和环境都会产生影响。

（二）纳米物质暴露对生物的潜在风险

1. 纳米物质暴露

目前，含有纳米材料的商品数量增长迅速，种类涉及塑料、金属、陶瓷、涂覆材料、化妆品、电子、服装、药品、医疗器械、医疗辅助成像等。由于工业生产加工方法、纳米材料的状态、物理化学性质和应用领域不同，它们将产生不同的暴露风险。

2. 完善对生物安全监控的内容

纳米材料的潜在暴露研究，必须评估每种纳米材料的暴露可能与暴露程度，或评估生命周期内不同阶段的暴露情况，包括在各种不同的介质和机体中，采用合适的方法与工具进行暴露情况分析。当某些重要人群的暴露可能性确定后，需要特别注意如何给出这些人群类别划分的依据，授权谁去设定人群，当把某些人划分到特定类别后将产生哪些相关的问题等。另外，需要考虑普通人群中的部分人群存在暴露的不均一性和暴露影响的不同易感性问题。

评估或控制纳米材料暴露风险时，应考虑产品的生命周期。当纳米材料完全嵌入产品基质内（如计算机电路板在正常使用）时，因为纳米材料不会产生暴露情况，因此不会产生暴露风险。然而，对于制造这些材料的工人将产生潜在的暴露风险，如铣削、加工、打磨及研磨等工序工人，而在非正常使用或该产品报废后回收处置阶段，那些可能接触到的大众、消费者或工人也被认定为潜在受暴露人群。

因为纳米科技是一个相对新兴的领域，科学文献中列明的工业纳米材料的暴露数据、基于纳米颗粒发散测量数据的工作场所暴露分析以及基于模型的消费人群暴露分析资料都很少。随着越来越多未检测的材料进入商业领域，对受暴露人群的暴露评估和对健康预警的风险研究显得越来越重要。需要通过暴露评估和健康预警对毒理学及其他健康研究估算的安全暴露范围进行验证，但由于生产企业重组等，劳动力变化情况很大，很难追踪受暴露的工人，导致这项事务很复杂。这些使得在健康预警中进行暴露评估国际标准的统一和国际合作变得非常重要。

（三）纳米物质对人类健康的潜在风险

1. 纳米物质对人类健康的潜在风险表现

纳米物质对人类健康的潜在风险表现为：纳米颗粒暴露、吸收、分布、代谢、外排及纳米材料对体内和体外可能会产生影响，以及纳米材料在分子、细胞、组织及有机体水平上的生物学效应可能使健康人群和易感人群产生反应。虽然人们在了解人类对纳米颗粒应答方面取得了进展，但是研究人员并没有获得全面了解这些风险所需的关键数据，也没有获得建立科学的纳米技术的健康和安全性决策相关数据。

2. 完善对人类健康影响监控的内容

精确评估纳米颗粒物理化学性质对实现人类健康目标至关重要。结合纳米材料测量基础设施需求，需要开发出可靠和可重复检测纳米颗粒理化性质的检测方法和工具，并将其应用在人类健康研究中，这样能够更准确地理解纳米材料理化或相关性质对吸收、分布、代谢、外排以及特异性生物反应的影响。对于精确科学地分析可控媒介和发展可靠的预测模型而言，人们对这些性质效应和剂量效应的了解是非常必要的，它可以让人们改进纳米材料的设计，增强它们的生物相容性，减少负面效应和环境影响。空气中悬浮颗粒的研究表明，敏感和脆弱人群在吸收、新陈代谢和排泄组分等暴露-应答模式方面存在区别，在与纳米技术相关的人类健康研究设计中，另一条思路是需要更加准确地定义纳米颗粒和纳米产品在生命周期中暴露的概念。

（四）纳米物质对环境生态的潜在风险

1. 纳米物质对生态环境潜在风险表现

纳米材料对相关的生物受体（如鱼和它们所生活的生态系统）存在潜在效应和影响。纳米材料通过环境媒介进入、滞留、降解，同时产品生命周期的任何一个环节都有可能发生纳米材料的释放。纳米材料与水通过生物或光化学过程或者其他过程发生转化后，对环境和其他生物构成潜在的暴露风险。

2. 完善对生态环境监控的内容

需要强化对有机体暴露于纳米材料的效应监控，包括暴露途径、有机体解毒机制以及物种的敏感度。应该以纳米材料在环境系统中的行为表现为导向。想要了解材料在整个生态系统中的效应，应该先了解纳米材料的来源（产品、使用和分配）、传播途径和关键的环境受体。建立生产和使用纳米材料的全部数据库以及这些纳米材料的重要的特性，包括储存、毒性、转化和分布等信息。建立这种数据库意味着工厂和政府分担了责任和义务，即在强调商业机密的同时，让大众知道有多少种材料在为什么用途而生产和使用。

需要监控来源、传播途径和暴露受体会受到的纳米材料的转化和转移的影响，还应考虑它在环境中的转化产物和其他有毒的化学成分，监控纳米材料在真实环境中的负面影响。替代的生物标记比如氧化应激抗性基因能够用来作为暴露和效应的标记分子。需要建立纳米材料的物理化学特性检测、监测、转换的测量工具。暴露评价依赖于对纳米材料的运输、转换和循环的了解以及物种特异性的生物和生态信息。想要了解某一物种的个体、群体、群落和生态系统效应（包括非生命效应），需要先了解材料在与生态系统受体相互作用前如何进行状态转换。

（五）纳米材料暴露评估与鉴定

目前还缺少成熟的测量与监测纳米材料潜在毒性的技术。目前，用于测量纳米级气溶胶技术能够提供包括尺寸、形状、形态、表面积、成分和浓度等信息。在生产和加工前，了解纳米粒子这些信息非常重要，然而，实时暴露测量对于评价控制系统和工作实践更有意义。

（六）预防措施

目前，用于预测纳米材料的有害影响信息是不够的，采取相应的保护措施时应高度谨慎。可以通过广泛使用各种工程控制系统来控制暴露于空气中的纳米尺寸气溶胶，减少人员接触气溶胶。使用时应考虑到以下几点：

1）研究表明，颗粒大小是造成有害影响的关键因素；沉积在人体内的纳米粒子可以迅速进入人体器官；纳米技术的研究目前还处于初级阶段。因此，什么样的服装、手套和眼睛护具最适合处理纳米材料还缺少国际标准。

2）在接触纳米材料的工作环境中应采用以下相应措施：

① 对纳米材料可能造成的危险影响因素进行评价物理、化学和生物特性评估。

② 评估与纳米材料处理和制造相关的劳动力暴露风险。

③ 培训和教育工作人员正确使用纳米材料。

④ 在暴露于纳米材料的区域安装排气通风装置。

⑤ 遵守工作场所的一般安全规章制度。

⑥ 为工人提供适当的个人防护设备。

⑦ 评估所有控制系统，确保其正常工作。

⑧ 评估纳米材料处理误差来源。

3）控制技术，良好的通风系统具有高效微粒空气过滤器（HEPA），可用于去除纳米粒子。

4）良好的工作规范有助于降低纳米材料的潜在危害。例如，在制造和使用纳米材料的过程中使用高效空气过滤器、勤洗手、每天换衣服。

5）从源头隔离纳米材料，包括纳米纤维和纳米颗粒制造；安装纳米级过滤器的高效通风系统可以成功地去除纳米颗粒。

6）当常规办法不能有效控制暴露的纳米材料时，可能需要使用呼吸器。

三、工业纳米材料的安全处理方法

目前，工业纳米材料的安全处理方法较少，建议先收集尽可能多的有用信息。供应商应提供一份安全数据表（SDS），其中包括材料的一些信息，但是这些信息可能只代表了宏观尺度上的材料，而不是纳米尺度上的材料，而且当颗粒尺寸减小时，材料的性能会发生变化。在这种情况下，应该进行额外的研究，不仅要保护工人，而且要保护任何可能在材料生命周期的任何时刻接触到材料的人。这些信息包括但不限于以下内容：化学成分，商业技术名称，当前安全数据表（SDS）和技术数据表（TDS），危险和毒性水，材料灰尘，替换材料，粒子尺寸分布，纳米材料的比例，溶解度。

（一）危险评估

纳米粒子在物理、化学和机械性能方面与相同的块体材料相比会发生变化。表面效应和量子效应是导致性质变化的两个关键因素。表面效应导致材料性能的平滑缩放。量子效应表现为非定域电子的量子限制效应。在纳米尺度下，材料的哪些特性会发生变化，如果工作环境中存在纳米粒子，需要采取什么行动。

关于单壁碳纳米管（SWCNT）对小鼠毒性的研究表明，纳米颗粒的物理和化学特性可导致严重的健康问题。这些特性如下：聚集状态，化学成分，结晶结构，杂质和污染物，纳米材料形状，粒子大小和分布，物理属性，孔隙率，反应活性，溶解度，表面积。

（二）信息评估

企业有责任将工作危险性与任何可能接触到纳米材料的员工进行沟通。以下是企业在正常或紧急情况下必须与工作人员沟通的信息内容：

1）任何已知和潜在的与工程纳米材料有关的物理、健康和安全危害。

2）工作环境中的哪些过程与工程纳米材料有关。

3）如何通过视觉、外观、气味等判断在工作环境中存在工程纳米材料。

4）尽量减少接触的程序，包括工程和行政控制、个人防护设备和应急程序。

（三）曝光评估

在评估暴露情况时，了解纳米颗粒如何进入人体是很重要的。纳米材料主要有五种暴露途径：皮肤接触，摄入，吸入，注射，眼部接触。

因为纳米粒子通常处于空气中，吸入、摄入和皮肤接触是三种最常见的接触方式，其中吸入是三种途径中最常见和研究最多的。

工程纳米颗粒通常存在于固体基质中，如纳米复合材料，这种复合材料几乎没有暴露风险。但是，如果将这些纳米复合材料进行机械加工或燃烧，纳米颗粒则可能以尘埃的形式从基体中分离出来，增加暴露在空气中的风险，进而可能导致吸入、摄入、皮肤或眼部接触。复合在树脂等液体基质中的纳米颗粒暴露的风险甚至更高。悬浮在液体基质中的纳米颗粒可能导致皮肤接触暴露，气溶胶则有可能导致吸入和摄取暴露。

当使用纳米颗粒时，按照图 7-1 所示的顺序，从左到右为使用方法的先后顺序。

图 7-1　纳米粒子使用方法优先性选择

为了正确评估暴露，设备应保存涉及工程纳米材料的使用记录。这些过程包括：在工程纳米材料的生命周期内执行的所有使用过程，维护，制造工艺，材料处理，材料接收、运输，存储，废物管理。

四、纳米技术应用发展与安全管理技术

（一）美国纳米安全管理技术

1. 纳米材料测量基础设施研究

（1）测量基础研究概况　在人工纳米材料（ENMs）和以纳米技术为基础的或涉及纳米技术产品（NEPs）的整个生命周期中，对人类和环境的暴露与风险进行可靠评估是至关重要的。这需要一整套相辅相成的工具组成的综合性基础设施来进行准确、精细和可重复的测量。在 2011 美国“国家纳米技术计划（NNI）”的环境、健康和安全（EHS）的研究范畴中的纳米材料测量基础设施，是在 2008 NNI EHS 战略中所描述的以测量为重点的仪器、计量和分析方法的基础上重建和扩展的。这项新的研究类别的名称反映了测量工具的基本功能就是支持和扶持其他研究范畴的研究需要，如对暴露和风险相关的作用、过程及机制的评估和理解。

作为 NNI 中目标的一部分，“支持性基础设施和工具”包括测量的方案、标准、仪器、模型和数据。在对 ENMs 和 NEPs 进行以科学为基础的风险评估和管理时，这些能实现准确、精细和可重复性测量的工具是必不可少的，它们应该向与风险相关的 ENMs 表征提供适度的可追溯性和精确度。

该研究范畴中涵盖的各种类型的测量工具分别定义如下：

1）方案：需要使用标准物质和对照的、界定清楚的操作过程、方法或测定以及数据分析方法。

2）标准：国际公认的标准物质和经过验证的标准物质，是由国际标准化组织、国际性标准发展机构发行并一致认可的文件性标准所发展起来的。

3）仪器：可以被其他组织机构所广泛采用的、新的或者改进的测量装置。

4）模型：能支持解释说明纳米材料测量方法的代表物。

5）数据：通过使用有效方案和相关标准物质或其他经明确表征的试验材料测量得到的“基准”数据。

（2）研究的基本目标

1）发展用于检测和鉴定人造纳米材料产品和相关基质的测量工具，以明确人造纳米材料在其生命周期各个阶段的理化性质。

2）发展用于明确生物学应答，并且能在人造纳米材料和基于纳米技术产品的生命周期内对人类和环境风险及暴露进行评估的测量工具。

2. NNI 纳米物质暴露影响研究

（1）纳米物质暴露评估基本概况　NNI EHS 研究项目中“人类暴露评价”的内容包括在各种不同的介质和机体中，采用合适的方法与工具进行暴露情况分析。对于研究暴露的可能性和各种需要研究的项目种类，从生命周期内的整个过程进行分析应该是很有用的。

（2）纳米物质暴露评估研究的基本目标

1）针对纳米材料对工人、公众和消费者的真实暴露情况的研究，确认暴露源、暴露过程并定量分析暴露程度。

2）利用各种对照策略评估暴露情况，定性并确认受暴露人群的健康效果，从而确定安全暴露范围。

3. 纳米物质与人类健康研究

（1）人类健康研究概况　EHS 人类健康研究需求旨在系统检测纳米颗粒暴露、吸收、分布、代谢、外排及纳米材料对体内和体外模型的影响，以及将它们的物理化学性质和纳米材料在分子、细胞、组织及有机体水平上的生物学效应关联起来。这些体内、外模型的数据将用于推测健康人群和易感人群的反应。当把这些数据和 NNI EHS 研究的其他部分整合后，它们可以为理解纳米材料暴露人群的潜在风险和发展相关保护措施提供必要的信息。

虽然人们在了解人类对纳米颗粒应答方面取得了进展，但是研究人员并未获得全面了解这些风险所需的关键数据，也没有获得建立科学的纳米技术相关的健康和安全性决策相关数据。

此外，人体健康研究通常包括相互联系的复杂概念，这些概念在横向实施研究项目中比纵向项目更为有效。这种情况将挑战纵向研究需求的发展，但是，当把它们组合在一起时，人类健康研究需要组建一个重要的构架用于提供高质量的数据库。

（2）研究的基本目标

1）了解体内人造纳米材料的理化性质和生物应答之间的关系。

2）发展可靠的体内生物应答和相关 ENMs 理化性质预测模型。

（二）欧盟技术监管政策与行为准则

1. 欧盟纳米科技应用监管制度

欧盟正在广泛地审查处理纳米材料以及和纳米相关产品的现有监管方案的有效性。总体而言，这些监管方案在针对纳米技术做出必要调整之后，已经足以规范这一新兴领域，同时保持其增长和科技创新。纳米监管方案的可能改进和适应范围已经确定，不同的国家或地区当局因为主管部门的不同而存在很大的区别。

（1）指导方针和标准 全球的不同部门（职业卫生和工人安全、化学和材料、食品、化妆品、环境安全和废物管理）已经采用了明确的指导方针和标准，改善现有监管制度的实施和执行，对于特定的一些纳米材料（如碳纳米管、纳米银、富勒烯和纳米二氧化钛）也有了明确的指导方针和标准。

（2）优先考虑物质和化学品的监管 从纳米相关产品生命周期的初始阶段（上游调控）就对其所含的纳米材料进行甄别和评估，食品和化妆品的监管（与民众密切相关）。2009年，欧洲要求更严格地控制纳米技术，特别是化学和材料、化妆品、食品、职业卫生和工人安全、环境安全和废物管理。化学品欧洲委员会（EC）也对此做出响应，对现有相关的法规进行了审查，旨在对监管制度进行改革，为执行监管发展更加有针对性的工具。此项工作与《化学品注册、评估和授权规定》(Relation Concerning the Registration, Evaluation, Authorization and Restriction of Chemicals, REACH)，即欧盟委员会第1907/2006号法规法案的第一次修订相对应，包括分析REACH法案中目前对纳米材料的提交是如何管理的，将REACH法案适应于纳米材料的可选方案。欧盟随后发布了2个技术指南，并于2010年启动了3个针对纳米材料的REACH执行项目，旨在分析REACH和物质和混合物分类、标签和包装(CLP)，监管纳米材料的信息要求、化学品安全评估、纳米物质鉴定等。REACH法案的第二次修订，是全球纳米监管的一个里程碑，包括纳米材料类型、在市场上的应用、相关安全问题的明确信息和可能引入的欧盟纳米相关产品注册和数据库的概况。

欧洲药品管理局（European Medicines Agency，EMA）已经针对纳米医药建立了专门的专家工作组，提供建议和审查指南。EMA已经批准了一些以纳米技术为基础的医疗产品。EMA为纳米医药产品和工作组近期开展的活动开设了专门的网页。EMA坦承，利用更新、创新的纳米技术发展药物会给其未来的监管工作增加新的挑战。欧盟新出现的技术工作组正在就“医疗器械指导文件”展开工作，描述了监管范围内在医疗器械中使用纳米材料的风险管理。EC已经要求欧洲新兴及新鉴定健康风险科学委员会对医疗器械中纳米材料的健康影响提出科学意见，产品类别为：非侵入性医疗产品，如仅与皮肤接触不产生创口的医疗器件；侵入式医疗产品，包括外科治疗中使用的，如伤口处理材料、牙齿骨植入填料等。此外，在2013年3月，EC对自由、固定、封装的纳米材料进行区别分析以辅助该评估。纳米材料在医疗器械中的用途包括用于骨骼黏固的碳纳米管、用于骨骼空隙填充的碳纳米管、用于牙体修复材料的多晶纳米陶瓷、用于植入式材料及导管的纳米银、用于伤口敷料抗菌剂的纳米银等。

2. 欧盟纳米科技应用行为准则

欧盟“负责任的纳米科学与技术研究行为准则”（简称“行为准则”）面向所有的利益相关者，包括成员国、研究资助者、科研人员以及所有涉及或对纳米科学与技术研究感兴趣的个人和社会组织，为其在欧盟内开展负责任的纳米科技（Nano-sciences and Nanotechnologies，N&N）研究提供指导。根据欧盟基本权利宪章，所有遵循这一行为准则的利益相关者都应受到鼓励。

该准则是对现有管理规定的补充，它并不限制或影响各成员国颁布比该规定更广泛的纳米研究相关保护措施。为说明纳米科技的最新发展及其与欧洲社会的融合，欧盟委员会负责对“行为准则”的实施效果进行日常跟踪和评估，并每两年修订一次。

（1）范围与目标 “行为准则”诚邀所有的利益相关者负责任地行动起来，相互合作，与欧盟委员会纳米科技战略行动计划保持一致，确保共同体内的纳米科技研究在安全、道德和有效的框架下进行，助力经济、社会和环境的可持续发展。

欧盟“行为准则”涵盖了欧洲研究领域的所有纳米科技研究活动，是一套自愿性的行为规范。它为纳米科技利益相关者的行为提供了一般原则和指导方针，也能够促进和完善“欧洲 2005—2009 纳米科技行动计划”提出的管控和非管控的研究方法，促进当前管理规定的实施，应对科学上的不确定性。欧盟“行为准则”也应当能够成为欧洲与第三国以及国际组织的对话基础。

（2）基本原则　欧盟“行为准则”建立在一套基本原则的基础上，所有的纳米利益相关者都要保证尊重这些原则。

1）意义性。对公众来说，纳米研究活动应该是可理解的。它们应该尊重个人基本权利，其设计、实施、传播和使用中应当以个人和社会福利为根本出发点。

2）可持续性。纳米科技研究活动应该是安全、合乎伦理和有助于可持续发展的，服务于欧盟的发展目标，助力《联合国千年宣言》发展目标的实现。无论现在还是将来，都不能对人类、动物、植物和环境形成伤害或者生物的、物理的或道德上的威胁。

3）预防性。纳米科技研究应当遵循预防性原则，预见纳米科技成果潜在的对环境、健康和安全的影响，并谨慎采取适当的保护措施，鼓励有利于社会和环境利益的进展。

4）包容性　纳米科技研究活动的管理应当在对所有利益相关者公开透明的原则下进行，尊重其获取信息的法律权利，也应当允许所有的利益相关者或者对纳米科技研究感兴趣的群体参与到决策流程之中。

5）卓越性　纳米科技研究活动应当符合最高的科学标准，包括科研诚信标准以及最佳实验室实践的相关标准。

6）创新性　纳米科技研究活动的管理应当鼓励最大限度的创造性、灵活性以及创新与增长的规划能力。

7）责任性　研究人员以及研究机构应当为其研究对同时代的以及后代的影响负责，这些影响包括对社会、环境以及人类健康的影响。

（3）行为准则　“行为准则”旨在对纳米科技研究如何治理、预防、宣传和监管等方面进行指导。行为准则的主要内容如下：

1）纳米科技研究的治理。纳米科技研究的良好治理应当考虑到所有利益相关者的需要和愿望，意识到纳米科技所带来的特殊机遇与挑战，应当把一般的责任放到机遇与挑战的视角下解读。这些机遇与挑战可能发生在将来，但是现在人们无法预见。

为了促进有关纳米研究的社会讨论，鼓励对所关心的主题予以识别和研讨，促进可能的行动计划和解决方案的出现，欧盟成员国应当与欧盟委员会合作，维持一个共同体层面的公开多元的纳米科技研讨氛围。因此，欧盟成员国应当就与纳米研究有关的利益、风险以及不确定性增加交流。对群体中的年少和年长者要予以特别的关注。

在充分尊重知识产权的前提下，应当鼓励欧盟各成员国、纳米研究资助主体、研究机构以及研究人员使公众以及科学共同体更易获得并理解所有的纳米科学知识以及相关信息，如相关标准、参考文献、分类、影响研究、管理规定和法律。

在尊重知识产权保护的前提下，欧盟各成员国应当鼓励私人和公共的研究实验室共享纳米研究的最佳惯例。

纳米研究机构及其研究人员应当确保实验数据及其结果在传播出科学共同体之前进行同行评议，以保证它们的清晰和表述一致。

在可能条件下，欧盟各成员国以及纳米科技研究机构应该确保纳米研究在最高的科学诚信水平下进行，应当与可疑的纳米科技研究行为做坚决斗争，因为这些不端行为会导致健康、安全以及环境的风险，引发公众的不信任，减缓研究效益的传播。举报研究不当行为的人员应当得到国家或地区法律的保护。

欧盟成员国应该为现存应用于纳米技术研究的法律和规定的实施，保证一定的人力以及财力资源投入。机构进行纳米技术研究活动应当遵循相关法律，证明其透明性。

国家以及当地的道德委员会和主管当局应评估对双重用途的纳米技术研究采取伦理审查的方式。

应当以包容性方式决定纳米科技研究的广阔方向，允许所有的利益相关者丰富有关这些方向的初期讨论。

鼓励欧盟各成员国、纳米研究资助主体、研究机构和研究人员在研究的最早阶段就考虑被研究的客体或技术的未来影响，可以通过参与式的预见活动来做。在后一阶段，新技术或者客体的应用可能产生潜在的负面影响，这有助于发展应对潜在负面影响的解决方案。与相关道德委员会进行沟通应当是这种参与式预见活动的一部分。

纳米科技研究本身应该开放地接受来自所有利益相关者的贡献，并给予他们足够的信息和支持，这样他们才能够在自身职权允许的范围内积极参与到研究活动中来。

官方研究机构和标准化团体应该尽力采用纳米科技的标准术语，以促进科学证据的交流。为了提高科学数据的可比性，应该鼓励使用标准化的测量程序和恰当的标准物质。

纳米技术的资助主体应拿出适当的资金来支持风险评估方法和工具研究、纳米尺度计量学的优化研究及标准化活动。

欧盟各成员国、纳米研究的资助主体、研究机构都应鼓励具有最广泛积极影响的纳米技术领域研究。应优先考虑致力于保护公众和环境、消费者或工人的研究，以及致力于减少、改善或者替代动物实验的研究。

纳米科技研究的资助主体应该基于最有效的科学数据，对所资助研究在成本、风险以及收益方面进行评估并发布报告。

在研究和发展的任何阶段，纳米科技研究的资助主体都不应该对涉及违反基本权利和基本伦理原则的研究给予资助（如人造的致病病毒）。

纳米科技研究机构不能够从事非治疗性的人体增强剂研究，这会导致上瘾或使人体性能非法提高。

在获得长期的风险评估之前，应避免进行故意使纳米体侵入人体的研究，禁止在食品、饲料、玩具、化妆品以及其他可能导致人体和环境暴露的产品中加入纳米体。

2）遵循预防性的原则。由于缺乏有关纳米体对环境和健康影响的知识，为了保护纳米研究活动中涉及的研究人员、技术人员、消费者、市民以及环境，欧盟各成员国应当遵循预防性原则。

纳米科技研究涉及的学生、研究人员和研究机构应该采取特别针对所操作纳米物体特性的健康、安全和环境措施。应当发展包含纳米体的预防病理学指导方针。

纳米科技研究机构应该在分类和标记方面应用现有的良好实践方法。另外，因为纳米物体的尺寸因素可能导致特殊性质，应开展对系统的研究（如发展特殊的象形图），目标是提醒研究人员和更广泛的群体（如安全和紧急救助人员）在与纳米物体接触时，采取必要和恰当的防护措施。

公共和私人研究资助主体应要求研究申请者在提交纳米研究资助申请书的同时提交一份风险评估报告。

纳米科技研究资助主体的计划方案应包括在相当长的一段时间内，对纳米科技潜在的社会、环境和人类健康影响的监控。

预防性原则的应用应包括消减科学知识的差距，在研发活动中应采取的进一步行动如下：

① 研究资助主体应当拿出纳米研究计划的部分资金用于对潜在风险的研究，特别是对环境和人类健康的风险，包括纳米物体的整个生命周期（从其产生到结束，包括回收利用）。

② 纳米科技研究机构和研究人员应当发起并协调合作研究，以更好地理解人造的和自然的纳米体在毒理学和生态毒理学方面的基本生物过程。有关生物特性的数据和发现一经确认，无论是正面的、负面的还是无关紧要的，都应得到广泛传播。

③ 为更好地理解纳米科技新领域的伦理、法律以及社会影响，纳米研究资助主体应当发起特别的研究活动，对信息与通信技术、生物技术以及这些领域与认知科学和纳米科技的融合领域给予特别的关注。

3）行为准则的宣传与监管。欧盟成员国应该支持行为准则的广泛传播，特别是通过国家和地区的公共资助主体进行推广。

纳米科技研究资助主体应确保研究人员了解所有相关的法规及伦理和社会框架。

“行为准则”的实施应在共同体内予以监督，欧盟各成员国应与委员会合作，制定出在国家层面执行监管的充分措施，以保证与其他成员国协调一致。

（三）我国纳米技术发展与安全研究

1. 我国纳米科技应用发展与产业化需求

（1）“十五”期间纳米科技的应用情况　“十五”期间，“863”计划纳米材料专项在纳米信息、生物医用、环境、能源、结构和特种功能等领域都进行了布局，并对纳米信息与生物两个领域进行了重点投入，取得了显著的进展。

我国在纳米科技前沿——纳米电子材料与器件及应用领域获得了一些突破，在超高密度存储、毒品高灵敏探测等方面占有一席之地。超高密度存储密度达到了 10^4Gbit/cm^2，是传统存储密度的 10 倍；毒品快速检测仪检测毒品海洛因的灵敏度达到 0.5μg/L，比传统的化学传感器要提高 2 个数量级，为打击毒品犯罪活动提供了一条可靠的检测途径。

在重大疾病的检测、治疗、组织工程修复等方面取得了显著的成果，甚至某些方面居于世界领先地位。其中，基于纳米晶生物探针的免疫层析检测技术为重大传染性疾病（乙肝、艾滋病等）的临床快速检验提供了一种安全、可靠、低成本的方法；血糖检测仪使用方便、成本低，可以同时对糖尿病患者和训练中运动员的血糖、乳酸水平进行检测；磁性纳米材料经改性后用于肝癌的温热治疗，对荷瘤动物的肿瘤抑制率达到 60%。

在环境方面，纳米技术解决了木器漆无法水性化的难题，已经建立了年产 2000t 的生产线；紫外光协同光催化水净化技术能有效去除水中有毒有机污染物，研制的小型水净化装置中光催化剂可再生，日处理污水量达到10t/天，总有机碳（TOC）去除率大于85%。

在能源方面，廉价的固态纳米晶染料敏化太阳能电池光电转化效率达到当时5.8%的世界最好水平，高比容、大功率离子电池纳米负极材料高于当时材料25倍的储锂容量，达到650mAh的世界领先水平，可同时实现负极材料廉价、高容量、长寿命和高效率的要求。

在传统产业方面，通过纳米技术改性的润滑油已经实现了产业化。

（2）“十一五”期间纳米科技的应用情况　“十一五”期间，针对国家的需求，我国科学家开展了一系列纳米科技技术研究，攻克了一系列关键技术难题，取得了一批具有自主知识产权的研究成果。我国纳米科技专利授权数量已位居世界第2位，并制定了一系列国家和国际标准，为我国纳米科技的产业化应用奠定了基础。

许多研究成果展现出广阔的产业化应用前景，如绿色印刷制版技术、荧光聚合物纳米膜爆炸物痕量探测器、艾滋病的快速低成本定量检测技术、电力绝缘子防污闪纳米涂层技术、基于碳纳米管的手机触摸屏、煤制乙二醇关键催化剂、纳米复合高分子节能贴膜、碳纳米管复合导电剂应用于锂离子电池等，纳米技术获得了规模化应用。

此外，相变存储器件在65nm工艺上成功地进行了流片制备，缩小了与世界先进水平的差距；在重大疾病早期诊断用纳米材料以及若干药物纳米剂型等方面，呈现出良好的发展态势；我国与国际纳米标准化工作同步。获得立项的国际标准有2项，约占国际立项标准的1/10。颁布国家标准22项，约是“十五”期间的3倍。获得有证国家标准物质样品39项，填补了国内空白。

（3）“十二五”初期纳米科技的应用情况　2011年1月召开了国家纳米科技指导协调委员会工作会议，提出将我国纳米科技的发展阶段定性为从“纳米科技大国”向“纳米科技强国”转变的关键历史时期，这标志着我国的纳米科技发展进入新时期。

“十二五”初期，若干纳米技术实现了产业化，如绿色印刷制版技术、电力绝缘子防污闪纳米涂层技术、基于碳纳米管的手机触摸屏、煤制乙二醇关键催化剂、纳米复合高分子节能贴膜、碳纳米管复合导电剂应用于锂离子电池等。此外，批量制备出64M相变存储器件，成品率达到99.95%；在重大疾病早期诊断用纳米材料以及若干药物纳米剂型等方面，纳米抗肿瘤药物、心血管药物等进入临床，发展了胃、前列腺等肿瘤早期诊断方法。

（4）“十三五”期间纳米科技的应用情况　我国非常重视纳米材料行业发展，“十三五”期间，工业和信息化部、发展改革委、科技部、财政部印发的《新材料产业发展指南》（工信部联规〔2016〕454号）把纳米材料列为重点发展方向。中国科学院院士白春礼在2017年表示，中国纳米科技研究的整体实力已走在世界前列，未来还面临新的重大发展机遇。

从专利视角分析，“十三五”期间专利申请总量约为11万件，是“十二五”期间的两倍左右，说明我国纳米材料行业在“十三五”期间处于快速发展时期，且快速发展趋势仍将持续。从应用角度分析，此期间纳米材料的应用集中于石墨烯和纳米农业领域。在纳米石墨烯领域，2020年，行业资产总额达到3705亿元，主营业务收入1868亿元，利润236亿元。在纳米农药领域，由于农药微粒更小，农药利用率更好，表现出良好的应用前景，涌现出善思科技、四川国光、江西新龙等一系列优秀的纳米农药高科技企业。

2. 建立纳米科技规范和行为准则势在必行

（1）纳米科技“双刃剑”带来的科学不确定性和潜在风险　随着纳米科技的不断发展，纳米应用技术已遍及各个领域，并不断取得重大进展或突破。但纳米应用技术作为一门新兴、交叉和不断发展的学科，其“双刃剑”作用所带来的潜在风险、技术安全以及涉及的伦理、社会和法律等问题也得到人们的重视。

目前，种种迹象已经表明，纳米技术将会同基因技术一样成为最受争议的应用技术之一。因此，必须高度重视纳米科技研发和应用的安全性和不确定性所带来的潜在风险。

（2）规范和准则的建立有利于我国纳米科技健康可持续发展　近年来，我国通过实施“纳米研究”国家重大科研计划、“863”计划、国家自然科学基金、国家重点实验室计划专项、国家科技基础条件平台建设以及各种人才专项等，发表的纳米科技论文总量超过美国，排名世界第一，论文质量不断提高，论文总被引频次位于世界第二，纳米科技专利申请数量已位居世界第二，许多研究成果展现出广阔的应用前景，为我国纳米科技的产业化应用奠定了基础。但是，我们现在还很难通过知识和经验确证纳米技术，尤其是其与信息技术、生物技术和认知技术等所谓“汇聚技术”结合后可能产生的技术和社会后果。在这种情况下，伦理规范和原则的确立就显得尤为重要。这是保证纳米技术可持续发展的关键。

（3）为以后纳米科技产业政策提供框架原则　建立我国纳米科技行为规范和行为准则总框架，可为今后细化准则和规范纳米利益相关者的行为提供总体框架原则和指导方针。

1）建立纳米伦理行业细化基本原则。在纳米研究和推广应用过程中，形成统一的纳米行业工作者观察问题和处理问题的准绳。

2）建立职业价值认知框架，主要是指根据纳米科技对人类的影响，提炼总结纳米工作者自身职业价值的内涵，准确理解和掌握行为规范。

3）建立职业道德情感框架。根据纳米科技工作特性，形成统一的道德情感体系，明确职业行为的善恶和是非标准。

4）建立职业道德意志框架，主要是指在履行纳米科技工作者道德义务过程中，需要自觉克服困难、排除障碍的毅力和能力。该框架为纳米科技工作者提升道德修养，强化自身职业道德修养提供方法。

5）建立纳米科技研究的行为准则细化框架，包括纳米技术合作研究、知识产权保护、成果共享、科学诚信、遵循的法律法规、伦理审查、技术标准化、风险评估、保护公众和环境、保护消费者和纳米科技工作者的社会责任等细化的行为规范和行为准则。

6）建立纳米安全预防细化行为准则框架，包括工作健康和安全保护、危害及风险评估、纳米与不同学科领域融合原则等形成纳米技术科研和应用推广中的行为规范和行为准则。

7）建立宣传与监管细化行为准则框架，包括对纳米技术、产品宣传客观性、技术真实性和信息完整性形成统一的行为准则。

第二节　锂离子电池安全生产技术

一、锂离子电池安全对策

锂离子电池具有比能量大、输出电压高、循环寿命长、环境污染小等优点，已被广泛应用于微电子领域；同时，其在电动汽车、光伏工程、军事、空间技术等领域有着广阔的应用前景。电池的比能量、比功率、循环稳定性、环境适应性、可靠性等技术指标，以及单位瓦时价格等经济指标是影响其商业化应用程度的关键性因素，大容量锂离子电池的安全性则是其能否在动力与储能领域应用的决定性因素。锂离子电池在正常使用条件下通常是安全的，但是其耐热扰动能力差，在各种复杂的应用条件下，锂离子电池体系存在发生爆炸和燃烧的危险，有着严重的安全隐患。近年来，锂离子电池爆炸、着火等事件屡有发生，在很大程度上制约了动力与储能用锂离子电池的发展，所以安全问题成为锂离子电池亟待解决的问题之一。

锂离子电池产生安全问题可以归结为两大方面的原因：一是由锂离子电池自身特点决定的；二是由极端条件或电池使用不当造成的。锂离子电池内部存在着一系列潜在的化学放热反应，这是引发锂离子电池安全问题的根源。锂离子电池在过度充电时，正极材料会出现脱锂，结构上的巨大变化使其具有强氧化能力；正极材料也有可能直接放出氧，从而氧化电解液中的溶剂；负极表面固体电解质界面 SED 膜的分解，负极析出的金属锂与电解液的反应，这些过程放出的热量如果不及时散出，都可能会引发锂离子电池的热失控；锂离子电池电解液大多为低闪点的有机碳酸酯类溶剂，当电池处于过度充电状态时，有机溶剂容易在正极表面产生不可逆的氧化分解，在放出大量热量，伴随着大量可燃性气体的产生，导致电池内部温度及压力急剧上升，从而引起燃烧爆炸，同时电解液高度易燃，若出现泄漏等情况，会发生剧烈的燃烧，甚至导致爆炸；锂离子电池中黏结剂的晶化、锂枝晶的形以及活性物质剥落等均易造成电池内部短路，带来安全隐患。在一些极端条件下发生化学反应，这些反应产生的热量如果不能及时散发到周围环境中，必将导致热失控，最终导致电池的燃烧甚至爆炸等。

针对锂离子电池的安全问题，一般从三个方面提高其安全性。一是改善正、负电极材料的热稳定性，从而提高锂离子电池本质安全性能。在高温条件下，正极材料和电解液之间的反应是引起电池安全问题的主要原因之一。目前，在常用的锂离子电池正极材料中，$LiFePO_4$ 的热稳定性比 $LiCoO_2$、$LiNiO_2$ 的都要高，其在充电状态下与电解质在 340℃ 以下没有表现出明显的吸热或放热现象，为了提高正极材料的热稳定性，目前主要通过正极材料的改性（如优化合条件、改进合成方法和改性电极材料等方法）来实现。电极材料改性是提高锂离子电池热稳定性的有效措施，常用的改性方法一是表面包覆和掺杂改性。表面包覆能减少活性材料与电解液之间的反应，并且在过度充电中能够减少正极材料释放热氧气，稳定基体材料的相变，从而提高锂离子电池的热稳定性。二是改进锂离子电池电解液，使其难燃，甚至不燃，以此提高电解液的安全性。锂离子电池的电解液是由盐和有机溶剂组成的混合溶液，可以通过提高电解液的纯度、加入功能添加剂、使用新型锂盐、使用新型溶剂和使用离子液体等手段来提高锂离子电池电解液的安全性，目前研究最多的是通过加入阻燃添加剂来提高锂离子电池电解液的安全性。一种理想的阻燃添加剂应该不仅能够有效降低电解液的可燃性，还能保证它与正、负极材料之间的稳定性。目前，常用的阻燃添加剂主要包括有机磷化物、有机卤化物、磷-卤、磷-氮复合有机化合物。三是通过外部手段，优化锂离子电池的设计和管理等，对锂离子电池充放电过程进行实时监控，出现异常问题能够及时处理，保证锂离子电池的使用安全，如电芯的安全设计、绝缘处理、设置安全阀、提高锂离子电池制作的工艺水平等。

二、锂离子电池电极材料的改性

（一）正极材料的改性

1. $LiCoO_2$ 的改性

尽管 $LiCoO_2$ 的循环性能比其他正极材料优越，但是仍会发生衰减。透射电镜（TEM）

可以明显观察到 $LiCoO_2$ 在 3.50~4.35V 循环时受到不同程度的破坏，如产生严重的应变、缺陷密度增加和粒子发生偶然破坏；应变导致两种类型得到的阳离子无序（八面体位置层缺陷引起的无序和部分八面体结构转变为尖晶石结构引起的无序）。因此，对于长寿命需求的探索还有待于进一步提高。研究过程发现，$LiCoO_2$ 经过长时期循环后，从层状结构转变为立方尖晶石结构，特别是位于表面的离子。另外，降低 $LiCoO_2$ 的成本和提高在较高温度（<65℃）下的循环性能也是目前研究的方向之一。采用的主要方法有掺杂和包覆。

2. $LiNiO_2$ 的改性

在镍酸锂的掺杂改性方面已进行了较多的研究。迄今为止，掺杂元素几乎已经涉及整个元素周期表。掺杂元素有阳离子，也有阴离子。掺杂方式有单元素掺杂和多元素复合掺杂。

$LiNiO_2$ 的改性主要有以下几个方向：

1）提高脱嵌相结构的稳定性，从而提高安全性。

2）抑制或减缓相变，降低容量衰减速率。

3）降低不可逆容量，与负极材料达到较好的平衡。

4）提高可逆容量。

3. 尖晶石 $LiMn_2O_4$ 的改性

尖晶石锰酸锂为正极材料的锂离子电池，由于其容量随着循环次数增加而较快衰减，尤其在高温（55℃）下更甚，该问题亟待解决。研究最多的两种改性方法是尖晶石锰酸锂表面包覆与掺杂。

（1）表面包覆　表面包覆的方法能赋予目标材料颗粒新的功能，有效防止电解液与正极材料的反应，减少尖晶石锰酸锂中三价锰离子的溶解，达到提高材料的循环稳定性的目的。一般通过溶胶凝胶法、化学沉淀法来使正极活性材料表面包覆氧化物、金属、氟化物、磷酸盐和其他电极材料。这样能提高材料储存性能和循环性能，且对材料的可逆容量影响不大，是目前常用的方法之一。

（2）掺杂　掺杂是用来改善材料性能的一种常用方法，有选择性地掺杂其他离子，能有效改善尖晶石锰酸锂的循环性能，但初始容量会因掺杂量的增加而降低，在进行选择时，一般需从以下几个方面考虑：

1）掺杂离子的半径需与 Mn 离子半径接近，否则可导致锰酸锂晶格扭曲，从而使循环性能变差，稳定性降低。

2）若掺杂低价元素离子，需有良好的化学稳定性，否则易被氧化，导致锰元素的平均价态降低，反而会起到反作用。低价元素离子可提高正极材料尖晶石锰酸锂中锰元素的平均价态，能对抑制 Jahn-Teller 效应起到一定的积极作用。

3）选择位能与锰离子相近的或更强的掺杂离子，使其进入 Mn 的 16d 位置，使尖晶石结构更稳定。

4）掺杂离子 Mn—O 键的键能较强，可以使得结构更加稳定，循环性能得到改善。

4. $LiFePO_4$ 的改性

磷酸铁锂具有原料来源广泛、价格低廉、热稳定性好、比能量高、循环性能好、安全性能突出及对环境无污染的特点，其理论比容量为 170mAh/g，工作电压为 3.45V 左右，是最具潜力的正极材料之一。然而，磷酸铁锂作为正极材料仍存在两个不足之处：一是其电导率低和离子扩散系数低；二是材料的堆积密度小，导致其体积比容量低，制作的电池体积庞大。从 1997 年磷酸铁锂被发现至今，磷酸铁锂的改性研究一直在以各种方式开展。

5. 负极碳材料的改性

石墨具有很多优异的特性，是锂离子电池的理想碳负极材料。但石墨表面存在很多缺陷，导致首次放电效率低、循环性能差等问题，所以需要对天然石墨不断进行表面改性及修饰，以期降低首次循环的不可逆容量，提高可逆容量。目前研究较多的有包覆法、掺杂元素法、氧化还原法、机械研磨法等多种表面改性方法。负极碳材料的改性措施包括引入非金属元素、引入金属元素和表面处理。

（1）引入非金属元素　在石墨体系中，添加合适的元素可能会改变碳原子的原子环境，使碳材料的嵌锂行为发生明显的改变。掺杂方式有两种：一种是先用非碳元素化合物浸渍或混入碳材料中，经过热处理制备掺杂碳；另一种是采用化学气相沉积，将掺杂的非碳元素气相热解沉积于石墨体系中。

目前，引入的非金属元素主要有磷、硼、硅、氮、硫、氧等。其中，磷、硅、氮元素虽然对锂没有活性，但是有利于石墨材料结晶性能的提高，进而有助于提高可逆容量。

硼元素在众多的掺杂元素中最为活跃。硼的缺电子性，为电子受体，能增加锂与碳材料的结合能，减少锂离子与周围已嵌入的锂离子的排斥力，提高可逆容量，有利于石墨化过程，同时减少位错的端面数，降低层间距 d_{002}。它对充电电压的影响主要在 1.1～1.6V。碳材料的容量随硼含量的增加而线性增加（碳材料中硼的含量可达 13%），而且能降低不可逆容量的大小。

氮在碳材料中的存在形式主要有三种：石墨烯氮、共轭氮和氨基氮。前两者对可逆容量的提高起着有利的作用，后者比较活泼，与锂发生反应，能导致不可逆容量的增加。在聚合物裂解碳中不存在氨基氮，而通过化学气相沉积法制备的碳材料在进行热处理后，也没有氨基氮的存在。

硅在碳材料中的分布为纳米级，引入量在 0～6%范围内时，每 1%的 Si 增加可逆比容量的增加幅度约为每 1%的 Si 增加 30mAh/g，即引入的每一个硅原子可以与 1.5 个锂离子发生可逆作用，其影响的电压范围为 0.1～0.6V，而且其比容量在多次循环以后没有衰减。研究发现，用竹子为前驱体进行低温热处理制备无定形碳中含有硅，其可逆比容量高达 600mAh/g。硅与碳的复合物也能提高可逆比容量，主要原因在于硅的引入能促进锂在碳材料内部的扩散，有效防止枝晶的产生。但是硅的化学状态不是游离态硅，而是以 S—O—C 化合物形式存在，因此其比容量提高的机理并不完全是通常认为的硅与锂形成合金，这还有待于进一步研究。

磷引入碳材料以后对碳材料的电化学行为的影响随前躯体的不同而有所不同。由于磷原子的半径（0.15nm）比碳原子（0.077nm）大，掺杂增加了碳材料的层间距，有利于锂的嵌入和脱出；另外，还影响碳材料的结构，如促进石墨烯分子的有序排列、软化碳结构及有利于石墨化过程的进行等，导致可逆比容量提高，可高达 550mAh/g，首次充放电效率达 83.8%。

硫原子的引入对提高碳材料的电化学性能有一定的作用，在碳材料中的存在形式有三种，即 C—S、S—S 和硫酸酯。硫的引入对碳材料的结构有明显的影响，它们均有利于可逆容量的提高，但后者还会导致不可逆容量的提高。充电曲线表明，引入硫以后，在放电至 0.5V 以前，电压的平台性能更为优越。

（2）引入金属元素　碳材料中引入的金属元素有主族和过渡金属元素。主族元素有钾、镁、铝和镓，过渡金属元素有钒、镍、钴、铜、铁等。

钾在碳材料中的引入是通过首先形成插入化合物 KC，然后组装成电池。由于钾脱出以后可逆插入的不是钾，而是锂，加之钾脱出以后碳材料的层间距（0.341nm）比纯石墨的层间距（0.336nm）要大，有利于锂的快速插入，可形成 LiC_6 的插入化合物，可逆比容量达 372mAh/g。另外，用 KC_8 为负极，正极材料的选择余地比较宽，如一些低成本的、不含锂的化合物。

镁在碳材料中的引入是偶然的，将咖啡豆在低温进行热处理发现所得碳材料的可逆比容量高达 670mAh/g，从 X 射线衍射发现有镁的衍射峰，但是具体原因并没有得到说明。

铝和镓的引入之所以能提高碳材料的可逆比容量，主要是因为它们与碳原子形成固溶体，在组成的平面结构中，由于铝和镓 p_z 轨道为空轨道，因而可以储存更多的锂，提高可逆比容量。

过渡金属钒、镍和钴的引入主要是以氧化物的形式加入前躯体中，然后进行热处理。由于它们在热处理过程中起着催化剂的作用，有利于石墨化结构的生成以及层间距的提高，所以提高了碳材料的可逆比容量，改善了碳材料的循环性能。

铜和铁的掺杂过程比较复杂，先将它们的氧化物与石墨反应，形成插入化合物，然后用 $LiAlH_4$ 还原。经过这样的处理，一方面提高了层间距，另一方面改善了石墨的端面位置，使碳材料的电化学性能提高，首次循环的可逆比容量大于 372mAh/g。

（3）表面处理　天然石墨在 PC 电解液中容易剥离，同时快速充放电能力不如其他碳材料，因此对其表面覆以涂层以期改善电化学性能。由于碳材料表面存在着一些不规则结构，而这些不规则结构又容易与锂发生不可逆反应，造成碳材料的电化学性能劣化，所以对表面进行处理，改善表面结构，可提高电化学性能，主要方法有氟化、气相氧化、液相氧化、等离子处理、碳包覆、金属包覆、聚合物包覆等。

（二）安全电解液

1. 锂离子电池电解液安全问题

锂离子电池的电解液是由锂盐和有机溶剂组成的混合溶液。常见的商用锂盐为 $LiPF_6$，它在高温下容易发生热分解。它与微量的水以及有机溶剂之间的热化学反应降低了电解液的热稳定性。电解液中的链状碳酸酯的沸点、闪点较低，在高温下容易与锂盐释放的五氟化磷（PF_5）反应，易被氧化。环状碳酸酯中碳酸丙烯酯（PC）会在石墨类负极物质表面共嵌，降低负极稳定性；碳酸乙烯酯（EC）的熔点较高，会使电解液在低温下析出锂盐，降低电池的低温性能。Wang 等采用 C80 微量量热仪比较分析了不同混合溶剂及 $LiPF_6$ 电解液的热稳定性，研究发现，加入 $LiPF_6$ 以后，电解液的热危险性高于溶剂体系；含有 DMC 的电解液比含有 DEC 的放热峰温度更高。Eshetu 等针对 EC、碳酸二甲酯（DMC）、PC、碳酸二乙酯（DEC）、碳酸甲乙酯（EMC）等单一溶剂或以上溶剂的混合物，对基于溶剂体系的电解液的闪点、点燃难易度、热释放速率、有数产热等进行了实验测试，给出了从计算预测角度以及实验结果角度的溶剂安全性排序，在计算参数和实验参数的基础上认为安全性最高的溶剂是 EC；对于其他溶剂，从不同衡量参数考虑，其安全性排序不同。

2. 提高电解液热稳定性的途径

（1）提高电解液的纯度　电解液中微量杂质（特别是含有质子的杂质如 H_2O、HF、

CH_3OH、CH_3CH_2OH 等）的存在对电池性能的影响非常大，即使是 10^{-6} 级的含水量，也能使电解液中的溶质水解，特别是当溶质是 $LiBF_4$ 和 $LiPF_6$ 时，水解反应会产生 LiF 沉淀从而减少电解液中的活性锂。由于电解液一般采用碳酸酯作为溶剂，具有较强的吸水能力，所以电解液在包装运输及使用过程中应严禁与空气接触以免引入水分。O_2 是电解液中危害较大的另一种杂质，电解液在过度充电状态下电极的电位很高，O_2 的存在容易引发电解液的氧化分解，产生气体及热量。除此之外，N_2 也能与锂反应放热，所以设法脱除电解液中的 O_2 和 N_2 也能提高电池的安全性。

（2）加入功能添加剂　添加剂根据功能的不同，主要可以分为以下几种：安全保护添加剂、SEI 成膜添加剂、保护正极添加剂、稳定锂盐添加剂、促锂沉淀添加剂、集流体防腐蚀添加剂、增强浸润性添加剂等。由于添加剂种类多，功能繁复，这里只探讨能够提高电池安全性能的安全保护添加剂，主要包含阻燃添加剂以及防过度充电添加剂。

一种理想的阻燃添加剂应该不仅能够有效降低电解液可燃性，还能保证它与正、负极材料之间的稳定性。目前，有很多研究提出了多种阻燃添加剂，能够降低电解液的可燃性，其中大多数阻燃添加剂都为有机磷化合物，或者它们的离化衍生物。另外，不含磷的一些添加剂，如氟化丙烯碳酸酯和甲基全氟丁醚（MFE），也作为阻燃添加剂以改善电解液的可燃性。作为添加剂的一种，含氮类物质能够减少电池的产气量，而且可以在高温下降低放热起始温度和产热量。

添加阻燃剂是直接降低电解液易燃性的便捷途径之一，但是含磷化合物的引入大部分是以电池其他性能的降低为代价的，如电解液电导率的下降、电池阻抗的增加、电池循环容量的衰减严重等。氟化物的引入会显著增加电解液的生产成本，因此其难以被普及应用，而其他含氮类物质一般有剧毒，而且对电池燃烧性的影响较弱。另外，需要注意的是，为了测定电解液的阻燃性能，研究者采用了多种测试方法，这些评估测试方法的区别使得相同电解液的测试结果具有较低的重复性和一致性。

另外，电池的过度充电会引起负极表面的锂沉积，形成枝晶，正极物质的结构产生不可逆变化，电解液被氧化分解。这些电池材料因为过度充电发生的各种反应会产生大量热量和气体，引起电池的温度、压力急剧增加，引发安全问题。而为了防止过度充电，研究者提出了多种防过度充电添加剂。根据功能性不同，防过度充电添加剂可以分为氧化还原类和聚合阻断类。前者可以在电池过度充电时，在正极被氧化，然后迁移到负极被还原，再到正极被氧化，如此不断穿梭于电池中，吸收多余电量，抑制电池电压急剧增加，使得电池的可逆性仍能维持，但是这种机制仅对防止电压升高有效，如果电池体系电压被控制，仍然会产生大量热量和气体，那么该类添加剂的作用就比较片面。后者是在过度充电时发生聚合，聚合物增大电池阻抗而形成类似阻断电流的作用，这种作用对电池的性能有不可逆影响，可以终止电池内的电化学过程，但是也造成了电池的破坏。

对于氧化还原类防过度充电添加剂，代表性物质有二茂铁衍生物、噻蒽衍生物、多硫化物、2，5-二叔丁基-1,4-甲基丁子香酚、4-特丁基-1,2-甲基丁子香酚、茴香苯衍生物、聚三苯胺、3-氯苯甲醚等物质。对于聚合阻断类防过度充电添加剂，代表性物质有环己基苯、联苯和焦碳酸酯等物质。

（3）使用新型锂盐　为了改善商用锂盐 $LiPF_6$ 的性能，研究者对其进行了原子取代，得到了许多衍生物，其中采用全氟烷基取代 F 原子得到 $LiPF_3(C_2F_5)_3$（LiFAP），实验结果表明，LiFAP 的闪点比 $LiPF_6$ 高，基于 LiFAP 的电解液与 $LiPF_6$ 电解液电导率近似；LiFAP 的耐水性增强，在 LiFAP 电解液中加入 0.1%水之后，在 60h 内未发现生成 HF。

除了 $LiPF_6$ 类型的锂盐，$LiBF_4$ 对水、热都比较稳定，化学稳定性较高，安全性高于 $LiClO_4$。Zhang 等认为，基于 $LiBF_4$ 电解液，电池的界面电荷转移阻抗在低温区较低。Takami 等认为，$LiBF_4$ 的高温性能比 $LiPF_6$ 优异，但是由于 $LiBF_4$ 的阴离子体积较小，在溶液中，BF_4^- 与锂离子的结合作用较强，使得电解液的离子电荷传输能力较弱。

为了改善阴离子体积小、离子电荷传输能力不高等问题，研究者对以“B”为中心原子的锂盐进行了扩展研究，得到了以“B”为中心原子、与氧配体整合得到的阴离子锂盐。这些锂盐的大整合阴离子能够分散电荷密度，减弱了阴离子与锂离子的结合能力，利于提高锂盐解离度，增大了阴离子的稳定性。在这些锂盐中，由于热稳定性较高，受到人们关注的锂盐有双乙二酸硼酸锂（LiBOB）、二氟乙二酸硼酸锂（LiDFOB）等。Xu 等报道了基于 LiBOB 电解液的 $LiNiO_2/C$ 电池不仅在室温下循环性能优异，而且在 60℃高温下能够在循环 77 周后仍然保持远高于基于 $LiPF_6$ 电解液电池的容量。Zhang 等发现基于 LiBOB 电解液的电池能够保持升温小于 100℃，而基于 $LiPF_6$ 电解液的电池则发生了爆炸，因此 LiBOB 电解液的抗过度充电性能高于 $LiPF_6$ 电解液。但是，研究发现，LiBOB 在碳酸酯类溶剂中的溶解度较低，电池中 LiBOB 的浓度达不到 1mol/L；基于 LiBOB 电解液的电池低温性能、界面阻抗均不理想。

Li 等发现，LiDFOB 在碳酸酯溶剂中的溶解度高于 LiBOB，其电解液中的锂离子浓度较高，且电解液黏度较低，研究表明，基于 LiDFOB 和 EC、PC、DMC 体系的电解液电导率为 8.25mS/cm（25℃），相应的 $LiFePO_4$ 电池循环性能优异。但是由于 LiDFOB 的热分解温度低于 LiBOB，所以电解液的安全性不如 LiBOB 电解液优异。

（4）使用新型溶剂　为了提高电解液的安全性等性能，一系列新型的有机溶剂（如羧酸酯型有机溶剂作为电解液的添加剂）。

在羧酸酯类有机溶剂中，链状羧酸酯如甲酸甲酯（MF）、乙酸甲酯（MA）、丙酸甲酯（MP）等熔点较低，因此常被应用于改善电解液的低温性能。环状羧酸酯如 γ-丁内酯（GBL）的沸点、闪点、介电常数较高，黏度较低，Takami 等提出将其与 EC 一起作为 $LiBF_4$ 的溶剂，得到的电解液安全性很高，相应石墨半电池的低温、高温性能均较理想。但是由于 GBL 容易水解、表面张力较高，所以其与隔膜和电极的浸润性不理想；而且 GBL 与 $LiPF_6$ 的溶液与石墨负极兼容性不佳，电池容量衰减严重，因此 GBL 不常应用于锂离子电池中。

有机醚类溶剂的黏度较低，也常作为共溶剂或者添加剂引入电解液体系。链状醚，如乙二醇二甲醚（DME）、二甘醇二甲醚（DG）、二甲氧基甲烷（DMM）、甲基九氟丁基醚（MFE），都有应用于电解液溶剂中。其中，MFE 能够提高 LiBETI 在 EMC 中的溶解度，得到的电解液能够保证 $LiCoO_2$ 电池较理想的低倍率循环性能。DME 可以与 $LiPF_6$ 形成较为稳定的复合物，增大 $LiPF_6$ 在电解液中的溶解度，提高电解液的电导率；但是，DME 的电化学稳定性不太理想。另外，四氢呋喃（THF）或 2-甲基四氢呋喃（2-Me-THF）等环状醚也可以作为电解液溶剂。因为有毒性，$LiAsF_6$ 已基本不再作为商用电解液锂盐，但 $LiAsF_6$ 与 2-Me-THF 的溶液是已有研究中性能非常好的单组分溶剂电解液之一。

（5）使用离子液体　离子液体又称室温离子液体或室温熔融盐，也称为非水离子液体、液态有机盐等。离子液体的定义目前尚不明确，一般认为它是完全由阳离子和阴离子组成的液体，在室温或室温附近呈现液态的有机盐类。1914 年，开发出了第一种离子液体硝基乙胺，对离子液体展开实质性的研究是从 1980 年后开始的，离子液体应用于电池体系开始于 1970 年。一般来说，离子液体应用于锂离子电池体系中时，并非以单一体系作为电解液，而是与其他锂盐、溶剂或者电解液混合成为电解液。

离子液体具有以下特性：离子液体被称为“设计者溶液”，组成离子液体的阴、阳离子可以根据使用者的需要或使其具有某种特种性质而自由组合；不易挥发、不易燃、蒸气压低、热稳定性达到 300℃以上；具有良好的溶解性，可以作为许多有机物和无机盐的反应溶剂；电化学窗口都大于 3V，一些特殊的离子液体电化学窗口甚至超过 5V，对开发高电位的锂离子电池电解液具有重要的意义；离子液体是一种绿色溶剂，能稳定地存在于水和空气中而不发生分解，便于反应操作处理和易于回收，具有避免大量易挥发有机溶剂使用所带来的环境污染和对人的危害的优点，因其含有弱配合离子，所以具有一定的非配合能力；有些离子液体表现出一定的酸性；有些有机溶剂与离子液体不互溶，因此可以将离子液体作为在化学分离中的萃取剂使用。

3. 锂离子电池阻燃添加剂的研究

大容量锂离子动力电池巨大的发展应用前景得到了越来越多的关注，但是发展大容量锂离子动力电池其中一个主要障碍就是安全性问题。锂离子电池在热冲击、过度充电、过度放电、短路等滥用状态下潜藏着着火、爆炸等安全隐患。而加入阻燃添加剂可以提高电池的安全性能，避免锂离子电池在滥用状态下发生燃烧和爆炸。

当电池在滥用状态下，电池体系温度升高，而电池体系的温度由电池的产热和散热来决定。锂离子电池的产热主要来自电池材料之间的放热反应，散热主要受电池的导热系数和外界环境影响。离子电池的主要放热反应有：SEI 膜的分解；负极与电解液的反应；嵌入锂与氟化黏合剂的反应；电解液分解；正极活性物质分解；负极的热分解；电池放电时因熵变、极化电阻和欧姆电阻存在而产热。

当 SEI 膜分解后，就会导致嵌锂碳负极和电解液之间直接接触而发生剧烈的化学反应，这些反应可能产生氢自由基和氢氧自由基，产生的自由基进一步发生自由基链式反应，同时放出大量的热，上述热量又以指数增加并且使电解液和嵌锂负极之间的反应升级，当电池体系温度达到一定值之后：一方面可能导致电解液的分解产生烷烃气体，这些烷烃气体遇空气或氧气产生燃烧和爆炸；另一方面可能导致正极材料放热分解反应，一旦正极材料开始反应，通常放出大量的热。最后当上述所有热量聚集达到极限，在电池有限的空间内得不到有效疏散时就会燃烧或爆炸。

阻燃添加剂的加入可以使易燃的有机电解液变成难燃或不可燃的电解液，降低电池放热量和电池自热率，增加电解液自身的热稳定性，从而避免电池在过热条件下发生燃烧或爆炸。锂离子电池电解液阻燃添加剂的作用机理是自由基捕获机制。自由基捕获机制的基本过程是：阻燃添加剂受热，释放出自由基，该自由基可以捕获气相中的氢自由基和氢氧自由基，从而阻止氢氧自由基的链式反应，使有机电解液的燃烧无法进行或难以进行，提高锂离子电池的安全性能。目前，锂离子电池电解液阻燃添加剂大多为有机磷化物、有机卤化物、磷-卤和磷-氮复合有机化合物、其他阻燃化合物，分别称为磷系阻燃剂、卤系阻燃剂、复合阻燃剂和其他阻燃剂。

4. 其他本质安全技术

电芯是将电池各种物质组合起来的纽带，是正极、负极、隔膜、极耳和包装膜等系统的集成。电芯结构设计，不仅影响各种材料性能的发挥，还会对电池的整体电化学性能、安全性能产生重要的影响。材料的选择与电芯结构设计正是一种局部与整体的关系，在电芯设计上，应结合材料特性来制订合理的结构模式，另外，在锂电池结构上还可以考虑一些额外的保护装置，常见的保护机构设计有以下几种：

1）采用开关组件，当电池内的温度上升时，它的阻值随之上升，当温度过高时会自动停止供电。

2）设置安全阀（即电池顶部的放气孔），电池内部压力上升到一定数值时，安全阀自动打开，保证电池的使用安全性。

（1）电芯的安全设计

1）负极容量比和设计大小片。根据正、负极材料的特性来选择合适的正、负极容量比，电芯正、负极容量的配比是关系锂离子电池安全性的重要环节。若正极容量过大，金属锂将会在负极表面沉积，而负极容量过大，电池的容量会有较大的损失。一般地，负极容量/正极容量=1.05~1.15较为合适，但应根据实际的电池容量和安全性要求进行适当的选择。设计大小片使负极活性物质所占尺寸稍大于正极活性物质，将其覆盖。一般来说，宽度应大1~5mm，长度应大5~10mm。

2）绝缘处理。内短路是锂离子电池存在安全隐患的重要因素，在电芯的结构设计中存在很多引发内短路的潜在危险部位，因此应在这些关键位置设置必要的措施或者绝缘以防止在异常情况下发生电池内短路。例如，正、负极极耳之间保持必要的间距；收尾单面没有膏体的位置需贴绝缘胶带，并将裸露部分全部包住；正极铝箔和负极活性物质之间贴绝缘胶带；应用绝缘胶带将极耳焊接部分全部包住；电芯顶部采用绝缘胶带等。

3）设置安全阀（泄压装置）　锂离子电池发生危险常常是因为内部温度过高或压力过大而引发爆炸、起火，应设置合理的泄压装置，减少爆炸危险。合理的泄压装置要满足电池在正常工作中当内压达到危险极限时自动打开而泄放压力。泄压装置的位置需要考虑电池外壳因内压增大所产生形变的特性来设计；安全阀的设计可以通过薄片、边缘、接缝和刻痕等来实现，通过喷射测试来考核。

（2）提高工艺水平　努力做好电芯生产过程中的标准化和规范化。在混料、涂布、烘烤、压实、分切和卷绕等步骤中，指定标准化（如隔膜宽度、电解液注液量等），改进工艺手段（如低气压注液法、离心装壳法等），做好工艺控制，保证工艺质量，缩小产品之间的差异在对安全有影响的关键步骤设置特殊工作步骤（如去极片毛刺、扫粉、对不同的材料采用不同的焊接方法等），实施标准化质量监控，消除缺陷部位，排除有缺陷产品（如极片变形、隔膜刺破、活性材料脱落和电解液泄漏等）；保持生产场所的整洁、清洁，防止生产中混入杂质和水分，尽量减少生产中的意外情况对安全性的影响。

（3）使用功能性隔膜材料　锂离子电池的隔膜具有两种基本功能：一是避免正极和负极活性物质相互接触并使电池内部电子不能自由传导，防止电池内部短路；二是在电化学反应时，能够保持电池内部有足够的电解液，让电解液中的离子在正、负极间自由通过，从而完成电池充放电过程中正、负极间锂离子的传输。用于锂离子电池的隔膜应满足以下需求：优良的电子绝缘性；足够的化学稳定性，耐湿、耐腐蚀，且与正负极不发生副反应；对电解液有足够的吸液保湿能力；有一定的机械强度和防振能力；在保证隔膜强度的前提下要尽量薄；成本低，适用于大规模工业化生产。

目前，用于锂离子电池的隔膜大体上分为三大类：微孔聚烯烃膜、无纺布隔膜及无机复合隔膜。这三种类型的隔膜的特点分别是：膜厚度适中、孔隙率高、热稳定性优良。其中，微孔聚烯烃膜因其在机械强度、化学稳定性和成本等方面的综合优势而被大规模应用于液态电解液锂离子电池中。

第三节　多晶硅安全生产技术

一、工艺、物料风险分析防范重点

在多晶硅生产过程中，许多环节都存在着各种有害因素和风险，具体包括：原料制备和综合回收车间、物料储罐区、氢化车间、提纯车间（提纯区域）、干法回收车间等多处区域，分别单独构成重大危险源。同时整个厂区也构成一级重大危险源。

众所周知，氢气的化学性质活泼，且爆炸极限较宽（4%~75%），属于易燃易爆物品，一旦氢气发生泄漏并聚集，很容易发生爆炸，历史上就发生过氢化车间氢气管道软连接泄漏导致氢气聚集而引发爆炸的事故。目前，多晶硅生企业所使用的氢气多为自制，氢气的制备工艺为电解水，所以氢氧站的氢气电解车间也属于较为危险的场所之一。

另外，还原工序的还原夹层区域未列入重大危险源，但是，该区域由于空间设备密集度高，阀门和管线较多，并且涉及物料种类最多（氢气、二氯硅烷、三氯硅烷、四氯硅烷、导热油等），同时，还原炉的底盘电极等带电高压设备也位于此夹层内，该区域内一旦发生物料泄漏和电气着火等意外情况，由于空间小，设备密度高，易燃易爆物料不易扩散，人员逃生、救援困难大等特点，后果也较为严重，因此该区域也应属于生产中较为危险的区域之一。

所以，从工艺和物料风险方面考虑，将原料综合生产区域（包含原料制备、综合回收车间、干法回收车间）、物料储罐区、氢化车间区域、提纯区域、氢氧站以及还原夹层区域列为安全重点防范的区域。

二、安全防范措施

（一）管理方面

任何安全防范措施都是由人来实施的，而实施的对象往往是针对人、工艺和设备的管理。从工艺管理上讲，应从两个方面入手，即设计和执行。包含多晶硅生产工艺在内的任何生产工艺都是经过认真严谨的设计和各类推广实验论证，并在设计和论证期间经过不断的改良，最后应用于实际生产中，但是，多晶硅生产工艺在我国发展时间还不长，技术还不够成熟，很多技术难题和安全隐患仍然存在，所以，从工艺管理的设计方面要本着严谨的态度不断探索，不断完善工艺，在新工艺投用前一定要严把安全关，不让隐患出现在设计中。执行方面就更不必多说，完善的工艺投入生产后，准确地执行工艺操作和严谨仔细的执行工艺动作是确保安全生产最直接也是最关键的因素，加强工艺安全的管理，能够有效地从根本上避免事故的发生。从设备的管理方面看，则应该从三方面入手，即选型、使用和维护。

选型。设备的选型十分重要，尤其对多晶硅生产企业更是如此，设备的材质能不能抗腐蚀，设计压力和温度能不能满足系统内环境的要求，功率是否匹配等，选型如果不当，不仅会给企业带来浪费，更重要的是给安全生产埋下了事故隐患，例如：电动机选型不当，功率高了容易使动力过大，浪费能源，功率低了，电动机负荷大，不仅达不到使用要求，而且容易导致负荷过大而引起电动机过量发热，从而引发电气事故。

使用和维护。设备投入生产，正确的操作和维护是关键，正确的操作和良好及时的维护能够保证设备的正常运行，增加设备的使用寿命，能够减少磨损，节约能源和成本，更能有效地防止设备故障引发的事故。

安全管理方面，应从日常管理和应急管理两方面入手。日常安全管理重在预防，它应包括：员工安全教育培训、工艺安全管理、日常工艺巡检、隐患排查治理，厂区安全监控及预警等，应有合理可行的制度进行规定和约束，并落实到位。日常管理的目的在于确保系统安全生产，防患于未然。

应急安全管理。多晶硅生产企业应建立健全由公司到车间的各级应急体系，有合理可行的应急预案，并定期演练，不断地梳理应急程序，提高员工的应急能力，并能够检验各类应急设施的使用状态及使用效果。

（二）设施方面

多晶硅企业因发展时间不长，所以大部分安全设施多参照相关化工企业的标准进行配备，除了各类消防设施外，还应配备各类应急救援设施，如应急柜、堵漏柜，淋洗装置等，还应针对生产工艺特点和物料特点配备特殊的安全设施。下面就以某多晶硅生产企业为例，从几个方面简单列举一些安全设施方面的安全措施，以供参考。

1. 电力设施保障

系统采用双回路用电，并自动联锁，当一回路出现断电情况时，另一回路立即供电，以保证生产供电安全。

设自备发电站，设发电机组，在市网停电的情况下，能紧急启动柴油发电机组，总启动时间≤20s，可保证照明系统、仪表系统、自动控制、还原炉冷却泵、必要的循环水泵、消防泵、仪表气源压缩机等运行，杜绝停电而导致风险事故发生，从而保证整个系统安全运转。

2. DCS 控制

采用 DCS 控制系统，重要环节的控制设备采用冗余技术，对生产过程中的重要参数设置必要的自动调节系统，采用 PID 控制、复杂控制及经验控制实现自动控制，使过程参数控制在工艺设计要求范围内；对于能引起设备或人身事故的工艺参数限定在安全的范围内，或设置超限报警；各主要生产及辅助设施设有摄像头并与控制中心联网，专人 24h 值守，可及时发现异常情况。

对相互关联运行的工艺设备设置联锁控制；各设备、管道设置手动操作设施，运转出现异常，可以实现系统自动调节与人工手动控制相结合，及时排除故障，防止事故扩大。设备、管道设计留有较大的安全系数，关键设备均考虑备用。

3. 事故报警装置

事故的早发现、早预警对事故的及时处理、减轻其对环境的危害起到决定性作用，因此在设置系统自动控制异常报警的基础上，还需要配备气体报警装置和烟感探测器，以便能第一时间发现泄漏及火灾事故，争取宝贵的事故初期处置时间，对防止事故扩大及蔓延有积极作用。

4. 消防设施

多晶硅生产涉及大量的易燃易爆危险化学品，可靠的消防设施是保障项目安全的重要因素。设置高、低压消防给水系统，并设置室内消防栓、地下消防栓、消防水炮。装置区及储区可设置稳高压消防给水系统，保证稳压泵运行时管网压力稳定，火灾时消防泵启动，消防水量充足。除已设置稳高压消防给水系统的区域，可设置低压消防给水系统。主要生产车间，生产火灾类别为甲乙类，建筑耐火等级为一、二级。同时发生火灾次数按 1 次设计，保障最不利消防水量（室内、室外自动喷淋系统在消防水量最大时不同时使用），消防水储存在厂区生产消防水池中。

按规范在各个火灾危险场所设置相应数量的便携式、推车式灭火器材和消防沙池；同时，由于生产设备及储罐设有氮气保护系统，在常规消防措施基础上增加了可移动式氮气吹扫管，一旦出现火情，可打开阀门喷出氮气，使着火点与空气隔绝，以达到迅速控制火灾的效果。

5. 事故废气消减设施

水炮及水幕喷淋系统。如出现挥发性、有毒、有害污染物泄漏事故，造成有毒气体扩散，可利用消防水对有毒气体进行喷淋，以削减有毒气体向大气的散发量，喷淋水可通过事故水收集系统进行收集。由于氯硅烷属于忌水化学品，其泄漏采用水喷淋消减事故废气时应注意不能将喷淋水与物料直接接触，以免引发次生事故。

根据多晶硅生产体系物料特性，在涉及氯硅烷的贮存区、生产区等重点区域周边加装固定式消防水炮，水炮可旋转 180°喷射水雾，最近距离生产装置小于 10 m，在出现事故时，可就近距离拦截、稀释及洗消因氯硅烷泄漏、水解产生的氯化氢气体，形成水幕。

为进一步减少事故影响，可加装移动式消防水炮，作为固定式消防水炮的补充，有效地减少事故发生时对环境的影响，且机动性较强。

同时，在风险源重点防护区域顶部四周新增水幕喷淋系统，喷淋头间距小于 1.5m，可在有泄漏危险的装置区或罐区四周形成水幕，有效地将事故状态下泄漏的物料与环境进行隔断。

（三）设计方面

在设计方面，多晶硅生产企业在满足国家在安全生产建设中所要求的“三同时”外，还应注意以下三个方面：

1）在生产建设布局上，要根据有关规范的要求确定各功能区、建（构）筑物之间的防火间距；在满足工艺流程防火、防爆等要求的前提下，合理布局生产设备和设施；厂区至少设置两个出入口，其中一个主要作为货流出入口，另一个主要作为人流出入口，满足人、货分流的要求；各区域及部分较危险的车间周围设环形道路。

2）采取露天布置和防爆泄压措施。生产设备能采取露天布置的尽量采取露天布置，如精馏塔、制氢车间、歧化车间等，这样有利于通风及防爆泄压，避免可燃气体在建筑物内积聚；有爆炸危险的厂房（如多晶硅还原厂房、氢气制备厂房等），除加强通风换气、管道设备的密封和检漏外，在建筑结构上多采用轻质屋顶和轻质压型钢板，增大泄压面积与厂房体积比，最大限度地减少爆炸发生的可能性和爆炸破坏性；对建构筑物的钢柱、钢梁、承重钢框架、支架等采取耐火保护，提高建筑物的耐火性能。

3）要根据不同物料介质的性质，设计配备不同的防火、灭火设施，如：在三氯氢硅和二氯二氢硅存在的区域，应配备干沙、水泥或者氮气，用于防火灭火，而不能使用泡沫灭火器；在氢气球罐区，应设计喷淋降温系统，以防氢气着火后引起罐体升温发生爆炸的次生事故；在电力供应区，应设计配备气体灭火设施等。

纳米碳材料专家张锦

思考题

1. 简述电芯、电池烘烤潜在的问题及失效的后果。
2. 简述工艺实验的流程。
3. 简述磷酸铁锂电池的优缺点。
4. 简述锂电池使用注意事项。
5. 简述注液工序潜在的问题及失效的后果。
6. 简述电池循环寿命的测试方法及要求。
7. 简述电池短路测试的方法及要求。
8. 衡量电池制造好坏的标准是什么？
9. 纳米物质理化特性存在哪些潜在的风险？
10. 纳米物质对人类健康存在哪些潜在的风险？
11. 多晶硅安全生产技术应该采取哪些安全防范措施？

3

第三篇　突发安全事故和环境问题中的应急技术与管理

第八章　安全生产事故分析与应急救援

第一节　安全生产事故与应急救援概述

一、生产安全形势

（一）国外事故现状

人们经常可以从报纸、电视、广播等媒体上看到或者听到关于各类事故的报道，如道路交通事故、煤矿瓦斯爆炸事故、危险化学品爆炸事故、建筑坍塌事故、工伤事故等。近年来，生产安全事故不断发生，不但造成了人员的伤亡及财产损失，而且给人们的心灵造成了极大的伤害。

2014年，仅乌克兰煤矿就发生了2034起事故，造成99人死亡，金属、非金属矿山发生事故220起，造成12人死亡。2017年3月，发生了一起死亡8人、重伤20人的重大煤矿事故。

2017年7月13日，加拿大交通部部长宣布，最新发布的《渔业船舶安全规程》于当日正式生效，对在加拿大境内开展涉及渔业船舶领域的相关船只必备的安全设备、日志记录程序和船舶的安全可靠性等做了详细的规定。渔业船舶安全是安全生产工作的重要组成部分，通过加强渔船设备管理、加大船员安全操作培训力度和依照标准规程完成相关作业程序等方式，可有效降低渔业船舶事故的发生率。在该项法规的修改完善过程中，加拿大交通部门广泛征求了渔业船舶企业负责人、各地区安全生产协会和团体以及渔业船舶安全生产等相关部门等的意见征求，确保法规制定的针对性和全面性。

2017年7月5日，新西兰职业安全健康局发布加强农业作业安全通告，督促农场负责人加强农业作业安全，着重加强作业前的风险识别准备工作。通告指出，由于农业作业场所的特性，其作业相关风险总是动态变化的，如农场来访车辆和大型机械的使用等会随着时间的推移而产生位置的变化。此外，天气的变化也决定了作业前开展风险评估的必要性，如当日开车作业天气条件好，而次日由于露水等因素，开车作业前就应留意路滑翻车等风险的存在，提前做好应对措施。

英国职业安全健康局发布了 2016—2017 年度职业安全健康统计数据。数据显示，2016—2017 年，英国作业场所职业安全健康状况持续稳定好转。从行业领域看，建筑行业的职业安全健康事故死亡人数最多，为 30 人，然后是农业，为 27 人。从地区看，英格兰作业场所死亡人数最多，为 108 人，远远高于苏格兰和威尔士，其中英格兰的东米德兰作业场所职业安全健康事故死亡人数最多，为 17 人，然后是西米德兰，为 15 人。

（二）国内事故现状

我国是煤炭生产大国，煤炭行业在一段时间内仍是我国能源产业和国民经济的重要支柱。但是，由于井下情况复杂多样且动态变化产生的不确定性隐患致矿难频发。2014—2018 年，我国煤矿死亡事故统计见表 8-1。

表 8-1　2014—2018 年我国煤矿死亡事故统计

时间	2014 年	2015 年	2016 年	2017 年	2018 年
事故次数(次)	64	55	46	28	21
死亡人数(人)	435	427	252	189	170

通过表 8-1 可知，事故次数及死亡人数依旧较高，这与我国煤矿基数有较大的相关性。2018 年的事故次数仅为 2014 年的 33%左右，死亡人数为 2014 年的 39%左右。这说明随着我国对煤炭行业安全生产的重视以及对煤炭行业人力、物力投入的加大，我国煤矿的安全状况有了很大的改进。

事故发生后的分类分析对事故预防起关键作用，表 8-2 为我国 2013—2018 年煤矿事故类型、死亡人数和事故次数。由表 8-2 可知，瓦斯、透水、顶板事故在事故类型中最常见、最具影响。近年来，瓦斯抽采与抽放技术进步明显，但仍旧不能满足深部开采的需要。透水事故时有发生，透水事故除造成人员伤亡，也使井下设施设备侵蚀，造成巨大的经济损失。顶板管理工作随着综采技术的进步进展显著。

表 8-2　2013—2018 年煤矿事故类型、死亡人数和事故次数

事故类型	死亡人数(人)	事故次数(次)	事故类型	死亡人数(人)	事故次数(次)
瓦斯事故	1103	124	爆炸事故	12	3
透水事故	240	45	运输事故	20	7
顶板事故	101	30	放炮事故	58	8
火灾事故	39	3	其他事故	80	14

2017 年，全国非煤矿山共发生各类安全生产事故 407 起，死亡 484 人，同比分别下降 7%和 7.8%。其中，较大事故 15 起，死亡 63 人，没有发生特重大事故。

1. 按行业统计

2017 年，有色金属矿采选业事故总量最多，共发生事故 154 起，死亡 186 人，分别占总数的 37.8%和 38.4%，同比分别上升 6.9%和 170%；非金属矿采选业事故总量排第二，共发生事故 145 起，死亡 159 人，分别占总数的 35.6%和 32.9%，同比分别下降 35.0%和 39.3%；第三为黑色金属矿采选业，发生事故 75 起，死亡 104 人，分别占总数的 18.4%和 21.5%，同比分别上升 53.1%和 92.6%；石油天然气开采共发生事故 11 起，死亡 13 人，均

占总数的 2.7%，事故起数同比下降 8.3%，死亡人数与 2016 年持平。

2. 按十类事故类型统计

2017 年，全国非煤矿山共发生冒顶坍塌事故 125 起，死亡 140 人，事故起数、死亡人数均居第一位，分别占总数的 30.7%和 28.9%；中毒窒息事故 20 起，死亡 48 人，分别占总数的 4.9%和 9.9%；边坡垮塌事故 28 起，死亡 38 人，分别占总数的 6.9%和 79%；爆炸事故 12 起，死亡 16 人，分别占总数的 2.9%和 3.3%；透水事故 3 起，死亡 10 人，分别占总数的 0.7%和 2.1%；坠罐跑车事故 2 起，死亡 3 人，分别占总数的 0.5%和 0.6%；尾矿库溃坝事故 1 起，死亡 3 人，分别占总数的 0.2%和 0.6%；火灾事故 2 起，死亡 2 人，分别占 0.5%和 0.4%。未发生井喷失控、硫化氢中毒事故和重大海损事故。

3. 按开采方式统计

2017 年，地下矿山共发生事故 238 起，死亡 296 人，分别占总数的 58.4%和 61.2%，同比分别上升 2.6%和 17.5%；露天矿山共发生事故 106 起，死亡 113 人，分别占总数的 26.0%和 23.3%，同比分别下降 38.0%和 46.2%；选矿厂共发生事故 20 起，死亡 23 人，分别占总数的 4.9%和 4.8%，同比分别上升 100.0%和 109.1%；尾矿库共发生事故 4 起，死亡 9 人，分别占总数的 1.0%和 1.9%。据统计，2017 年非煤矿山监管对象（含非煤矿山、地质勘探单位、采掘施工企业和尾矿库）共计 55063 个，较 2013 年减少 29622 个，下降 35.0%。2017 年非煤矿山事故总量较 2013 年减少 251 起，下降 38.19%。

2017 年，全国原油产量 19150.6 万 t，比 2013 年下降 8.4%；天然气产量 1480.3 亿 m^3，比 2013 年上升 26.5%。石油天然气开采事故比 2013 年增加 2 起，上升 22.2%。

2013—2017 年，全国钢铁产量相对稳定，保持在 19 亿 t 左右。2017 年全国粗钢和钢材产量略有下降，合计 18.82 亿 t。黑色金属矿采选业事故总量比 2013 年减少 46 起，下降 38.0%。但是，事故总量有所反弹，超过了 2015 年和 2016 年。与 2016 年相比，黑色金属矿采选业事故增加 26 起，上升 53.1%。

2013—2017 年，全国十种有色金属产量持续增加，年均增长率为 8.9%，2017 年达到 5501.0 万 t，比 2013 年增加 1446.1 万 t，上升 35.7%。2017 年，有色金属矿采选业事故总量比 2013 年减少 62 起，下降 28.7%。但是，2017 年事故总量略有反弹，比 2016 年增加 10 起。

2013—2017 年，全国水泥产量相对平稳，维持在 24.0 亿 t 左右。2017 年全国水泥产量为 23.4 亿 t。2017 年，非金属矿事故总量为 5 年来最低，比 2013 年减少 91 起，下降 38.6%。

面对特重大事故不断发生的事实，人们只有采取积极的措施应对，明确事故发生的原因，不断积累经验，并将这些经验总结为各种安全知识或规则，才能达到避免同类事故发生或预防事故发生的目的。要想达到避免同类事故发生或预防事故发生的目的，就必须进行事故的调查与分析。

（三）事故调查与分析的意义

1. 既遂事故调查与分析的意义

在安全管理工作中，对已发生的事故进行调查与分析是极其重要的一个环节。通过对既遂事故进行调查与分析，可以找出具体的事故原因和规律。人们根据大量统计资料，借助数据统计的各种手段，对事故在一定时间和范围内发生的情况等参数进行研究和分析，从而了解总体事故的发生发展规律。这样可以加深人们对事故的认识和了解，同时为事故的预防提供参考，减少或避免事故发生带来的损失，为事故的最终处理提供依据。具体来说，进行既遂事故的调查与分析对安全管理的重要性可归纳为以下几个方面：

1）事故的发生既有它的偶然性，也有必然性。如果潜在的事故发生的条件（一般称为事故隐患）存在，何时发生事故是偶然的，但发生事故是必然的。通过进行既遂事故的调查与分析，可以充分发现事故发生的潜在条件，包括导致事故发生的直接原因和间接原因，找出其发生、发展的过程，防止类似事故再次发生。

2）事故的发生是有因果性和规律性的，进行既遂事故的调查与分析是找出这种因果关系和事故规律最有效的方法，掌握了这种因果关系和规律性，就能有针对性地制订出安全防范措施，包括技术手段和控制手段的措施，从而取得最佳的事故控制效果。

3）任何系统特别是具有新设备、新工艺、新产品、新材料、新技术的系统都在一定程度上存在着某些人们尚未了解或被忽视的潜在危险。事故的发生给了人们认识这些危险的机会和方式，进行既遂事故的调查与分析是把握这一机会的最主要途径，可以帮助人们揭示新的或者未被人们注意到的危险。

4）事故是管理不到位的表现形式，管理系统缺陷的存在也会直接影响生产经营单位的经济效益。对事故进行调查与分析可以发现企业管理系统中存在的问题，加以改进后，就可以一举多得，既控制事故，又改进管理，提高企业经济效益。

5）安全管理工作主要是事故预防、应急措施和补偿手段的有机结合，且事故预防和应急措施更为重要。事故调查与分析得到的结果对帮助企业进行事故预防和应急方案的制订有重要价值。

当然，事故调查与分析不仅与生产经营单位的安全生产有关，还对保险业有特殊的意义。因为事故调查与分析既可以帮助保险公司明确事故真相，排除被保险人的骗保事件，减少经济损失，也可以让保险公司据此确定事故经济损失，划定保险公司与被保险人双方都能接受的合理赔偿额，还可以根据事故发生的情况进行保险费率的调整，同时提出合理的预防措施，协助被保险人减少事故、搞好防灾防损工作，降低事故率。对于产品生产企业来说，对其产品使用、维修乃至报废过程中发生的事故进行调查与分析对确定事故责任、发现产品缺陷、保护企业形象、搞好新一代产品的开发都具有重要意义。

2. 未遂事故调查与分析的意义

由于未遂事故没有造成实际的伤害和损失，因此往往容易被人们忽视。但是，按照事故致因理论，未遂事故和伤害事故发生的机理与致因是一致的。通过对未遂事故进行辨识和分析，找到事故多发的危险源，必将使企业安全管理工作达到事半功倍的效果。对未遂事故进行调查分析的意义如下：

1）在事故管理中，一般对伤亡事故都建立了一套相对较为完善的收集调查、分析、统计、处理的制度，而在诸多领域对未遂事故的信息还缺少收集与管理，更没有进行分析、调查与处理。因而，大量的未遂事故中包含的各种有用信息没有得到充分的挖掘和利用。通过将这种无伤害的事故作为发生的所有事故的一部分加以收集、研究及调查，可以充分帮助企业有效地挖掘和收集与未遂事故相关的有用信息，便于各企业制订符合本企业自身的未遂事故管理方案，从而为企业今后的未遂事故统计工作提供明确的制度和管理方向。

2）从事故对人体危害的结果来说，纵然有时是未遂伤亡，到底会不会造成伤害却是一个难以预测的问题。将这种无伤害的事故作为发生的所有事故的一部分加以收集、研究及调查，可以掌握事故发生的倾向和概率，有助于采取相应的措施对生产和生活中的不安全因素加以管理和控制，可以在很大限度上达到减少伤害事故特别是特重大事故发生的目的。

二、事故基本概念

（一）事故的定义

"事故"一词用得非常广泛，极为通俗，事故现象也屡见不鲜、表现各异。但是，若要确切阐明"事故"的内涵，给它下个完整、科学、准确的定义，并不是一件容易的事情，这是一个至今尚无一致认识的问题。

国内外的有关专家、学者对"事故"的定义众说纷纭，他们从不同的角度对"事故"做出了各种解释。

例如，国外的几种对事故的解释如下：事故是意外的、特别有害的事件；事故是非计划的，失去控制的事件；事故为异常状态的典型现象；事故除了是意外的事件，同时具有破坏能力；事故未必是致伤的或（和）造成破坏的事件，它妨碍任务的完成，且事故发生前一定有不安全的行为和（或）不安全条件；事故是由多种因素决定的，任何特定事故都具有若干事件和情况联合存在或同时发生的特点。还有学者从能量观点的角度解释事故：在生产过程中，能量按一定的方式和路线输入，同时必然或多或少地出现能量的逸散。当人体能量体系与生产能量体系或者能量体系接触时，可能破坏人体能量体系的平衡而导致伤害事故；当生产设备、装置与逸散能量体系接触时，可能使生产设备、装置受破坏。这些违反人们意志的，造成暂时或永久停止工作的事件就是事故。

国内的专家、学者是这样解释的：事故是生产、工作、活动等意外的损失或灾祸；事故是人们在进行有目的的活动过程中，突然发生的、违背人们意志的不幸事件，它的发生可能迫使有目的的活动暂时地或者永久地停止下来，其后果可能是人员伤害或者财产损失，也可能两者同时出现；任何一次事故的出现，都具有若干事件和条件共存或同时发生的特点，从这个意义上，事故是物质条件环境、行为、管理以及意外事件的处理状况等众多因素的多元函数。

"事故"是损失，破坏或灾祸的外在表象和内在原因的综合。无论何种事故都不只是表面现象，而是在一定的条件下发生的，事故的发生都有其偶然性和必然性。这里所说的条件是指主观条件和客观条件，也可以说是事故的外部原因和内部原因。唯物辩证法认为，外因是变化的条件，内因是变化的根据，外因通过内因而起作用。人们可以对各种损失、破坏或灾祸的外在表象和内在原因进行分析，从中找出规律和原因，并得出解决的方法，避免事故再次发生。

对于"事故"而言，从不同的角度看会有不同的观点。《辞海》给"事故"下的定义是"意外的变故或灾祸"。在众多的定义中，伯克霍夫对"事故"的定义最为著名，他认为事故是人在为实现某种意图而进行的活动过程中，突然发生的、违反人的意志的、迫使活动暂时或永久停止的事件。该定义对"事故"做了全面的描述。

综上所述，事故是指个人或集体在进行有目的的活动过程中，突然发生的、违反人的意愿的，并可能使有目的的活动发生暂时性或永久性中止，造成人员伤亡或（和）财产损失的意外事件。简单地说，凡是引起人身伤害、导致生产中断或财产损失的所有事件统称为事故。

（二）事故的内涵

根据事故的定义，我们可以将事故的内涵归纳如下：

1）事故是一种发生在人类生产、生活活动中的特殊事件，它在人类的任何生产、生活活动过程中都可能发生。因此，人们在任何生产、生活过程中都要时刻注意，采取措施防止事故的发生。

2）事故是一种突然发生的、出乎人们意料的事件。由于导致事故发生的原因非常复杂，事故往往是由许多偶然因素引起的，因而事故的发生具有随机性。在一起事故发生之前，人们无法准确地预见什么时候、什么地方、发生什么样的事故。由于事故发生的随机性，认识事故、弄清事故发生的规律及防止事故发生成为一件非常困难的事情。

3）事故是一种迫使进行着的生产、生活活动暂时或永久停止的事件。事故对进行着的生产、生活活动造成的中断、终止必然会给人们的生产、生活带来某种形式的影响。因此，事故是一种违背人们意志的、人们不希望发生的事件。

4）事故这种意外事件除了影响人们的生产、生活活动顺利进行，还可能造成人员伤害、财物损坏或环境污染等其他形式的后果。需要指出的是，事故与事故后果是互为因果的两件事情，但在日常生产、生活中，人们往往把事故和事故后果看作一件事情，这是不正确的。之所以产生这种认识，是因为事故的后果特别是给人们带来严重伤害或损失的后果给人的印象非常深刻，人们自然会注意造成这种后果的事故。相反，当事故带来的后果非常轻微，没有引起人们注意的时候，人们就会忽略。

作为安全工程研究对象的事故主要是那些可能带来人员伤亡、财产损失或环境污染的事故。于是，对事故可以进一步理解为，事故是在人们生产、生活活动过程中突然发生的、违反人们意志的、迫使活动暂时或永久停止，可能造成人员伤害、财产损失或环境污染的意外事件。

（三）事故的特征

事故表现是千变万化的，并且渗透到人们的生活和每一个生产领域，几乎可以说，事故是无所不在的，同时事故结果又各不相同，所以说事故是复杂的。另外，事故会导致人员伤亡、财产损失，且不同类型事故的表现形式千差万别。研究事故不能只从事故的表面出发，必须对事故进行深入调查和分析，由事故特性入手，寻找事故发生的根本原因及其发展规律。大量的事故统计结果表明，事故具有普遍性、偶然性、必然性、因果性、潜伏性、不可逆性、关联性、危害性、低频性、可预防性、突发性的特征。

1. 普遍性

各类事故的发生具有普遍性，从更广泛的意义讲，世界上没有绝对的安全。从事故统计资料可以知道，各类事故的发生从时间上看是基本均匀的，也就是说，事故可能在任何一个时间发生；从地点分布看，每个地方或企业都会发生事故，不存在什么事故的禁区或者安全生产的福地；从事故类型看，《企业职工伤亡事故分类》（GB 6441—1986）中列举的事故类型的背后都有血的教训。这说明安全生产工作必须时刻面对事故的挑战，任何时间、任何场合都不能放松对安全生产的要求，而且针对那些事故发生较少的地区和单位更要明确事故的普遍性这一特点，避免麻痹大意的思想，争取从源头上降低事故的发生率。

2. 偶然性

偶然性是指事物发展过程中呈现出来的某种摇摆或偏离，是可以出现或不出现、可以这样出现或那样出现的不确定的趋势。

由于对事故的认识还不是很透彻，特别是针对人的不安全行为的对策措施比较有限，所以针对有的事故，人们还不能完全解释其发生、发展的规律，且难以控制事故的发展变化，这样的结果就是事故的发生具有偶然性，即呈现在人们面前的各类事故是一种随机的事件。其实，这只是表面的现象，因为事故发生的偶然性是寓于事故必然性之中的。不能悲观失望，放弃对事故的研究，更不能想当然地处理事故。正确的方法是努力寻找隐藏在表现下面的真正原因，最终掌握事故发生发展的基本规律。

3. 必然性

必然性是客观事物联系和发展的合乎规律、确定的趋势，是在一定条件下的不可避免性。

虽然事故的发生具有一定的偶然性，但从统计的角度看，事故的发生和变化是有其自身规律的。从人的角度看，虽然偶尔的违章行为可能不会造成事故，但多次反复出现不安全的行为终究会导致事故的发生。同样，从物的不安全状态看，由于设施、设备不可能在任何情况下都保证安全稳定地运转，当设备、设施出现故障时，就容易发生事故。事故的发生从个别案例上看服从随机性规律，但从总体上看具有自身的规律，事故的预防工作也正是针对这些规律开展的。

4. 因果性

因果性是某一现象作为另一现象发生的根据的关联性。事故的起因是它和其他事物相联系的一种形式。事故是相互联系的诸原因的结果。事故这一现象和其他现象有直接或间接的联系。因果关系有继承性，或称非单一性，也就是多层次的，即第一阶段的结果往往是第二阶段的原因。

在这一关系中，看似是“因”的现象，在另一关系中却会以“果”出现，反之亦然。给人造成直接伤害的原因（或物体）是比较容易掌握的，这是由于它产生的某种后果显而易见。然而，要找出经过何种过程造成这样的结果却非易事。因为随着时间的推移，种种因素会同时存在，并且它们之间有某种关系，还可能由于某种偶然机会造成了事故后果。所以，在制订预防措施时，应尽最大努力掌握造成事故的直接和间接原因，深入剖析其根源，防止同类事故重演。

5. 潜伏性

事故的潜伏性是指事故在尚未发生或还未造成后果之时是不会显现出来的，好像一切还处在“正常”和“平静”的状态。但是，生产中的危险因素是客观存在的，只要这些危险因素未被消除，事故就会发生，只是时间早晚而已。事故的这一特征要求人们消除盲目性和麻痹思想，要常备不懈、居安思危，在任何时候、任何情况下都要把安全放在第一位。要在事故发生之前充分辨识危险因素，预测事故可能发生的模式，事先采取措施进行控制，最大限度地防止危险因素转化为事故；制订事故防治和应急救援方案，使事故产生的损失降到最低。

6. 不可逆性

事故本身具有一定的规律，不会因为人们的努力营救而改变其发展变化特性，这也可以称为事故的“单向性”。各类事故遵循一定的规律，如建筑物在经过长时间的燃烧后就会变成危楼，并最终倒塌，这样的规律是客观存在的，不可能因为人们的愿望而发生改变。因此，在预防各类事故的过程中必须首先认识、了解事故的发生、发展变化规律，从根本上消除事故发生的各种基本条件。这个特征强调人们对事故本身规律的认识，坚决反对不顾事故规律的蛮干，否则，不仅不会对事故的处理有任何帮助，还会给事故的处理增加不必要的麻烦和困难。

7. 关联性

事故的发生需要很多互相关联的因素共同作用。最常见的因素就是人的不安全行为、物的不安全状态以及安全管理的缺陷。这些因素必须共同作用，才能导致事故的发生，这是事故发生和发展的重要特征。

另外，从事故的角度看，不同事故之间也有内在的联系，“城门失火，殃及池鱼”就是这个道理。很多事件之间都有联系，这样的联系常常被人们忽略，等到事故已经发生，人们只有无奈地承受事故带来的恶果。例如，在河流上游的化工厂因为事故导致有毒物质泄漏，于是下游的城市就不可避免地受到影响。

8. 危害性

事故的危害一般是比较大的。事故不仅对人员造成伤害，还会导致重大的经济损失。特别是一些重大伤亡事故会在相当长的时间内对相关企业和有关当事人造成沉重的打击，给企业的正常生产和企业员工的正常生活带来严重影响。事故的损失一般分为直接经济损失和间接经济损失。直接经济损失是可以直接计算出来的经济损失，如医疗费、事故罚款或事故赔偿等；间接经济损失则是很难直接计算出来的经济损失，如工作损失价值、资源损失价值、环境污染治理费用等。根据有关学者的研究，间接经济损失可以达到直接经济损失的2~4倍，而且很多间接经济损失将会持续相当长的时间，这对个人和企业都是非常负面的事情。从这个角度看，事故具有相当大的危害性。

9. 低频性

一般情况下，事故（特别是重特大事故）发生的频率比较低。事故的低频性有好的方面，为企业和个人留出了宝贵的时间进行事故的预防和事故隐患的排查，只要能在事故发生前解决安全生产中存在的问题，事故终究是不会发生的。但是，长期不发生事故也会让人产生麻痹思想，这是事故低频性不利的一面。

10. 可预防性

事故的发生、发展都是有规律的，只要按照科学的方法和严谨的态度进行分析并积极做好有关预防工作，事故是完全可以预防的。人们对事故预防措施的研究一直没有停止过，而且随着人类认识水平的不断提升，对于各种类型的事故都已经找到了比较有效的预防方法。人们已经基本掌握了绝大多数事故发生、发展的规律。这些规律如何在企业和普通劳动者中推广，是目前安全生产技术问题的关键所在。

人们在生产、生活过程中已经积累了相当多的安全知识和安全技能，只要积极学习并运用这些现成的知识和技能，就基本上能够确保生产的安全。通过有关职能部门有力的监管，如运用行政、法律、经济手段，人们完全能够有效防止各类事故的发生。

11. 突发性

事故的发生往往具有突发性，因为事故是一种意外事件，是一种紧急情况，常常使人感到措手不及。由于事故发生很突然，人们一般不会有太多的时间仔细考虑如何处理事故，因此往往会忙中出乱，不能有效控制事故。

应对事故的突发性，只能加强事故应急救援预案的制订工作，搞好事故应急救援的训练，提高作业人员的应急反应能力和救援水平，这对减少人员伤亡和财产损失尤其重要。

（四）事故分类

1. 自然事故与人为事故

自然事故是指由自然灾害造成的事故，如由地震、洪水、旱灾、山崩、滑坡、龙卷风等引起的事故。这类事故在目前条件下受科学知识不足的限制还不能做到完全防止，只能通过研究预测、预报技术，尽量减少灾害造成的破坏和损失。人为事故是指由人为因素而造成的事故，这类事故既然是人为因素引起的，原则上就能预防。据美国20世纪50年代统计，在75000起伤亡事故中，天灾只占2%，98%是人为造成的。也就是说，98%的事故基本上是可以预防的。人为事故之所以可以预防，是因为它和其他客观事物一样，具有一定的特性和规律，只要人们掌握了这些特性和规律，事先采取有效措施加以控制，就可以预防事故的发生及减少其造成的损失。

2. 伤亡事故与非伤亡事故

（1）伤亡事故　伤亡事故简称伤害，是个人或集体在行动过程中接触了与周围条件有关的外来能量，该能量作用于人体，导致人体生理机能部分或全部丧失。人体本身就是个能量体系，它把能量吸收在人体的生理机构中，并通过自身的新陈代谢消耗能量以进行各种活动，当人的行动超出了正常状态，且与生产设备的能量流动发生接触、碰撞以致遭受打击而蒙受伤害时，就妨碍了行动的正常进行。这种事故的后果严重时会决定一个人一生的命运，习惯称其为不幸事故。在生产区域中发生的与生产有关的伤亡事故称为工伤事故。

（2）非伤亡事故　非伤亡事故是指人身没有受到伤害或受伤轻微，停工短暂或与人的生理机能障碍无关的事故。由于传给人体的能量很小，尚不足以构成伤害，习惯上称为微伤；还有一种是对人身而言的未遂事故，也称为无伤害事故。

事故到底是伤亡事故，还是非伤亡事故，取决于多种外界因素的共同作用，偶然性很大。两者的分界线不明显，把两者完全分开的可能性从本质上说是一个偶然性的问题，只能用概率加以论述。

以客观的物质条件为中心考察事故现象时，其结果大致也有如下两种情况：

1）物质遭受损失的事故，如火灾、爆炸、冒顶、倒塌等事故。这是因为生产现场的物质条件都是根据不同的目的，并为了实现这些目的而创造的人工环境，有时供给它的动力不符合安全条件的要求，能量突然逸散而发生了物质的破坏倒塌、火灾、爆炸等现象，以致迫使生产过程停顿，并造成财产损失。

2）物质完全没有受到损失的事故。有些事故虽然物质没有受到损失，但因“人机”系统中不论人或机哪一方面停止工作，另一方也必须停顿下来，这样也会造成时间上的损失或间接损失。生产现场的机械设备和装置在使用过程中，随着时间的推移，都存在可靠性的问题，伴随着其可靠性的降低，其难以永远保持正常状态，因而就有发生这种“物质完全没有受到损失”事故的可能性。

总之，无论人员受到伤害与否或物质损失与否，都应彻底地从生产领域中排除各种危险因素和隐患，防止事故发生，做到安全生产。

收集和研究无伤害、无损失的事故资料具有十分重要的现实意义。研究所有事故的原因的重要性就在于能够判断出那些“潜在的”导致伤害的作业环境、设备状态和人的行为，从而总结归纳出可以掌握的客观规律。

3. 常见伤亡事故类型

为了研究事故发生的原因及规律，便于对伤亡事故进行统计分析，《企业职工伤亡事故分类》根据致伤原理把伤亡事故划分为20类。

物体打击：失控物体的惯性力造成的人身伤害事故，包括落下物、飞来物、滚石、崩块造成的伤害，但不包括因爆炸引起的物体打击。

车辆伤害：机动车辆引起的机械伤害事故。适用于机动车辆在行驶中的挤压、撞车或倾覆等事故，在行驶中上下车，搭乘矿车等，出现车辆运输挂钩事故、跑车事故。这里的机动车辆是指汽车，如载重汽车、自动卸料汽车、大客车、小汽车、客货两用汽车、内燃叉车等；电瓶车，如平板电瓶车、电瓶叉车等；拖拉机，如转向盘式拖拉机、手扶拖拉机、操纵杆式拖拉机等；轨道车，如有轨电动车、电瓶机车等。

机械伤害：机械设备与工具引起的绞、辗、碰、割、戳、切等伤害。例如，工件或刀具飞出伤人，切屑伤人，手或身体被卷入，手或其他部位被刀具碰伤，被转动的机械缠绕、压住等，但属于车辆、起重设备的情况除外。

起重伤害：从事起重作业时引起的机械伤害事故。引起这类事故的主要原因包括：桥式类型起重机，如龙门起重机、缆索起重机等；臂架式类型起重机，如塔式起重机、悬臂起重机、桅杆起重机、铁路起重机、履带起重机、汽车和轮胎起重机等；升降机，如电梯、升船机、货物升降机等；小型起重设备，如千斤顶滑车、葫芦（手动、气动、电动）等作业。起重伤害的主要伤害类型有起重作业时脱钩砸人、钢丝绳断裂抽人、移动吊物撞人、绞人钢丝绳或滑车等伤害，同时包括起重设备在使用、安装过程中的倾翻事故及提升设备过卷、蹲罐等事故。但起重伤害不包括下列伤害：触电、检修时制动失灵引起的伤害，上下驾驶舱时引起的坠落或跌倒。

触电：电流流经人体，造成生理伤害的事故。触电事故分为电击和电伤两大类。这类伤害事故主要包括触电、雷击伤害。例如，人体接触带电的设备金属外壳、裸露的临时电线接触漏电的手持电动工具，起重设备操作错误接触到高压线或感应带电，触电坠落等。

淹溺：因大量水经口、鼻进入肺内，造成呼吸道阻塞，发生急性缺氧而窒息死亡的事故。这类伤害事故包括船舶、排筏、设施在航行、停泊、作业时发生的落水事故。其中，设施是指在水上、水下各种浮动或固定的建筑、装置、管道电缆和固定平台。作业是指在水域及其岸线进行装卸、勘探、开采、测量、建筑、疏浚、爆破、打捞、救助、捕捞、养殖、潜水、流放木材、排除故障、科学实验和其他水上、水下施工。

灼烫：强酸、强碱等物质溅到身体上引起的化学灼伤，因火焰引起烧伤，高温物体引起的烫伤，放射线引起的皮肤损伤等事故。灼烫主要包括烧伤、烫伤、化学灼伤、放射性皮肤损伤等，但不包括电烧伤、火灾事故引起的烧伤。

火灾：造成人身伤亡的企业火灾事故，不包括非企业原因造成的火灾，如居民火灾蔓延到企业，此类事故属于消防部门统计的事故。

高空坠落：由危险重力势能差引起的伤害事故。人们习惯上把作业场所高出地面2m以上称为高处作业，高空作业一般指距离地面10m以上高度处的作业。这类事故包括脚手架、平台、陡壁施工等高于地面的坠落，也包括由地面踏空失足坠入洞、坑、沟、升降口、漏斗等情况，但不包括以其他类别为诱发条件的坠落，如高处作业时，因触电导致的失足坠落应定为触电事故，不能定为高空坠落。

坍塌：建筑物、构筑物、堆置物等倒塌以及土石塌方引起的事故，不包括因设计或施工不合理而造成的倒塌，以及土方、岩石发生的塌陷事故，如建筑物倒塌、脚手架倒塌，挖掘沟、坑、洞时导致土石的塌方等情况。

冒顶片帮：矿井工作面、巷道侧壁由于支护不当、压力过大造成的坍塌称为片帮；顶板垮落称为冒顶。两者常同时发生，简称为冒顶片帮，不包括矿山、地下开采、掘进及其他坑道作业发生的坍塌事故。

透水：矿山、地下开采或其他坑道作业时，意外水源带来的伤亡事故，包括井巷与含水岩层、地下含水带、溶洞或与被淹巷道、地面水域相通时，涌水成灾的事故，不包括地面水害事故。

放炮：施工时由于放炮作业造成的伤亡事故，如采石、采矿、采煤、开山修路、拆除建筑物等工程进行的放炮作业引起的伤亡事故。

火药爆炸：火药与炸药在生产、运输、储藏过程中发生的爆炸事故，包括火药与炸药生产在配料、运输、储藏、加工过程中，由于振动、明火、摩擦、静电作用，或因炸药的热分解作用、储藏时间过长，或因存储量过大发生的化学性爆炸事故，以及熔炼金属时，废料处理不净，残存火药或炸药引起的爆炸事故。

瓦斯爆炸：可燃性气体瓦斯、煤尘与空气混合形成了浓度达到燃烧极限的混合物，接触点火源而引起的化学性爆炸事故。这类事故适用于煤矿，同时适用于空气不流通，瓦斯、煤尘积聚的场合。

锅炉爆炸：锅炉是指利用各种燃料、电或者其他能源，将所盛装的液体加热到一定的参数，并承载一定压力的密闭设备，其范围规定为容积大于或等于30L的承压蒸汽锅炉；出口水压大于或等于0.1MPa（表压），且额定功率大于或等于0.1MW的承压热水锅炉；有机热载体锅炉，但不包括铁路机车、船舶上的锅炉以及列车电站和船舶电站的锅炉。锅炉爆炸是指锅炉发生爆炸事故。

容器爆炸：根据《特种设备安全监察条例》，容器是指盛装气体或者液体，承载一定压力的密闭设备，其范围规定为最高工作压力大于或等于0.1MPa（表压），且压力与容积的乘积大于或等于2.5MPa·L的气体、液化气体和最高工作温度大于或等于标准沸点的液体的固定式容器和移动式容器；盛装公称工作压力大于或等于0.2MPa（表压），且压力与容积的乘积大于或等于1.0MPa·L的气体、液化气体和标准沸点等于或低于60℃液体的气瓶、氧舱等。容器爆炸就是容器发生爆炸事故。

其他爆炸：不属于瓦斯爆炸、锅炉爆炸和容器爆炸的爆炸，主要包括可燃气体与空气混合形成的爆炸性气体引起的爆炸，可燃蒸气与空气混合产生的爆炸性气体引起的爆炸，以及可燃性粉尘与空气混合后引发的爆炸。

中毒和窒息：中毒是指人接触有毒物质，如误食有毒食物，呼吸有毒气体引起的人体在8h内出现的各种生理现象的总称，也称为急性中毒；窒息是指在废弃的坑道、竖井、涵洞、地下管道等不能通风的地方工作，因为氧气缺乏，有时会发生突然晕倒，甚至死亡的事故。两种现象合为一体，称为中毒和窒息事故。这类事故不包括病理变化导致的中毒和窒息的事故，也不包括慢性中毒和职业病导致的死亡事故。

其他伤害：凡不属于上述伤害的事故均称为其他伤害，如扭伤、跌伤、冻伤、野兽咬伤、钉子扎伤等。

4. 按照事故发生的行业和领域划分

生产安全事故：生产经营单位在生产经营活动（包括与生产经营有关的活动）中突然发生的，伤害人身安全和健康，或者损坏设备设施，或者造成经济损失的，导致原生产经营活动（包括与生产经营有关的活动）暂时中止或永远终止的意外事件。

火灾事故：失去控制并对财物和人身造成损害的燃烧现象。以下情况也列入火灾统计范围：民用爆炸物品爆炸引起的火灾；易燃可燃液体、可燃气体、蒸气、粉尘以及其他化学易燃易爆物品燃烧和爆炸引起的火灾；机电设备因内部故障导致外部明火燃烧需要组织扑灭的事故，或者引起其他物件燃烧的事故。

道路交通事故：各单位车辆在道路上因过错或者意外造成的人身伤亡或者财产损失的事故。

农业机械事故：农业机械在作业或者转移等过程中造成的人身伤亡、财产损失的事故。

水上交通事故：船舶、浮动设施在海洋、沿海水域和内河通航水域发生的碰撞、搁浅、触礁、触损、浪损、火灾、爆炸、风灾、自沉及其他引起人员伤亡、造成直接经济损失的事故统称水上交通事故。

5. 按照事故的等级划分

《生产安全事故报告和调查处理条例》第三条：根据生产安全事故（以下简称事故）造成的人员伤亡或者直接经济损失，事故一般分为以下等级：

（1）特别重大事故　是指造成30人以上死亡，或者100人以上重伤（包括急性工业中毒，下同），或者1亿元以上直接经济损失的事故。

（2）重大事故　是指造成10人以上30人以下死亡，或者50人以上100人以下重伤，或者5000万元以上1亿元以下直接经济损失的事故。

（3）较大事故　是指造成3人以上10人以下死亡，或者10人以上50人以下重伤，或者1000万元以上5000万元以下直接经济损失的事故。

（4）一般事故　是指造成3人以下死亡，或者10人以下重伤，或者1000万元以下直接经济损失的事故。

所称“以上”包括本数，“以下”不包括本数。

第二节　事故报告、调查与分析

一、生产安全事故报告

事故报告应当及时、准确、完整，任何单位和个人对事故不得迟报、漏报、谎报或者瞒报。单位和个人不得阻挠和干涉对事故的报告和依法调查处理。事故发生后，及时、准确、完整地报告事故对及时、有效地组织事故救援，减少事故损失，顺利开展事故调查具有非常重要的意义。

（一）生产安全事故报告的基本内容

（1）事故发生单位的概况　事故发生单位的概况应包括单位的全称、所处地理位置、所有制形式和隶属关系、生产经营范围和规模、持有各类证照的情况、单位负责人的基本情况以及近期的生产经营状况等。当然，这些只是一般性要求，对于不同行业的企业，报告的内容应该根据实际情况来确定，但应以全面、简洁为原则。

（2）事故发生的时间、地点以及事故现场情况　报告事故发生的时间应当具体，并尽量精确到分钟。报告事故发生的地点要准确，除事故发生的中心地点外还应报告事故所波及的区域。报告事故现场的情况应当全面，不仅应报告现场的总体情况，还应报告现场人员的伤亡情况和设备设施的毁损情况；不仅应报告事故发生后的现场情况，还应尽量报告事故发生前的现场情况，以便前后比较，分析事故发生的原因。

（3）事故的简要经过　事故的简要经过是对事故全过程的简要叙述。其核心要求“全”和“简”，其中“全”是要全过程描述，“简”是要简单明了。需要强调的是，对事故经过的描述，应当注意事故发生前作业场所有关人员和设备设施的细节，因为这些细节可能就是引发事故的重要原因。

（4）事故已经造成或者可能造成的伤亡人数（包括下落不明的人数）和初步估计的直接经济损失　对于人员伤亡情况的报告，应当遵守实事求是的原则，不进行无根据的猜测，更不能隐瞒实际伤亡人数。对可能造成的伤亡人数，要根据事故单位当班记录，尽可能准确报告。对直接经济损失的初步估算主要是指事故所导致的建筑物的毁损、生产设备设施和仪器仪表的损坏等。

（5）已经采取的措施　已经采取的措施主要是指事故现场有关人员、事故单位责任人、已经接到事故报告的安全生产管理部门为减少损失、防止事故扩大和便于事故调查所采取的应急救援和现场保护等具体措施。

（6）其他应当报告的情况　报告事故应当包括事故内容的基本信息。对于其他应当报告的情况，根据实际情况具体确定。

（7）事故发生后的补报　《生产安全事故报告和调查处理条例》第十三条规定，事故报告后出现新情况的，应当及时补报。自事故发生之日起 30 日内，事故造成的伤亡人数发生变化的，应当及时补报。道路交通事故、火灾事故自发生之日起 7 日内，事故造成的伤亡人数发生变化的，应当及时补报。

（二）生产安全事故报告的时限和程序

《生产安全事故报告和调查处理条例》第九条规定，事故发生后，事故现场有关人员应当立即向本单位负责人报告；单位负责人接到报告后，应当于 1h 内向事故发生地县级以上人民政府安全生产监督管理部门和负有安全生产监督管理职责的有关部门报告。情况紧急时，事故现场有关人员可以直接向事故发生地县级以上人民政府安全生产监督管理部门和负有安全生产监督管理职责的有关部门报告。

《生产安全事故报告和调查处理条例》第十条规定，安全生产监督管理部门和负有安全生产监督管理职责的有关部门接到事故报告后，应当依照下列规定上报事故情况，并通知公安机关、劳动保障行政部门、工会和人民检察院。

1）特别重大事故、重大事故逐级上报至国务院安全生产监督管理部门和负有安全生产监督管理职责的有关部门。

2）较大事故逐级上报至省、自治区、直辖市人民政府安全生产监督管理部门和负有安全生产监督管理职责的有关部门。

3）一般事故上报至设区的市级人民政府安全生产监督管理部门和负有安全生产监督管理职责的有关部门。

安全生产监督管理部门和负有安全生产监督管理职责的有关部门依照前款规定上报事故情况，应当同时报告本级人民政府。国务院安全生产监督管理部门和负有安全生产监督管理职责的有关部门以及省级人民政府接到发生特别重大事故、重大事故的报告后，应当立即报告国务院。

必要时，安全生产监督管理部门和负有安全生产监督管理职责的有关部门可以越级上报事故情况。

《生产安全事故报告和调查处理条例》第十一条规定，安全生产监督管理部门和负有安全生产监督管理职责的有关部门逐级上报事故情况，每级上报的时间不得超过 2h。

二、生产安全事故调查

（一）生产安全事故调查的定义

事故调查是试图找出导致或存在潜在导致人员伤害、死亡或财产损失的一系列事件顺序的系统过程，以便确定事故的系统原因，并且采取整改措施。事故发生后认真检查，确定起因，明确责任并采取措施，避免事故再次发生的过程即为“事故调查”。

事故调查要求在掌握一定安全科学知识的基础上，依据国家的有关法律法规、方针政策，综合运用安全科学、统计学、物理、化学、工程技术及其他自然科学的理论和技术，通过逻辑推理、分析判断、模拟实验等手段科学地调查和分析事故。其目的是澄清事故的真相，查明人身伤亡和经济损失情况，调查事故的直接原因和间接原因，明确事故的责任，确定预防事故再次发生的整改方案，同时找出管理系统的缺陷，落实相应的安全措施。

（二）生产安全事故调查的目的

事故调查的目的如下：

1. 重建事故链

事故调查的目的是重建时间事件链，从而找出事故引发原因和管理系统中存在的缺陷，这种系统的缺陷是导致事故再次发生的根本原因。事故调查的目的是明确安全管理体系和安全规程中存在的问题，而不是针对某个人找错或追究责任。

2. 提出整改措施

在事故调查的基础上，通过分析引发事故的直接原因和间接原因，有针对性地提出整改方案，以预防类似事故再次发生。同时，在管理上对所有的安全规程和管理程序进行修订。

3. 预防事故发生

事故调查与分析对已经受伤的人员、已经破坏的产品、已损坏的机器或已污染的环境不能有任何改变，其价值在于预防再次发生事故。虽然调查过程是被动的，但是能帮助企业积极主动地改进自身的安全管理水平。

（三）生产安全事故调查的管辖

《生产安全事故报告和调查处理条例》第十九条规定，特别重大事故由国务院或者国务院授权有关部门组织事故调查组进行调查。

重大事故、较大事故、一般事故分别由事故发生地省级人民政府、设区的市级人民政府、县级人民政府负责调查。省级人民政府、设区的市级人民政府、县级人民政府可以直接组织事故调查组进行调查，也可以授权或者委托有关部门组织事故调查组进行调查。

未造成人员伤亡的一般事故，县级人民政府也可以委托事故发生单位组织事故调查组进行调查。

《生产安全事故报告和调查处理条例》第二十条规定，上级人民政府认为必要时，可以调查由下级人民政府负责调查的事故。

自事故发生之日起30日内（道路交通事故、火灾事故自发生之日起7日内），因事故伤亡人数变化导致事故等级发生变化，依照规定应当由上级人民政府负责调查的，上级人民政府可以另行组织事故调查组进行调查。

《生产安全事故报告和调查处理条例》第二十一条规定，特别重大事故以下等级事故，事故发生地与事故发生单位不在同一个县级以上行政区域的，由事故发生地人民政府负责调查，事故发生单位所在地人民政府应当派人参加。

（四）生产安全事故调查的基本原则

事故调查处理是一项比较复杂的工作，涉及方方面面的关系，同时具有很强的科学性和技术性。要搞好事故调查处理工作，必须有正确的原则做指导。事故调查处理应当坚持实事求是、尊重科学的原则，及时、准确地查清事故经过、事故原因和事故损失，查明事故性质，认定事故责任，总结事故教训，提出整改措施，并对事故责任者依法追究责任。

1. 实事求是的原则

实事求是是唯物辩证法的基本要求。

1）必须全面、彻底查清生产安全事故的原因，不得夸大事故事实或缩小事实，不得弄虚作假。

2）一定要从实际出发，在查明事故原因的基础上明确事故责任。

3）提出处理意见要实事求是，不得从主观出发，不能感情用事，要根据事故责任划分，按照法律、法规和国家有关规定对事故责任人提出处理意见。

4）总结事故教训、落实事故整改措施要实事求是，总结教训要准确、全面，落实整改措施要坚决、彻底。

2. 尊重科学的原则

尊重科学是事故调查处理工作的客观规律。生产安全事故的调查处理具有很强的科学性和技术性，特别是事故原因的调查，往往需要做很多技术上的分析和研究，利用很多技术手段。尊重科学，一是要有科学的态度，不主观臆想，不轻易下结论，防止个人意识主导，杜绝心理偏好，努力做到客观、公正；二是要充分发挥专家和技术人员的作用，把对事故原因的查明、事故责任的分析和认定建立在科学的基础上。

（五）事故调查组的设置

1. 事故调查组的构成

《生产安全事故报告和调查处理条例》第二十二条规定，事故调查组的组成应当遵循精简、效能的原则。根据事故的具体情况，事故调查组由有关人民政府安全生产监督管理部门、负有安全生产监督管理职责的有关部门、监察机关、公安机关以及工会派人组成，并应当邀请人民检察院派人参加。事故调查组可以聘请有关专家参与调查。

《生产安全事故报告和调查处理条例》第二十三条规定，事故调查组成员应当具有事故调查所需要的知识和专长，并与所调查的事故没有直接利害关系。

2. 事故调查组机构设置

事故调查组的内部机构一般如下：设事故调查组组长1名；根据事故具体情况和事故等级，设副组长1~3名，一般等级事故可只设组长1名；重大、特别重大事故在调查时，可设置具体工作小组，负责某一方面的具体调查工作。事故调查组成员应符合以下条件：

1）具有事故调查所需要的知识和专长，包括专业技术知识、法律知识等。

2）与所调查的事故没有利害关系，主要是为了保证事故调查的公正性。

3. 在实践中应注意的问题

1）事故调查组组成时，有关部门、单位中与所调查的事故有直接利害关系的人员应当主动回避，不应参加事故调查工作。

2）事故调查组组成时，发现被推荐为事故调查组成员的人选与所调查的事故有直接利害关系的，组织事故调查的人民政府或者有关部门应当将该成员予以调整。

3）事故调查组组成后，有关部门、单位发现其成员与所调查的事故有直接利害关系的，事故调查组应当将该成员予以更换或者停止其事故调查工作。

4. 事故调查组组长的确定

《生产安全事故报告和调查处理条例》第二十四条规定，事故调查组组长由负责事故调查的人民政府指定。事故调查组组长主持事故调查组的工作。

事故调查组组长主持事故调查组工作，其具体职责如下：全过程领导事故调查工作；主持事故调查会议，确定事故调查组各小组职责和事故调查组成员的分工；协调事故调查工作中的重大问题，对事故调查中的分歧意见做出决策等。

（六）生产安全事故调查组的职责

《生产安全事故报告和调查处理条例》第二十五条规定，事故调查组应履行下列职责：

1）查明事故发生的经过、原因、人员伤亡情况及直接经济损失。

2）认定事故的性质和事故责任。

3）提出对事故责任者的处理建议。

4）总结事故教训，提出防范和整改措施。

5）提交事故调查报告。

具体来说，生产安全事故调查组的职责如下：

（1）查明事故发生的经过、原因、人员伤亡情况及直接经济损失

1）查明事故发生的经过，包括事故发生前，事故发生单位的生产作业状况；事故发生的具体时间、地点；事故现场状况及事故现场保护情况；事故发生后采取的应急处置措施情况；事故报告经过；事故抢救及事故救援情况；事故的善后处理情况；其他与事故发生经过有关的情况。

2）查明事故发生的原因，包括事故发生的直接原因、间接原因以及其他原因。

3）查明事故发生的人员伤亡情况，包括事故发生前，事故发生单位生产作业人员的分布情况；事故发生时，人员的涉险情况；事故当场的人员伤亡情况及人员失踪情况；事故抢救过程中的人员伤亡情况；最终伤亡情况；其他与事故发生有关的人员伤亡情况。

4）查明事故发生的直接经济损失，包括人员伤亡后所支出的费用，如医疗费用、丧葬

及抚恤费用、补助及救济费用、歇工工资等；事故善后处理费用，如处理事故的事务性费用、现场抢救费用、现场清理费用、事故罚款和赔偿费用等事故造成的财产损失费用，如固定资产损失价值、流动资产损失价值等。

（2）认定事故的性质和事故责任　一方面，对认定为自然事故（非责任事故或者不可抗拒的事故）的，可不再认定或者追究事故责任人。另一方面，对认定为责任事故的，要按照责任大小和承担责任的不同分别认定以下事故责任者：直接责任者，是指其行为与事故发生有直接因果关系的人员，如违章作业人员；主要责任者，是指对事故发生负有主要责任的人员，如违章指挥者；领导责任者，是指对事故发生负有领导责任的人员，主要是政府及其有关部门的人员。

（3）对事故责任者的处理建议　通过事故调查分析，在认定事故的性质和事故责任的基础上，对事故责任者的处理建议主要包括下列内容：对责任者的行政处分、纪律处分建议；对责任者的行政处罚建议；对责任者追究刑事责任的建议；对责任者追究民事责任的建议。

（4）总结事故教训，提出防范和整改措施　通过事故调查分析，在认定事故的性质和事故责任者的基础上，认真总结事故教训，主要是在安全生产管理、安全生产投入、安全生产条件等方面存在哪些薄弱环节、漏洞和隐患，认真对照问题查找根源。

一方面，总结事故教训。事故教训包括事故发生单位应该吸取的教训、事故发生单位主要负责人应该吸取的教训、事故发生单位有关主管人员和有关职能部门应该吸取的教训、从业人员应该吸取的教训、政府及其有关部门应该吸取的教训、相关生产经营单位应该吸取的教训、社会公众应该吸取的教训等。

另一方面，提出防范和整改措施。防范和整改措施是在事故调查分析的基础上，针对事故发生单位在安全生产方面的薄弱环节、漏洞、隐患等提出的，防范和整改措施要有针对性、可操作性、普遍适用性和时效性。

（5）提交事故调查报告　事故调查报告是在事故调查组全面履行职责的前提下由事故调查组做出的。这是事故调查的核心任务，是其工作成果的集中体现。

事故调查报告在事故调查组组长的主持下完成，事故调查报告的内容应当符合《生产安全事故报告和调查处理条例》第三十条的规定，并在规定的提交事故调查报告的时限内提出。

需要注意的是，事故调查报告应当附具有关证据材料，事故调查组成员应当在事故调查报告上签名。

首先，事故调查报告附具的有关证据材料是事故调查报告的重要部分，应作为事故调查报告的附件一并提交。提出这项要求是为了增强事故调查报告的科学性、证明力和公信力。

其次，事故调查报告附具的有关证据材料应当具有真实性，并作为事故调查报告的附件予以详细登记，必要时有关当事人及获得该证据材料的事故调查组成员应当在证据材料上签名。

最后，事故调查组成员在事故调查报告上的签名页是事故调查报告的必备内容，没有事故调查组成员签名的事故调查报告，可以不予批复。签名应当由事故调查组成员本人签署，在特殊情况下由他人代签的，要注明本人同意。事故调查中的不同意见在签名时可一并说明。

（七）生产安全事故调查组的行为规范

1）事故调查组成员要有品德操守。事故调查组成员不管来自哪个部门和单位，均是事故调查组的一员，在参加事故调查工作中要讲诚信，要公正地开展事故调查工作，要全面了解事故调查中的有关情况，不得偏听、偏信，影响事故调查。

2）事故调查组成员要有工作操守。事故调查组成员要恪尽职守，兢兢业业，严格履行职责，充分发挥专业特长和技术特长，按时、高质量地完成调查组分配的调查任务。

3）事故调查组成员要守纪、保密。事故调查组成员要遵守事故调查组的纪律，服从事故调查组的领导，廉洁自律，认真负责，协调行动，听从指挥，同时严格保守事故调查中的秘密。

4）事故信息发布工作应当由事故调查组统一安排，未经事故调查组组长允许，事故调查组成员不得擅自发布有关事故的信息。

（八）生产安全事故事故调查的取证

1. 事故证据的分类

证据是证明事实的依据，是可以用来揭示事故真相的任何东西。通常将证据分为物证、人证、文件和照片四种类型。每种证据类型都有其优点和缺陷。这些证据可以相互补充，以便寻找事故的真相。调查中可以找到的证据非常多，事故调查人员不应浪费时间分析那些与事故无关或关系不大的证据。事故证据的类型如下：

（1）物证　物证是与事故有关的硬件和固体材料，是以外部特征、物质属性、所处位置以及状态证明事故情况的实物或痕迹。物证可以体积非常大，如一艘轮船、一台大型设备、一幢建筑物、一架飞机等，也可以非常小，如零件、碎片和工具。收集物证时应注意设备的位置、设备发生故障的区域、碎片的地点以及裂片和其他有助于确定事故原因的固体材料。

（2）人证　人证通常是某人的陈述申明，主要从与目击者或涉及事故的其他人的面谈中获得。陈述申明是目击者对所看到的事故的书面描述。在填写目击证人陈述申明时，要求目击证人详细描述他们所见到的一切。面谈是在问与答的形式中完成的，调查人员向证人提问，以获得关于事故的信息。

（3）文件　文件证据是所有与事故有关的书面文件，如安全要求、程序、运行记录、维护记录、事故记录、作业安全分析、分析结果、培训纲要和其他数据表等。可以利用任何与事故有关的文件进行分析，从中找出安全程序中的系统问题。

（4）照片或图片　照片或图片是指能够反映事故现场情形或物体相对位置的图形图像。其可能不像其他类型的证据能提供那么多的信息，但它是对其他证据的验证和补充，能更好地让事故调查人员了解事故现场的情形。

2. 事故调查的取证

事故发生后，在进行事故调查的过程中，事故调查取证是完成事故调查过程的一个重要环节，证据资料的完整性对事故原因分析和事故责任的认定是否正确起决定性作用。

（1）事故现场处理　为保证事故调查、取证客观、公正地进行，在事故发生后，对事故现场要进行保护。事故现场的处理至少应做到以下几点：

1）事故发生后，应救护受伤害者，采取措施制止事故蔓延、扩大。

2）认真保护事故现场，凡与事故有关的物体、痕迹、状态，不得破坏。

3）为抢救受伤害者需要移动现场某些物体时，必须做好现场标志。

4）保护事故现场区域，不要破坏现场，除非还有危险存在；准备必需的草图梗概和图片；仔细记录或进行拍照、录像并保证记录的准确性。

（2）事故有关物证的收集　物证可以分成三类：直接证据、测试证据和部件（拼图）证据。

直接证据包括通过观察现场获得的信息（如电源是开还是关）和收集而来的信息。

测试证据必须在实验室进行分析，如一根柱子倒塌，引发了事故，实验室测试可以得出柱子倒塌是因为达到了承载极限，还是因为其他人为原因。测试物证通常要求获得相关专家的帮助。

部件证据是指被分成片或打破的物体组成部件。为了确定事故是如何发生的，必须将其拼凑成原来的样式。在调查飞机坠毁、汽车爆炸等类似事故时，经常要收集、拼凑和组合这类证据。

（3）事故事实材料收集　检查文件证据非常耗费时间，需要查看很多类型的文件记录，确定是否与事故有关。研究文件证据，了解该组织如何处理日常业务的往来文件非常重要。保存在文件里的任何信息（包括电子邮件、记录和备忘录）都可以作为证据。收集文件证据的基本步骤如下：

1）从涉及事故作业的现场或工作程序和管理制度开始收集。

2）检查设备维护记录和事故记录。检查维护记录，明确是否提供了定期的维护和服务；统计计算设备故障率，检查事故记录，了解是否有类似的事故或险情发生的记录。

3）检查核对，并分析文件。如果是在调查重大事故，还应对上述收集到的文件证据做进一步的分析。

事故材料的收集应包括以下两方面内容：

1）与事故鉴别、记录有关的材料。

① 发生事故的单位、地点、时间。

② 受害人和肇事者的姓名、性别、年龄、文化程度、职业、技术等级、工龄、本工种工龄、支付工资的形式。

③ 受害人和肇事者的技术状况、接受安全教育情况。

④ 出事当天，受害人和肇事者什么时间开始工作、工作内容、工作量、作业程序、操作时的动作（或位置）。

⑤ 受害人和肇事者过去的事故记录。

2）事故发生的有关事实。

① 事故发生前设备、设施等的性能和质量状况。

② 对使用的材料进行物理性能或化学性能实验与分析。

③ 有关设计和工艺方面的技术文件、工作指令和规章制度方面的资料及执行情况。

④ 关于工作环境方面的状况，包括照明、湿度、温度、通风、声响、色彩度道路、工作面情况以及工作环境中的有毒有害物质取样分析记录。

⑤ 个人防护措施状况，应注意它的有效性、质量、使用范围。

⑥ 出事前受害人和肇事者的健康状况。

⑦ 其他可能与事故致因有关的细节或因素。

（4）事故人证材料收集记录　当事故发生后，应尽快寻找证人，收集证据。要与在事故发生之前曾在现场的人员以及那些在事故发生之后立即赶到事故现场的人员进行交谈，并保证每次交谈记录的准确性。如果需要并得到许可，可以使用录音机。

询访见证人、目击者和当班人员时，应采用谈话的方式，不应采用审问方式。同时，必须寻找见证人，他们可提供与事故调查有关的各方面信息，包括事故现场状态、周围环境情况及人为因素。洞察力、听觉敏锐力、反应能力以及证人的通常状态可能影响他们的观察能力。证人可能忽略了整个事故发生的顺序，原因是证人可能没有观察到或者没有认识到整个事故发生的顺序的重要性。

（5）事故现场摄影及事故现场图绘制

1）事故现场摄影。在收集事故现场的资料时，可能要通过对事故现场进行摄影或拍照的方式来获得更清楚的信息。

① 显示事故现场和受害者原始存息地的所有照片。

② 对于可能被清除或被践踏的痕迹（如刹车痕迹、地面和建筑物的伤痕、火灾爆炸引起的损害、受害者的受伤部位等）要及时拍照。

③ 拍摄事故现场的全貌。

④ 利用摄影或录像，以提供较完善的信息内容。

2）事故现场图绘制。事故发生地点经过初步研究和拍照之后，调查工作的一项重要任务是绘制事故现场图。当采用简单方案时，通过测量某检查点与主要事故现场之间的距离和方位，绘制事故位置图。

① 确定事故发生地点坐标、伤亡人员的位置。

② 确定涉及事故的设备各构件散落的位置并做出标记，测定各构件在该地区的位置。

③ 查看、测出和分析事故发生时留在地面的痕迹。

④ 必要时绘制现场面图。

⑤ 绘制图的形式可以是事故现场示意图、流程图、受害者位置图等。

3. 事故证据收集方法

（1）现场笔录

1）现场勘察笔录的内容。现场勘察笔录可分为开始、正文和结尾三个部分，在具体制作时，没有必要明确标出这三个部分，但要写出这三个部分的内容。

① 开始部分。这一部分应记载的内容如下：

第一，事故发生的时间、地点。

第二，勘察地点（段）。

第三，勘察工作的起止时间、勘察的顺序等。

第四，参加现场勘察的指挥员和勘察人员的姓名、职称或职务。

② 正文部分。正文部分主要记录勘察过程、事故现场状态、与事故有关的痕迹物证的分布等情况，以及勘察的具体步骤、方法，发现、提取痕迹物证的情况等。

对于事故现场状态应详细记录，主要记录现场生产作业活动形成的各种变化现象及其他因素，用以分析、研究事故的各种事实。具体包括以下内容：

第一，勘察事故现场地段的位置。

第二，现场各物体的破损程度。

第三，现场人员作业时的相对位置和人员伤亡情况。

第四，主要破坏痕迹及各破损痕迹的差异。

第五，事故中心现场的具体情况，主要包括用何种勘察方法、在何部位对何种物质留下的何种现场痕迹进行的勘察以及痕迹的尺寸、特征、形状、痕迹之间的差异和相互关联情况。

第六，事故源部位、源点，以及与事故有关联的各种情况。

第七，现场异常情况。

③ 结尾部分。结尾部分应主要记录以下内容：

第一，提取物证的名称、规格及数量。

第二，提取痕迹的名称和数量。

第三，现场照相、录像的内存和数量。

第四，现场图的种类和张数。

第五，现场勘察指挥人、勘察人员的签名及日期。

2）现场勘察笔录的要求。

① 客观反映。客观反映是指制作现场勘察笔录要对现场事实客观再现，不加主观判断和推测，即看到什么记录什么，看到什么形状记录什么形状。但可以反映触觉、嗅觉、听觉所感知的情况。

② 用词准确。在笔录中，要使用标准化字、词、语句和规范的名词，不能使用方言、土语或自造词语，不能用“大概”“左右”“旁边”“不远”等不准确的语言叙述现场客体及痕迹物品之间的距离和位置关系。对所述对象的具体特征，要根据情况确定是否进行详细描述。度量单位应符合现行的国际、国内标准。

③ 语言简练。现场记录不是写文章，要尽可能语言简练，突出重点。与事故关系密切的情况（如现场的关键部位、重点物品等）一定要记录清楚，应当与勘察顺序一致。提取的痕迹物品要与笔录内容相吻合，与事故无关或关系不大的情况不做记录或只做简要记录。笔录与绘图、照相、录像的内容应当一致，同一客体在笔录中使用的名称应前后一致。

（2）现场绘图　现场绘图是运用制图学的原理和方法，通过几何图形来表示现场活动的空间形态，是记录事故现场的重要形式，能精确地反映现场重要物品的位置和比例关系。

1）现场绘图的作用。现场绘图的作用概括起来有以下三点：

① 用简明的线条、图形，把人无法直接看到或无法一次看到的整体情况、位置及环境、内部结构状态清楚地反映出来。

② 把与事故有关的物证、痕迹的位置、形状、大小及其相互关系形象地反映出来。

③ 对现场必须专门固定反映的情况，如有关物证、痕迹等的空间位置，事故前后现场的状态，事故中人员及设备的运动轨迹等，可通过各种现场图显示出来。

2）事故现场图的种类。事故现场图的种类有以下四种：

① 现场位置图：它是反映现场在周围环境中位置的示意图。

② 现场全貌图：它是反映事故现场全面情况的示意图。绘制时应以事故原点为中心，将现场与事故有关人员的活动轨迹，各种设备的运动轨迹、痕迹及相互间的联系清楚地反映出来。

③ 现场中心图：也称放大图，它是专门反映现场某个重要部分的图形。绘制时应以某一重要客体或某个地段为中心，把有关设备或物体痕迹反映清楚。

④ 专项图：也称专业图，它是把与事故有关的工艺流程、电气、动力、管网设备、设施的结构等用图形显示出来。

以上四种现场图可根据不同的需要，采用比例图、示意图、平面图、立体图、剖面图的绘制方式来表现，也可根据需要绘制出分析图、结构图或构造图等。

3）现场绘图的基本步骤。

① 全面观测现场。绘图者要先对现场进行全面观测，构思绘图。观测要仔细、认真，要注意对现场较隐蔽、容易被忽视的情况的观测。对物体或巷道的有关距离、位置的测定可选择前述测定方法进行。

② 选择种类。一般对事故而言，要全面反映事故现场情况，必须有位置图和现场中心图，有时还要有专项图。这三种图一般是平面图，必要时需画剖面图。平面图能准确反映有关客体的状态和位置，但直观效果差；立体图更直观，但表达的准确性不够。

③ 画面构思。现场图绘制要考虑两方面：一是能说明问题，层次分明，重点突出；二是要美观、简洁。绘图者必须注意所选绘图的比例适当、内容剪裁正确、画面安排有序。就内容剪裁而言，应着重保留与事故有关的、参照价值大的物体，去掉那些可能造成画面冗杂的无关物体。画面安排应考虑人们的识图习惯，并将次要内容尽量压缩，以留出更大空间安排主要内容。

④ 绘制草图。现场草图的绘制应注意以下几个要点：

第一，选好基准点，测量事故点位置、物体位置等相对基准的距离等。

第二，速写现场及主要物体轮廓。

第三，记明有关数据，一般只记一个基数，同时记下物体长、宽、高，标注于描绘对象轮廓中。

第四，定稿。草图经加工核对无误后，即可描上墨线。描墨时应注意保持画面清洁，一般顺序为先上后下，先左后右，先细后粗，先曲线后直线。事实上，现场绘好草图核对无误后，即用计算机绘制正规现场图。

（3）现场照相与摄像

1）现场照相。事故现场照相是现场勘察的重要组成部分，它是使用照相、摄像器材，按照现场勘察的规定及调查和审理工作的要求，拍摄事故现场与事故有关的人与物、遗留的痕迹、物证以及其他一些现象，真实准确、客观实际、完整全面、鲜明突出、系统连贯地表达现场全部状况的一种收集物证的方法。其主要目的是通过拍照的手段提供现场的画面（包括部件、环境以及能帮助发现事故原因的物证等），证实和记录人员伤害和财产破坏的情况。特别是对那些肉眼看不到的物证、现场调查时很难注意到的细节或证据、容易随时间逝去的证据及现场工作中需移动位置的物证，现场照相的手段更为重要。

一起事故在其发生过程中总要触及某些物品，侵害某些客体，并在事故现场遗留下某些痕迹和物证。应通过现场照相方式把它们准确地拍下来，使之成为现场记录的一部分，为研究事故性质、分析事故进程、进行现场实验提供资料，为技术检验、鉴定提供条件，为审理提供证据。所以，现场照相是现场勘察工作的重要组成部分和不可缺少的技术手段。

① 现场照相的内容和要求。现场照相应记录事故发生时间、空间及各自的特点，事故

活动现场的客观情况，造成事故事实的客观条件和产生的结果，形成事故现场的个体的各种迹象。

第一，现场概貌照相是指拍摄除了现场周围环境以外的整个现场状况。它体现了现场内部情景，即拍摄事故现场内部的空间、地势、范围及事故全过程在现场所触及的一切现象和物体。现场概貌照相可以反映事故现场内部各个物体之间的联系和特点，表明现场的全部状况和各个具体细节，说明现场的基本特征，使人们对现场的范围、整个状况、特点等有一个比较完整的概念。

在进行现场概貌照相时，现场的范围，现场内的物品、痕迹物证及痕迹物证的位置等要完整、系统、全面地反映出来，切忌杂乱无章地盲目乱拍。因此，拍摄现场概貌不是一张照片可以解决的，有时要拍摄较多的照片才行。

实践证明，在现场概貌照相中如果有遗漏，特别是与事故活动有关的物品没有被拍照，就难以说明问题，会给事故调查带来许多困难。在许多现场，对事故性质不明确时，切忌轻率地确定不拍哪些。因为现场有些物品在调查和拍照阶段认为与案件有关或者无关，事后却证明恰恰相反。可见，只有全面拍照，才能避免遗漏或者搞错。

第二，现场重点部位照相是指拍摄与事故有关的现场重要地段，对证实事故情况有重要意义的现场和物体的状况、特点，以及现场遗留的与事故有关的物证位置和物证的特点等，以反映它们与现场及现场有关物体的关系。由于不同的事故有不同的拍照重点，同类性质事故的拍照重点也不尽相同，所以拍照时要根据事故的具体情况确定现场的拍照重点。事故现场的重点部位都是现场勘察工作的主要目标，所以在拍照时不但要求质量高，而且数量应比较多。一个现场特别是复杂现场往往有多个重点部位或重点物品，对它们都要一一拍照，而且要采取不同的角度拍照。现场重点部位拍照在整套现场照相中占有重要的位置和较多的数量。所以，现场照相人员应当认真地拍好现场的每个重点部位或重点物品，使它在事故调查中充分发挥应有的作用。

第三，现场细目照相是指拍摄在现场存在的具有检验鉴定价值和证据作用的各种痕迹、物证，以反映其形状、大小和特征。

由于细目照相多用于技术检验和鉴定工作，所以必须按照技术检验和鉴定工作的要求进行拍照。其基本原则如下：准确地反映留在现场的痕迹、物证的位置，必须保证所拍的痕迹、物证影像不变形，即拍照时必须使被拍照的痕迹、物证与镜头、感光片平面保持平行；必须准确地体现被拍物体和痕迹的花纹、大小、粗细、长短等特征；对现场的痕迹、物证进行拍照时，配光方向角度、影像的色调和样本材料要一致，这样才能为检验提供有利条件；痕迹、物证的特征必须保证清晰、逼真。

② 现场照相的步骤。为避免拍照的盲目性，达到现场照相的预期目的，现场照相应按照次序有计划地一步步进行。

第一，酝酿阶段。现场照相人员到达现场后，应先了解事故信息，对现场有个概括的了解，勾画出现场的轮廓。

第二，主题的提炼阶段，即通过对现场的观察了解，确定表现现场的中心思想和本质特征。

第三，选择题材阶段，即根据事故发生过程、手段、方法及重点部位和现场照片布局特点，确定拍照的范围和具体对象。

第四，现场照片布局结构的确定阶段。主要依据现场具体对象的特点和现场照片布局结构的要求，采取相应的表达形式，从而确定画面构图形式和拍照位置。

第五，在弄清上述情况的前提下，确定拍照现场的具体顺序和拍照方法，即制订出大体的拍照计划，使现场拍照有条不紊地进行。

为使现场不遭受人为的或者其他外界因素的影响和破坏，一般应先拍原始的，后拍已移动的；先拍地面的，后拍高处的；先拍容易破坏的或容易消失的，后拍不容易破坏或不容易消失的。

2）现场摄像。现场摄像是运用现代录像技术，记录现场状况的一种科技手段。

① 现场摄像的特点。运用摄像的方法记录事故现场，有其显著的特点。

第一，客观性：现场摄像能把现场所处的位置，现场与周围环境的关系，现场各种物品的位置、状态、颜色、变化情况以及遗留的各种痕迹物证客观地记录下来。

第二，形象性：现场摄像能客观地记录现场的空间位置，现场各种物品的形状、颜色，各种痕迹物证的种类、特征和伤亡人员面貌等。这些记录直观、形象、逼真，能使人看后对事故现场情况有更深刻的印象，产生身临其境之感。

第三，迅速性：现场摄像人员赶到现场后，可以在很短的时间内，通过摄像设备将现场的一切情况拍摄下来，为事故调查工作提供客观的依据。

第四，连续性：通过推、拉、插、移、跟、平、仰、俯等拍摄方法，可将现场情况不间断地记录下来，反映得更清楚、具体、明显。同时，能记录现场勘察人员在现场勘察中的活动情况，为分析事故、检验勘察工作中的失误和漏洞提供原始记录。

② 现场摄像的步骤。现场摄像的步骤是指在拍摄现场的全过程中先拍什么，后拍什么。现场摄像的步骤如下：

首先，要了解事故的有关情况，弄清事故现场发生、发现的时间、地点、过程等情况。

其次，要通过观察和询问，弄清现场的环境特点、现场涉及的范围、现场内部状况及事故发生后现场的变动情况。具体内容包括哪些人进入过现场、到过什么地方、移动或者触及过什么物品，抢救伤员时使用过什么东西，伤亡人员的原始位置、姿态等。

再次，在弄清上述情况的前提下，确定拍摄工作的具体顺序和方法，可以参照现场照相的顺序和方法。如果现场范围较大，有几处现场，应先拍摄主体现场，再分别拍摄各个关联现场。在各个关联现场拍摄完后，用一两个镜头将现场的各个位置反映出来，以表现整个现场的范围，说明主体现场与其他关联现场的关系。在拍摄现场概貌后，即拍摄比较明显的或者已经确定的现场重点部位的物品和遗留痕迹物证的原始状况及其所在的位置，对那些不明显的现场重点部位，要随着现场勘察工作的进展，及时发现，及时拍摄。当现场概貌和重点部位拍摄完后，其他人员进入现场进行勘察时，可以利用这个机会选择适当的位置拍摄现场方位。

最后，根据现场勘察人员的要求，拍摄现场发现的痕迹物证。上述顺序是针对一般情况而言的，在实际拍摄中也有例外，有时为了及时弄清某些重要情节，及时开展调查工作，对某些痕迹物证要先拍摄。总之，现场摄像要根据不同现场的具体情况和现场勘察工作的实际需要，灵活进行拍摄。

（4）询问证人　询问证人（或者说与证人面谈）是一项很难掌握的技巧。事故发生后应该尽快与目击者面谈，但是对受伤的人员或证人应该先进行医疗。

面谈是事故调查的一个不可或缺的部分，但是从面谈者身上获得有用的信息有时却比较困难，不同的人对事件的认识可能差别很大，甚至误导、说谎或夸大事实。然而，有些人的认识和判断又可能是非常正确、真诚、有帮助的。如何处理这些面谈对获取的信息的质量有很大的影响。具体可以采取以下几种方法来掌握面谈技巧：

1）告知证人与他们面谈的原因：目的是让面谈者处在一个放松的环境里，确保他们了解面谈的目的和事故调查的目的。

2）从一个开放式的提问而不是一个封闭式提问开始：如果提出一个简短的封闭式的问题，被提问的人似乎感觉是在进行一个司法程序的审问。如果从开放式的提问开始，被提问的人可以放松身心，这样可以让他们尽量详细地描述当时的情形。

3）慎重选择面谈场所：最佳的地点是让面谈者感觉轻松自如的地方；最糟糕的地方是在监督环境下面谈。事故现场作为面谈地点也可以接受。在事故现场面谈可能因某种情况而受到影响，优点是可以方便面谈者指明事故地点和准确的位置，不利的是影响面谈者的情绪。

4）记录和重复重要信息：目的是与面谈者确认，以确保正确地记录面谈者提供的信息。

5）结束面谈时的要求：每次面谈结尾以一种肯定的口气结束面谈，并感谢他们为事故调查付出的时间和提供的协助。

6）询问他们认为导致事故发生的原因和防止事故发生的措施：事故的调查阶段是收集证据和事实，而不是得出结论，让面谈者解释可能的原因和预防措施是个很好的方法。但是，他们的解释可能基于各自的观点，而且可能因担心受责备而刻意回避。给予目击者机会探讨预防措施，将会鼓励他们，并让他们感觉到调查人员真诚和重视他们的看法。

7）取得联络信息：记录和保存他们的联络电话、电子邮件地址和住址等信息，便于下一步可能跟进改进行动。

8）在鉴别真实与谎言的基础上，不要让面谈带有偏见：什么样的事情都可能发生，然而一旦开始谈论事故，人们总趋于接受并形成共同的看法。在面谈的过程中应善于区别真实与谎言，对于有疑问的地方可以采用再次或深入提问的方式来验证。

9）面谈练习：面谈是一门技巧，而且每次面谈都不同。最好的提高面谈技巧的方法是经常练习。

表 8-3 列出了一些常用的面谈技巧。

表 8-3 常用的面谈技巧

建立沟通	提问
说明事故调查的目的说明面谈的目的 面谈时要提前做好准备 不要匆匆忙忙进行面谈 提问方式友好而专业 不要以封闭式的问题开始 要慎重选择面谈场所 让面谈者感觉到他或她是事故调查中的重要部分 不要定论、生气、反驳或建议 获取面谈者的工作职位、履历、教育程度、接受过的培训等信息	提开放式问题，以尽可能多地获得面谈者对事故的看法 提具体的有准备的问题 从每次事件中获取明确的时间 询问导致事故发生的原因和防止事故发生的措施 总是以积极的口气结束面谈，并真诚致谢

三、生产安全事故原因分析

导致一起事故的原因通常有两个层次，即直接原因和间接原因。美国调查分析伤亡事故的原因时，采用如下方式：一起事故仅由于人员或物体接受一定数量的能量或危害物质而不能安全地承受时发生，这些能量或危害物质就是这起事故的直接原因。直接原因通常是一种或多种不安全行为、不安全状态或两者共同作用的结果。不安全行为和不安全状态就是间接原因，或称为事故征候。间接原因可由管理措施及决策的缺陷，或者是人的或环境的因素追踪。这是事故发生的基本原因。

在分析事故时，应从直接原因入手，逐步深入间接原因，从而掌握事故的全部原因，再分清主次，进行责任分析。

事故调查人员应关注导致事故发生的每一个事件，也要关注各个事件在事故发生过程中的先后顺序。事故类型对事故调查人员也是十分重要的。

在事故原因分析时通常要明确以下内容：

1）在事故发生之前存在什么样的不正常状态。

2）不正常的状态是在哪儿发生的。

3）在什么时候首先注意到不正常的状态。

4）不正常状态是如何发生的。

5）事故为什么会发生。

6）事件发生的可能顺序以及可能的原因（直接原因、间接原因）。

7）分析事件的发生顺序。

（一）生产安全事故原因分析的基本步骤

1. 整理和阅读调查材料

整理和阅读的主要材料包括：证人的口述材料，显示残骸和受害者原始存息地的所有照片，可能被清除或被践踏的痕迹，刹车痕迹、地面和建筑物的伤痕、火灾引起损害的照片、冒顶下落物的空间等。

2. 分析伤害方式

对事故的危险类别、出现条件、后果等概略地分析，尽可能评价出危险关联情况。分析伤害方式，主要分析泄漏、火灾、爆炸、中毒等常见的重大事故造成的热辐射、爆炸波、中毒等不同的化学危害。

对受害者的伤害情况按以下七项内容进行分析：受伤部位、受伤性质、起因物、致害物、伤害方式、不安全状态、不安全行为。

3. 确定事故的直接原因

直接原因是在时间上最接近事故发生的原因，又称为一次原因，它可分为三类：

1）物的原因，是由设备不良引起的，也称为物的不安全状态。所谓物的不安全状态是使事故能发生的不安全的物质条件。

2）环境原因，是由环境不良引起的。

3）人的原因，是由人的不安全行为引起的。所谓人的不安全行为是指违反安全规则和安全操作原则，使事故有可能或有机会发生的行为。

一般直接原因只有一个，就是最直接的原因。

4. 确定事故的间接原因

间接原因是指对引起事故起间接作用的原因，间接原因如下：

1）技术的原因，包括主要装置、机械、建筑的设计，建筑物竣工后的检查保养等技术方面不完善，机械装备的布置，工厂地面、室内照明以及通风、机械工具的设计和保养，危险场所的防护设备及警报设备，防护用具的维护和配备等存在技术缺陷。

2）教育的原因，包括与安全有关的知识和经验不足，对作业过程中的危险性及其安全运行方法无知、轻视、不理解、训练不足，坏习惯及没有经验等。

3）身体的原因，包括身体有缺陷或由于睡眠不足而疲劳、酩酊大醉等。

4）精神的原因，包括怠慢、反抗、不满等不良态度，焦躁、紧张、恐怖不和等精神状况，褊狭、固执等性格缺陷。

5）管理原因，包括企业主要领导人对安全的责任心不强，作业标准不明确，缺乏检查保养制度，劳动组织不合理等。

（二）生产安全事故经济损失的计算

伤亡事故经济损失按照《企业职工伤亡事故经济损失统计标准》（GB 6721—1986）进行计算。伤亡事故经济损失是指企业职工在劳动生产过程中发生伤亡事故所引起的一切经济损失，包括直接经济损失和间接经济损失。

1. 直接经济损失

直接经济损失是指因事故造成人身伤亡及善后处理支出的费用和毁坏财产的价值。直接经济损失的统计范围包括以下三个方面：

（1）职工发生人身伤亡后支出的费用

1）丧葬及抚恤费用。

2）医疗费用（含营养费和护理的费用）。

3）补助和救济的费用。

4）歇工工资。

（2）善后处理所需的各项费用

1）处理事故的事务性费用（包含交通、住宿、餐饮、招待及出差等费用）。

2）现场抢救费用。

3）清理现场费用。

4）事故罚款和赔偿费用。

（3）财产损失价值

1）固定资产损失价值。

2）流动资产损失价值。

2. 间接经济损失

间接经济损失是指因事故导致产值减少、资源破坏和受事故影响而造成其他损失的价值。

（1）国内事故间接经济损失统计范围　间接经济损失的统计范围主要包括以下六个部分：

1）因发生的事故导致的停产、减产损失价值。

2）因发生的事故造成的各项工作损失价值。

3）因事故导致环境污染进行处理的费用。

4）资源损失价值。

5）补充新职工的教育和培训费用。

6）其他损失费用。

（2）国外间接经济损失统计范围　国外在进行事故间接损失的计算时，除考虑产量的损失外，还考虑以下几个方面：

1）负伤者的时间损失。

2）负伤者以外人员的时间损失（如照顾负伤者的时间损失等）。

3）救护者、医院有关人员等的时间损失。

4）领导者的时间损失（如进行事故调查、根据规定提出事故报告等损失的时间）。

5）负伤者复工后，能力低下引起劳动生产率下降导致的损失。因事故影响职工情绪，诱发其他事故造成的损失。

6）机械工具材料及其他的财产损失。

3. 事故经济损失

（1）事故造成的总经济损失　事故造成的总经济损失即事故直接经济损失与间接经济损失之和。计算公式为

$$E=E_{\mathrm{d}}+E_{\mathrm{i}} \tag{8-1}$$

式中　E——经济损失（万元）；

E_{d}——直接经济损失（万元）；

E_{i}——间接经济损失（万元）。

（2）事故造成的各项工作损失价值　工作损失价值是指因事故导致被伤害职工的劳动功能部分或全部丧失而造成的损失。工作损失价值计算公式为

$$V_{\mathrm{w}}=\frac{D_1M}{SD} \tag{8-2}$$

式中　V_{w}——工作损失价值（万元）；

D_1——事故的总损失工作日数，死亡一名职工按6000个工作日计算，受伤职工视伤害情况按《企业职工伤亡事故分类》的附表确定；

M——企业上年税利（税金加利润），对于盈利小于工资总额及亏损企业，可用企业上年的工资总额代替（万元）；

S——企业上年平均职工人数；

D——企业上年法定工作日数（日）。

（3）固定资产损失价值　固定资产损失价值按下列情况计算：

1）报废的固定资产以固定资产净值减去残值计算。

2）损坏的固定资产以修复费用计算。

（4）流动资产损失价值　流动资产损失价值按下列情况计算：

1）原材料、燃料、辅助材料等均按账面值减去残值计算。

2）成品、半成品、在制品等均以企业实际成本减去残值计算。

（5）事故已处理结案而未能结算的医疗费、歇工工资

1）医疗费。医疗费按下列公式测算

$$M=M_b+\frac{M_b D_e}{P} \tag{8-3}$$

式中 M——被伤害职工的医疗费（万元）；

M_b——事故结案日前的医疗费（万元）；

P——事故发生之日至结案之日的天数（日）；

D_e——延续医疗天数，指事故结案后还须继续医治的时间，由企业劳资、安全、工会等部门按医生诊断意见确定（日）。

注：上述公式是测算一名被伤害职工的医疗费公式，一次事故中多名被伤害职工的医疗费应累计计算。

2）歇工工资。歇工工资按下列公式测算

$$L=L_q(D_a+D_k) \tag{8-4}$$

式中 L——被伤害职工的歇工工资（元）；

L_q——被伤害职工日工资（元）；

D_a——事故结案日前的歇工日（日）；

D_k——延续歇工日，指事故结案后被伤害职工还须继续歇工的时间，由企业劳资、安全、工会等部门与有关单位酌情商定（日）。

注：上述公式是测算一名被伤害职工的歇工工资公式，一次事故中多名被伤害职工的歇工工资累计计算。

（6）事故分期支付的抚恤、补助费用　对分期支付的抚恤、补助等费用，按审定支出的费用，从开始支付日期累计到停发日期。抚恤费、补助费的停发日期：被伤害职工供养未成年直系亲属抚恤费累计统计到16周岁（普通中学生在校生累计到18周岁）；被伤害职工及供养成年直系亲属补助费、抚恤费累计统计至我国人口平均寿命（68周岁）。

事故造成的停产、减产损失按事故发生之日起到恢复正常生产水平时止，计算其损失的价值。

4. 事故经济损失程度分级

根据《企业职工伤亡事故经济损失统计标准》（GB 6721—1986）将事故经济损失分为以下四级：

（1）一般损失　事故经济损失小于1万元的事故。

（2）较大损失　事故经济损失大于1万元（含1万元）但小于10万元的事故。

（3）重大损失　事故经济损失大于10万元（含10万元）但小于100万元的事故。

（4）特大损失　事故经济损失大于100万元（含100万元）的事故。

【例8-1】 山东临沂“6·5”金誉石化爆炸事故

（1）事故经过　2017年6月5日凌晨1时左右，在山东省临沂市临港经济开发区金誉石化有限公司装卸区内，液化气罐车在装卸作业过程中发生爆炸，引起厂区多处爆炸，并引起火灾，造成10人死亡，9人受伤。

其他损失情况：厂区内15辆危险货物运输罐车、1座液化气球罐和2座异辛烷拱顶储罐毁坏，6座液化气球罐过火，部分管道走廊坍塌，生产装置、化学室、控制室、办公楼、宿舍楼等及周边企业、构筑物和社会车辆不同程度毁坏。

（2）事故直接原因　液化气罐车卸车过程中，万向装车臂连接管线与罐车液相出口管脱离，造成大量液化气泄漏并急剧汽化，与空气形成爆炸性混合气体，在装卸区东北侧遇点火源发生爆炸，引发装卸区内其他罐车相继发生爆炸，爆炸碎片击中并引燃厂区多处装置或设备。

【例 8-2】　湖北省麻城市五脑山水上游乐项目“3·27”脚手架垮塌事故

（1）事故经过　湖北省麻城市五脑山水上游乐项目综合楼项目，在 2017 年 3 月 27 日进行浇液混凝土作业中，顶板模板支撑突然发生脚手架塌，造成 15 人坠落、埋压。该事故最终造成 9 人死亡，6 人受伤。

（2）事故直接原因　①顶板模板脚手架支撑突然失稳、垮塌，造成平台作业人员由 40m 高空坠地；②垮塌现场呈漏斗形，倾泻而出的水泥经长时间暴露，已发生凝固，使被困人员与钢筋、脚手架等连在一起。

【例 8-3】　某年 3 月 10 日零点半，606 队班长贾某带领 6 人在 W23#山放空斗车，大约 3 时左右，把钩工陈某将钩头挂在第 8 个车车尾（一钩放 8 个车）。

班长贾某没有执行“一钩一检查，一钩一签字”的拉放车规定，且在车司机李某没有及时收余绳的情况下（当时余绳 6.1m），就私自打开闭锁阻车器向下放车。当头车放到变坡点下 8m 时，钢丝绳被弯道处的阻车器刮断跑车，将挡车栏撞坏。

经现场勘察，放车前，车绳余绳 6.1m，上平盘阻车器至绞车前直线段铁道长度 9m，只能存 4 个斗车。

（1）事故原因

1）操作人员相互配合不好，放车时车司机没有及时收绳（当时余绳 6.1m），把钩工没及时将绳子撩过弯道阻车器；班长没起到协调作用，只顾推车作业，是事故发生的直接原因。

2）班长没有严格执行拉放车的“一钩一检查，一钩一签字”的规定，就私自打开阻车器放车。

3）安检员工作不认真负责，在现场没有起到有效的监督检查作用。

4）该山上平盘铁道直线段 9m，拉放车数规定过多（拉放车管理牌板规定是 9 个车），造成放车时尾车位置在弯道段，无法正常使用上山闭锁阻车器，同时绞车司机需要边放车边收绳，增加了操作难度。

（2）防范措施

1）加强作业人员培训和教育，严格按标准作业。

2）加强安检员的培训和日常监督检查，使安检员提高业务素质，真正发挥现场的安全管理作用。

3）严格执行拉放车“五连锁”和矿里的各项规章制度。

4）对各上山的拉放车数按实际条件重新进行核定，遇特殊情况必须制订完善的安全措施。

5）职能科室管理人员要加强日常检查，及时发现和处理各种隐患。

【例 8-4】　某公司华北油气分公司东胜气田 5 号集气站承包商“1·2”爆炸事故

（1）事故过程　2017 年 1 月 2 日 13 时 38 分，某公司华北油气分公司东胜气田新建天然气开发项目 5 号集气站在管线试压过程中，金属软管突然爆裂，4 名承包商员工受伤，其中2人抢救无效死亡。

（2）事故金属软管的基本情况　事故金属软管位于二级压缩机1号压缩机出口管线处。按照施工图设计要求，入口管线设计压力应为4.0MPa，出口管线设计压力应为6.3MPa。

（3）间接原因

1）中油石化建设工程有限公司华北项目部：违章指挥，金属软管选型错误，采购、安装监督检验环节缺失，施工管理混乱，风险管理意识淡薄，HSE策划方案流于形式。

2）华北油气分公司：安全生产责任不落实，项目组织与管理缺失，施工现场安全监管不严，本质安全管理存在明显漏洞。

【例8-5】 首钢调车员违章作业

（1）事故经过　某年1月10日4时15分左右，首钢总公司运输部北京作业队车务作业区乙班调车员苑某（男，50岁，调车员，本工种工龄15年）指挥060#机车分五次连挂10辆废钢重车。列车分布顺序为第一个货位3节车辆、第二个货位2节车辆、第三个货位2节车辆、第四个货位2节车辆、第五个货位1节车辆。4时30分，当连挂最后一辆废钢车时，司机孙某收到苑某发出的红灯停车信号后立即停车。停车后发现机车调车台红灯停车信号长亮，同时语音不间断提示“停车，停车”的异常情况，负责看望的司机韩某立即到被挂车辆处查看，发现调车员苑某被倾斜变形的车辆防护栏杆挤在第九辆和第十辆废钢车之间，当场死亡。

（2）间接原因

1）互保工作不落实，北京作业队车务作业区乙班调车员刘某在协助苑某作业过程中未认真落实互保制度，未跟乘作业起到互保作用，是此次事故发生的重要原因。

2）班组安全管理中存在严重漏洞，班组隐患排查治理工作不落实，未及时发现、排除废钢车防护栏损坏的事故隐患，对本班组职工“三规一制”教育、管理工作存在严重漏洞，在生产过程中，本班组职工存在严重违反“三规一制”的操作行为，查纠违章不力，是此次事故发生的主要管理原因。

（3）预防措施

1）立即由运输部领导组织召开分析会，认真分析查找事故发生的原因及事故教训。当日召开全体中层干部参加的安全紧急会，提出要立即将此次事故传达到全体岗位职工，举一反三，吸取事故教训，认真查找操作中的不安全行为，结合本单位实际制订有效的安全防范措施，杜绝此类事故的重复发生。

2）由运输部主任召开安全隐患治理专题会议，要求各单位立即全面开展以“规范操作行为，严查违章操作，消除事故隐患，严格岗位责任追究”为主题的安全生产大检查活动，明确安全检查重点及隐患排查治理要点。运输部立即全面开展安全大检查活动。一周之内集中力量对本厂车辆安全防护装置进行专题研究治理。北京作业队、维检中心、生产经营科、安全科要对本厂车辆防护装置检修进行专题研究，制订抢修计划，并立即组织普查。北京作业队要立即组织人员对本厂安全防护装置不符合标准的车辆进行维修，维检中心及时组织抢修废钢车、渣罐车、翻斗车、鱼雷罐车等。

各单位立即组织全体职工深入开展大学习、大检查活动，不断组织学习培训工作，健全各项安全生产规章制度，让职工真正理解规程，自觉执行，要切实强化互保、联保工作，互相提醒、互相监督。

（三）事故性质认定

在对事故进行充分调查分析的基础上，确定事故的性质，以便追究事故相关人员的责任。根据引起事故发生的原因不同，事故的性质通常分为自然事故、技术事故和责任事故。自然事故是非人为且无法抗拒的；技术事故非人故意所为，由于设备自身原因或技术缺陷造成，这里存在人为因素与非人为因素；责任事故是由于存在管理、使用问题或操作上的违规、违章行为产生，以人为因素为主。责任事故是指在生产、作业中违反有关安全管理规定，因而发生伤亡事故或者造成其他严重后果。违反有关安全管理规定是指违反有关的法律、法规、规章制度等，安全管理规定包括以下 3 种情形：

1）国家颁布的各种有关法律、法规等规范性文件。

2）企业、事业单位及其上级管理机关制定的各种规章制度，包括工艺技术、生产操作、技术监督、劳动保护、安全管理等方面的规程、规则、章程、条例办法和制度。

3）虽无明文规定，但反映生产、科研、设计、施工的安全操作客观规律和要求，在实践中为职工所公认的行之有效的操作习惯和惯例等。

【案例分析 8-1】 某年 10 月 22 日 20 时 15 分，某助剂厂酒精蒸馏釜因超压发生爆炸，造成 4 人死亡，3 人重伤。

该厂某车间酒精蒸馏的工艺过程是把生产过程中产生的废酒精（主要是水、酒精和少量氯化苄等的混合液）回收，再用于生产。其工艺过程是，将母液（废酒精）储罐中的母液抽至酒精蒸馏釜，关闭真空阀并打开蒸馏釜出料阀，使釜内呈常压状，然后开启蒸气升温，并将冷凝塔下冷却水打开，待釜内母液沸腾时及时控制进汽量，保持母液处于沸腾状态。蒸馏出的酒精蒸气经冷凝塔凝结为液态，经出料阀流出。通过釜上的视镜看母液下降的位置，判断是否趋于蒸完。

酒精蒸馏釜容积为 20000L，夹套加热工作压力为 0.25MPa（额定压力为 0.6MPa），事故前夹套蒸气压力估算为 0.5MPa 左右。酒精蒸馏釜的釜体与釜盖由 46 个螺栓连接，其破坏强度为 $1.38\times10^6\sim20.3\times10^6$N。当时釜内有约 $1m^3$（789.3kg）酒精，当夹套蒸气压力达 0.5MPa，釜内酒精蒸气作用力为 172×10^6N 时，便可把釜盖炸开（查当班锅炉送气压力达 0.85MPa）。酒精在空气中的爆炸极限为 3.3%～19.0%（体积分数，后同）。

其他与事故发生有关的背景材料：

1）该蒸馏车间的设计未报有关部门审查批准，设计不规范，没有正规图样；部分电气设备不符合防爆要求，如离心机、排气扇等使用的不是防爆型电动机。

2）车间房顶为大型屋面板（混凝土预制板），未考虑泄压等问题，不符合《建筑设计防火规范》的规定。

3）没有制定安全规章制度，管理不善，生产管理混乱。

4）大多数工人未经岗前培训，也没有认真接受过技术和安全上的教育培训，只是在试产前两天进行了为期 1 天的安全、消防、法纪、技术、工艺纪律教育。大部分工人缺乏安全生产知识，操作不够熟练，事故应变能力差。

10 月 22 日夜班（19 时至次日 7 时）当班的 10 名工人于 18 时 45 分分别在各自的岗位与前一班的工人交接班。酒精蒸馏工做完准备工作后（上一班工人已将釜内料渣出清，并已将釜冷却）开始抽料、升温，出料阀处于关闭状态。20 时 15 分，酒精蒸馏釜突然发生爆炸并燃起大火。

问题：

1）请提出事故调查组的组成部门。

2）请分析事故原因。

3）请提出防范措施。

【案例分析 8-2】 某年 8 月 14 日，某市广播设备厂电话维修工陈某（已领取电工证）在检查彩电大楼八楼办公室的电话时，发现电话不通。于是陈某将左脚踏在窗边的木柜上面，而右脚踏在窗沿边，随即探身往窗外观察电话线路。

当时，陈某为图方便没有回到电工室取安全带并按规定佩戴，也没有旁人监护。在观察线路过程中，陈某身体重心失衡，从八楼高空坠落水泥地面。虽经同事及时发现并急送医院抢救，但陈某因伤势过重，医治无效死亡。

问题：

1）根据上述案例分析事故的类别、事故严重程度、直接责任者和间接责任者。

2）造成这起事故的直接原因和间接原因是什么？

3）当发生事故时采取的应急措施和防范措施有哪些？

第三节 事故的预防

一、事故预防理论

（一）海因里希工业安全理论

海因里希在二十世纪二三十年代总结了当时工业安全的实际经验，在《工业事故预防》（*Industrial Accident Prevention*）一书中提出了所谓的“工业安全公理”（Axioms of Industrial Safety），该公理包括 10 项内容，又被称为“海因里希十条”。

1）工业生产过程中人员伤亡的发生，往往是处于一系列因果连锁的末端的事故的结果；而事故常常始于人的不安全行为和（或）机械、物质（统称为物）的不安全状态。

2）人的不安全行为是大多数工业事故的原因。

3）由于不安全行为而受到伤害的人，几乎已经重复了 300 次以上没有造成伤害的同样事故，即人在受到伤害之前，已经经历了数百次来自物方面的危险。

4）在工业事故中，人员受到伤害的严重程度具有随机性。大多数情况下，人员在事故发生时可以免遭伤害。

5）人员产生不安全行为的主要原因有：不正确的态度、缺乏知识或操作不熟练、身体状况不佳、物的不安全状态或不良的环境。这些原因是采取措施预防不安全行为的依据。

6）防止工业事故的四种有效的方法是：工业技术方面的改进，对人员进行说服、教育，人员调整，惩戒。

7）防止事故的方法与企业生产管理、成本管理及质量管理的方法类似。

8）企业领导者有进行事故预防工作的能力，并且能把握进行事故预防工作的时机，因而应该承担预防事故工作的责任。

9）专业安全人员、车间干部及班组长是预防事故的关键，他们工作的好坏对能否做好事故预防工作有影响。

10）除了人道主义动机之外，下面两种强有力的经济因素也是促进企业事故预防工作的动力：安全的企业生产效率高，不安全的企业生产效率低；事故后用于赔偿及医疗费用的经济损失只占事故总经济损失的五分之一。

海因里希在这里阐述了事故发生的因果连锁论，涉及作为事故发生原因的人的因素与物的因素之间的关系，事故发生频率与伤害严重度之间的关系，不安全行为的产生原因及预防措施，事故预防工作与企业其他管理机能之间的关系，进行事故预防工作的基本责任，以及安全与生产之间的关系等工业安全中最重要、最基本的问题。数十年来，该理论得到世界上许多国家广大事故预防工作者的赞同，作为他们从事事故预防工作的理论基础。

虽然随着时代的前进和人们认识的深化，该理论中的一些观点已经不再是“自明之理”了，许多新观点、新理论相继问世，但是该理论中的许多内容仍然具有强大的生命力，在现今的事故预防工作中仍产生重大影响。

（二）事故预防工作五阶段模型

海因里希定义事故预防是为了控制人的不安全行为、物的不安全状态而开展以某些知识、态度和能力为基础的综合性工作，是一系列相互协调的活动。

掌握事故发生及预防的基本原理，对人类、国家、劳动者负责的基本态度以及从事事故预防工作的知识和能力，是开展事故预防工作的基础。在此基础上，事故预防工作包括以下5个阶段的努力：

1）建立健全事故预防工作组织，形成由企业领导牵头的，包括安全管理人员和安全技术人员在内的事故预防工作体系，并切实发挥其效能。

2）通过实地调查、检查、观察及对有关人员的询问，收集第一手资料，认真判断、研究事故原始记录，找出事故预防工作中存在的问题。

3）分析事故及不安全问题产生的原因。它包括弄清伤亡事故发生的频率严重程度、场所、工种、生产工序、有关的工具、设备及事故类型等，找出其直接原因、间接原因、主要原因和次要原因。

4）针对分析事故和不安全问题得到的原因，选择恰当的改进措施。改进措施包括工程技术方面的改进、对人员说服教育、人员调整、制定及执行规章制度等。

5）实施改进措施。通过工程技术措施保障机械设备、生产作业条件的安全，消除物的不安全状态；通过人员调整、教育、训练消除人的不安全行为。在实施过程中要进行监督。

事故预防工作是一个不断循环进行和提高的过程，不可能一劳永逸。在这里，预防事故的基本方法是安全管理，它包括资料收集、资料分析、选择改进措施、实施改进措施、对实施过程及结果进行监测和评价。在监测和评价的基础上再收集资料，发现问题。

事故预防工作的成败取决于有计划、有组织地采取改进措施的情况。特别是执行者工作的好坏至关重要。因此，为了做好预防事故工作，必须建立健全事故预防工作组织，采用系统的安全管理方法，唤起和维持广大干部、职工对事故预防工作的关心，做好日常安全管理工作。

海因里希认为，培养与维持职工对事故预防工作的兴趣是事故预防工作的首要原则，其次是不断地分析问题和解决问题。

改进措施可分为直接控制人员操作、生产条件的临时措施，以及通过指导训练和教育逐渐养成安全操作习惯的长期改进措施。前者对现存的不安全状态及不安全行为立即采取措施解决；后者用于克服隐藏在不安全状态及不安全行为背后的深层原因。

如果有可能运用技术手段消除危险状态，实现本质安全，则不管是否存在人的不安全行为，都应该首先考虑采取工程技术上的对策。当某种人的不安全行为引起了或可能引起事故，而又没有恰当的工程技术手段防止事故发生时，则应立即采取措施防止不安全行为发生。这些临时的改进对策是十分有效的。然而，我们绝不能忽略所有造成工人不安全行为的背后原因，这些原因更重要。否则，改进措施仅仅解决了表面的问题，而事故的根源没有被铲除，以后还会发生事故。

二、事故预防的“3E”原则

海因里希将造成人的不安全行为和物的不安全状态的主要原因归结为四个方面的问题：

1）不正确的态度——个别职工忽视安全，甚至故意采取不安全行为。

2）技术、知识不足——缺乏安全生产知识、经验，或技术不熟练。

3）身体不适——生理状态或健康状况不佳，如听力不良、视力不良、反应迟钝、疾病、醉酒或其他生理机能障碍。

4）不良的工作环境——照明、温度、湿度不适宜，通风不良，强烈的噪声振动，物料堆放杂乱，作业空间狭小，设备、工具缺陷等不良的物理环境，以及操作规程不合适、没有安全规程，其他妨碍贯彻安全规程的事物。

针对这四个方面的原因，海因里希提出了防止工业事故的4种有效方法，后来被归纳为众所周知的“3E”原则。

1）Engineering——工程技术，运用工程技术手段消除不安全因素，保障生产工艺、机械设备等生产条件的安全。

2）Education——教育，利用各种形式的教育和训练，使职工树立“安全第一”的思想，掌握安全生产所必需的知识和技能。

3）Enforcement——强制，借助规章制度、法规等必要的行政、法律手段约束人们的行为。

一般来讲，在选择安全对策时应该首先考虑工程技术措施，然后是教育、训练。实际工作中，应该针对不安全行为和不安全状态的产生原因，灵活地采取对策。例如，针对职工的不正确态度问题，应该考虑工作安排上的心理学和医学方面的要求，对关键岗位上的人员要认真挑选，并且加强教育和训练，如果能从工程技术上采取措施，则应该优先考虑；对于技术、知识不足的问题，应该加强教育和训练，提高职工知识水平和操作技能；尽可能地根据人机学的原理进行工程技术方面的改进，降低操作的复杂程度。为了解决身体不适的问题，在分配工作任务时要考虑心理学和医学方面的要求，并尽可能从工程技术上改进，降低对人员素质的要求。对于不良的物理环境，则应采取恰当的工程技术措施来改进。即使在采取了工程技术措施，减少、控制了不安全因素的情况下，仍然要通过教育、训练和强制手段规范人的行为，避免不安全行为的发生。

三、事故预防措施

事故的发生是许多相互联系、相互作用的因素共同作用的结果，引起事故的原因是多方面的。事故往往在人们意想不到的场合和时间发生，并且事故从发生到结束往往速度很快，允许人们应对的时间极短。出于上述种种原因，人们一直在努力探求事故发生的原因及其预测、预防措施，以尽量减少和避免事故的发生。

（一）安全法制措施

安全法制措施是利用法律的强制性，通过建立、健全安全生产法律、法规，约束人们的行为；通过安全生产监督、监察，保证法律、法规的有效实施，从而达到预防事故发生的目的。

安全法制措施主要通过以下两方面实施：

（1）建立健全安全法律法规　行业的职业安全健康管理要围绕行业职业安全健康的特点和需要，在技术标准、行业管理条例、工作程序、生产规范等方面进行全面建设，国家要以“安全第一，预防为主，综合治理”的方针为指导，建立起健全的安全法律体系、技术标准，这是预防伤亡事故的保证。

（2）实行安全生产监察和监督　负责安全生产的行政部门以国家的名义，运用国家的权利，以法律法规为依据对企事业单位实行安全生产监督，以保证法律实施的有效性；工会代表工人的利益，监督企业对国家安全生产法律法规的贯彻执行情况，参与有关部门安全生产法律法规的制定工作；监督企业安全技术和劳动保护经费的落实和正确使用情况，对企业安全生产提出建议。

（二）安全技术措施

工程技术措施是预防事故发生的首选措施，通过工程项目和技术改进，可实现本质安全化。受生产现状、技术水平及资金的影响，工程技术措施的应用和水平受到限制，且不同的生产过程具有不同的原理和工艺，无法采用统一的技术措施。在采用具体的技术措施时依据的技术原则主要有以下几个方面：

（1）消除原则　采取有效措施消除一切危险、有害因素，实现本质安全是理想、积极、进步的事故预防措施。其基本的做法是以新的系统、技术和工艺代替旧的、不安全的系统、技术和工艺，从根本上消除事故发生的基础，例如以无毒材料代替有毒材料，以不可燃材料代替可燃材料。

（2）预防原则　对无法完全消除的危险、有害因素，在生产前要采取预防措施。

（3）减弱原则　对无法消除和预防的危险因素应采取措施减弱其危害。

（4）隔离原则　对无法消除也得不到良好预防的情况，应采取隔离措施把人员与有害因素隔离开，即在人、物与危险之间设置屏障，防止意外能量作用到人体、物体上，以保证人和设备的安全，如，建筑高空作业的安全网、反应堆的安全壳等。

（5）联锁原则　设置机器联锁或电器互锁，当一个机器出现危险时，其他与之相连的机械设备会立即停止运行。

（6）薄弱原则　在系统中设置薄弱环节，以最小的、局部的损失换取系统的总体安全。当出现危险时，薄弱环节首先被破坏，从而保证系统整体安全。

（7）工时原则　在有毒有害环境中工作，应减少工作时间，减少工人暴露于有毒有害环境下的时间，从而减少对工人的伤害，如开采放射性矿物等。

（8）加强原则　通过加大系统整体强度保证安全，如加大安全系数的取值或采取冗余设计等。

（9）代替原则　以机械化、自动化代替手工劳动，避免危险有害因素对人体的危害。

（10）个体防护原则　根据不同作业性质和条件配备相应的保护用品及用具。采取被动的措施，以减轻事故和灾害造成的伤害及损失。

（11）警告和禁止信息原则　采用光、声、色或其他标志等作为传递组织和技术信息的目标，以保证安全，如宣传画、安全标志等。

（三）安全管理措施

安全管理措施是通过制定和监督实施有关安全法令、规程、规范、标准和规章制度等，规范人们在生产活动中的行为准则，使劳动保护工作有法可依，有章可循，用法律手段保护职工在劳动中的安全和健康。安全管理措施是通过对安全工作的计划、组织、控制和实施实现安全目标，它是实现安全生产重要的、日常的、基本的措施，主要有以下几个方面：

1）建立安全生产组织机构和职业安全卫生管理体系。

2）建立项目（工程）安全生产管理制度。

3）制订安全生产措施计划。

4）开展安全生产检查工作。

5）开展安全生产宣传和教育，加强对企业各级领导、管理人员以及操作人员的安全思想教育和安全技术知识教育。

6）利用经济手段，如安全抵押、风险金、伤亡赔偿、工伤保险、事故罚款等。

【例 8-6】　鲍店煤矿 35kV 变电所停电事故。

（1）事故经过　某年 12 月 17 日 19 时 30 分，鲍店 35kV 变电所当班值班员齐某、谷某、周某三人听到室外一声巨响，紧接着发现全所断电，事故照明启动。值班员齐某立即跑到室外巡视检查，发现 3953 号开关（备用开关）负荷侧 A 相、3953-1 号刀闸电源侧 A 相瓷瓶断裂落地，同时室内值班员谷某、周某二人开始按照程序断开 6kV 所有馈出负荷开关，操作时间为 19 时 31 分，然后值班员周某又到室外配合齐某拉开 3953-1 号、3953-3 号刀闸，断开故障点，鲍店Ⅰ线备用状态已被破坏。二人回到主控室，观察发现鲍店Ⅱ线显示无电压，为防止线路突然来电，于 19 时 33 分，在控制屏上操作停掉户外 395 号、3956 号、3950 号、3952 号、3954 号高压开关。此时，煤矿值班领导已赶到事故现场，指挥恢复供电工作。值班员在切除故障点并做好恢复供电的准备工作后，及时向矿区电力调度汇报全所断电情况、故障点的位置及已采取的措施，要求恢复鲍店Ⅱ线供电。与此同时，煤矿调度室按照矿井紧急预案，通知井下采掘工作面开始撤离。19 时 52 分，鲍店Ⅱ线来电，19 时 53 分值班员按照顺序合 3954 号、3950 号、3952 号开关，送 2# 主变压器，19 时 53 分至 55 分，为保证南北风井通风、井下排水、副井人员提升，值班员先将这些开关合闸供电此时发现 3952 号断路器储能电机长时运转，开关机构不到位，于是又将刚合闸的 3952 号开关停掉，于 19 时 56 分送 3951 号开关，启用 1# 主变压器，19 时 57 分，恢复南北风井、井下排水、副井提升重要负荷供电。井下采区变电所及地面厂区居住区的供电于 20 时 06 分全部恢复供电。

（2）事故原因　经察看现场认定事故原因为：一只长约 550mm（头尾）的猫蹿上 3953 号开关，造成开关负荷侧两相短路，导致鲍店煤矿变电所Ⅰ、Ⅱ线开关全部跳闸。

（3）责任分析及处理

1）供电工区安全意识不强，未能有效防止小动物进入变电所，负有管理不到位的责任。

2）此次停电事故给矿井造成一定的损失及影响，矿区及工区对责任人员分别给了一定的经济处罚。

（4）采取的措施及应接受的教训

1）迅速与泰安开关厂联系，更换3953号开关、刀，18日22时45分恢复鲍店Ⅰ线备用状态。

2）在35kV变电所发动职工采取各种方法，尽量减少动物进入变电所。

3）在变电所加装几只探照灯，提高亮度，增强夜间巡视的可视性。

4）在35kV变电所室外设备周围设置网状围栏，防止小动物进入。

5）积极与华聚能源公司探讨全矿停电时自备电厂自动投入担负矿井保安负荷的方案。

6）加强对运行人员的教育培训，提高应对突发事件的能力。

第四节　事故隐患排查与治理

一、事故隐患的基本概念

根据《安全生产事故隐患排查治理暂行规定》，安全生产事故隐患（以下简称事故隐患）是指生产经营单位违反安全生产法律、法规、规章、标准、规程和安全生产管理制度的规定，或者因其他因素在生产经营活动中存在可能导致事故发生的物的危险状态、人的不安全行为和管理上的缺陷。

事故隐患分为一般事故隐患和重大事故隐患。一般事故隐患是指危害和整改难度较小，发现后能够立即整改排除的隐患。重大事故隐患是指危害和整改难度较大，应当全部或者局部停产、停业，并经过一定时间整改治理方能排除的隐患，或者外部因素致使生产经营单位自身难以排除的隐患。

事故隐患分类非常复杂，它与事故分类有密切关系，但又不同于事故分类。本着尽量避免交叉的原则，综合事故性质分类和行业分类，考虑事故起因，事故隐患可归纳为21类，即火灾、爆炸、中毒和窒息、水害、坍塌、滑坡、泄漏、腐蚀、触电、坠落、机械伤害、煤与瓦斯突出、公路设施伤害、公路车辆伤害、铁路设施伤害、铁路车辆伤害、水上运输伤害、港口码头伤害、空中运输伤害、航空港伤害和其他类隐患等。

二、危险、有害因素辨识

（一）危险、有害因素的分类

《生产过程危险和有害因素分类与代码》（GB/T 13861—2009）将生产过程中的危险和有害因素分为4大类。

1. 人的因素

1）心理、生理性危险和有害因素。

2）行为性危险和有害因素。

2. 物的因素

1）物理性危险和有害因素。

2）化学性危险和有害因素。

3）生物性危险和有害因素。

3. 环境因素

1）室内作业场所环境不良。

2）室外作业场所环境不良。

3）地下（含水下）作业环境不良。

4）其他作业环境不良。

4. 管理因素

1）职业安全卫生组织机构不健全。

2）职业安全卫生责任制未落实。

3）职业安全卫生管理规章制度不完善。

4）职业安全卫生投入不足。

5）职业健康管理不完善。

6）其他管理因素缺陷。

（二）危险、有害因素辨识方法

辨识方法要根据分析对象的性质、特点、生命不同阶段和分析人员的知识、经验和习惯选定。常用的危险、有害因素辨识方法有直观经验分析方法和系统安全分析方法。

1. 直观经验分析方法

直观经验分析方法适用于有可供参考先例、有以往经验可以借鉴的系统，不能应用在没有可供参考先例的新开发系统。

1）对照、经验法。对照、经验法是对照有关标准、法规、检查表或依靠分析人员的观察分析能力，借助于经验和判断能力对评价对象的危险、有害因素进行分析的方法。

2）类比法。类比法是利用相同或相似工程系统或作业条件的经验和劳动安全卫生的统计资料类推、分析评价对象的危险、有害因素。

2. 系统安全分析方法

系统安全分析方法是应用系统安全工程评价方法中的某些方法辨识危险、有害因素。系统安全分析方法常用于复杂、没有事故经验的新开发系统。常用的系统安全分析方法有事件树、事故树等。

（三）危险、有害因素的识别

现代企业千差万别，如果能够事先识别危险、有害因素，找出可能存在的危险和危害，就能够对所存在的危险、危害采取相应的措施（修改设计、增加安全设施等），从而大大提高系统的安全性。

要全面、有序地识别危险、有害因素，防止出现漏项，宜从厂址、总平面布置、道路及运输、建（构）筑物、生产工艺、物流、主要生产设备和装置、作业环境、安全管理措施等几方面进行。识别的过程实际上就是系统安全分析的过程。

（1）厂址　从厂址的工程地质、地形地貌、水文、气象条件、周围环境、交通运输条件、自然灾害及消防支持等方面分析、识别。

（2）总平面布置　从功能分区、防火间距和安全间距、风向、建筑物朝向、危险有害物质设施、动力设施（氧气站、乙炔气站、压缩空气站、锅炉房、液化石油气站等）、道路、储运设施等方面进行分析、识别。

（3）道路及运输　从运输、装卸、消防、疏散、人流、物流、平面交叉运输和竖向交叉运输等几方面进行分析、识别。

（4）建（构）筑物　从厂房的生产火灾危险性分类、耐火等级、结构、层数占地面积、防火间距、安全疏散等方面进行分析、识别。

从库房及其储存物品的火灾危险性分类、耐火等级，以及库房的结构、层数、占地面积、安全疏散、防火间距等方面进行分析、识别。

（5）生产工艺

1）对新建、改建、扩建项目设计阶段危险、有害因素的识别。

① 对设计阶段是否通过合理的设计进行考查，尽可能从根本上消除危险、有害因素。

② 当消除危险、有害因素有困难时，对是否采取了预防性技术措施进行考查。

③ 在无法消除危险或危险难以预防的情况下，对是否采取了减少危险、危害的措施进行考查。

④ 在无法消除、预防、减少的情况下，对是否将人员与危险、有害因素隔离等进行考查。

⑤ 当操作者失误或设备运行达到危险状态时，对是否能通过联锁装置终止危险、危害的发生进行考查。

⑥ 在易发生故障和危险性较大的地方，对是否设置了醒目的安全色、安全标志和声、光警示装置等进行考查。

2）安全现状综合评价可针对行业和专业的特点及行业和专业制定的安全标准、规程进行分析、识别。

针对行业和专业的特点，可利用各行业和专业制定的安全标准、规程进行分析、识别。评价人员应根据冶金、电子、化学、机械、石油化工、轻工、塑料、纺织、建筑、水泥、制浆造纸、平板玻璃、电力、石棉、核电站等领域安全规程、规定、要求对被评价对象可能存在的危险、有害因素进行分析和识别。

3）根据典型的单元过程（单元操作）进行危险、有害因素的识别。

典型的单元过程是各行业中具有典型特点的基本过程或基本单元。这些单元过程的危险、有害因素已经归纳总结在许多手册、规范、规程和规定中，通过查阅均能得到。这类方法可以使危险、有害因素的识别比较系统，避免遗漏。

（6）主要生产设备和装置　对于工艺设备可从高温、低温、高压、腐蚀、振动关键部位的备用设备、控制、操作、检修和故障、失误时的紧急、异常情况等方面进行识别。

机械设备可从运动零部件和工件、操作条件、检修作业、误运转和误操作等方面进行识别。

电气设备可从触电、断电、火灾、爆炸、误运转和误操作、静电、雷电等方面进行识别。

此外，应注意识别高处作业设备、特殊单体设备（乙炔站、氧气站等）的危险、有害因素。

（7）作业环境　注意识别存在各种职业危害因素的作业部位。

（8）安全管理措施　可以从安全生产管理组织机构、安全生产管理制度、事故应急救援预案、特种作业人员培训、日常安全管理等方面进行识别。

三、事故隐患排查治理的要求

《安全生产事故隐患排查治理暂行规定》规定，生产经营单位是事故隐患排查、治理和防控的责任主体，生产经营单位主要负责人对本单位事故隐患排查治理工作全面负责，生产经营单位在事故隐患排查治理中应履行以下职责：

1）生产经营单位应当建立健全事故隐患排查治理和建档监控等制度，逐级建立并落实从主要负责人到每个从业人员的隐患排查治理和监控责任制。

2）生产经营单位应当定期组织安全生产管理人员、工程技术人员和其他相关人员排查本单位的事故隐患。对排查出的事故隐患，应当按照事故隐患的等级进行登记，建立事故隐患信息档案，并按照职责分工实施监控治理。

3）生产经营单位应当建立事故隐患报告和举报奖励制度，鼓励、发动职工发现和排除事故隐患，鼓励社会公众举报。对发现、举报和排除事故隐患的有功人员，应当给予物质奖励和表彰。

4）生产经营单位将生产经营项目、场所、设备发包、出租的，应当与承包、承租单位签订安全生产管理协议，并在协议中明确各方对事故隐患排查、治理和防控的管理职责。生产经营单位对承包、承租单位的事故隐患排查治理负有统一协调和监督管理的职责。

5）生产经营单位应当每季、每年对本单位事故隐患排查治理情况进行统计分析，并分别于下一季度15日前和下一年1月31日前向应急管理部门等有关部门报送书面统计分析表。统计分析表应当由生产经营单位主要负责人签字。

对于重大事故隐患，生产经营单位除依照前款规定报送外，应当及时向应急管理部门等有关部门报告。重大事故隐患报告内容应当包括：

① 隐患的现状及其产生原因。

② 隐患的危害程度和整改难易程度分析。

③ 隐患的治理方案。

6）及时进行事故隐患整改。一般事故隐患由生产经营单位（车间、分厂区队等）负责人等有关人员立即组织整改。

重大事故隐患由生产经营单位主要负责人组织制订并实施事故隐患治理方案。重大事故隐患治理方案应当包括以下内容：

① 治理的目标和任务。

② 采取的方法和措施。

③ 经费和物资的落实。

④ 负责治理的机构和人员。

⑤ 治理的时限和要求。

⑥ 安全措施和应急预案。

【案例分析 8-3】 某化工厂危险和有害因素辨别

某年5月27日4时50分左右，某化工厂停产大检修，车间领导安排刘某和于某在重碱车间为距地面超过4m高的U形管道加盲板。由于管内结疤，刘某和于某虽然松开螺母，但盲板仍插不进去。于是，刘某就用撬杆撬，于某在法兰口用楔子撑。此时，法兰之间仅有4

个螺栓，这 4 个螺栓当中，1 个螺栓仅有 2 扣带在螺母上，其余 3 个螺栓仅有 1 个扣带在螺母上。这时，于某的楔子掉下去 1 个，另一职工郭某让地面待命（现场服务）的孙某去捡掉下来的楔子。孙某捡楔子时，刘某仍用力敲法兰，致使 4 个螺母脱开，法兰移出，U 形管下部的塑料管断开，带有几个弯头和短管（铸铁）的组合管坠落。坠落的组合管砸伤捡楔子的孙某，孙某送医院后抢救无效死亡。在检修过程中，安全管理人员在别处巡视，始终未到检修现场。

安全操作规程中明确规定：抽加盲板工作要有专门人员负责，根据设备、管道内的介质、压力、温度以及现场条件，制订必要的安全措施，办好安全检修证，向参与工作的成员详细交代检修任务和安全措施；对所要拆落的管道，距离支架较远、悬臂太长，有可能断裂的，应将管道的两端吊稳或加临时支架。

请根据《生产过程危险和有害因素分类与代码》（GB/T 13861—2009）分析化工厂检修过程中存在的危险和有害因素及部位。

【案例分析 8-4】 起重机吊装板材作业事故

某企业为小型货车生产厂，地处我国华北地区，年产小型货车 5 万辆，现有职工 1100 余人。厂区主要建筑物有冲压车间、装焊车间、涂装车间、钣金车间、装配车间、外协配套仓库、半成品库和办公楼。冲压车间设有 3 条冲压生产线。库房和车间使用 6 台 5t 单梁桥式起重机吊装原材料，装配生产线上设置多台地面操作式单梁电动葫芦和多台小吨位的平衡式起重机，在汽车板材冲压生产线上设置 4 台大吨位桥式起重机。车身涂装工艺采用“三涂层三烘干”的涂装，涂装运输采用自动化运输方式。漆前表面处理和电泳采用悬挂运输方式，中层涂层和面漆涂装线采用地面运输方式。生产线设中央控制室监控设备运行状况。喷漆室采用上送风、下排风的通风方式。喷漆室室外附设有调漆室。整车总装配采用强制流水装配线。车身装焊线机选用悬挂点焊机、固定焊机、二氧化碳气体保护焊机等。车身装焊工艺主要设备包括各类焊机、夹具、检具、车身总成调整线和输送设备。车架装焊机采用胎具集中装配原则，组合件和小型部件预先装焊好，与其他零件一起进入总装胎具焊接线。焊接方法采用二氧化碳气体保护焊。装焊设备主要包括焊机、总成焊接胎具、部件焊接胎具、小件焊接胎具以及输送系统设备等。装焊车间通风系统良好。该企业采用无轨运输，全厂原材料、配套件、成品和燃料等采用汽车运输，厂内半成品运输以车辆运输为主，全厂现有小客车 8 辆，货车 16 辆，叉车 15 辆。厂区道路采用环形布局，主干道宽 8m，转弯半径大于 9m，次干道宽 5m，转弯半径大于 6m，厂区主要道路两侧进行了绿化，种植有草坪、灌木松树和杨树。该企业主要公用和辅助设施有变电站、锅炉房、空压站和 5 台变配电压等级为 35kW 的变压器。变压器总装机容量为 3900kVA（4875kW），厂区高、低压供电系统均采用电缆放射式直埋或电缆沟敷式，厂区道路设照明路灯。锅炉房内设 3 台燃煤炉，为厂区生产和生活提供蒸汽。空压站安装有 4 台空气压缩机，为全厂生产提供压缩空气。

某日，冲压车间进行起重机吊装板材作业，工人甲、乙挂上吊钩后，示意司机开始起吊。随着板材徐徐升起，工人甲发现板材倾斜，与工人乙商议是否需要停车调整，工人乙说：“不必停车，我扶着就行。”作业场所地面物品摆放杂乱，工人乙手扶板材侧身而行，被脚下物品绊倒，板材随之倾斜、脱钩砸在工人乙身上，造成工人乙死亡。

按照企业职工伤亡事故分类标准，辨识出该企业生产过程中引发事故的主要危险因素，并指出所辨识出的危险因素存在于哪些设备、设施或场所。

第五节　事故应急救援预案的编制与管理

一、事故应急救援预案基本知识

生产经营单位的事故应急救援预案一般涉及事故发现，事故中断，事故抢救，现场洗消、清理、恢复，事故处理等，主要涵盖事故分级、组织机构、预防与预警、应急响应、应急保障（物资保障条件、应急救援装备的检查和维护保养事故应急抢救措施等）、宣传、培训和演练等。

（一）事故应急救援预案的类别

应急救援预案的分类有多种方法，如按行政区域可将其划分为五级。

Ⅴ级：国家级应急救援预案。

Ⅳ级：省级应急救援预案。

Ⅲ级：地区、市级应急救援预案。

Ⅱ级：区（县）、社区级应急救援预案。

Ⅰ级：企业级应急救援预案。

应急救援预案按时间特征可分为常备预案和临时预案（如偶尔组织的大型集会等），按事故灾害或紧急情况的类型可分为自然灾害预案、事故灾难预案、突发公共卫生事件预案和突发社会安全事件预案等。最适合生产经营单位预案文件体系的分类方法是按预案的适用对象范围进行分类，即将生产经营单位的应急救援预案划分为综合应急预案、专项应急预案和现场处置方案，以保证预案文件体系的层次清晰和开放性。

（二）事故应急救援预案的基本体系组成

生产经营单位应根据本单位的组织管理体系、生产规模以及危险源的性质、可能发生的事故类型确定应急预案体系，并可根据本单位的实际情况，确定是否编制专项应急预案。风险因素单一的小微型生产经营单位可只编写现场处置方案。

1. 综合应急预案

综合应急预案是生产经营单位应急预案体系的总纲，主要从总体上阐述事故的应急工作原则，包括生产经营单位的应急组织机构及其职责、应急预案体系、事故风险描述、预警及信息报告、应急响应、保障措施、应急预案管理等内容。

2. 专项应急预案

专项应急预案是生产经营单位为应对某一类型或某几种类型的事故，或者针对重要生产设施、重大危险源、重大活动等而制订的应急预案。专项应急预案主要包括事故风险分析、应急指挥机构及其职责、处置程序和措施等内容。专项应急预案在综合应急预案的基础上充分考虑了某特定危险的特点，对应急的形势、组织机构、应急活动等更具体地进行了阐述，具有较强的针对性。

3. 现场处置方案

现场处置方案是生产经营单位根据不同事故类别，针对具体的场所、装置或设施所制订的应急处置措施，主要包括事故风险分析、应急工作职责、应急处置和注意事项等内容。生产经营单位应根据风险评估、岗位操作规程以及危险性控制措施，组织本单位现场作业人员及相关专业人员共同编制现场处置方案。

二、事故应急救援预案的主要内容

（一）综合应急预案的主要内容

1. 总则

（1）目的　简述综合应急预案编制的目的、作用等。

（2）编制依据　简述综合应急预案编制所依据的法律、法规、规章，以及有关行业管理规定、技术规范和标准等。

（3）适用范围　说明综合应急预案适用的区域范围及事故的类型、级别。

（4）综合应急救援预案体系　说明综合应急预案体系的构成情况。

（5）应急工作原则　说明综合应急工作的原则，内容应简明扼要、明确具体。

2. 生产经营单位的危险性分析

（1）生产经营单位概况　主要包括单位地址、从业人数、隶属关系、主要原材料、主要产品、产量等内容，以及周边重大危险源、重要设施、目标、场所和周边布局情况。必要时可附平面图进行说明。

（2）危险源与风险分析　主要阐述本单位存在的危险源及风险分析结果。

3. 组织机构及其职责

（1）应急组织体系　明确应急组织形式，构成单位或人员，并尽可能以结构图的形式表示出来。

（2）指挥机构及其职责　明确应急救援指挥机构总指挥、副总指挥、各成员单位及其相应职责。应急救援指挥机构根据事故类型和应急工作需要，可以设置相应的应急救援工作小组并明确各小组的工作任务及职责。

4. 预防与预警

（1）危险源监控　明确监测监控危险源的方式、方法及采取的预防措施。

（2）预警行动　明确事故预警的条件、方式、方法和信息的发布程序。

5. 信息报送

按照有关规定，明确事故及未遂伤亡事故信息的报告与处置办法。

（1）信息报告与通知　明确 24h 应急值守电话、事故信息接收和通报程序。

（2）信息上报　明确事故发生后向上级主管部门和地方人民政府报告事故信息的流程、内容和时限。

（3）信息传递　明确事故发生后向有关部门或单位通报事故信息的方法和程序。

6. 应急响应

（1）响应分级　根据事故危害程度、影响范围和单位控制事态的能力，将事故分为不同的等级。按照分级响应的原则明确应急响应级别。

（2）响应程序　根据事故的大小和发展态势，明确应急指挥、应急行动、资源调配、应急避险、扩大应急等响应程序。

（3）应急结束　明确应急终止的条件。事故现场得以控制，环境符合有关标准，次生、衍生事故隐患被消除后，经事故现场应急指挥机构批准，现场应急结束。应急结束后应明确上报的事故情况以及需向事故调查处理小组报告的相关事项，提交事故应急救援工作总结报告。

7. 信息发布

明确事故信息发布的部门、发布原则。事故信息应由事故现场指挥部及时准确地向新闻媒体通报。

8. 后期处置

后期处置主要包括污染物处理、事故影响消除、生产秩序恢复、善后赔偿、抢险过程和应急救援能力评估及应急救援预案的修订等内容。

9. 保障措施

（1）通信与信息保障　明确与应急工作相关联的单位或人员的联系方式和方法，并提供备用方案。建立信息通信系统及维护方案，确保应急期间信息通畅。

（2）应急队伍保障　明确各类应急响应的人力资源，包括专业应急队伍、兼职应急队伍的组织与保障方案。

（3）应急物资装备保障　明确应急救援需要使用的应急物资和装备的类型、数量、性能、存放位置管理责任人及其联系方式等内容。

（4）经费保障　明确应急专项经费的来源、使用范围、数额和监督管理措施，保障应急状态时生产经营单位应急经费的及时到位。

（5）其他保障　根据应急工作需求确定其他相关保障措施，如交通运输保障、治安保障、技术保障、医疗保障、后勤保障等。

10. 培训与演练

（1）培训　明确对人员开展的应急培训计划、方式和要求。如果预案涉及社区和居民，要做好宣传教育和告知等工作。

（2）演练　明确应急演练的规模、方式、频次、范围、内容、组织、评估、总结等内容。

11. 奖惩

明确事故应急救援工作中奖励和处罚的条件和内容。

12. 附则

（1）术语和定义　对应急预案涉及的一些术语进行定义。

（2）应急预案备案　明确本应急预案的上报备案部门。

（3）维护和更新　明确维护和更新应急预案的基本要求，定期对其进行评审，将其得到可持续改进。

（4）制订与解释　明确负责制订和解释应急预案的部门。

（5）应急救援预案实施　明确实施应急预案的具体时间。

（二）专项应急预案的主要内容

1. 事故类型和危害程度分析

在危险源评估的基础上，对可能发生的事故类型和可能发生的季节及其严重程度进行确定。

2. 应急处置基本原则

明确处置安全生产事故应当遵循的基本原则。

3. 组织机构及职责

（1）应急组织体系　明确应急组织形式、构成单位或人员，并尽可能以结构图的形式表示。

（2）指挥机构及职责　根据事故类型，明确应急救援指挥机构总指挥、副总指挥及各成员单位或人员的具体职责。应急救援指挥机构可以设置相应的应急救援工作小组，明确各小组的工作任务及主要负责人职责。

4. 预防与预警

（1）危险源监控　明确危险源监测监控的方式、方法及采取的预防措施。

（2）预警行动　明确具体事故预警的条件、方式、方法和信息的发布程序。

5. 信息报告程序

1）确定报警系统及程序。

2）确定现场报警方式，如电话、警报器等。

3）确定与相关部门的24h通信、联络方式。

4）明确相互认可的通告、报警形式和内容。

5）明确应急反应人员向外求援的方式。

6. 应急处置

（1）响应分级　根据事故危害程度、影响范围和单位控制事态的能力，将事故分为不同的等级。按照分级负责的原则，明确应急响应级别。

（2）响应程序　根据事故的大小和发展态势，明确应急指挥、应急行动、资源调配、应急避险、扩大应急等响应程序。

（3）处置措施　根据本单位事故类别和可能发生的事故特点、危险性，制订应急处置措施，如煤矿瓦斯爆炸、冒顶片帮、火灾、透水等事故应急处置措施，危险化学品火灾爆炸、中毒等事故应急处置措施。

7. 应急物资与装备保障

明确应急处置所需的物质与装备数量、管理和维护、正确使用等。

（三）现场处置方案的主要内容

1. 事故特征

1）危险性分析，可能发生的事故类型。

2）事故发生的区域、地点或装置的名称。

3）事故可能发生的季节和造成的危害程度。

4）事故前可能出现的征兆。

2. 应急组织与职责

1）基层单位应急自救组织形式及人员构成情况。

2）应急自救组织机构、人员的具体职责，应同单位或车间、班组人员工作职责紧密结合，明确相关岗位和人员的应急工作职责。

3. 应急处置

1）事故应急处置程序。根据可能发生的事故类别及现场情况，明确事故报警、各项应急措施启动、应急救护人员的引导、事故扩大及同企业应急救援预案衔接的程序。

2）现场应急处置措施。针对可能发生的火灾、爆炸、危险化学品泄漏、坍塌、水患、机动车辆伤害等，从操作措施、工艺流程、现场处置、事故控制、人员救护、消防、现场恢复等方面制订明确的应急处置措施。

3）报警电话及上级管理部门、相关应急救援单位联络方式和联系人员，事故报告的基本要求和内容。

4. 注意事项

1）佩戴个人防护器具方面的注意事项。

2）使用抢险救援器材方面的注意事项。

3）采取救援对策或措施方面的注意事项。

4）现场自救和互救注意事项。

5）现场应急处置能力确认和人员安全防护等事项。

6）应急救援结束后的注意事项。

7）其他需要特别警示的事项。

（四）应急救援预案附件的主要内容

1. 有关应急部门、机构或人员的联系方式

列出应急工作中需要联系的部门、机构或人员的多种联系方式，并及时更新。

2. 重要物资装备的名录或清单

列出应急救援预案涉及的重要物资和装备的名称、型号、存放地点和联系电话等。

3. 规范化格式文本

信息接收、处理、上报等规范化格式文本。

4. 关键的路线、标识和图样

1）警报系统分布及覆盖范围。

2）重要防护目标一览表、分布图。

3）应急救援指挥位置及救援队伍行动路线。

4）疏散路线、重要地点等标识。

5）相关平面布置图、救援力量的分布图等。

5. 相关应急救援预案名录

列出直接与本应急救援预案相关的或相衔接的应急救援预案名称。

6. 有关协议或备忘录

与相关应急救援部门签订的应急支援协议或备忘录。

三、事故应急救援预案的编制

（一）事故应急救援预案的编制基础

1）全面分析本单位危险因素、可能发生的事故类型及事故的危害程度。

2）排查事故隐患的种类、数量和分布情况，并在隐患治理的基础上，预测可能发生的事故类型及其危害程度。

3）确定事故危险源，进行风险评估。

4）针对事故危险源和存在的问题，确定相应的防范措施。

5）客观评价本单位应急能力。

6）充分借鉴国内外同行业事故教训及应急工作经验。

7）熟悉相关的法律法规、标准规范。

（二）事故应急救援预案的编写要求

编制应急救援预案是进行应急准备的重要工作内容之一，编制应急救援预案要遵守一定的编制程序，内容也应满足下列基本要求。

1. 应急救援预案要有针对性

应急救援预案是针对可能发生的事故，为迅速、有序地开展应急行动而预先制订的行动方案。因此，应急救援预案应结合危险分析的结果，针对以下内容进行编制，确保有效性。

（1）针对重大危险源　重大危险源是指长期或临时生产、搬运、使用或储存危险物品，且危险物品的数量等于或超过临界量的单元（包括场所和设施）。重大危险源历来就是国家安全生产监管的重点对象，《中华人民共和国安全生产法》中明确要求针对重大危险源进行定期检测、评估、监控，并制订相应的应急救援预案。

（2）针对可能发生的各类事故　应急救援预案是针对可能发生的事故而预先制订的行动方案，因此应在编制应急救援预案之初就要对生产经营单位中可能发生的各类事故进行分析和辨识。在此基础上编制预案，才能确保应急救援预案覆盖范围更广。同时，不同的企业可能发生的事故类型往往不同，间接说明了不同企业的应急救援预案也应该存在差异。

（3）针对关键的岗位和地点　不同的生产经营单位、同一生产经营单位不同生产岗位所存在的风险大小往往不同，特别是危险化学品、煤矿开采、建筑等高危行业都存在一些十分特殊或关键的工作岗位和地点。这些岗位和地点在同行业中事故发生概率较高，或者发生概率虽低，但是一旦发生事故造成的后果十分严重。针对这些关键的岗位和地点，应当编制应急救援预案。

（4）针对薄弱环节　生产经营单位的薄弱环节主要是指生产经营单位存在的应对重大事故发生应急能力缺陷或不足的方面。生产经营单位在进行重大事故应急救援过程中，人力救援装备等资源可能会满足不了要求。针对这种情况，企业在编制应急救援预案过程中，必须针对这些方面提出弥补措施。

（5）针对重要工程　重要工程的建设或管理单位应当编制应急救援预案。这些重要工程（如“三峡工程”“西气东输工程”等）往往关系到国计民生的大局，一旦发生事故，其造成的影响或损失往往不可估量。因此，针对这些重要工程应当编制相应的应急救援预案。

2. 应急救援预案要有科学性

应急救援工作是一项科学性很强的工作。编制应急救援预案必须以科学的态度，在全面调查研究的基础上，开展科学分析和论证，制定出决策程序、处置方案和应急手段先进的应急反应方案，使应急救援预案真正具有科学性。

3. 应急救援预案要有可操作性

应急救援预案应具有实用性或可操作性，即发生重大事故灾害时，有关应急组织、人员可以按照应急救援预案的规定迅速、有序、有效地开展应急救援行动，降低事故损失。为确保应急救援预案实用、可操作，重大事故应急救援预案编制过程中应充分分析、评估本地可能存在的重大危险及其后果，并结合自身应急资源、能力的实际，对应急过程的一些关键信息，如潜在重大危险及后果分析、支持保障条件、决策、指挥和协调机制等进行系统描述。同时，应急相关方应确保重大事故应急所需的人力、设施和设备、资金支持及其他必要资源。

4. 应急救援预案要有完整性

应急救援预案内容应完整，包含实施应急响应行动需要的所有基本信息。应急救援预案的完整性主要体现在下列几方面：

（1）功能、职能完整　应急救援预案应说明有关部门应履行的应急准备、应急响应职能和灾后恢复职能，说明为确保履行这些职能而应履行的支持性职能。

（2）应急过程完整　应急管理一般可划分为应急预防、应急准备、应急响应和应急恢复四个阶段，每一阶段的工作以前一阶段的工作为基础，目标是减轻重大事故造成的冲击，把影响降至最小，因此可能会涉及不同应急救援预案。重大事故应急救援预案至少应涵盖上述四个阶段，尤其是应急准备和应急响应阶段，应急救援预案应全面说明这两个阶段的有关应急事项。同时，应急救援预案应包含对事故现场进行短期恢复的内容，如恢复基础设施的“生命线”，包括供水、供电、供气或疏通道路等以方便救援，此类行动是应急响应的自然延伸，也应包括在应急救援预案中。此外，短期恢复状况会影响减灾策略的实施，因此应急救援预案必然涉及有关减灾策略的内容。

（3）适用范围完整　应急救援预案应明确该预案的适用范围。应急救援预案的适用范围不仅是指在本区域或生产经营单位内发生事故时应启动预案，其他区域或生产经营单位发生事故，也有可能作为该预案的启动条件，即针对不同事故的性质，可能会对预案的适用范围进行扩展。

5. 应急救援预案要合法合规

应急救援预案中的内容应符合国家法律、法规、标准和规范的要求。应急救援预案的编制工作必须遵守相关法律法规的规定。我国有关生产安全应急救援预案的编制工作的法律法规包括《中华人民共和国安全生产法》《危险化学品安全管理条例》《中华人民共和国职业病防治法》《建设工程安全生产管理条例》等，编制安全生产应急救援预案必须遵守这些法律法规的规定，并参考其他灾种（如洪水、地震、核辐射事故等）的法律法规、标准和规范的要求。

6. 应急救援预案要有可读性

应急救援预案应该包含应急所需的所有基本信息，这些信息如果组织不善可能会影响预案执行的有效性，因此预案中信息的组织应有利于使用和获取，并具备相当的可读性。

（1）易于查询　应急救援预案中信息的组织方式应有助于使用者找到所需要的信息，各章节组成部分阅读起来较为连贯，能够较为轻松方便地掌握各章节的安排，查询到所需要的信息。

（2）语言简洁，通俗易懂　应急救援预案编写人员应使用规范语言表述预案内容，并尽可能使用地图、曲线图、表格等多种信息表现形式，使所编制的应急救援预案语言简洁，通俗易懂。应急救援预案中应主要使用当地官方语言文字进行描述，必要时补充当地其他语种；尽量引用普遍接受的原则、标准和规程，对于那些对编制应急救援预案有重要作用的依据应列入预案附录；专业化的技术用语或信息应采用有利于使用者理解的方式说明。

（3）层次及结构清晰　应急救援预案应有清晰的层次和结构。如前文所述，由于可能发生的事故类型多样，影响范围也各有不同，因此应结合事故类型、特点和具体场所合理组织各类预案。

7. 应急救援预案要相互衔接

安全生产应急救援预案应协调一致、相互兼容。生产经营单位的应急救援预案应与上级单位应急救援预案、当地政府应急救援预案、主管部门应急救援预案、下级单位应急救援预案等相互衔接，确保出现紧急情况时能够及时启动各方应急救援预案，有效控制事故。

（三）事故应急救援预案的编制步骤

生产经营单位编制应急预案包括成立应急预案编制小组、资料收集、风险评估、应急能力评估、编制应急预案和应急预案评审 6 个步骤。

1. 成立应急预案编制小组

生产经营单位应结合本单位部门职能和分工，成立以单位主要负责人（或分管负责人）为组长，单位相关部门人员参加的应急预案编制小组，明确工作职责和任务分工，制订工作计划，组织开展应急预案编制工作。

企业管理层首先应指定应急救援预案编制小组的人员，组员是预案制订和实施中有重要作用或是可能在紧急事故中受影响的人。预案编制小组的人员通常来自以下职能部门：安全部门、环保部门、操作和生产部门、保卫部门、工程部门技术服务部门、维修保养部门、医疗部门、环境部门、人事部门。此外，小组成员也可以包括来自地方政府社区和相关政府部门的代表（如安全、消防、公安、医疗、气象、公共服务和管理机构等），这样可消除现场事故应急救援预案与政府应急救援预案中的不一致性，同时可明确紧急事故影响到单位外所涉及的单位及其职责，有利于救援时的协调配合。

2. 资料收集

编制小组的首要任务是收集制订预案的必要信息并进行初始评估，包括以下内容：适用的法律、法规和标准，企业安全记录、事故情况，国内外同类企业事故资料，地理、环境、气象资料，相关企业的应急救援预案等。

3. 风险评估

（1）开展安全生产事故风险评估　撰写评估报告　评估报告主要内容包括以下内容：

1）分析生产经营单位存在的危险因素，确定事故危险源。

2）分析可能发生的事故类型及后果，并指出可能产生的次生、衍生事故。

3）评估事故的危害程度和影响范围，提出风险防控措施。

（2）事故风险评估原则

1）坚持客观公正原则。在组织评估与撰写评估报告等各个环节，都从思想和形式上力求做到实事求是，确保评估结果的可信、可用。

2）坚持发展性原则。评估不是目的，促进应急管理工作的开展和完善才是目的。评估过程中，应始终以发现问题、解决问题为主要目标，建设性地开展工作。

（3）事故风险评估过程　事故风险评估过程包括成立风险评估小组；收集分析资料，现场勘察；组织进行风险识别和评估；评估汇总，交公司主要负责人批准。

4. 应急能力评估

在全面调查和客观分析生产经营单位应急队伍、装备、物资等应急资源状况的基础上开展应急能力评估，并依据评估结果，完善应急保障措施。

（1）应急能力评估方式　对应急准备能力的评估，应该依“结构—过程—效果”框架进行评估。其中“结构”包括人员、设备、训练、组织领导、计划等；“过程”是指应急状态时采取的措施和反应，包括预防、隔离、检疫、通信和其他；“效果”是指卫生和健康状况的恢复和稳定。其中，对“结构”的评估较为直观和容易，但如何判定“结构”对“过程”的支持则显得较为困难，虽然可以通过模拟演练或训练等方式进行观测，但这与真实情况还有一定差别，而且由于演练的模拟性质，对于“效果”的评估就更加困难。

（2）评估标准的制定　对应急能力各项指标量化后，如何判定是否有充分的应急能力是应急评估的难点。首先是标准的制定，某项指标达到怎样水平为合理，不仅需要参考实践中的各项指标，更需要由决策层或专家做出论断；其次，某项指标的描述方式要科学地反映应急能力的水平，如对完成某项任务的要求不仅需要说明任务性质，更需要指出多长时间、多少人组成等，较之“应急办公室人员共计××人”更能清楚地表达应急能力的要求。

5. 编制应急预案

依据生产经营单位风险评估以及应急能力评估结果，组织编制应急预案。应急预案编制应注重系统性和可操作性，做到与相关部门和单位应急预案相衔接。

应急预案编制的主要内容如下：

1）预案概况：对紧急情况应急管理进行综合描述和说明。

2）预防程序：对潜在事故进行确认并采取减缓的措施。

3）准备程序：说明应急行动前所需采取的准备工作，包括培训程序、训练演习程序、应急资源评价程序等。

4）基本应急程序：给出事故可适用的应急行动程序，包括报警程序、疏散程序、通信程序、警戒和管制程序、医疗救援程序、公共关系程序。

5）特殊危险应急程序：针对特殊事故危险性的应急程序，包括行动程序。

6）恢复程序：说明事故现场应急行动结束后所需采取的清除和恢复行动。

6. 应急预案评审

应急预案编制完成后，生产经营单位应组织评审。评审分为内部评审和外部评审。内部评审由生产经营单位主要负责人组织有关部门和人员进行。外部评审由生产经营单位组织外部有关专家和人员进行评审。应急预案评审合格后由生产经营单位主要负责人（或分管负责人）签发实施，并进行备案管理。应急预案评审采取形式评审和要素评审两种方法。形式评审主要用于应急预案备案时的评审，要素评审用于生产经营单位组织的应急预案的评审。应急预案评审采用符合、基本符合、不符合三种意见进行判定。对于基本符合和不符合的项目应给出具体修改意见或建议。

（1）形式评审　安全监管部门依据《生产经营单位安全生产事故应急预案编制导则》和有关行业规范，对有关单位上报的应急预案的层次结构、内容格式、语言文字、附件项目以及编制程序等内容进行审查，重点审查应急预案的规范性和编制程序。应急预案形式评审表见表 8-4。

表 8-4　应急预案形式评审表

评审项目	评审内容及要求	评审意见
封面	应急预案版本号、名称、生产经营单位名称、发布日期	
批准页	1. 对应急预案实施提出具体要求 2. 发布单位主要负责人签字或单位盖章	
目录	1. 页码标注准确（预案简单时目录可省略） 2. 层次清晰，编号和标题编排合理	
正文	1. 文字通顺、语言精练、通俗易懂 2. 结构、层次清晰，内容、格式规范 3. 图表、文字清楚，编排合理（名称、顺序、大小等） 4. 无错别字，同类文字的字体、字号统一	
附件	1. 附件项目齐全，编排有序、合理 2. 多个附件应标明附件的对应序号 3. 需要时，附件可以独立装订	
编制过程	1. 成立应急预案编制工作组 2. 全面分析本单位危险因素，确定可能发生的事故类型及危害程度 3. 针对危险源和事故危害程度，制订相应的防范措施 4. 客观评价本单位应急能力，掌握可利用的社会应急资源情况 5. 制订相关专项预案和现场处置方案，建立应急预案体系 6. 充分征求相关部门和单位意见，并对意见及采纳情况进行记录 7. 必要时与相关专业应急救援单位签订应急救援协议 8. 应急预案经过评审或论证 9. 重新修订后评审的，一并注明	

（2）要素评审　生产经营单位组织有关人员依据国家有关法律法规、《生产经营单位生产安全事故应急预案编制导则》和有关行业规范，从合法性、完整性、针对性、实用性、科学性、操作性和衔接性等方面对本单位编制的应急预案进行评审。

为细化评审，采用指南附表的方式分别对应急预案的要素进行评审（表 8-5）。评审时，将应急预案的要素内容与评审表中所列要素的内容进行对照，判断是否符合有关要求，指出存在问题及不足。应急预案要素分为关键要素和一般要素。关键要素是指应急预案构成要素中必须规范的内容。这些要素涉及生产经营单位日常应急管理及应急救援的关键环节，具体包括危险源辨识与风险分析组织机构及职责、信息报告与处置和应急响应程序与处置技术等要素。关键要素必须符合生产经营单位实际和有关规定要求。一般要素是指应急预案构成要素中可简写或省略的内容。这些要素不涉及生产经营单位日常应急管理及应急救援的关键环节，具体包括应急预案中的编制目的、编制依据、适用范围、工作原则、单位概况等要素。

表 8-5 综合应急预案要素评审表

评审项目		评审内容及项目	评审意见
总则	编制目的	目的明确，简明扼要	
	编制依据	1. 引用的法规，标准合法有效 2. 明确相衔接的上级预案，不得越级引用应急预案	
	应急预案体系	1. 能够清晰表述本单位及所属单位应急预案组成及衔接关系（建议使用图表） 2. 能够覆盖本单位及所属单位可能发生的事故类型	
	应急工作原则	1. 符合国家有关规定和要求 2. 结合本单位应急工作实际	
适用范围		范围明确，适用的事故类型和响应级别合理	
危险性分析	生产经营单位概况	1. 明确有关设施、装置、设备以及重要目标场所的布局等情况 2. 需要各方应急力量（包括外部应急力量）事先熟悉的有关基本情况和内容	
	危险源辨识与分析	1. 能够客观分析本单位存在的危险源及危险程度 2. 能够客观分析可能引发事故的诱因、影响范围及后果	
组织机构及职责	应急组织体系	1. 能够清晰描述本单位的应急组织体系（推荐使用图表） 2. 明确应急组织成员日常及应急状态下的工作职责	
	指挥机构及职责	1. 清晰表述本单位应急指挥体系 2. 应急指挥部门职责明确 3. 各应急救援小组设置合理，应急工作明确	
预防和预警	危险源管理	1. 明确技术性预防和管理措施 2. 明确相应的应急处置措施	
	预警行动	1. 明确预警信息发布的方式、内容和流程 2. 预警级别与采取的预警措施科学合理	
	信息报告与处置	1. 明确本单位 24h 应急值守电话 2. 明确本单位内部信息报告的方式、要求与处置流程 3. 明确事故信息上报的部门、通信方式和内容时限 4. 明确向事故相关单位通告、报警的方式和内容 5. 明确向有关单位发出请求支援的方式和内容 6. 明确与外界新闻舆论信息沟通的责任人以及具体方式	

【例 8-7】 某公司液氨泄漏事故专项应急救援预案

1. 事故类型和危害程度分析

(1) 企业概况　某公司属私营企业，位于临沧市工业园区内，主要进行商品液氨的采购、运输、储存、灌装业务。公司主要经营充装站，有生产工作人员 6 人（站长 1 名、技术员 1 名、灌装工人 3 名、门卫 1 名），有临时招聘的搬运人员若干。企业主要设备有 $50m^3$ 液氨储罐 2 台、400kg 氨瓶 50 个和 200kg 氨瓶 150 个。

（2）生产工艺　液氨为有毒物质，是一种重要的化工原料，可以用来生产尿素等肥料，制造火箭、导弹的推进剂等，也被用作冷冻剂。在常压下把氨气冷却到−33.4℃，或在常温下把装在密闭容器的氨气加到一定压力，氨气就会液化，成为液氨。液氨储于耐压钢瓶或钢槽中，且不能与硼、乙醛、丙烯醛等物质共存。

（3）事故类型　在对液氨运输、储存、灌装等工艺流程的危险源进行评估的基础上，总结出液氨充装易发生以下生产安全事故：

1）火灾事故。液氨泄漏遇到明火会燃烧造成火灾。

2）爆炸事故。液氨具有较高的体积膨胀系数，满量充装液氨的钢瓶在0～60℃范围内，液氨温度每升高1℃，其压力升高1.32～1.80MPa，因而液氨瓶装极易发生爆炸；氨与氟、氧等能发生剧烈反应，当液氨泄漏与空气混合到一定比例时，遇明火能发生爆炸，在空气中的爆炸极限为15.5%～27%（体积分数）。

3）中毒事故。液氨泄漏到空气中，蒸发速度非常快，会迅速弥散至整个空间，大量氨气在空气中蔓延，造成大气污染，吸入后会使人中毒。

4）灼伤事故。液氨可致眼和皮肤化学烧伤。

5）冻伤事故。液氨泄漏后，由于压力变化开始汽化，同时吸收热量，使周围温度下降。如果接触，易造成人体皮肤冻伤。

（4）危害程度分析　液氨泄漏易造成人员伤亡、火灾、爆炸等事故，因此液氨储罐、液氨充装设备、连接管路、安全阀门是需要控制的重点。

（5）事故发生的诱因

1）液氨储罐泄漏。液氨储罐破损、储罐的出口阀门密封不严、钢瓶厚度不够等因素会造成液氨泄漏。

2）充装设备泄漏。充装设备各接头及压力表的安装处密封不严、管道与接头连接处密封不严、连接的管道老化破损、安全阀失灵等因素会造成液氨泄漏。

3）设备操作泄漏。设备在检修或工作时未按技术规定操作，无防护措施和专职监护人，易发生液氨泄漏事故。

（6）事故预防应急措施

1）液氨储存容器为压力容器，必须定期对管道、罐体进行检验钢瓶或储罐应放在阴凉透风的库内，远离火种、热源，防止日光直射，与性质相抵触的氟、氧及酸类等危险物品分开储存。

2）在搬运时轻拿轻放，严禁碰撞，防止钢瓶及瓶阀受损。运送时要灌装适量，不能超压、超量运输。运输车辆应避开高温时段，防止暴晒，同时要保护好附件阀门及压力表。

3）按规定对特种设备、安全设施进行检查。特种设备操作人员经培训合格后持证上岗，并随身佩戴好防护用品。

4）加强对职工的培训教育，切实提高职工的素质、应变能力和自救能力。

2. 应急处置基本原则

应急处置的基本原则是：以人为本，减少危害，保证人员的安全：统一领导，集中指挥，分类负责，协调行动；快速反应，及时施救，自救与救护相结合；预防为主，防治结合；依靠科技，提高效率。

3. 组织机构及职责

（1）现场应急指挥部　总指挥：李某（公司法人代表，联系电话：1398833××××）。副总指挥：李某（站长，联系电话：1375936××××）。成员：抢险救援组（6人）、警戒保卫组（3人）、医疗救护组（3人）、通信联络组（1人）、事故调查组（2人）、后勤保障组（4人）、外来专业救援队伍（10~15人）。现场应急指挥部办公室设在充装站值班室，应急救援队伍共计21人（不包括外来专业救援队伍）。

（2）工作职责

1）现场应急指挥部办公室。负责预案的制订和修订。组建兼职应急救援队伍，并负责预案的实施和演练。检查督促做好生产安全事故的预防措施和应急救援的各项准备工作。发生事故时由指挥部发布和解除应急救援命令、信号。

2）总指挥。负责事故应急指挥工作，指挥协调全站的应急救援，综合分析判断，并根据实际情况具体负责抢险、抢修、医疗抢救物资的供应、运输及事故通报、安置工作的指挥。对特殊情况进行决断，必要时向有关单位发出救援请求。

3）副总指挥。及时向总指挥汇报情况，协调总指挥下达应急指令，协调事故现场抢救工作。事故发生后，以最快速度将事故信息传达到全站各级工作人员。负责接收、上报事故信息，跟踪、续报事故救援进展情况，协助有关部门对事故现场的处理和后勤保障工作。

4）险救援组。组长：某某（技术员，联系电话：1375933××××）。职责：抢险、紧急实施设备抢修（包括堵漏）、突击转移危险物品、启用消防水喷淋氨气泄漏部位、协同外来协助队伍共同工作等。

5）警戒保卫组。组长：王某（门卫，联系电话：1501202××××）。职责：设立安全警戒区和事故善后现场整理等，疏散人员。

6）医疗救护组。组长：张某（灌装工人，联系电话：1398706××××）。职责：负责现场医疗救护及中毒、灼伤、冻伤和其他意外受伤人员的抢救。

7）通信联络组。组长：毛某（灌装工人，联系电话：1352961××××）。职责：负责与各应急小组及对外有关部门的通信联络和情况通报。

8）事故调查组。组长：张某（灌装工人，联系电话：1580891××××）。职责：事故发生后，查明原因，营救受害人员，进行事故调查汇报工作。

9）后勤保障组。组长：计某（会计，联系电话：1390883××××）。职责：提供事故应急处理物资、器材、工具、交通车辆及事故善后处理。

10）外来专业救援队伍。联系人：高某（区消防大队大队长，联系电话：1375936××××）。职责：当本公司内部救援队伍不能有效地控制事故的发展时，由总指挥联系区消防大队专业救援队进入，负责抢险、紧急实施设备抢修、突击转移危险物品营救受害人员等工作。

4. 预防与预警

（1）危险源监控

1）加强检查机制，做好班、作业区日查和站区调查工作。发现问题及时整改并制订整改时间，责任人和整改措施。

2）加强设备管理，尤其是特种设备的管理，所有特种设备和安全防护设施按规定要求进行检验。

3）加强设备检查，每年对储罐罐体壁厚、静电接地进行检测，防止产生静电积聚。

（2）事故征兆

1）人员突然闻到氨气刺鼻的味道或中毒。

2）设备、管道发出“嘶嘶”的声响。

3）泄漏处出现白雾。

4）报警装置报警，设备压力突然下降，仪器仪表联锁报警。

（3）预警行动

1）预警信息的发布方式及流程图（图8-1）。

2）预警措施。不断完善预测预警机制，科学开展风险评估分析，做到早发现、早报告、早处置；加强岗位巡检，把事故消灭在萌芽状态。

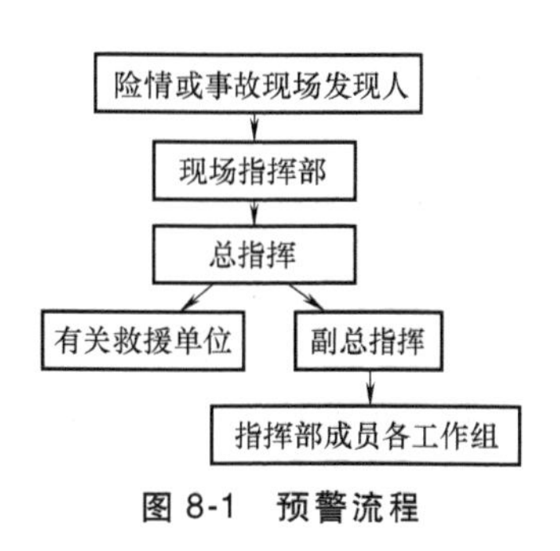

图8-1　预警流程

3）预警分级。

重大事故级：液氨大量、大范围泄漏，严重影响生产、生活的污染事故，造成人员中毒、伤亡的，由险情或事故现场发现人及时向现场指挥部和最高负责人报告，由现场指挥部向全站区工作人员预警，最高负责人向消防、应急管理、公安、环保等部门求助报告，并进行风险评估和配合外来救援队伍处置。

较大事故级：液氨大量泄漏，引起纠纷，造成人员冻伤、灼伤事故，对环境造成一定影响的，由险情或事故现场发现人及时向现场指挥部或最高负责人报告，由现场指挥部或最高负责人及时向全站区工作人员预警，并进行风险评估和处置。

一般事故级：液氨少量泄漏，不会造成人员伤亡和对环境造成影响的，由险情或事故现场发现人及时向现场指挥部报告，现场指挥部及时向上级和作业区工作人员预警，并进行风险评估和处置。

5. 信息报告程序

（1）应急值守电话　应急值守电话为0883-212××××（值班室）。

（2）信息报告

1）第一发现者首先向现场指挥部报告。报警信息一般应包括事故发生地点和相关设施、事故类型和概况、报警人的姓名等。

2）现场指挥部根据情况确定是否启动应急救援预案。启动预案后及时通知应急指挥部成员。指挥部各成员按应急指挥职责开展应急工作。

3）信息的接收应按固定格式填写相关记录，上报格式按上级主管单位相应的格式填写。

（3）信息上报

1）重大事故。发生事故后，由现场总指挥在事故发生15min内，向应急管理局、质监局、生态环境局、公安局和消防大队汇报现场相关情况。报告内容：发生事故的企业名称、联系人和联系电话，发生事故的地点和时间（年、月、日、时、分），发生事故的简要经过、伤亡人数及涉及范围，发生事故的设备名称、类别、性质、原因的初步判断，事故抢救处理的情况和采取措施，需要有关部门和单位协助抢救和处理的有关事宜。

2）较大事故。发生事故后，由现场总指挥在事故发生0.5h内，向应急管理局、质监局、生态环境局和公安局汇报现场相关情况。报告内容：发生事故的企业名称、联系人和联系电话，发生事故的地点和时间（年、月、日、时、分），发生事故的简要经过、伤亡人数及涉及范围，发生事故的设备名称、类别、性质、原因的初步判断，事故抢救处理的情况和采取的措施。

3）一般事故。发生事故后，由现场总指挥在事故发生1h内，向应急管理局、质监局、生态环境局汇报现场相关情况。报告内容：发生事故的企业名称、联系人和联系电话，发生事故的地点和时间（年、月、日、时、分），发生事故的简要经过、伤亡人数及涉及范围，发生事故的设备名称、类别、性质、原因的初步判断，事故抢救处理的情况和采取的措施。

6. 应急处置

（1）响应分级　按照事故灾难的可控性、严重程度和影响范围，将事故应急响应级别分为向外求助级（Ⅰ级）、全站区级（Ⅱ级）、作业区级（Ⅲ级）。

1）向外求助级（Ⅰ级）响应，是指全站区通过启动应急救援预案后不能有效地控制事故的发展，有造成事故蔓延扩大的可能，由现场总指挥向消防、公安、应急管理等有关单位发出救援求助，请求相关单位协助处理和做好防范工作。

2）全站区级（Ⅱ级）响应，是指作业区发生事故后，作业区认为通过其现有条件不能迅速有效地控制和处理的事故，需要全站区启动应急救援预案进行控制的事故。

3）作业区级（Ⅲ级）响应，是指通过作业区内的岗位，利用作业区现有的应急物资和装备，根据岗位作业标准中的应急操作能处理的事故。

（2）响应程序

1）指挥与控制。向外求助级（Ⅰ级）应急响应由公司法人代表（总指挥）或站长（副总指挥）为事故现场救援指挥，负责人员的调动和物资的调配，根据事态的严重程度，决定向政府或应急管理、消防、公安、生态环境等有关单位汇报事故，请求外部支援。全站区级（Ⅱ级）应急响应由公司法人代表（总指挥）或站长（副总指挥）为事故现场救援指挥，负责人员的调动和物资的调配。作业区级（Ⅲ级）应急响应由当班组长为事故现场救援指挥，负责人员的调动和物资的调配，并及时向上一级领导汇报情况。夜间发生事故，由值班组长临时担任总指挥，按应急救援预案组织指挥事故处理和落实抢险救援任务。应急要点包括以下方面：召集应急救援队伍；总指挥（公司法人代表）应根据事故类型、状态及危害程度安排人员撤离、应急避险和应急救援队伍进场救援，安排调配相应的应急物资；各应急指挥部成员小组按相应的要求检查并佩戴好防护用品，检查、携带救援用具，并集合听候现场指挥的命令，按照各自工作职责开展应急救援工作；副总指挥（站长）负责与应急管理、生态环境、消防上级主管单位的联系和专业救援队进场后的相关事项的沟通，同时准备调用各项救援物资；当事故已经无法控制，可能会造成人员伤亡时，必须安排现场所有人员迅速撤离；险情排除后，按响应级别逐级降低，直至最后执行应急结束程序。

现场应急结束后，应明确以下几点：事故情况上报事项，需向事故调查处理单位移交的相关事项，事故应急救援工作总结报告。

2）资源调度原则。事故发生后，各响应级别的现场指挥在各自的职权范围内，对救援资源进行调配。需要调动其他资源时，及时请示上级领导，支援事故救援。在紧急状态下采取“特事特办”“手续从简”的办法，快速办理各种资源的调配手续。

3）医疗救护程序。在事故发生时，发现有人员受伤，将受伤人员转移至安全地点，采取简单的救助措施后，立即拨打“120”急救电话，请求医疗支援，并将情况汇报给现场应急指挥部。

4）应急人员的安全防护程序。所有参与应急救援的人员必须穿戴安全防护用具进行救援工作；防护用具，如防毒面具、手套、防护服等，由应急指挥部提供；应急指挥部应按照“安全大于一切”的原则，从快从简办理手续，及时将防护用具分发到救援人员的手中，以免耽误救援工作的开展。

5）应急避险程序。发生事故后，为防止无关人员误入现场造成伤害，由警戒保卫组根据事故的大小划定警戒区，设立警戒色带标识，设置警戒人员。警戒人员负责对警戒区内的人员进行疏导，带领至指定的安全地点，同时禁止无关人员和车辆进入警戒区。

6）扩大应急程序。当事故发展较快、难以在短时间内得到控制时，应立即启动上一级应急响应程序，以便得到更好的援助，控制事态发展。可能危及周边外部单位时，现场人员应立即向周边单位通报事故情况，提前做好准备。

（3）应急结束　当事故得以控制，消除环境污染和危害，导致次生、衍生事故。隐患消除后，经事故现场应急指挥机构批准并完成现场取证工作后，现场应急结束。由总指挥（公司法人代表）下达解除应急救援的命令，通知警戒人员撤离；当涉及周边社区和单位的疏散时，由指挥部通知周边单位负责人员或者社区负责人解除警报。

1）事故情况上报事项：事故发生的时间、地点及其救援经过；事故初步原因分析；事故直接损失及人员受伤情况。

2）向事故调查单位移交的相关事项：事故报告，说明时间、地点、经过、损失及人员受伤情况；与事故有关的物证及证人证言。

3）事故应急救援工作总结报告。对事故应急救援时的情况进行总结，找出不足，吸取经验教训，进一步完善应急救援预案。

（4）处置措施

1）少量泄漏。撤离区域内所有人员；防止吸入蒸气，防止接触液体或气体；处置人员应使用呼吸器；禁止进入氨气可能汇集的受限空间，并加强通风；只能在保证安全的情况下堵漏；泄漏的容器应转移到安全地带，并且仅在确保安全的情况下才能打开阀门泄压；可用沙土等惰性吸收材料收集和吸附泄漏物；收集的泄漏物应放在贴有相应标签的密闭容器中，以便废弃处理。

2）大量泄漏。组织场所内所有未防护人员向上风向转移、疏散。泄漏处置人员应穿上全封闭重型防化服，佩戴好空气呼吸器，在做好个人防护措施后，用喷雾水流对泄漏区域进行稀释；通过水枪的稀释，使现场的氨气渐渐散去，利用无火花工具对泄漏点进行封堵。向当地政府及生态环境、消防部门报警，报警内容应包括事故单位，事故发生的时间、地点，化学品名称和泄漏量、危险程度，有无人员伤亡及报警人姓名、电话。禁止接触或跨越泄漏的液氨，防止泄漏物进入阴沟和排水道，增强通风；场所内禁止吸烟和明火；在保证安全的情况下，要堵漏或翻转泄漏的容器，以避免液氨漏出；要喷雾状水，以抑制蒸气或改变蒸气云的流向，但禁止用水直接冲击泄漏的液氨或泄漏源；防止泄漏物进入水体、下水道、地下室或密闭性空间；禁止进入氨气可能汇集的受限空间；清洗以后，在储存和再使用前要将所有的保护性服装和设备洗消。

3）燃烧爆炸。迅速向消防、当地政府报警。隔离、疏散、转移遇险人员到安全区域；建立500m左右警戒区，并在通往事故现场的主要干道上实行交通管制；除消防及应急处理人员外，其他人员禁止进入警戒区，并迅速撤离无关人员。消防人员进入火场前，应穿着防化服，佩戴正压式呼吸器。氨气易穿透衣物且易溶于水，消防人员要注意对人体排汗量大的部位，如生殖器官、腋下、肛门等部位的防护。小火灾时用干粉或 CO_2 灭火器，大火灾时用水幕、雾状水或常规泡沫。储罐发生火灾时，尽可能远距离灭火或使用遥控水枪或水炮扑救。切勿直接对泄漏口或安全阀门喷水，防止产生冻结。安全阀发出声响或变色时应尽快撤离，切勿在储罐附近停留。

4）中毒伤害。如果患者只是单纯接触氨气，并且没有皮肤和眼的刺激症状，则不需要清除污染；假如接触的是液氨，并且衣服已被污染，应将衣服脱下并放入双层塑料袋内；如果眼睛接触或眼睛有刺激感，应用大量清水或生理盐水冲洗 20min 以上：如在冲洗时发生眼睑痉挛，应慢慢滴入 1~2 滴 0.4%奥布卡因，继续充分冲洗；如患者戴有隐形眼镜，又容易取下并且不会损伤眼睛的话，应取下隐形眼镜；若皮肤和头发接触氨气，应用大量清水冲洗 15min 以上。伤员复苏后，应立即将其转移出污染区。

7. 应急装备与物资保障

（1）应急装备保障　现场的应急装备应根据充装站安全规程的要求进行配备，所采购的装备应符合国家标准要求。对可供应急响应使用的应急装备类型、数量、性能和存放位置进行登记，并保证应急装备好用；各岗位应认真学习应急装备的使用，防止应急状态下不会使用应急装备。

（2）物资保障　应根据安全生产实际情况储备一定数量的常备应急救援物资；应急响应时所需物资的调用、采购、储备、管理，遵循“服从大局、服从调动”的原则，保证应急救援的需求。

（3）装备与物资的维护　应急装备纳入日常管理工作中，应定期对应急装备和物资进行检查、记录，并进行维护，保障应急装备和物资完好。

8. 案例思考

1）本预案基本要素是否齐全?

2）你认为本预案有没有不合理的内容？有没有需要完善的内容?

第六节　事故应急救援预案的实施

一、事故应急救援培训

事故应急救援的培训与演练可以增强企事业单位和职工个体的危机和责任意识，提高事故防范和应对处置能力。它是保证安全生产应急救援预案贯彻实施的重要手段，演练的实施将为检验、论证安全生产应急救援预案的完备性提供有力的支持。

应急救援培训是使所有相关人员了解并掌握应急救援预案的全部内容及相关知识，从而熟练掌握预案的内容及要求，明确职责和履行职责的具体程序。

近年来，大型事故频繁发生，给社会造成巨大损失，严重危害人民的生命和财产安全。我国高度重视应急预案对社会公众的宣传和教育，通过培训全面提升事故的应急救援处置能力，提高全民的安全意识和应急能力。

（一）培训的对象

根据《中华人民共和国突发事件应对法》《中华人民共和国安全生产法》《国务院安委会办公室关于贯彻落实国务院〈通知〉精神 进一步加强安全生产应急救援体系建设的实施意见》（安委办〔2010〕25号）等法律法规及规章的要求，全面加强安全生产应急管理培训与教育工作，可以为安全生产应急管理和应急救援工作提供人才保障和智力支持。因此，应急培训的范围应包括政府应急主管部门、专业应急救援队伍、企业全员、社区居民。

1. 政府应急主管部门培训

所有负有应急管理职责的地方政府部门、志愿者等都应参加应急培训，以便加强事故应急工作的思想指导和事故应急计划的有效实施。

2. 专业应急救援队伍培训

定期进行专业应急救援队伍的培训，不断加强对突发事故的应急响应和处置能力。

3. 企业全员培训

企业应对内部员工进行有针对性、分层次的应急培训，确保企业员工明确自己的应急职责并掌握必要的应急技能。

4. 社区居民培训

在可能发生应急事故时，居民应能够做出积极有序的响应，避免产生负面效应。

（二）培训方式和要求

应急培训的方式有很多种，可以用培训班、讲座、模拟、自学、小组受训和考试等方式。国家相关法律法规对事故应急救援培训的规定以及一些省、市、自治区对这项工作的相关培训要求总结如下：

1）制订各级行政、企事业单位应急管理培训指导纲要和培训计划，统一配备教材；完善培训手段；加强培训师资队伍建设；统筹培训经费；建立培训质量评估和考核制度。

2）严格社会培训机构相关资格资质认定，建立应急管理培训机构准入制度应急救援的培训工作应该由专门的培训机构进行专业化培训。根据事故灾害类别和级别及采取的应急响应措施进行教育培训，以便减轻事故灾害带来的影响。

3）应急救援培训工作可根据领导干部、应急管理干部、政府新闻发言人基层干部、企业负责人、应急救援队伍和应急救援志愿者的社会工作分工不同而进行有针对性和实用性的定期培训。安全生产培训机构应建立培训档案。

（三）培训内容

针对不同的人员和不同的预案培训的内容和要求各不相同，以下仅介绍事故应急救援的主要相关人员所必需的基本培训内容和应急救援人员的特殊培训。

1. 基本培训

基本培训是指对参与应急行动的所有相关人员进行的最低程度的培训。要求应急救援人员了解、掌握和识别应急救援基本程序、各项措施、应急报警行动、应急人员职责、信息发布与沟通、组织救援与现场恢复等。基本培训可以在预案制订单位培训或邀请专家培训。

（1）发现险情报警的岗位人员培训内容　这类人员一般是生产操作现场工作人员或险情突发附近的人员。通过培训，他们应了解、掌握以下知识：危险显现特征及潜在后果；自身的责任及作用；以利用的必需资源；故初期的操作和程序；事故的报警与人员撤离。

（2）事故预防和紧急抢险人员培训内容　包括岗位技术管理人员和主要的岗位操作人

员。通过培训，他们应掌握以下知识：危险的识别与分级；风险评价技术；自救设备选择与使用；危险控制技术及消除操作；危险物质的消除技术与程序。

（3）专业应急救援人员培训内容　识别、确认危险状况；应急救援预案岗位功能与作用；种防护器材选择与使用；危险评估和风险评价技术；各类危险专业控制技术；事故救援；事故消除与系统恢复程序及技术；常用的危险化学、生物、放射的术语和表达形式。

（4）应急救援指挥人员培训内容　应急救援预案的启动；协调与指导应急行动的指令与反馈；合理调用应急资源；信息的发布时机与报告事宜；后勤支援的管理；外部系统的支持；应急救援总结与事故善后处理。

2. 应急救援人员的特殊培训

基本应急救援培训提供了一般情况应急救援培训，但在实际救援过程中，救援人员可能处于化学伤害、物理伤害、放射性伤害等特殊危险之中，掌握一般的应急救援技术是远远不能保护这些人员安全的。特殊培训主要是针对这种特殊状态下的事故应急救援培训，主要有接触危险化学物品、受限空间营救、沸腾液体扩展蒸气爆炸等专业培训。特殊抢险救援人员应由具有资质的专门机构培训，并取得合格证书。

（1）接触危险化学品培训内容　危险化学品的理化性质及危险特性，如爆炸、燃烧、聚合、分解、反应知识；对人的侵害途经及浓度，包括短时间接触允许浓度、最高允许浓度、危险浓度；急救与治疗要点；撤离要求；防护知识、技术与设备。

（2）受限空间的抢险救援人员培训内容　受限空间是指缺少氧气或充满有毒气体及有爆炸危险的浓缩气体的狭小的空间。受限空间的应急救援需要使用呼吸防护设备。受限空间危险的辨识知识；有害气体的物理化学特性；应急救援程序和行动计划；营救过程意外情况应对处置。

（3）沸腾液体扩展蒸气爆炸抢险救援人员的培训　沸腾液体扩展蒸气爆炸是指在空气中液体快速达到沸点以上，能引起液体从液态到气态的快速转化，并同时伴有大量能量释放，由于静电或火花等作用，瞬时燃烧或爆炸，这种现象称为沸腾液体扩展蒸气爆炸。一般该类液体容易发生泄漏、容器破坏。这类事故具有高发性和巨大破坏的特点，经常造成人员甚至营救人员受伤和死亡。培训内容如下：该类事故类型、产生原因及防范对策；容器结构、工作压力、破坏的形式及后果；容器内物质理化性质，如沸点、闪点、蒸发密度、毒性等知识；事故有关的征兆及应对措施；快速冷却和迅速隔离与转移的方法与程序；事故扩展的条件及阻断措施、方法；最佳的救援方案及自我防护技术；事故现场的隔离与警戒。

二、事故应急救援演练

事故应急救援演练是各类事故及灾害应急准备过程中的一项重要工作，对于评估应急准备状态、检验应急人员实际操作水平、发现并及时修改应急预案中的缺陷和不足等具有重要意义。各级安全生产监督管理部门应当定期组织应急预案演练，提高本部门、本地区生产安全事故应急处置能力。生产经营单位应当制订本单位的应急预案演练计划，根据本单位的事故风险特点，每年至少组织 1 次综合应急预案演练或者专项应急预案演练，每半年至少组织 1 次现场处置方案演练。

（一）应急演练的目的

应急演练是指来自多个机构、组织或群体的人员针对模拟的紧急情况，执行实际紧急事件发生时各自所承担任务的排练活动。应急救援演练是一种以假设为前提的应急救援预案“实战”操作，是检验、评价和保持应急救援能力的重要手段。应急演练可在事故真正发生前暴露预案和程序的缺陷，发现应急资源、设备人力方面存在的问题。开展应急演练应达到以下目的：

1）在事故发生前暴露预案和程序的缺点。

2）辨识出缺乏的资源（包括人力和设备）。

3）改善各种反应人员、部门和机构之间的协调水平。

4）在企业应急管理的能力方面获得大众的认可和信心。

5）增强应急反应人员的熟练性和信心，明确每个人各自的岗位和职责。

6）加强企业应急预案与政府、社区应急预案之间的合作与协调。

7）提高整体应急反应能力。

应急演练必须遵守相关法律法规、标准和应急预案的规定，做到领导重视、科学计划、结合实际、重点突出、组织周密、统一指挥、由浅入深、分步实施、讲究实效、注重质量。另外，应急演练原则上避免惊动公众。

应急演练过程中的单独任务包括确定演练日期、确定演练目标和演练范围、编写演练方案、确定演练现场规则、指定评价人员、编写演练报告总结等。演练方案应围绕应急动员、指挥和控制、事态评估，警报与紧急公告，应急响应人员、交通管制、人员安置与紧急医疗服务等目标。

应急演练参与人员按照演练过程中扮演的角色和承担的任务可分为演练人员、控制人员、模拟人员、评价人员和观摩人员。

（二）应急演练的分类

按组织形式划分，应急演练可分为桌面演练、现场模拟演练和实战演练。

1）桌面演练。桌面演练是指参演人员利用地图、沙盘、流程图、计算机模拟、视频会议等辅助手段，针对事先假定的演练情景，讨论和推演应急决策及现场处置的过程，从而促进相关人员掌握应急预案中所规定的职责和程序，提高指挥决策和协同配合能力。桌面演练仅限于有限的应急响应和内部协调活动，由应急组织的代表或关键岗位人员参加，按照应急预案及标准工作程序讨论紧急情况时应采取的行动。这种口头演练一般在会议室内举行，目的是锻炼参演人员解决问题的能力，解决应急组织相互协作和职责划分的问题。事后采取口头评论形式收集参演人员的建议，提交一份简短的书面报告，总结演练活动和提出有关改进应急响应工作的建议，为功能演练和全面演练做准备。

2）现场模拟演练。在现场指定区域设置假想现象及事故，启动应急演练程序，主要考核参演人员的应急反应能力、携带装备情况、参演人员的职责、各专业协作情况。现场事故处置情况根据导演的事故假象及发展口述事故处置过程；进一步检验应急预案的适应性。

3）实战演练。实战演练是指参演人员利用应急处置涉及的设备和物资，针对事先处置的突发事件情景及其后续的发展情景，通过实际决策、行动和操作，完成真实应急响应的过程，从而检验和提高相关人员的临场组织指挥、队伍调动、应急处置技能和后勤保障等应急能力。实战演练通常要在特定场所完成。

按内容划分，应急演练可分为单项演练、组合演习和综合演练。

1）单项演练。单项演练是指涉及应急预案中特定应急响应功能或现场处置方案中一系列应急响应功能的演练活动。单项演练注重针对一个或少数几个参与单位（岗位）的特定环节和功能进行检验。

2）组合演习。组合演习是专门检查和提高应急组织之间相互协调性的演习。通过各单位演习的组合，加强各应急救援组织之间的配合，目的是明确相互协作与职责，提高演习人员解决问题的能力。

3）综合演练。综合演练是指涉及应急预案中多项或全部应急响应功能的演练活动。综合演练注重对多个环节和功能进行检验，特别是对不同单位之间应急机制和联合应对能力的检验。

按目的与作用划分，应急演练可分为检验性演练、示范性演练和研究性演练。

1）检验性演练。检验性演练是指为检验应急预案的可行性、应急准备的充分性，应急机制的协调性及相关人员的应急处置能力而组织的演练。

2）示范性演练。示范性演练是指为向观摩人员展示应急能力或提供示范教学，严格按照应急预案规定开展的表演性演练。

3）研究性演练。研究性演练是指为研究和解决突发事件应急处置的重点、难点问题，试验新方案、新技术、新装备而组织的演练。

不同类型的演练相互组合，可以形成单项桌面演练、综合桌面演练、单项实战演练、综合实战演练、示范性单项演练、示范性综合演练等。

（三）应急救援的演练过程

进行应急演练前要成立演练领导机构，在应急演练准备阶段，应完成确定演练目标和范围、编写演练方案、制订演练现场规则，并进行人员培训等，事故应急演练过程通常包括策划与准备、应急演练实施和演练总结 3 个阶段的内容。

1. 策划与准备

1）成立演练策划小组。

2）确定演练任务与参与范围。

3）编写演练方案。应急演练方案的编写要以演练情景设计为基础，必须说明事故相关情景，明确和规划事故各阶段的时间和内容。方案内容主要包括情景说明书、演练计划、评价计划、情景事件总清单、演练控制指南、演练人员手册、通信录等。

4）确定演练现场规则。所有消息应以“这是一次演练”作为开头语或结束语；不得进行超越安全保证的行为，不得进入禁区，不得构成不必要的危险，如任意穿越高速公路、铁道或其他危险区域；避免极端的气象条件；模拟事故事先必须考虑可能影响设施安全运行的所有问题；不应为了演练技巧而污染大气或造成类似危险；演练过程中对真正的紧急情况保持警惕，当出现真正的紧急情况时，应立即停止演练，迅速转入真正的应急救援。

5）确定演练日期。

6）分发演练工作文件。

7）指定培训和评价人员。

8）演练前培训。

9）安排后勤供应工作。

2. 应急演练实施

应急演练实施是指从宣布事件起到演练结束的整个过程，包括演练控制和演练实施要点两部分内容。

（1）演练控制　演练活动一般始于报警消息，参演应急组织和人员应尽可能按实际紧急事件发生时的响应要求进行演练。演练过程中，参演领导的作用主要是宣布演练开始和结束；控制人员的作用主要是向演练人员传递控制消息，提醒演练人员采取必要行动，以正确展示所有演练目标。

（2）演练实施　由分析国内外演练实例可知，应急功能的演练实施主要有初次通报、指挥与控制、通信、警报与紧急公告、公共信息与社区关系、资源管理、卫生与医疗服务、应急人员安全、公众保护措施、火灾与搜救、事态评估、人道主义服务和市政工程等要点。

3. 演练总结

应急演习结束后，演练相关部门应对演练的效果做出评价，并提交演练报告，详细说明演练过程中发现的问题，包括不足项、整改项和改进项。

（1）不足项　不足项是指在紧急事件发生时，可能导致应急组织或应急救援体系不能确保有能力采取合理应对措施，保护公众的安全与健康。

（2）整改项　整改项是指虽然应急救援工作目标未受到根本影响，但实现过程中可能仍存在缺陷的项目。在两种情况下，整改项可列为不足项：一是一个组织存在两个或两个以上整改项，共同作用可影响保护公众安全与健康能力的；二是一个组织在多次演练过程中，反复出现前次演练发现的整改项。

（3）改进项　改进项是指应急准备过程中应予以改善的问题。

【例 8-8】　某校消防安全应急演练

1. 指导思想

以《中华人民共和国消防法》《中华人民共和国安全生产法》和《机关、团体、企业、事业单位消防安全管理规定》等法律法规为依据，以预防和遏制重特大火灾事故，特别是群死群伤恶性事故为目标，进一步强化管理，以学校法人代表（校长）为消防安全第一责任人，全面落实消防安全责任，确保学校的消防安全。

2. 演练目的

为了贯彻落实上级教育部门有关加强校园安全的文件精神，加强学校的消防安全，预防火灾和减少火灾危害，保护人、财、物的安全，加强学生消防安全意识，本着“预防为主，防消结合”的宗旨，切实做好防火、灭火工作，特制订消防安全应急演练方案。通过消防安全演练，达到让学生学到有关的安全防护知识、有事不慌、积极应对、自我保护的目的。

3. 灾害预设

当某楼的某室突然失火时，在火光、浓烟之中，学生会产生惊慌失措，可能发生学生被烧、踩、摔、呛、挤至死的恶性伤害事件。

4. 组织机构

（1）指挥部　学校成立灭火和应急疏散指挥部。

总指挥：赵某。

副总指挥：张某、石某。

成员：郑某、苏某、贺某、欧某、严某。

指挥部职责：

1）平时指导全校灭火和应急疏散的宣传教育、培训演练。

2）战时指挥协调各职能小组和义务消防队开展工作，迅速果断将火灾扑灭在初始阶段；协调配合到达火场的公安消防队开展各项灭火行动。

3）配合协助公安消防机构做好火灾事故调查等善后工作。

（2）义务消防队　由所有男教师和职工组成。岗位职责如下：

1）熟悉并能使用学校配置的消防器材，掌握灭火知识。

2）根据学校应急疏散预案，组织师生疏散演练。

3）实战时现场灭火、抢救被困学生和救护伤员。

（3）疏散引导组

组长：张某。

副组长：石某。

成员：贺某、张某及各班班主任。

职责：平时负责全校火场自救、应急疏散的宣传教育、培训演练的具体事务，战时指挥火灾单位做好人员和物资的疏散自救工作。

（4）后勤保障组

组长：苏某。

副组长：欧某、严某。

成员：罗某、吕某、开某、赵某。

职责：负责通信联络、车辆调配、道路畅通、电路控制、水源保障。

（5）抢救护理组

组长：王某。

副组长：梅某。

成员：李某、季某、张某、刘某。

职责：负责医疗救护及人员清点等。

5. 前期准备阶段

1）学校安全工作领导小组负责制订“学校消防安全应急演练方案”，通盘筹划和指挥火灾应急避险演练。

2）组建学校义务消防队。由行政、后勤、任课教师等组成学校义务消防队（以男性为主），邀请专职消防人员来校进行消防器材使用培训和消防知识讲座，并组织校义务消防队进行实战演练。

3）落实相关安全措施。学校安全工作领导小组会同专职消防人员进行学校消防工作检查。重点是安全疏散设施管理情况，消防设施、器材维护管理情况以及火灾隐患整改，用火、用电安全检查，燃气和电气设备检查等。

4）邀请消防官兵对学校义务消防队队员和有关教职工进行培训，使他们能正确使用灭火器等消防器材。

5）对学生进行消防安全教育。少先队、班级充分运用电视、广播、网络黑板报、宣传窗等不同媒体，以讲座、竞赛、展览等形式向学生宣传开展消防安全教育的意义、应急自护办法等，对学生开展消防知识、技能的宣传教育。教育学生不玩火、不玩电，不触摸有电源标志的器物，不拨弄公共场所开关，不擅自使用电器；教育学生在火灾发生时严禁跳楼逃生，不提倡学生参加救火工作。

6）班主任组织学生学习有关自我保护的知识，开展消防灭火自救培训，并进行以班级为单位的疏散练习，熟悉疏散线路，进行自救逃生练习。教育学生发生火灾时，能够做到：遇事不慌，头脑冷静；判明情况，思考对策；积极自救，互帮互助；听从指挥，有序疏散，切忌恐慌混乱，相互踩踏。

7）后勤部门配置好各通道钥匙，在教学楼前操场划定安全警戒线，配备和检查相应的消防器材和设备，平时负责管理，使其处于正常状态。

6. 应急实战演练

演练时间不定，由学校演练指挥部临时决定。具体要求如下：

1）听到报警铃声后，上述人员各就各位，履行好自己的岗位职责。

2）各班主任按学生疏散路线图引导学生有条不紊地向安全区（操场）疏散，同时要查清现场是否有遗漏人员。学生撤离时每人带一条湿毛巾，以便用湿毛巾捂嘴，防止烟雾中毒。

3）各班班长协助教师清点本班同学人数，并及时上报给班主任。班主任整理并清点本班同学人数，及时上报给抢救护理组组长，由组长报告给现场指挥。

4）在警报解除前，各组人员协助班主任维持学生在安全区内的秩序。警报解除后，各班按次序返回教室。

7. 总结反思

演练后一周为总结反思阶段，要求参加演练的教师每人撰写一份消防意见建议书或演练心得体会，以利于学校进一步排查安全隐患，制订相应的安全对策，总结经验教训。

金属材料专家陈国良

思　考　题

1. 简述事故内涵的具体释义。
2. 事故是如何分类的，依据是什么？
3. 常见的伤亡事故类型有哪些？
4. 未遂事故分为哪几种类型？
5. 事故原因的分类及依据是什么？
6. 事故原因调查的基本步骤是什么？事故原因分析需要明确哪些内容？
7. 事故调查组需要履行的职责都有哪些？
8. 哪些事故适用《生产安全事故报告和调查处理条例》？哪些事故不适用该条例？
9. 依据海因里希提出的理论，哪些个性心理特征可以建立和维持职工对安全生产的兴趣？
10. 事故预防五阶段模型包括哪些内容？
11. 事故预防措施包含哪几方面？
12. 简述《生产过程危险和有害因素分类与代码》中危险有害因素的具体类型。
13. 简述企业职工伤亡事故分类危险有害因素的类别。

14. 简述事故隐患的分类。
15. 分析我国当前应急救援组织体系的构成及各部分作用。
16. 应急救援保障体系包括哪些内容？
17. 主要的事故应急救援法律法规有哪些？
18. 事故应急救援的响应机制是什么？
19. 企业应急救援预案有哪几种类型？
20. 综合预案、专项预案和现场预案有哪些异同？
21. 事故应急救援预案编写要求有哪些？
22. 事故应急救援预案备案有哪些基本要求？
23. 事故应急演练的基本程序是什么？

第九章　安全生产应急管理

第一节　安全生产应急管理概述

一、安全生产应急管理的内涵

根据风险控制原理，风险大小是由事故发生的可能性及其后果严重程度决定的。事故发生的可能性越大，后果越严重，则该事故的风险就越大。因此，控制事故风险的根本途径有两条：第一条是事故预防，防止事故的发生或降低事故发生的可能性，从而达到降低事故风险的目的。然而，由于受技术发展水平及自然客观条件等因素影响，要将事故发生的可能性降至零，即做到绝对安全，是不现实的。事实上，无论事故发生的频率降至多低，事故发生的可能性依然存在，而且有些事故一旦发生，后果将是灾难性的，如中石化东黄输油管道泄漏爆炸特大事故、佛山市顺德区“12·13”气体爆炸事故等。那么，如何控制这些发生概率虽小、后果却非常严重的重大事故风险呢？无疑，应急管理成为第二条重要的风险控制途径。

安全生产应急管理工作必须首先立足于防范事故的发生，从安全生产应急管理的角度，着重做好事故预警、加强预防性安全检查、搞好隐患排查整改等工作。

1）要加强风险管理、重大危险源管理和事故隐患的排查整改工作。通过建立预警制度，加强事故灾难预测预警工作，对重大危险源和重点部位定期进行分析和评估，研究可能导致生产安全事故发生的信息，并及时进行预警。

2）要坚持“险时搞救援，平时搞防范”的原则，建立应急救援队伍参与事故预防和隐患排查的工作机制，尤其要加强组织矿山、危险化学品和其他救援队伍参与企业的安全检查、隐患排查、事故调查、危险源监控以及应急知识培训等工作。

3）要解决迟报、漏报、瞒报等问题。对重特大事故灾难信息、可能导致重特大事故的险情，或者其他自然灾害和灾难可能导致重特大安全生产事故灾难的重要信息，要及时掌握、及时上报并密切关注事态的发展，做好应对、防范和处置工作。

4）要强化现场救援工作。发生事故的单位要立即启动应急预案，组织现场抢救，控制险情，减少损失。

5）要做好善后处置和评估工作。通过评估，及时总结经验，吸取教训，改进工作，以提高应急管理和应急救援工作水平。

二、安全生产应急管理的特点

与自然灾害、公共卫生事件和社会安全事件相比，安全生产应急管理具有复杂性、长期性和艰巨性等特点，是一项长期而艰巨的工作。

首先，安全生产应急管理本身是一个复杂的系统工程。从时间序列角度，安全生产应急管理在事前、事发、事中及事后四个过程中都有明确的目标和内涵，贯穿于预防、准备、响应和恢复的各个过程；从涉及的部门角度，安全生产应急管理涉及安全生产监督管理、消防、卫生、交通、物资、市政、财政等政府的各个部门，以及诸多社会团体或机构，如新闻媒体、志愿者组织、生产经营单位等；从应急管理涉及的领域角度，安全生产应急管理涉及工业、交通、通信、信息、管理、心理、行为、法律等；从应急对象角度，安全生产应急管理涉及各种类型的事故灾难；从管理体系构成角度，安全生产应急管理涉及应急法制、体制、机制和保障系统；从层次角度，安全生产应急管理则可划分为国家省、市、县及生产经营单位应急管理。

其次，重大事故发生所表现出的偶然性和不确定性，往往给安全生产应急管理工作带来消极的影响：一是侥幸心理，主观认为或寄希望于这样的安全生产事故不会发生，对应急管理工作淡漠，而应急管理工作在事故灾难发生前又不能带来看得见、摸得着的实际效益，这也使得安全生产应急管理工作难以得到应有的重视；二是麻痹心理，经过长时间的应急准备，而重大事故一直没有发生，易滋生麻痹心理，从而放松对应急工作的要求和警惕性，若此时突然发生重大事故，则往往导致应急管理工作前功尽弃。重大安全生产事故的偶然性和不确定性要求安全生产应急管理常抓不懈。

三、安全生产应急管理的意义

事故灾难是突发事件的重要方面，安全生产应急管理是安全生产工作的重要组成部分。全面做好安全生产应急管理工作，提高事故防范和应急处置能力，尽可能避免和减少事故造成的伤亡和损失，是坚持“以人为本”、贯彻落实科学发展观的必然要求，也是维护广大人民群众的根本利益、构建和谐社会的具体体现。目前，我国安全生产形势呈现总体趋于好转的态势，但是生产安全事故总量大、安全生产基层基础薄弱、安全生产投入不足，安全生产形势依然严峻。

1）加强安全生产应急管理，是加强安全生产工作的重要举措。随着安全生产应急管理各项工作的逐步落实，安全生产工作势必得到进一步的加强。

2）工业化进程中存在的重大事故灾难风险迫切需要加强安全生产应急管理。面对依然严峻的安全生产形势和重特大事故多发的现实，迫切需要加强安全生产应急管理工作，有效防范事故灾难，最大限度地减少人民群众生命、财产损失。

3）加强安全生产应急管理，提高防范、应对重特大事故的能力，是坚持“以人为本”价值观的重要体现，也是全面履行政府职能，进一步提高行政能力的重要方面。

总之，加强安全生产应急管理，是加强安全生产、促进安全生产形势进一步稳定好转的得力举措，既是当前一项紧迫的工作，也是一项需要付出长期努力的艰巨任务。

四、安全生产应急管理的目标和任务

安全生产应急管理的核心任务是：应急管理体制、机制、法制和预案体系建设，应急管理队伍、装备、物资等保障体系建设，应急管理信息化建设，应急管理宣教培训等。

《关于全面加强安全生产应急管理工作的意见》（安监总应急〔2006〕196号）、安全生产"十三五"规划都提出了要求，全国安全生产应急救援体系总体规划方案对应急救援体系建设提出了明确的目标和建设内容。归结起来，安全生产应急管理目标任务是：通过各级政府、企业和全社会的共同努力，建立起覆盖各地区、各部门、各生产经营单位"横向到边、纵向到底"的预案体系；建立起国家、省（区、市）、市（地）三级安全生产应急管理机构及区域、骨干、专业应急救援队伍体系；建立安全生产应急管理的法律法规和标准体系；建立起安全生产应急信息系统和应急救援支撑保障体系；形成统一协调指挥、结构完整、功能齐全、反应灵敏、运转高效、资源共享、保障有力、符合国情的安全生产应急管理体系和运行机制，能够有效防范和应对各类安全生产事故灾难，并为应对其他灾害提供有力的支持。

《关于全面加强安全生产应急管理工作的意见》指出了安全生产应急管理的主要任务：

1）完善安全生产应急预案体系。

2）健全和完善安全生产应急管理体制和机制。

3）加强安全生产应急管理队伍和能力建设。

4）建立健全安全生产应急管理法律法规及标准体系。

5）坚持预防为主、防救结合，做好事故防范工作。

6）做好安全生产事故救援工作。

7）加强安全生产应急管理培训和宣传教育工作。

8）加强安全生产应急管理支撑保障体系建设。

第二节　安全生产应急管理法律法规

一、概述

应急管理法律法规是规范应急管理工作的法制基础，在开展应急管理工作中配置协调应急权力，调动整合应急资源，建立完善应急机制，规范应急管理过程，约束限制行政权力，保障公民合法权益等方面发挥着重要作用。

近年来，我国高度重视应对突发事件的法制建设，先后制定或者修订了涉及安全生产应急管理的相关规定和要求，主要有《中华人民共和国安全生产法》《中华人民共和国矿山安全法》《中华人民共和国道路交通安全法》《中华人民共和国传染病防治法》《中华人民共和国防洪法》《中华人民共和国防震减灾法》《中华人民共和国动物防疫法》《中华人民共和国治安管理处罚法》《中华人民共和国突发事件应对法》《中华人民共和国消防法》等40余部法律和《中华人民共和国矿山安全法实施条例》《核电厂核事故应急管理条例》《危险

化学品安全管理条例》《烟花爆竹安全管理条例》《特种设备安全监察条例》等40余部行政法规以及《铁路行车事故处理规则》《港口危险货物安全管理规定》《危险化学品重大危险源监督管理暂行规定》《安全生产违法行为行政处罚办法》等60余部部门规章。一些地方政府及其部门也结合实际需要，制定了相关地方法规和规章，为预防和处置相关突发事件提供了法律依据和法制保障。

目前，以《中华人民共和国安全生产法》为基础，以《中华人民共和国突发事件应对法》为依据，正在加快相关法规、规章、标准的制定工作。

二、与安全生产应急理相关的主要法律法规

《中华人民共和国突发事件应对法》作为我国第一部综合性应急管理法律，于2007年11月1日起施行，为有效实施应急管理提供了法律依据和法制基础。现各地政府均以《中华人民共和国突发事件应对法》宣贯为重点，广泛开展了安全生产应急普法工作。虽然应急管理法制建设不断推进，但当前的安全生产应急管理法制建设依然滞后，安全生产应急救援法律法规体系还不完善。因此，进一步加强安全生产应急管理法制建设，逐步形成规范的安全生产事故灾难预防和应急处置工作的法律法规和标准体系，是应急法制建设的工作重点。

我国安全生产应急管理法律法规体系层级主要由以下五个层次构成。

1. 法律层面

《宪法》是我国安全生产法律的最高层级，《宪法》提出的“加强劳动保护，改善劳动条件”的规定，是我国安全生产方面最高法律效力的规定。

《中华人民共和国突发事件应对法》对于进一步建立和完善我国的突发事件应急管理体制、机制和法制，预防、控制和消除突发事件的社会危害，提高政府应对突发事件的能力，落实执政为民的要求，促进经济和社会的协调发展，构建社会主义和谐社会，都具有重要意义。《中华人民共和国安全生产法》（简称《安全生产法》）第二十一条规定，生产经营单位的主要负责人负有组织制订并实施本单位的生产安全事故应急救援预案的职责。第四十条规定，生产经营单位对重大危险源应当制订应急预案，告知从业人员和相关人员在紧急情况下应当采取的应急措施。《中华人民共和国消防法》（简称《消防法》）规定，机关、团体、企业、事业等单位应当制订灭火和应急疏散预案，组织进行有针对性的消防演练。

2. 行政法规层面

国务院出台了《生产安全事故报告和调查处理条例》《烟花爆竹安全管理条例》《民用爆炸物品安全管理条例》等行政法规。《生产安全应急管理条例》及《危险化学品安全管理条例》修订草案均由国务院公布。

3. 地方性法规层面

地方政府应根据潜在事故灾难的风险性质与种类，结合应急资源的实际情况，制定相应的地方法规，对突发性事故应急预防、准备、响应和恢复等各阶段的制度和措施提出针对性的规定与具体要求。如《广东省突发事件应对条例》《广东省安全生产条例》等。

4. 行政规章层面

行政规章包括部门规章和地方政府规章。有关部门应根据有关法律和行政法规在各自权限范围内制定有关事故灾难应急管理的规范性文件，内容应是对具体管理制度和措施的进一

步细化，说明详细的实施办法。各省（区、市）人民政府、省（区）人民政府所在地的市人民政府及国务院批准的计划单列市应根据有关法律、行政法规、地方性法规和本地实际情况，制定本地区关于事故灾难应急管理制度和措施的详细实施办法，如《广东省突发事件现场指挥官制度实施办法（试行）》《广东省突发事件应急补偿管理暂行办法》和《广东省突发公共卫生事件应急办法》等。

5. 标准层面

涉及专业应急救援的相关管理部门应制定有关事故灾难应急的标准，内容应覆盖事故应急管理的各阶段与过程，主要包括：应急救援体系建设、应急预案基本格式与核心要素、应急功能程序、应急救援预案管理与评审、应急救援人员培训考核、应急演习与评价、危险分析和应急能力评估、应急装备配备、应急信息交流与通信网络建设、应急恢复等标准规范。

应急管理标准体系主要分为强制性标准和推荐性标准两种，目前主要在应急预案、演练、应急物资配备、培训考核、矿山救护、矿山救护队质量标准化、应急平台等方面制定了标准，分别是《危险化学品单位应急救援物资配备要求》（GB 30077—2013）、《安全生产应急管理人员培训及考核规范》（AQ/T 9008—2012）、《生产经营单位安全生产事故应急预案编制导则》（AQ/T 9002—2006）、《生产安全事故应急演练基本规范》（AQ/T 9007—2019）、《矿山救援防护服装》（AQ/T 1105—2014）、《矿山救护规程》（AQ 1008—2007）、《矿山救护队质量标准化考核规范》（AQ 1009—2007）、《国家安全生产应急平台体系建设指导意见》。

三、现行法律法规关于安全生产应急管理的重点条款

《中华人民共和国突发事件应对法》是安全生产应急管理的法制基础，适用于生产安全事故的预防与应急准备、监测与预警、应急处置与救援、事后恢复与重建等应对活动。《中华人民共和国安全生产法》第五章的内容是关于生产安全事故的应急救援与调查处理的规定，第七十九条规定，国家加强生产安全事故应急能力建设，在重点行业、领域建立应急救援基地和应急救援队伍，并由国家安全生产应急救援机构统一协调指挥；鼓励生产经营单位和其他社会力量建立应急救援队伍，配备相应的应急救援装备和物资，提高应急救援的专业化水平。第八十条规定，县级以上地方各级人民政府应当组织有关部门制定本行政区域内生产安全事故应急救援预案，建立应急救援体系。第八十一条规定，生产经营单位应当制定本单位生产安全事故应急救援预案，与所在地县级以上地方人民政府组织制定的生产安全事故应急救援预案相衔接，并定期组织演练。第八十二条规定，危险物品的生产、经营、储存单位以及矿山、金属冶炼、城市轨道交通运营、建筑施工单位应当建立应急救援组织；生产经营规模较小的，可以不建立应急救援组织，但应当指定兼职的应急救援人员。

《中华人民共和国职业病防治法》第二十条规定，用人单位应当采取下列职业病防治管理措施，建立、健全职业病危害事故应急救援预案。第二十四条规定，产生职业病危害的用人单位，应当在醒目位置设置公告栏，公布有关职业病防治的规章制度、操作规程、职业病危害事故应急救援措施和工作场所职业危害因素检测结果。对产生严重职业病危害的作业岗位，应当在其醒目位置，设置警示标识和中文警示说明。警示说明应当载明产生职业病危害的种类、后果、预防以及应急救治措施等内容。第三十七条规定，发生或者可能发生急性职业病危害事故时，用人单位应当立即采取应急救援和控制措施。

《中华人民共和国消防法》第十六条规定，机关、团体、企业、事业等单位应当履行下列消防安全责职责：落实消防安全责任制，制定本单位的消防安全制度、消防安全操作规程，制订灭火和应急疏散预案。

《危险化学品安全管理条例》第七十条规定，危险化学品单位应当制订本单位事故应急救援预案，配备应急救援人员和必要的应急救援器材、设备，并定期组织演练。第七十一条规定，发生危险化学品事故，单位主要负责人应当按照本单位危险化学品应急救援预案组织救援，并向当地安全生产监督管理部门和环境保护、公安、卫生主管部门报告。第七十二条规定，发生危险化学品事故，有关地方人民政府应当立即组织安全生产监督管理、环境保护、公安、卫生、交通等有关部门，按照本地区危险化学品事故应急预案组织实施救援，不得拖延、推诿。

《使用有毒物品作业场所劳动保护条例》第十六条要求，从事使用高毒物品作业的用人单位，应当配备应急救援人员和必要的应急救援器材、设备，制订事故应急救援预案，并根据实际情况变化对应急救预案适时进行修订，定期组织演练。事故应急救援预案和演练记录应当报当地卫生行政部门、安全生产监督管理部门和公安部门备案。

《特种设备安全监察条例》第六十五条规定，特种设备安全监督管理部门应当制订特种设备应急预案。特种设备使用单位应当制订事故应急专项预案，并定期进行事故应急演练。

《生产安全事故报告和调查处理条例》第十四条规定，事故发生单位负责人接到事故报告后，应当立即启动事故相应应急预案，或者采取有效措施，组织抢救，防止事故扩大，减少人员伤亡和财产损失。

《国务院关于进一步加强安全生产工作的决定》要求建立生产安全应急救援体系。加快全国生产安全应急救援体系建设，尽快建立国家生产安全应急救援指挥中心，充分利用现有的应急救援资源，建设具有快速反应能力的专业化救援队伍，提高救援装备水平，增强生产安全事故的抢险救援能力，加强区域性生产安全应急救援基地建设。加强国家、省（区、市）、市（地）、县（市）四级重大危险源监控工作，建立应急救援预案和生产安全预警机制。

第三节　安全生产应急体系

安全生产应急体系是指应对突发安全生产事故所需的组织、人力、财力、物力、智力等各种要素及其相互关系的总和。通常所说的“一案三制”（应急预案和应急体制、机制、法制），构成应急体系的基本框架，而应急队伍、应急物资、应急平台、应急通信、紧急运输、科技支撑等构成应急体系的能力基础。应急体系的建立和完善是一项系统工程，没有固定的模式，需要以各级政府及有关部门为主，以各地情况和行业情况为依据，以科学发展观为指导，以专项公共资源的配置、整合为手段，以社会力量为依托，以提高应急处置的能力和效率为目标，坚持常抓不懈、稳步推进。安全生产应急体系与公共卫生、自然灾害、社会安全应急体系共同构成我国突发安全生产事故应急体系，是我国应急管理的重要支撑和组成部分。

《关于加强安全生产应急管理工作的意见》（安监总应急〔2006〕196 号）指出，事故灾难是突发安全生产事故的重要方面，安全生产应急管理是安全生产工作的重要组成部分。

建立健全的安全生产应急体系，主要通过各级政府、企业和全社会的共同努力，建立起一个统一协调指挥、结构完整、功能齐全、反应灵敏、运转高效、资源共享、保障有力、符合国情的安全生产应急管理体系，重点建立和完善应急指挥体系、应急预案体系、应急资源体系、应急体系和紧急状态下的法律体系，并与公共卫生、自然灾害、社会安全事件应急体系进行有机衔接，可以有效应对各类安全生产事故灾难，并为应对其他突发公共事件提供有力的支持。

一、安全生产应急体系结构

安全生产工作包括事故预防、应急救援和事故调查处理三个主要方面。其中，应急救援承上启下，与事故防范和事故调查处理密切联系。各种事故灾难种类繁多，情况复杂，突发性强，覆盖面大，应急救援活动又涉及从高层管理到基层人员各个层次，从公安、医疗到环保、运输等不同领域，给应急救援日常管理和应急救援指挥带来了许多困难。解决这些问题的唯一途径是建立起科学、完善的应急体系和实施规范有序的运作程序。

（一）安全生产应急体系建设原则

安全生产应急体系建设应遵循以下原则。

1. 统一领导，分级管理

国务院安委会统一领导全国安全生产应急管理和事故灾难应急救协调指挥工作，地方各级人民政府统一领导本行政区域内的安全生产应急管理和事故灾难应急救援协调指挥工作。国务院安委会办公室、应急管理部管理的国家安全生产应急管理指挥中心、负责全国安全生产应急管理工作和事故灾难应急救援协调指挥的具体工作，国务院有关部门所属各级应急救援指挥机构、地方各级安全生产应急管理指挥机构分别负责职责范围内的安全生产应急管理工作和事故灾难应急救援协调指挥的具体工作。

2. 条块结合、以块为主

安全生产应急救援坚持属地为主的原则，重大事件的应急救援在当地政府的领导下进行。各地结合实际建立完善的生产安全事故应急体系，保证应急救援工作的需要。政府依托行业、地方和企业的骨干救援力量在一些危险性大的特殊行业或领域建立专业应急体系，对专业性较强、地方难以有效应对的特别重大事故（事件）应急救援提供支持和增援。

3. 统筹规划、合理布局

根据产业分布、危险源分布和有关交通地理条件，对应急救援的指挥机构、队伍和应急救援的培训演练、物资储备等保障系统的布局、规模和功能等进行统筹规划，使各地各领域以及我国生产安全应急体系的布局能够适应经济社会发展的要求。在一些危险性大、事故发生频率高的地区建立重点区域救援队伍。

4. 依托现有、整合资源

深入调查研究，摸清各级政府、部门和企事业单位现有的各种应急救援队伍、装备等资源状况。在盘活、整合现有资源的基础上补充和完善，建立有效的机制，做到资源共享，避免浪费资源、重复建设。

5. “一专多能”、平战结合

要尽可能以现有的专业救援队伍为基础补充装备、扩展技能，建设“一专多能”的应急救援队伍；加强对企业的专职和兼职救援力量的培训，使其在紧急状态下能够及时有效地实施，做到平战结合。

6. 功能实用、技术先进

以能够及时、快速、高效地开展应急救援为出发点和落脚点，根据应急救援工作的现实和发展的需要设定应急救援信息网络系统的功能，采用国内外成熟、先进的技术和特种装备，保证生产安全应急体系的先进性和适用性。

7. 整体设计、分步实施

根据规划和布局对生产安全应急体系的指挥机构、主要救援队伍、主要保障系统一次性总体设计，按轻重缓急排定建设顺序，有计划地分步实施，突出重点、注重实效。

（二）安全生产应急体系结构

根据有关应急体系基本框架结构理论，并针对我国目前安全生产应急救援方面存在的主要问题，通过各级政府、企业和全社会的共同努力，建设一个统一协调指挥、结构完整、功能齐全、反应灵敏、运转高效、资源共享、保障有力、符合国情的安全生产应急体系，以有效应对各类安全生产事故灾难，并为应对其他灾害提供有力的支持。

我国安全生产应急体系主要由组织体系、运行机制、支持保障系统以及法律法规体系等部分构成。

组织体系是我国安全生产应急体系的基础，主要包括应急救援的领导与决策层、管理与协调指挥系统和应急救援队伍及力量。

运行机制是我国安全生产应急体系的重要保障，目标是实现统一领导、分级管理，条块结合、以块为主、分级响应、统一指挥，资源共享、协同作战，“一专多能”、专兼结合、防救结合、平战结合，以及动员公众参与，以切实加强安全生产应急体系内部的应急管理，明确和规范响应程序，保证应急体系运转高效、应急反应灵敏、取得良好的抢救效果。

支持保障系统是安全生产应急体系的有机组成部分，是体系运转的物质条件和手段，主要包括通信信息系统、培训演练系统、技术支持保障系统、物资与装备保障系统等。

法律法规体系是应急体系的法制基础和保障，也是开展各项应急活动的依据。与应急有关的法律法规主要包括由立法机关通过的法律，政府和有关部门颁布的规章、规定以及与应急救援活动直接有关的标准或管理办法等。

同时，应急体系还包括与其建设相关的资金、政策支持等，以保障应急体系建设和体系正常运行。

二、安全生产应急组织体系

组织体系是应急体系的基础之一。通过建立和完善应急救援的领导决策层、管理与协调指挥系统以及应急救援队伍，形成完整的安全生产应急救援组织体系。

安全生产应急组织体系应设计为动态联动组织，以政府应急管理法律法规为基础，各级应急指挥中心为核心，通过紧密的纵向与横向联系形成强大的应急组织网络。网络式的组织结构的物质基础是计算机网络化，以事故的类型和级别作为任务的结合点，常态下各联动单位根据本单位的职责对突发事故进行预测预控，非常态下快速响应。

根据我国的机构设置情况，应急组织管理体系的构建除应遵循“分级负责，属地管理”的基本原则外，更应该注重从组织体系的完备性，以及从本地区、外组织的协调性两个方面考虑。从而形成“纵向一条线，横向一个面”的组织格局，即从纵、横两个角度分别构建应急管理组织体系的等级协调机制和无等级协调机制运作模式。前者主要是指以明确的上下级关系为核心，以行政机构为特点的解决方式；后者主要是指以信息沟通为核心的解决办法，部门平等相待，无明确的上下级关系。

（一）领导机构

按照统一领导、分级管理的原则，我国安全生产应急救援领导决策层由国务院安全生产委员会及其办公室、国务院有关部门、地方各级人民政府组成。

1. 国务院安全生产委员会

国务院安全生产委员会统一领导我国安全生产应急救援工作，负责研究部署、指导协调我国安全生产应急救援工作；研究提出我国安全生产应急救援工作的重大方针政策；负责应急救援重大事项的决策，对涉及多个部门或领域、跨多个地区的影响特别恶劣事故灾难的应急救援实施协调指挥；必要时协调解放军总参谋部和武警总部调集部队参加安全生产事故应急救援；建立与协调同自然灾害、公共卫生和社会安全突发安全生产事故应急救援机构之间的联系，并相互配合。

2. 国务院安全生产委员会办公室

国务院安全生产委员会办公室承办国务院安全生产委员会（以下简称“安委会”）的具体事务，负责研究提出安全生产应急管理和应急救援工作的重大方针政策和措施；负责我国安全生产应急管理工作，统一规划我国安全生产应急体系建设，监督检查、指导协调国务院有关部门和各省（区、市）人民政府安全生产应急管理和应急救援工作，协调指挥安全生产事故灾难应急救援；督促、检查安委会决定事项的贯彻落实情况。

3. 国务院有关部门

国务院有关部门在各自的职责范围内领导有关行业或领域的安全生产应急管理和应急救援工作，监督检查、指导协调有关行业或领域的安全生产应急救援工作，负责本部门所属的安全生产应急救援协调指挥机构、队伍的行政和业务管理，协调指挥本行业或领域应急救援队伍和资源参加重特大安全生产事故应急救。

4. 地方各级人民政府

地方各级人民政府统一领导本地区安全生产应急救援工作，按照分级管理的原则统一指挥本地区安全生产事故应急救援。

（二）管理部门

我国安全生产应急管理与协调指挥系统由国家安全生产应急救援指挥中心、有关专业安全生产应急管理与协调指挥机构以及地方各级安全生产应急管理与协调指挥机构组成。

根据中央机构编制委员会的有关文件规定，国家安全生产应急救援指挥中心，为国务院安全生产委员会办公室领导，应急管理部管理的事业单位，履行我国安全生产应急救综合监督管理的行政职能，按照国家安全生产突发安全生产事故应急救案的规定，协调、指挥安全生产事故灾难应急救援工作。其主要职责如下：

1）参与拟定、修订我国安全生产应急救援方面的法律法规和规章，制定国家安全生产应急救援管理制度和有关规定并负责组织实施。

2）负责我国安全生产应急体系建设，指导、协调地方及有关部门安全生产应急救援工作。

3）组织编制和综合管理我国安全生产应急救援预案，对地方及有关部门安全生产应急预案的实施进行综合监督管理。

4）负责我国安全生产应急救援资源的综合监督管理和信息统计工作，建立我国安全生产应急救援信息数据库，统一规划我国安全生产应急救援通信信息网络。

5）负责我国安全生产应急救援重大信息的接收、处理和上报工作。负责分析重大危险源监控信息并预测特别重大事故风险，及时提出预警信息。

6）指导、协调特别重大安全生产事故灾难的应急救援工作；根据地方或部门应急救援指挥机构的要求，调集有关应急救援力量和资源参加事故抢救；根据法律法规的规定或国务院授权组织指挥应急救援工作。

7）组织、指导我国安全生产应急救援培训工作。组织、指导安全生产应急救援训练、演练。协调指导有关部门依法对安全生产应急救援队伍实施资质管理和救援能力评估工作。

8）负责安全生产应急救援科技创新、成果推广工作，参与安全生产应急救援国际合作与交流。

9）负责国家投资形成的安全生产应急救援资产的监督管理，组织对安全生产应急救援项目投入资产的清理和核定工作。

10）完成国务院安全生产委员会办公室交办的其他事项。

另外，根据中央机构编制委员会的文件规定，国家安全生产应急救援指挥中心经援权行使安全生产应急救援综合监督管理和应急救援协调指挥职责。

省（自治区、直辖市）建立安全生产应急救援指挥中心，在本省（自治区、直辖市）人民政府及其安全生产委员会领导下负责本地安全生产应急管理和事故灾难应急救援协调指挥工作。

各省（自治区、直辖市）根据本地实际情况和安全生产应急救援工作的需要，建立有关专业安全生产应急管理与协调指挥机构，或依托国务院有关部门设立在本地的区域性专业应急管理与协调指挥机构，负责本地相关行业或领域的安全生产应急管理与协调指挥工作。

在我国各市（地）规划建立市（地）级安全生产应急管理与协调指挥机构，在当地政府的领导下负责本地安全生产应急救援工作，并与省级专业应急救援指挥机构和区域级专业应急救援指挥机构相协调，组织指挥本地安全生产事故的应急救援。

市（地）级专业安全生产应急管理与协调指挥机构的设立，以及县级地方政府安全生产应急管理与协调指挥机构的设立，由各地根据实际情况确定。

（三）职能部门

省（自治区、直辖市）安委会是全省（自治区、直辖市）生产安全事故应急领导机构，负责领导、组织、协调全省（自治区、直辖市）安全生产应急管理和生产安全事故应急救援工作，必要时，协调省（自治区、直辖市）军区、省（自治区、直辖市）消防总队调集所属部队参加应急救援工作。省（自治区、直辖市）安委会办公室（以下简称省（自治区、直辖市）安委办）设在省（自治区、直辖市）安全监管局，负责日常工作。办公室主任由省（自治区、直辖市）安全监管局局长兼任。办公室主要职责：贯彻省（自治区、直辖市）安委会指示和部署，组织、协调特别重大、重大生产安全事故应急处置工作；组织、协调生产安全事故应急预案编制、修订工作，综合监督、指导各地级以上市、省直管县（市、区）和各专业应急救援机构安全生产应急管理工作；组织、指导全省（自治区、直辖市）安全生产应急救援演练；承担省（自治区、直辖市）安委会交办的其他工作。

国家安全监管总局发布的《关于加强基层安全生产应急队伍建设的意见》（安监总应急

〔2010〕13号）要求，坚持以安全生产专业应急队伍为骨干，以兼职安全生产应急队伍、安全生产应急志愿者队伍等其他应急力量为补充，建设覆盖所有县（市、区）、街道、乡镇的基层安全生产应急队伍体系；坚持统筹规划，各负其责，充分整合利用现有资源，建设与本地、本企业安全生产需要相适应的基层安全生产应急队伍；坚持以矿山、危险化学品应急队伍建设为重点，以处置和预防生产安全事故为主业，努力拓展抢险救灾服务功能，建设"一专多能"的基层安全生产应急队伍；坚持依靠科技进步，依靠专业装备，依靠科学管理，内练素质、外树形象，不断提高基层安全生产应急队伍整体水平。

当前，我国安全生产应急救援队伍体系主要包括4个方面：

1）国家级区域应急救援基地。依托国务院有关部门和有关大中型企业现有的专业应急救援队伍进行重点加强和完善，建立国家安全生产应急救援指挥中心管理指挥的国家级综合性区域应急救援基地、国家级专业应急救援指挥中心管理指挥的专业区域应急救援基地，保证特别重大安全生产事故灾难应急救援和实施跨省（区、市）应急救援的需要。

2）骨干专业应急救援队伍。根据有关行业或领域安全生产应急救援需要，依托有关企业现有的专业应急救援队伍进行加强、补充、提高，形成骨干救援队伍，保证本行业或领域重特大事故应急救援和跨地区实施救援的需要。

3）企业应急救援队伍。《安全生产法》等相关法律法规明确要求，各类企业必须建立专业应急救援队伍，或与有关专业救援队伍签订救援服务协议，保证企业自救能力，企业应急救援队伍要扩展专业领域，向周边企业和社会提供救援服务。企业应急救援队伍是安全生产应急救援队伍体系的基础。

4）社会救援力量。引导、鼓励、扶持社区建立由居民组成的应急救援组织和志愿者队伍，事故发生后能够立即开展自救、互救，协助专业救援队伍开展救援；鼓励各种社会组织建立应急救援队伍，按市场运作的方式参加安全生产应急救援，作为安全生产应急救援队伍的补充。

矿山、危化、电力、特种设备等行业（领域）的事故灾难，应充分发挥本行业（领域）的专家作用，依靠相关专业救援队伍、企业救援队伍和社会力量开展成急救援。通过事故所属专业安全生产应急管理与协调指挥机构同相关安全生产应急管理与协调指挥机构建立的业务和通信信息网络联系，调集相关专业队伍实施救援。

各级各类应急救援队伍承担所属企业（单位）以及有关管理部门划定区域内的安全生产事故灾难应急救援工作，并接受当地政府和上级安全生产应急管理与协调指挥机构的协调指挥。

三、安全生产应急体系的运行机制

根据国家应急管理体系建设的指导思想，救援体系主要包括应急预案和应急体制、机制、法制（简称"一案三制"）。其中，运行机制始终贯穿于应急准备，初级反应扩大应急和应急恢复等应急活动中，包括日常管理机制、预警机制、应急响应机制、信息发布机制以及经费保障机制。

（一）日常管理机制

1. 行政管理

国家安全生产应急救援指挥中心在国务院安委会及国务院安委会办公室的领导下，负责综合监督管理我国安全生产应急救援工作。各地安全生产应急管理与协调指挥机构在当地政府的领导下，负责综合监督管理本地安全生产应急救援工作。各专业安全生产应急管理与协调指挥机构在所属部门领导下，负责监督管理本行业或领域的安全生产应急救援工作，各级、各专业安全生产应急管理与协调指挥机构的应急准备、预案制订、培训和演练等救援工作，接受上级应急管理与协调指挥机构的监督检查和指导，应急救援时服从上级应急管理与协调指挥机构的协调指挥。

各地、各专业安全生产应急管理与协调指挥机构、队伍的行政隶属关系和资产关系不变，由其设立部门（单位）负责管理。

2. 信息管理

为实现资源共享和及时有效地监督管理，国家安全生产应急救援指挥中心建立我国安全生产应急救援通信、信息网络，统一信息标准和数据平台，各级安全生产应急管理与协调指挥机构以及安全生产应急救援队伍以规范的信息格式、内容、时间、渠道进行信息传递。

应急救援队伍的有关应急救援资源信息（人员、装备、预案、危险源监控情况以及地理信息等）要及时上报所属安全生产应急管理与协调指挥机构，发生变化要及时更新；下级安全生产应急管理与协调指挥机构掌握的有关应急救援资源信息要报上一级安全生产应急管理与协调指挥机构；国务院有关部门的专业安全生产应急救援指挥中心和各省（区市）安全生产应急救援指挥中心掌握的有关应急救援资源信息要报国家安全生产应急救援指挥中心；国家安全生产应急救援指挥中心、国务院有关部门的专业安全生产应急救援指挥中心和地方各级安全生产应急管理与协调指挥机构之间必须保证信息畅通，并保证各自所掌握的应急救援队伍、装备、物资、预案、专家、技术等信息能够互相调阅，实现信息共享，为应急救援、监督检查和科学决策创造条件。

3. 预案管理

生产经营单位应当结合实际制订本单位的安全生产应急预案，各级人民政府及有关部门应针对本地、本部门的实际编制安全生产应急预案。生产经营单位的安全生产应急预案报当地的安全生产应急管理与协调指挥机构备案；各级政府所属部门制订的安全生产应急预案报同级政府安全生产应急管理与协调指挥机构，同时报上一级专业安全生产应急管理与协调指挥机构备案；各级地方政府的安全生产应急预案报上一级政府安全生产应急管理与协调指挥机构备案；各级、各专业安全生产应急管理与协调指挥机构对备案的安全生产应急预案进行审查，对预案的实施条件、可操作性、与相关预案的衔接、执行情况、维护和更新等情况进行监督检查，建立应急预案数据库，上级安全生产应急管理与协调指挥机构可以通过通信信息系统查阅。

各级安全生产应急管理与协调指挥机构负责按照有关应急预案组织实施应急救援。

4. 队伍管理

国家安全生产应急救援指挥中心和国务院有关部门的专业安全生产应急救援指挥中心制定行业或领域各类企业安全生产应急救援队伍配备标准，对危险行业或领域的专业应急救援队伍实行资质管理，确保应急救援安全有效地进行。有关企业应当依法按照标准建立应急救援队伍，按标准配备装备，并负责所属应急队伍的行政、业务管理，接受当地政府安全生产应急管理与协调指挥机构的检查和指导。省级安全生产应急救援骨干队伍接受省级政府安全生产应急管理与协调指挥机构的检查和指导。国家级区域安全生产应急救援基地接受国家安全生产应急救援指挥中心和国务院有关部门的专业安全生产应急管理与协调指挥机构的检查和指导。

各级、各专业安全生产应急管理与协调指挥机构平时有计划地组织所属应急救援队伍在所负责的区域进行预防性检查和针对性训练，保证应急救援队伍熟悉所负责的区域的安全生产环境和条件，既体现预防为主，又为事故发生时开展救援做好准备，提高应急救援队伍的战斗力，保证应急救援顺利、有效进行。加强对企业的兼职救援队伍的培训，平时从事生产活动，在紧急状态下能够及时有效地施救，做到平战结合。

国家安全生产应急救援指挥中心、国家级专业安全生产应急救援指挥中心和省级安全生产应急救援指挥中心根据应急准备检查和应急救援演习的情况对各级、各类应急救援队伍的能力进行评估。

（二）预警机制

预警机制是指根据有关事故的预测信息和风险评估结果，依据事故可能造成的危害程度、紧急程度和发展态势，确定相应预警级别，标示预警颜色，并向社会发布相关信息的机制。预警机制是在突发安全生产事故实际发生之前对事件的预报、预测及提供预先处理操作的重要机制，主要包括以下内容：

1）预警范围的确定。需要严格规定监控的时间范围、空间范围以及监控对象范围。

2）预警级别的设定及表达方法的规定。按照突发事件发生的紧急程度、发展势态和可能造成的危害程度分为：一级、二级、三级、四级，一级为最高级别，分别用红色、橙色、黄色、蓝色标示。

3）紧急通报的次序、范围和方式。一旦发生安全生产事故，第一时间以及之后应该按顺序通知哪些机构、人，以何种方式通知。

4）突发安全生产事故范畴与领域预判。对突发安全生产事故涉及的范畴和领域进行预判，初步对突发安全生产事故给出一个类别和级别，以匹配应对预案。

各类突发安全生产事故都应当建立健全预警制度，但应当建立划分预警级别的突发安全生产事故是自然灾害、事故灾难、公共卫生事件。考虑到社会安全事件的特殊性，如比较敏感，紧急程度、发展态势和可能造成的危害程度不易预测的特点，未要求社会安全事件必须划分预警级别。在国际上，预警一般分为五级，如美国，依次用红色、橙色、黄色、蓝色和绿色标示。我国预警级别分为四级，分别用红色、橙色、黄色和蓝色标示。预警级别的确定往往是预测性的，一般是在突发安全生产事故还处于未然状态时划分；而突发安全生产事故的分级则是确定的，是基于突发安全生产事故已然状态的划分。预警级别和实际发生的突发安全生产事故的应急响应级别分级标准不一定一致，需要负责统一领导或者处置的人民政府根据实际情况及时调整和确定。同时，确定预警级别的要素主要是突发安全生产事故的紧急程度、发展态势和可能造成的危害程度，而突发安全生产事故的分级主要是按照社会危害程度、影响范围来划分。

1. 信息监测

加强监测制度建设，建立健全监测网络和体系，是提高政府信息收集能力，及时做好突发安全生产事故预警工作，有效预防、减少事故的发生，控制、减轻、消除突发安全生产事故引发的严重社会危害的基础。

1）根据事故的种类和特点，建立健全基础信息库。突发安全生产事故基础信息库，是指应对突发安全生产事故所必备的有关危险源、风险隐患、应急资源（物资储备设备及应急队伍）、应急避难场所（分布、疏散路线和容纳能量等）、应急专家咨询、应急预案、突发安全生产事故案例等基础信息的数据库。建立完备、可共享的基础信息库是应急管理、监控和辅助决策的必不可少的支柱。目前，我国突发安全生产事故的基础信息调查还比较薄弱，信息不完整、“家底不清”现象还普遍存在，信息分割现象还比较严重。建立健全基础信息库，要求各级政府开展各类风险隐患、风险源、应急资源分布情况的调查并登记建档，为各类突发安全生产事故的监测预警和隐患治理提供基础信息。要统一数据库建设标准，实现基础信息的整合和资源共享，提高信息的使用效率。

2）完善监测网络，划分监测区域，确定监测点，明确监测项目，提供必要的设备、设施，配备专职或者兼职人员，对可能发生的突发安全生产事故进行检测。这是对监测网络系统建设的规定。建立危险源、危险区域的实时监控系统和危险品跨区域流动动态监控系统，加大监测设施、设备建设，配备专职或者兼职的监测人员。

2. 信息发布

全面、准确地收集、传递、处理和发布突发安全生产事故预警信息，一方面有利于应急处置机构对事态发展进行科学分析和最终做出准确判断，从而采取有效措施将危机消灭在萌芽状态，或者为突发安全生产事故发生后具体应急工作的展开赢得宝贵的准备时间；另一方面有利于社会公众知晓突发安全生产事故的发展态势，以便及时采取有效防护措施避免损失，并做好有关自救、他救准备。

突发安全生产事故预警信息的发布、报告和通报工作，是建立健全突发安全生产事故预警机制的关键环节。一般来说，建立完整的突发安全生产事故预警信息制度，主要包括以下几个方面的内容：

1）建立完善的信息监控制度。有关政府要针对各种可能发生的突发安全生产事故，不断完善监控方法和程序，建立完善事故隐患和危机源监控制度，并及时维护更新，确保监控质量。

2）建立健全信息报告制度。一方面要加强地方各级政府与上级政府、当地驻军、相邻地区政府的信息报告、通报工作，使危机信息能够在有效时间内传递到行政组织内部的相应层级，有效发挥应急预警的作用；另一方面要拓宽信息报告渠道，建立社会公众信息报告和举报制度，鼓励任何单位和个人向政府及其有关部门报告危机事件隐患，同时要不断尝试新的社会公众信息反应渠道，如在网络和手机普及的情况下，开通网上论坛，设立专门的接待日、民情热线、直通有关领导的紧急事件专线连接等。

3）建立严格的信息发布制度。一方面要完善预警信息发布标准，对可能发生和可以预警的突发安全生产事故要进行预警，规范预警标识，制定相应的发布标准，同时明确规定相关政府、主要负责单位、协作单位应当履行的职责和义务；另一方面要建立广泛的预警信息发布渠道，充分利用广播、电视、报纸、电话、手机短信、街区显示屏和互联网等多种形式发布预警信息，确保广大人民群众在第一时间内掌握预警信息，使他们有机会采取有效防范措施，达到减少人员伤亡和财产损失的目的。同时，要确定预警信息的发布主体，信息的发布要有权威性和连续性，这是由危机事件发展的动态性特点决定的。作为预警信息发布主体的有关政府要及时发布、更新有关危机事件的新信息，让公众随时了解事态的发展变化，以便主动参与和配合政府的应急管理。因此，可以预警的突发安全生产事故即将发生或者发生的可能性增大时，有关政府应当依法发布相应级别的警报，决定并宣布有关地区进入预警期，同时向上一级政府、当地驻军和可能受到危害的毗邻或者相关地区的政府报告或通报。

3. 三、四级预警措施

三、四级预警是比较低的预警级别。发布三、四级预警级别后，预警工作的作用主要是及时、全面地收集、交流有关突发安全生产事故的信息，并在组织综合评估和分析判断的基础上，对突发安全生产事故可能出现的趋势和问题，由政府及其有关部门发布警报，决定和宣布进入预警期，并及时采取相应的预警措施，有效消除产生突发安全生产事故的各种因素，尽量避免突发安全生产事故的发生。

发布三、四级警报后，政府采取的主要是一些预防、警示、劝导性措施，目的在于尽可能避免突发安全生产事故，或者是提前做好充分准备，将损失减至最小。三、四级预警期间政府可以采取的预防、警示和劝导性措施主要包括以下几点：

1）立即启动应急预案。凡事“预则立，不预则废”，各国应急法制都比较重视应急预案制度的建立，即在平常时期就进行应急制度设计，规定一旦发生危机状态，政府和全社会如何共同协作，共同应对危险局势。完善的应急管理预案以及其他各项预备、预警准备工作有利于政府依法采取各项应对措施，从而最大限度地减少各类危机状态所造成的损失。

2）要求政府有关部门、专业机构和负有特定职责的人员注意随时收集、报告有关信息，加强对突发安全生产事故发生、发展情况的监测和预报工作。信息的收集、监测和预报工作有利于有关机构和人员根据突发安全生产事故发生、发展的情况，制订监测计划，科学分析、综合评价监测数据，并对早期发现的潜在隐患，以及突发安全生产事故可能发生的时间、危害程度、发展态势，依照规定的程序和时限及时上报，为应急处置工作提供依据。

3）组织有关业务主管部门和专业机构工作人员、有关专家学者随时对获取的有关信息进行分析、评估，预测突发安全生产事故发生可能性的大小、影响范围和强度。对即将发生的突发安全生产事故的信息进行分析和评估，有利于有关部门和应急处理技术机构准确掌握危机事件的客观规律，并为突发安全生产事故的分级和应急处理工作方案提供可靠依据。

4）定时向社会发布有关突发安全生产事故发展情况的信息和政府的分析评估结果，并加强对相关信息报道的管理。发布预报和预警信息是一种权力，也是政府的一项重要责任。一方面，基于突发安全生产事故的紧迫性和对人民生命财产的重大影响性，及时、准确地灾害预报、预警信息往往能成为挽救人民生命财产的有效保障，这也是满足公民知情权的需要；另一方面，我国目前已经初步建立预报、预警信息发布机制和体系，但是缺乏明确的问责规定，不能充分控制有关机构和人员在灾害预报、预警工作中不依法及时发布预报、预警信息的现象，因此应当加强对相关信息报道的管理。

5）及时向社会发布可能受到突发安全生产事故危害的警告，宣传应急和防止、减轻危害的常识。突发安全生产事故的来临和可能造成的危害一般都有一定的可预见性，因此充分向社会发布相关警告，宣传应急和防止、减轻危害的常识，有利于社会各方面做好预备工作，正确处理危机，稳定社会秩序，尽可能减少损失。

4. 一、二级预警措施

二级预警级别后，政府的应对措施主要是对即将面临的灾害、威胁、风险等做好早期应急准备，并实施具体的防范性、保护性措施，如预案实施、紧急防护、工程治理、搬迁撤离，以及调用物资、设备、人员和占用场地等。

二级预警相对于三、四级预警而言级别更高，突发安全生产事故即将发生的时间更为紧迫，事件已经一触即发，人民生命财产安全即将面临威胁。因此，有关政府除了继续采取三、四级预警期间的措施外，还应当及时采取有关先期应急处置措施，努力做好应急准备，避免或减少人员伤亡和财产损失，尽量减少突发安全生产事故所造成的不利影响，并防止其演变为重大事件。发布一、二级预警后，政府采取的主要是一些防范、部署、保护性的措施，目的在于选择、确定切实有效的对策，做出有针对性的部署安排，采取必要的前期措施，及时应对即将到来的危机，并保障有关人员、财产、场所的安全。采取的应对措施包括：

1）要求有关应急救援队伍、负有特定职责的人员进入待命状态，动员后备人员做好参加应急救援工作的准备工作。

2）调集应急所需物资、设备、设施、工具，准备应急所需场所，并检查其是否处于良好状况、能否投入正常使用；采取必要措施，加强对核心机关、要害部门、重要基础设施、生命线工程等的安全防护。

3）向其他地方人民政府预先发出提供支援的请求。

4）根据可能发生的突发安全生产事故的性质、严重程度、影响大小等因素，制订具体的应急方案。

5）及时关闭有关场所，转移有关人员、财产，尽量减少损失；及时向社会发布采取特定措施防止、避免或者减轻损害的建议、劝告或者指示等。

5. 预警的调整和解除

突发安全生产事故具有不可预测性，当紧急情势发生转变时，行政机关的应对行为应当适时做出调整并让公众知晓，这不仅是应对突发安全生产事故的需要，也是降低危机管理成本、保护行政相对人权益的措施之一。任何突发安全生产事故的应对，不能只考虑行政机关控制和消除紧急危险的应对需求和应对能力，更重要的着眼点在于如何避免行政紧急权力对现存国家体制、法律制度和公民权利的消极影响和改变。行政紧急权力的设计和使用应当受到有效性和正当性两方面的制约，离开具体应急情形的改变而一成不变地采取应急措施，不能有效地应对危机，还会增大滥用行政紧急权力的可能性。因此，有关应对机关应当根据危机状态的发展态势分别规定相应的应对措施，并根据事件的发展变化情况进行适时调整。

总体来说，在应急预警阶段，预警级别的确定、警报的宣布和解除、预警期的开始和终止、有关措施的采取和解除，都要与紧急危险等级及相应的紧急危险阶段保持一致。即使是具有极其严重社会危害的最高级别突发安全生产事故，也有不同的发展阶段，并不需要在每一个阶段都采取严厉的应对措施。因此，一旦突发安全生产事故的事态发展出现了变化，以及有事实证明不可能发生突发安全生产事故或者危险已经解除的，发布突发安全生产事故警报的人民政府应当适时调整预警级别并重新发布，并立即宣布解除相应的预警警报或者终止预警期，解除已经采取的有关措施。这既是有效应对突发安全生产事故、提高行政机关应对能力的要求，也是维护应急法治原则和公民权利的需要。国家应急制度建设的重点就是寻找和确定在应急环境下实行依法行政原则的基本平衡点，使行政机关的应对行为既能够有效地控制和消除突发安全生产事故导致的紧急危机，又能够防止行政紧急权力的滥用，保障公民的基本权利。

（三）应急响应机制

根据安全生产事故灾难的可控性、严重程度和影响范围，实行分级响应。

1. 报警与接警

重大以上安全生产事故发生后，企业首先要组织实施救援，并按照分级响应的原则报企业上级单位、企业主管部门、当地政府有关部门以及当地安全生产应急救援指挥中心。企业上级单位接到事故报警后，应利用企业内部应急资源开展应急救援工作，同时向企业主管部门、政府部门报告事故情况。

当地（市、区、县）政府有关部门接到报警后，应立即组织当地应急救援队伍开展事故救援工作，并立即向省级政府部门报告。省级政府部门接到特大安全生产事故的险情报告后，立即组织救援并上报国务院安委会办公室。

当地安全生产应急救援指挥中心（应急管理与协调指挥机构）接到报警后，应立即组织应急救援队伍开展事故救援工作，并立即向省级安全生产应急救援指挥中心报告。省级安全生产应急救援指挥中心接到特大安全生产事故的险情报告后，立即组织救援并上报国家安全生产应急救援指挥中心和有关国家级专业应急救援指挥中心。国家安全生产应急救援指挥中心和国家级专业应急救援指挥中心接到事故险情报告后，智能接警系统立即响应，根据事故的性质、地点和规模，按照相关预案，通知相关的国家级专业应急救援指挥中心、相关专家和区域救援基地进入应急待命状态，开通信息网络系统，随时响应省级应急中心发出的支援请求，建立并开通与事故现场的通信联络与图像实时传送。在报警与接警过程中，各级政府部门与各级安全生产应急救援指挥中心之间要及时进行沟通联系，共同参与事故应急救援活动，确保能够快速、高效、有序地控制事态，减少事故损失。

事故险情和支援请求的报告原则上按照分级响应的原则逐级上报，必要时，在逐级上报的同时可以越级上报。

2. 协调与指挥

应急救援指挥坚持条块结合、属地为主的原则，由地方政府负责，根据事故灾难的可控性、严重程度和影响范围，按照预案由相应的地方政府组成现场应急救援指挥部，由地方政府负责人担任总指挥，统一指挥应急救援行动。

对于某一地区或某一专业领域可以独立完成的应急救援任务，由地方或专业应急救援指挥机构负责组织；对于发生专业性较强的事故，由国家级专业应急救援指挥中心协同地方政府指挥，国家安全生产应急救援指挥中心跟踪事故的发展，协调有关资源配合救援；对于跨地区、跨领域的事故，国家安全生产应急救援指挥中心协调调度相关专业和地方应急管理与协调指挥机构，调集相关专业应急救援队伍增援，现场的救援指挥仍由地方政府负责，由有关专业应急救援指挥中心配合。

各级地方政府安全生产应急管理与协调指挥机构根据抢险救灾的需要，有权调动辖区内的各类应急救援队伍实施救援，各类应急救援队伍必须服从指挥。若需要调动辖区以外的应急救援队伍，则报请上级安全生产应急管理与协调指挥机构协调。按照分级响应的原则，省级安全生产应急救援指挥中心响应后，调集、指挥辖区内各类相关应急救援队伍和资源开展救援工作，同时报告国家安全生产应急救援指挥中心并随时报告事态发展情况；专业安全生产应急救援指挥中心响应后，调集、指挥本专业安全生产应急救援队伍和资源开展救援工作，同时报告国家安全生产应急救援指挥中心并随时报告事态发展情况；国家安全生产应急救援指挥中心接到报告后进入戒备状态，跟踪事态发展，通知其他有关专业、地方安全生产应急救援指挥中心进入戒备状态，随时准备响应。根据应急救援的需要和请求，国家安全生产应急救援指挥中心协调指挥专业或地方安全生产应急救援指挥中心调集、指挥有关专业和有关地方的安全生产应急救援队伍和资源进行增援。

涉及范围广、影响特别大的事故灾难的应急救援，经国务院授权由国家安全生产应急救援指挥中心协调指挥，必要时，由国务院安委会领导、组织、协调、指挥，需要部队支援时，通过国务院安委会协调解放军总参作战部和武警总部调集部队参与应急救援。

（四）信息发布机制

信息发布是指政府向社会公众传播公共信息的行为。突发安全生产事故的信息发布是指由法定的行政机关依照法定程序将其在行使应急管理职能的过程中获得或拥有的突发安全生产事故信息，以便于知晓的形式主动向社会公众公开的活动。信息发布的主体是法定行政机关，具体是指由有关信息发布的法律、法规所规定的行政部门；信息发布的客体是广大的社会公众；信息发布的内容是有关突发安全生产事故的信息，主要是指公共信息，涉及国家秘密、商业秘密和个人隐私的政府信息不在发布的内容之列；信息发布的形式是行政机关主动地向社会公众公开，而且以便于公众知晓的方式主动公开。

按照突发公共事件演进的顺序，应急管理由减缓、准备、响应和恢复四个阶段组成。社会公众在不同阶段有不同的信息需求，信息发布应贯穿应急管理的全程：

在减缓和准备阶段，信息发布的内容包括与突发公共事件相关的法律、法规、政府规章、突发公共事件应急预案、预测预警信息等。这些信息发布的目的是：首先，让公众了解突发公共事件的相关法律、法规，明确自身在应急管理中的权利与义务；其次，让公众了解应急预案，知晓周围环境中的危险源、风险度、预防措施及自身在处置中的角色；最后，让社会公众接受预测预警信息，敦促其采取相应的措施，以避免或减轻突发安全生产事故可能造成的损失。

在响应阶段，信息发布的内容包括：突发安全生产事故的性质、程度和范围，初步判明的原因，已经和正在采取的应对措施，事态发展趋势，受影响的群体及其行为建议等。这些信息发布的目的是：传递权威信息，避免流言、谣言引起社会恐慌；使社会公众掌握突发安全生产事故的情况，并采取一定的措施避免出现更大的损失；让社会公众了解、监督政府在突发安全生产事故处置过程中的行为；便于应急管理社会动员的实施。

在恢复阶段，信息发布的内容包括：突发公共事件处置的经验和教训，相关责任的调查处理，恢复重建的政策规划及执行情况，灾区损失的补偿政策与措施，防灾、减灾新举措等。这些信息发布的目的是：与社会公众一道，反思突发安全生产事故的教训，总结应急管理的经验，进而加强全社会的公共安全意识；接受社会公众监督，实现救灾款、物资的分配、发放的透明化，并强化突发安全生产事故责任追究制度；吸纳社会公众，使其参与到灾后恢复重建活动之中。

突发安全生产事故信息发布的流程包括以下 4 个关键性的环节：

1）收集、整理、分析及核实突发安全生产事故的相关信息，确保信息的客观、准确与全面。

2）根据舆情监控，确定信息发布的目的、内容、重点和时机。其中，有关行政机关要对拟发布信息进行保密审查，剔除涉及国家秘密、商业秘密和个人隐私的内容或做一定的技术处理。

3）确定信息发布的方式，并以适当的方式适时向社会公众发布。

4）根据信息发布后的舆情，进行突发安全生产事故信息的后续发布或补充发布。现代社会是信息社会，行政机关可以通过多种手段发布突发安全生产事故的信息，也可以根据需要选择一种或几种手段来完成信息发布的任务。在选择信息发布手段的过程中，行政机关应综合考虑突发安全生产事故的性质、危害程度、范围等情况，以及传播媒体的特点、目标受众的范围与接受心理等，以确保信息发布的有效性。突发安全生产事故信息发布的方式包括：

1）发布政府公报。行政机关可以政府公报的形式向社会公众正式发布有关突发安全生产事故应急管理的预案、通知及办法等。

2）举行新闻发布会。新闻发布会一般是指政府或部门发言人举行的定期、不定期或临时的新闻发布活动。行政机关可以定期或不定期召开新闻发布会，通过新闻发言人向媒体发布突发安全生产事故与应急管理的相关信息，回答媒体的提问，解答社会公众所关心的热点问题。

3）拟写新闻通稿。行政机关拟定关于突发公共事件的新闻稿件，并通过具有一定权威性的广播、电视、报纸等媒体进行发布。

4）政府网站发布。行政机关利用受众广泛、传播迅速的政府网站发布信息，并与受众进行信息交流。

5）发送宣传单，发送手机短信等。

（五）经费保障机制

安全生产应急救援工作是重要的社会管理职能，属于公益性事业，关系到国家财产和人民生命安全，有关应急救援的经费按事权划分应由中央政府、地方政府、企业和社会保险共同承担。各级财政部门要按照现行事权、财权划分原则，分级负担预防与处置突发生产安全事件中需由政府负担的经费，并纳入本级财政年度预算，健全应急资金拨付制度，对规划布局内的重大建设项目给予重点支持，建立健全国家、地方、企业、社会相结合的应急保障资金投入机制，适应应急队伍、装备、交通、通信、物资储备等方面建设与更新维护资金的要求。

国家安全生产应急救援指挥中心和矿山、危险化学品、消防、民航、铁路、核工业、水上搜救、电力、特种设备、医疗救护等专业应急管理与协调指挥机构、事业单位的建设投资从国家正常基建或国债投资中解决，运行维护经费由中央财政负担，列入国家财政预算。地方各级政府安全生产应急管理与协调指挥机构，事业单位的建设投资按照地方为主、国家适当补助的原则解决，其运行维护经费由地方财政负担，列入地方财政预算。

建立企业安全生产的长效投入机制，企业依法设立的应急救援机构和队伍，其建设投资和运行维护经费原则上由企业自行解决；同时承担省内应急救援任务队伍的建设投资和运行经费由省政府给予补助；同时承担跨省任务的区域应急救援队伍的建设投资和运行经费由中央财政给予补助。积极探索应急救援社会化、市场化的途径，逐步建立和完善与应急救援经费相关的法律法规，制定相关政策，鼓励企业应急救援队伍向社会提供有偿服务，鼓励社会力量通过市场化运作建立应急救援队伍，为应急救援服务，建立运行的长效机制。逐步探索和建立安全生产应急体系在应急救援过程中，各级应急管理与协调指挥机构调动应急救援队伍和物资必须依法给予补偿，资金来源首先由事故责任单位承担，参加保险的由保险机构依照有关规定承担；按照以上方法无法解决的，由当地政府财政部门视具体情况给予一定的补助。政府采取强制性行为（如强制搬迁等）造成的损失，政府应给予补偿，政府征用个人或集体财物（如交通工具、救援装备等），政府应给予补偿。无过错的危险事故造成的损害，按照国家有关规定予以适当补偿。

第四节　安全生产应急资源

应急管理作为人类应对安全生产事故或紧急状态的一种方式，是一项涉及多方面因素的系统工程，只有通过实践活动才能得以实现，因此必然需要投入一定的资源。《中华人民共和国突发事件应对法》第三十二条规定，国家建立健全应急物资储备保障制度，完善重要应急物资的监管、生产、储备、调拨和紧急配送体系。设区的市级以上人民政府和突发事件易发、多发地区的县级人民政府应当建立应急救援物资、生活必需品和应急处置装备的储备制度。县级以上地方各级人民政府应当根据本地区的实际情况，与有关企业签订协议，保障应急救援物资、生活必需品和应急处置装备的生产、供给。

一、应急资源概述

（一）应急资源的定义与特征

应急资源是指应急管理体系为有效开展应急活动，保障体系正常运行所需要的人力、物资、资金、设施、信息和技术等各类资源的总和。应急资源具有以下特征：

（1）时效性　时效性是指应急资源应在事故发生后或发生前按照指挥调令在一定的时间内到达指定的位置，以发挥其本身的使用价值和在特殊情况下的应急价值，否则其应急价值将大打折扣，甚至有可能完全失去其应急价值。

（2）多样性　应急资源的多样性来自事故的多样性和应急活动的多样性。事故各式各样，会造成不同程度的危害结果，为全面应对事故，安全生产应急管理体系需要配置各种类型的应急资源，每类资源又有许多子类，子类之下可能又有子类。例如，信息资源有应急管理工作人员信息、技术专家信息、应急组织信息等，而技术专家信息又可分为化工专家信息、核专家信息、建筑专家信息等，这构成了应急资源的多样性。

（3）分布性　分布性是指应急资源分布在不同地区和不同的组织内部。它源于两个方面：一是事故的不确定性，其可能发生在各个区域，影响和危害的可能是整个地区，也可能是局部地区；二是安全生产应急管理体系涉及众多的政府部门、社会组织和公众，他们的工作地点和活动分散在各个地区。

（4）易取性　易取性是指在事故的响应过程中，为尽快控制、减缓和消除其造成的危害和负面影响，安全生产应急管理体系应能迅速、准确调集应对事故所需的各类资源，保证资源的及时到位。

（5）共享性　共享性是指应急资源可由安全生产应急管理体系内部的组织成员在规定范围内共同使用，既可以被某些组织成员用于应对某类事故的处置活动，又可被另一些组织成员用于应对另一类事故的处置活动，实现应急资源的有效和充分利用，防止资源的重复配置，减少浪费。

（6）一致性　一致性是指同类型、同种类的应急资源在性能、效能、功能等方面应尽可能保持相同，以利于应急活动的开展。例如，应急通信工具在技术上应具有相同的体制，最好具有相同的工作方式，以保证应急活动中指挥调度的便捷及信息沟通的畅通。

（二）应急资源基本分类

应急资源包括人力保障资源、资金保障资源、物资保障资源、设施保障资源、技术保障资源、信息保障资源和特殊保障资源 7 个方面。

1. 人力保障资源

人力保障资源可分为正规核心应急人员和辅助应急人员两大类。核心应急人员包括应急管理人员、相关应急专家和专职应急队伍；辅助应急人员包括志愿者队伍、社会应急组织、国家军队和国际组织。

2. 资金保障资源

资金保障资源分为政府专项应急资金、捐赠资金和商业保险基金。政府专项应急资金用于安全生产应急管理体系日常应急管理，应急研究，应急资源建设、维护、更新，应急项目建设以及应急准备资金；捐赠资金包括社会捐助和国际援助；商业保险基金是一种利用市场机制扩大资金供给的方式，可弥补应急资金的不足，包括财产、人寿、保险等基金。

3. 物资保障资源

物资保障资源涉及内容广泛，按用途可分为防护救助、食宿消毒、应急交通、动力照明、通信广播、设备工具和一般工程材料 7 大类物资，包括设备与装备。

1）防护救助类物资。防护救助类物资可以划分为两大子类：一子类为避免、减少人员伤亡以及次生危害的发生，用于事故发生时的防护物资，包括人身防护和其他防护物资，还包括事故发生时对一些要害部位进行的防护；另一子类为用于事故发生后的紧急救助。

2）食宿消毒类物资。有些事故会造成大量建筑物和居民住宅的倒塌，使水、电、气供应中断。在事件来临时，对受危害人群应解决两方面的问题：一方面要解决他们的温饱问题，以免造成社会混乱；另一方面要解决环境污染问题。

3）应急交通类物资。应急交通类物资包括两大子类：一子类属于运载型物资设备，用于人员和物资设备的运输；另一子类属于交通疏通物资设备，用于保证交通运输线的畅通。

4）动力照明类物资（略）。

5）通信广播类物资。通信广播类物资包括移动电话网设备、集群通信网设备、计算机网络设备、指挥调度台、海事卫星电话、手机、广播器材、广播车、扩音器、电视转播车、电话机等。

6）设备工具类物资。应急活动涉及的各种设备工具种类繁多，不能一一列出，只能述其大概。主要设备有：岩土设备、水工设备、通风设备、重型设备、消防用的消防车等。

7）一般工程材料类物资（略）。

4. 设施保障资源

设施保障资源可分为避难设施、交通设施、医疗设施和废物清理设施。

5. 技术保障资源

技术保障资源包括科学研究、技术开发、应用建设、技术维护以及专家队伍。

6. 信息保障资源

信息保障资源可分为事态信息、环境信息、资源信息和应急知识。

7. 特殊保障资源

特殊保障资源是指那些有限的、不可消耗的资源。

（三）应急资源作用

日常应急管理过程中，必须实施对专业队伍、救援专家、储备物资、救援装备、通信保障和医疗救护等应急资源的动态管理，对应急资源保障能力进行综合评估，实施合理规划。在发生重大安全生产事故时，上级部门接到安全生产事故上报，经过上报事故分析并启用相关应急预案进行处置，根据应急资源分布状态，确定应急保障计划并下发各单位执行。

二、应急资源管理

（一）应急资源管理的概念

安全生产事故发生之后的应急响应包括确定所需的应急资源，从相关单位调配该应急资源，资源到位后规划急救活动几个关键环节。在应急响应的过程中所需要的应急资源种类和数量的预测将决定其后应急服务的质量。要实现资源的合理利用，需要对资源进行布局、调度和配送。

1. 应急资源的布局与储备

应急资源的布局与储备是根据各种潜在危险源的分布，在综合时间、成本和能力等因素的基础上，按照一定的规划方式，预先把一定种类和数量的应急资源放置在选定的地点。

2. 应急资源的配置与调度

应急资源的配置与调度是依据安全生产事故发展趋势和影响范围预测，结合事故发生环境，实现不同时间、空间尺度内，灾害发展速度、方向、范围、危害等参数的应急资源配置预测，并根据灾害严重程度排序、风险区大小排序等，构建与灾害发生、发展、结束整个灾害过程相适应的，多灾种、多物资、动态的应急资源鲁棒优化配置调度。

3. 应急资源的补充与维护

应急资源的补充与维护是指应急资源的调整、更新、补充、保养、维护等，以保证应急资源具有良好的性能状况。

（二）应急资源管理现状

1. 我国应急资源管理的基本情况

使应急资源常年保持充足的储备是最为可靠的方式，但是成本很高。我国通常采取如下三种方式保证应急资源的供应：

（1）本地区的长期储备　各地区的政府通常会负责这部分的管理工作，在专门的仓库中储备一定量的应急物资。

（2）调拨临近地区的物资储备　如果本地区储备的应急物资不能满足需求，政府通常会向临近地区请求支援，通过调拨方式解决应急物资供应问题。

（3）临时寻找生产厂家　对于储备不足的应急物资，依靠临近地区支援可以解决一部分需求，但如果需求量较大或时间较长，就必须依靠厂家临时生产来补充。

2. 我国应急资源管理的主要问题

从我国各地近年的安全生产事故处置过程来看，应急资源的管理体系在实际运作中主要存在以下三个问题：

（1）物资储备缺乏总体规划　虽然各地区都会有自己的应急物资储备，但是不同地区、不同企业、不同政府部门之间在做储备计划时相互沟通较少，物资储备缺乏总体规则，有些物资重复储备，有些物资缺少储备。如果能根据应急物资的种类和位置对储备工作进行统一规划，那么储备效果会更好。

（2）物资调拨的计划不充分　虽然在需要时政府会向临近地区请求支援，但是由于对其他地区的储备状况不了解，而且每次安全生产事故需要的应急物资不同，当时的道路交通状态、运输能力也有差异，所以每次都由应急指挥人员临时向对方了解储备情况、再制订调拨方案，不但随机性大，而且效率低。如果能事先掌握对方储备情况，并做好各种情况下的调拨计划，紧急情况下调拨工作就能更迅速地执行。

（3）物资临时生产能力不足　若政府和这类生产厂家之间只是一种松散的关系，发生需求的时候才临时寻找生产厂家，对于生产方来说也是非常仓促的任务。如果能事先和若干厂家达成协议，并掌握对方的生产能力和位置，在紧急状态下生产任务的分配就能够更加科学合理。

总体来看，我国各地在过去的应急管理工作中，对于应急物资的管理没有非常系统全面的规划，和过去的应急管理工作重视事发后的应急、忽视事发前的准备相类似，过去的应急物资管理工作重视事发后的调拨、忽视事发前的准备，所以经常出现应急物资供应不足的情况。

3. 应急物资管理的改进方向

针对我国应急物资管理存在的问题，应急物资的管理从储备、调拨、生产的角度来看，可以从建立纵向分级储备、横向分工负责的管理体系，多元化的储备主体制度，临近地区的物资调拨计划和协议生产厂家的储备等方面进行改进。

4. 应急物资管理工作的阶段任务划分

根据以上讨论的应急物资的管理方式，落实到应急管理工作的 4 个阶段中，每个阶段应该完成的主要工作内容如下：

1）准备阶段完成应急物资的实物储备管理和应急物资的生产能力储备管理。

2）预警阶段完成应急物资的查询和应急物资的调拨。

3）响应阶段完成物资运输线路的安排和补充生产的安排。

4）恢复阶段完成储备物资用量汇总和生产物资用量汇总。

5. 应急物资管理工作的重点

为了确保上述应急物资管理工作按计划顺利执行，其中的重点问题有：通过定期核查确保基础数据的准确性、应急过程中物资耗用信息的更新维护、安全生产事故的实时状态和趋势预测、物资运输能力的管理 4 个方面。

三、应急资源管理的主要内容

（一）应急资源布局

应急资源布局是根据各种潜在危险源的分布，在综合时间、成本和能力等因素的基础上，按照一定的规划方式，预先把一定种类和数量的应急资源放置在选定的地点。应急资源的布局优化是在应急资源普查和整合的基础上，依据选定的目标准则，在某些限制条件下，结合各应急组织的活动位置，按照科学规划的方式，找到应急保障资源最佳的布局形式，使之发挥最大的应急效益。

（二）应急资源储备

1. 应急资源储备基本内容

应急资源储备是实施紧急救助、安置灾民的基础和保障。它主要包括救灾物资储备、应急设备与设施储备、预防安全生产事故的技术储备和救灾人才储备等内容。

（1）救灾物资储备　为了切实保障安全生产事故发生时救灾物资的供应、投放，在常态下应建立若干救灾物资储备中心。救灾物资储备的基本内容如下：

1）编制救灾物资的分类目录。

2）做好救灾物资的储存管理。

3）做好救灾物资的调拨和利用。

4）管好救灾物资的使用和回收。

（2）应急设备与设施储备　应急设备与设施储备是开展应急救援工作必不可少的条件。为保障应急工作的有效实施，各地区和应急部门都应制定应急救援设备的配备标准。平时做好装置的保管工作，保证装备处于良好的使用状态，一旦发生灾害就能立即投入使用。应急装备的配备应根据不同的应急救援任务和要求选配。选择装备要根据实用性、功能性、耐用性和安全性以及客观条件配置。灾害应急装备可分为两大类：基本装备和专用救援装备。

1）基本装备：一般是指应急救援工作所需的通信装备、交通工具、照明装备和防护装备等。

2）专用救援装备：主要是指各专业救援队伍所用的专用工具或物品，如侦检装备、医疗急救器械和急救药品。

（3）预防安全生产事故的技术储备　预防安全生产事故的技术储备主要是指技术人员和技术方案的储备，包括：加强对各种安全生产事故成因的科学研究，加强灾害的监测观测网络技术的研究，加强各种安全生产事故的应对及救援技术方案的研究。

（4）救灾人才储备　主要是指两个方面：进行各种安全生产事故研究的人才储备；进行安全生产事故应急救援人才队伍的储备。提高应急救援人力储备与动员水平，一要通过调查切实掌握各类安全生产事故救援技术人员的现状及可能的发展；二是重点加强基层救援技术专业队伍的建设；三要不断提高社会群防群救能力。

2. 应急资源储备方式

应急资源储备包括人力资源、资金资源、物资资源、设施资源、技术资源、特殊资源和信息资源等的储备。其储备方式有以下几种：

（1）应急资源采购　物资、设备和装备等保障资源可通过采购方式进行储备，对于要采购的应急资源应按照规定的标准和采购程序实施。

（2）应急资源建设　有些应急资源是不能用采购的方式从市场上得到的，需要通过建设的方式逐步形成。

（3）应急资源租赁　有些应急资源购买要花费大量的资金，其中有些不仅要购置设备，而且需要工程建设。

（4）临时调用　临时调用分有偿调用和无偿调用。有偿调用是指在事故处于非常态时期，可调用企业、事业、社会组织及市民的应急物资，用于事故的处置。这部分调用，不应是无偿的，事后应给予必要的补偿。无偿调用是指在事故发生后，需要大量的应急物资、设备进行处理，除动用储备的各种应急资源和有偿调用社会组织、企事业单位、市民的资源外，对国家机构、军队的所有资源可无偿使用。

（5）生产设备能力　在紧急状态时，可通过提高生产能力的方式来满足应对事故的应急资源需求，必要时协调配置生产原料、动力等资源，紧急组织扩大生产。

3. 安全生产事故应急物资储备体系的构建

（1）应急物资储备体系的目标　应对安全生产事故的资源储备体系的首要目标是预防安全生产事故的发生，建设符合我国国情的应对各种安全生产事故的资源储备体系，建立应急资源管理综合协调机制。

（2）建立安全生产事故应急物资仓储网络　首先，要优化储备结构，完善国家物资储备体系，使成品储备、能力储备和技术储备有机地结合起来。其次，资源储备要合理布局。国家、地方、部门和企业根据储备特点做到各有侧重、相互配合、形成合力，使区域整体应急资源储备体系适应应急需要。最后，要加强储备物资的管理，建立科学完善的管理制度，采用现代化的管理手段，使储备物资处于可随时调用状态，提高应急保障能力。

（3）加强安全生产事故应急处置的资金管理　各级政府应加强安全生产事故应急资金的使用管理，明确安全生产事故应急资金的使用范围，制定资金“专款专用、重点使用”制度，规范应急款物的基层发放程序，做到发应急捐赠款物时政策公开、数额公开、程序公开和结果公开。

（4）建立动态升级的安全生产事故应急科技储备体系　有效应对安全生产事故必须建立在依靠科学技术的基础上，科学技术研究工作的水平与效率直接关系到应对安全生产事故工作的成效。

（5）加速人才培养　及时建立专家数据库及不同层级和地区的专业人才库；充分合理利用现有人力资源，制定出严格的岗位职责要求和准入标准；推进人力资源开发，将人力规划、人力培训和人力的适用与管理规为一体；加强专业机构的建设，增加经费投入，提高师资水平，改革教学内容，改进教学手段，使培训和教学内容满足安全生产事故应急处置实际工作的需要。

4. 应急资源维持

应急资源维持是指应急资源的调整、更新、补充、保养、维护等，以保证应急资源具有良好的状况。为此，应制定完备的应急资源维持制度，对现有的和储备的应急资源定期进行维护，排除隐患，确保应急资源安全可靠。当应急资源的保有量不能满足要求时，根据应急资源评估结果及时进行补充，对使用性能下降或失去使用效能的应急资源要及时更新。

（1）应急资源信息建立、维护和更新　应急资源信息应包括人力保障资源、资金保障资源、物资保障资源、设施保障资源、技术保障资源、特殊保障资源以及与应急活动相关资源在配置、数量、性能、分布等方面的信息，并包含案例、特定措施、问题解决方法、应急知识和设备使用说明等内容。应急资源信息管理要做好两项基础工作：一是建立应急资源目录，分类上可以包括专用物资和通用物资，便于指导应急活动过程中的使用、储备、征用、生产和调运等；二是建立应急资源标准，可用于应急的资源种类繁多，应制定有关应急资源标准，保证应急资源的一致性和共享性。对应急资源信息要定期维护和更新，保证信息数据与应急资源现状一致，当应急资源信息发生变化时，应及时通知相关部门，做好应急活动调整工作。

（2）应急资源运输　应急资源运输是应急资源管理的重要环节。一般而言，由于运输涉及时间、路程、能源、容量和成本等因素，需要精心组织和合理安排，确保应急资源快速、安全地到达指定位置。在应急资源运输管理中，应当遵循高速、安全、可靠、高效和准确的原则，注重应急资源应急价值的实现。

（三）应急资源配置

合理的资源优化配置运行机制是安全生产事故应急管理顺利实施的基本保证。

1. 主体结构

鉴于安全生产事故的偶然性与突发性特征，平时采用以政府为主体、全社会各种资源拥有者为基础的虚拟网络式管理模式。安全生产事故的决策和指挥机构、监测与预警部门、资源的管理部门承担常态的职能和任务。而安全生产事故发生后，这种模式可以迅速地转换成以政府为核心的垂直式管理模式，形成有机整体。整个应急管理资源配置的主体结构是分层次的，包括安全生产事故的预警子系统、应急处置子系统、信息子系统和救援子系统等，其支撑体系由应急管理预案、资源储备、应急队伍专业培训和社会公众教育等组成。

2. 组织原则

（1）统一领导　统一领导是指在安全生产事故应急处理的各项工作中，必须坚持统一领导，应成立应急指挥部，对处理工作实行统一指挥。各有关部门都要在应急指挥部的领导下，开展各项应急处理工作。

（2）分级管理　根据事件的危害性，有必要实行分级管理，这能使整个系统权责分明、快速响应、综合处置；全国性和地方性的安全生产事故应由中央政府和地方政府分别设立应急事件指挥部，统一领导和指挥全国和地方的应急处理工作。

（3）协调管理　资源优化配置体系要建立协调机制，负责协调平战（平灾）时各级各部门的人力、物力、财力和信息资源的统筹、配置和使用，同时要建立有效的保障运行机制，确保物资储备、筹措、供应、运输，医疗卫生救护和技术人才等的有效运转。

（4）综合处置　实施跨区域、跨部门的综合处置，信息管理系统、资源配置等要体现综合效益；在系统建设时也同样本着综合处置的思想，减少重复投资及浪费。

3. 应急资源配置网络化模型

社会安全管理工作具有复杂性，因此必须将资源共享与信息共享的区域应急管理模式有机地集合在一起，形成以信息化和资源化为特征的纵横交错的区域应急联动资源配置网络结构。

应急资源管理模式构建为网络式，可以提高安全管理资源的效率，能够更加经济地利用资源集聚效应，增强安全管理的辐射力度，甚至增强区域内都市之间的资源协调能力。

信息和资源共享的区域应急资源网络化配置模型具有以下几个特点：

1）以信息和资源共享为特征。

2）强调区域应急管理主体之间的合作与协调。

3）用不断循环发展的管理模式。

4）快速的联动系统。

5）资源优化配置。

6）增强区域内都市圈之间的资源协调能力。

（四）应急资源调度

目前，国内应急救援中对应急资源的优化配置的管理还存在诸多问题。首先，我国过去单灾种的灾害管理体制造成资源不能及时、合理地储备，应急资源得不到科学的优化配置。其次，应急救灾资源的管理低效，缺少对资源配置绩效的评价和管理标准。

应急资源调用分为非紧急调用和紧急调用。对紧急调用的基本要求是确保应急资源及时、准确、安全地到达指定地点，保证事故处置工作的有序进行。因此，在紧急调用前，要制订调用预案，做好各项准备工作，综合协调地完成好调用任务。一般来讲，应急资源有以下几种调用方式：

（1）定时调用　定时调用是指按照一定的时间间隔对同类应急资源进行的调用。这种调用有两个特点：一是时间比较固定，便于应急指挥机构安排工作；二是大部分为应急消耗品，如防护救助类、食宿消毒类和动力照明类资源。

（2）定量调用　定量调用是指每次都按照固定的数量对同类应急资源进行的调用。这种调用多用于不易消耗的工程建材、工程设备、运载工具和防护用品等的调用。此种调用方式可集中不同地方的应急资源，实行统一调用，提高调用效率。

（3）定时定量调用　定时定量调用是指按照一定的时间间隔，按照固定的数量对同类应急资源进行的调用。这种调用是定时调用与定量调用相结合，既是定时调用的特殊情况，又是定量调用的特殊情况。此种调用方式计划性极强，需精心组织、合理筹划，多用于日常易耗品的调用，如食品、药品、油料等。

（4）及时调用　及时调用是应急资源最重要的调用方式。这种调用是根据事故的发展和变化以及应急响应工作的需要实时安排的，它的操作难度较大，需要各部门密切配合，共同协作来完成。采用及时调用方式必须做到心中有数，时间和数量要把握准确，过早或过晚、过多或过少都不利于应急活动的开展。及时调用的应急资源多为紧急类资源，如疫苗、药品、专用物资、急需设备和器材等。

（5）超前调用　超前调用或称事前调用是指在运用现代化科学技术手段对极有可能引发事故的潜在危险进行监测的基础上，为做好处置工作而进行的事前、带有准备性的应急资源调用。这种调用带有事前控制的性质，是一种高级的调用形式，可大大增强对事故的处置能力。超前调用的应急资源多为抗灾、减灾物资，如工程设备、工程材料、救援工具、防护品等。

（6）综合调用　综合调用是指根据实际情况，运用以上几种方式相结合的形式对应急资源实施调用。依据应急资源的特点，采用不同的调用方式，可以提高应急资源的调用效率，减少调用环节造成的资源消耗。

（五）应急资源补充与维护

应急资源补充与维护是指应急资源的调整、更新、补充、保养、维护等，以保证资源具有良好的性能状况。为此，应制定完备的应急资源补充与维护制度，对现有的和储备的应急资源定期进行维护，排除隐患，确保应急资源的安全可靠。当应急资源的保有量不能满足要求时，应根据应急资源评估结果及时进行补充，对使用性能下降或失去使用效能的应急资源及时更新。

（六）应急资源管理数据库

近年来，我国安全生产应急管理体系建设进入了一个新阶段，这一阶段的主要标志是各级政府将现场管理、情景模拟、应急预案、保障体系、应急处置等功能整合在一起，广泛开展安全生产应急平台建设。应急资源数据是安全生产应急平台数据库最重要的组成部分，各类不同功能的应急资源数据，按一定管理原则和技术要求整合为统一的应急资源数据库后，不同的功能模块在应急管理中就能实现不同的功能。

应急资源数据库主要工作内容是：建设应急预案数据库、应急救援队伍数据库、应急专家数据库、应急物资和装备数据库，开发数据库软件管理工具，实现各类应急资源信息的采集、更新、查阅、审查、统计分析和共享；各区县建立完善应急资源数据库，实现区县各类应急资源信息的采集、更新、查阅、审查、统计分析和共享。

应急资源数据库的建设，按照“条块结合、属地为主、充分集成”的原则，依据“自建+集成”的建设指导思想，通过以下 4 个途径进行建设：

1）围绕“安全生产应急救援指挥”主题，针对直接指挥业务内容，结合平台应用功需求，通过合理规划、设计，重点依靠自身力量建设应急专用资源数据库。

2）依托电子政务建设项目的安全生产监督和管理信息库建设，充分利用现有安全生产行政管理业务数据，设计统一数据交换接口，实现跨平台数据互联、互通。

3）集成省政府应急平台和各地市应急基础信息资源，建立与政府其他部门相连的数据交换机制，构建应急资源基础数据库。

4）制定企业安全生产应急救援信息上传下达统一标准，动态集成各个企业的安全生产应急资源相关信息。

要建立纵向、横向与各级、各有关部门和各个安全生产应急管理与协调指挥机构之间的数据共享机制，充分考虑到数据互联互通和信息资源整合。根据安全生产应援涉及的信息范围和种类，同时考虑信息上传下达的关系，分析得出的应急资源信息构成。

第五节　安全生产应急预案

生产经营单位安全生产应急预案是国家安全生产应急预案体系的重要组成部分。制定生产经营单位安全生产应急预案是贯彻落实“安全第一、预防为主、综合治理”方针，规范生产经营单位应急管理工作，提高应对风险和防范事故的能力，保证职工安全健康和公众生命安全，最大限度地减少财产损失、环境损害和社会影响的重要措施。

一、应急预案概述

（一）应急预案的概念

应急预案，又称“应急计划”或“应急救援预案”，是针对可能发生的事故灾难，为最大限度地控制或降低其可能造成的后果和影响，预先制订的明确救援责任、行动和程序的方案。应急预案主要包括 3 方面的内容：事故预防、应急处置、抢险救援。

（二）应急预案的作用

应急预案是应急救援体系的主要组成部分，其目的是进一步规范生产安全事故应急响应程序，提高生产安全事故防范、应对能力，最大限度地减少人员伤亡和财产损失，为平安社会建设提供保障。

应急预案的作用体现在以下几个方面：

1）应急预案明确了应急救援的范围和体系，使应急准备和应急管理，尤其是培训和演练工作的开展有据可依、有章可循。

2）应急预案有利于做出及时的应急响应，降低事故后果严重度。

3）应急预案是各类突发事故的应急基础。

4）应急预案建立了与上级单位和部门应急救援体系的衔接。

5）应急预案有利于提高风险防范意识。

（三）应急预案的基本要求

《生产安全事故应急预案管理办法》（中华人民共和国应急管理部令第2号）在“第二章应急预案的编制”给出了编制的基本要求。编制应急预案是进行应急准备的重要工作内容之一，编制应急预案要遵循一定的编制程序，同时应急预案的内容应满足针对性、科学性、可操作性、完整性、符合性、可读性和相互衔接8项基本要求。

（四）应急预案的法律法规要求

近年来，我国政府相继颁布的一系列法律法规和文件，如《安全生产法》《危险化学品安全管理条例》《国务院关于特大安全事故行政责任追究的规定》《特种设备安全监察条例》《突发事件应对法》《生产安全事故报告和调查处理条例》《生产安全事故应急预案管理办法》《生产经营单位生产安全事故应急预案评审指南（试行）》和《国务院关于进一步加强企业安全生产工作的通知》等，对危险化学品、特大安全事故、重大危险源等应急救援工作提出了相应的规定和要求。

二、应急预案分类

（一）我国突发公共事件应急预案体系

为了健全完善应急预案体系，形成“横向到边、纵向到底”的预案体系，按照“统一领导、分类管理、分级负责”的原则，根据不同的责任主体，我国突发公共事件应急预案体系划分为突发公共事件总体应急预案、突发公共事件专项应急预案、突发公共事件部门应急预案、突发公共事件地方政府应急预案、企事业单位应急预案、大型活动应急预案6个层次。

（二）生产经营单位安全生产事故应急预案体系的组成

生产经营单位安全生产事故应急预案是国家安全生产应急预案体系的重要组成部分。根据国家安全生产应急救援指挥中心组织编制的《生产经营单位生产安全事故应急预案编制导则》（GB/T 29639—2020），生产经营单位安全生产事故应急预案可以由综合应急预案、专项应急预案和现场应急处置方案构成，明确生产经营单位在事前、事发，事中、事后的各个过程中相关部门和有关人员的职责。生产经营单位结合本单位的组织结构、管理模式、风险种类、生产规模等特点，可以对应急预案主体结构等要素进行调整。

1. 综合应急预案

综合应急预案是从总体上阐述事故的应急方针、政策，应急组织结构及相关应急职责，应急行动、措施和保障等基本要求和程序，是应对各类事故的综合性文件。综合应急预案的主要内容包括：总则、生产经营单位的危险性分析、组织机构及职责、预防与预警、应急响应、信息发布、后期处置、保障措施、培训与演练、奖惩、附则11个部分。

2. 专项应急预案

专项应急预案是针对具体的事故类别、危险源和应急保障而制订的计划或方案，是综合应急预案的组成部分，应按照综合应急预案的程序和要求组织制订，并作为综合应急预案的附件。专项应急预案应制订明确的救援程序和具体的应急救援措施。专项应急预案的主要内容包括：事故类型和危害程度分析、应急处置基本原则、组织机构及职责、预防与预警、信息报告程序、应急处置、应急物资与装备保障7个部分。

3. 现场应急处置方案

现场应急处置方案是针对具体的装置、场所或设施、岗位所制订的应急处置措施。现场处置方案的主要内容包括：事故特征、应急组织与职责、应急处置、注意事项4个部分。

（三）其他分类或分级

应急预案根据不同的分类标准可以分为不同的种类。根据可能的事故后果的影响范围、地点及应急方式，我国事故应急救援体系将事故应急救援预案分为如下5种级别：

1）Ⅰ级（企业级）应急预案。

2）Ⅱ级（县级）应急预案。

3）Ⅲ级（市级）应急预案。

4）Ⅳ级（省级）应急预案。

5）Ⅴ级（国家级）应急预案。

三、应急预案编制

（一）应急预案编制的基本要求

《生产安全事故应急预案管理办法》（中华人民共和国应急管理部令第2号）第八条规定，应急预案的编制应当符合下列基本要求：

1）符合有关法律、法规、规章和标准的规定。

2）结合本地区、本部门、本单位的安全生产实际情况。

3）结合本地区、本部门、本单位的危险性分析情况。

4）应急组织和人员的职责分工明确，并有具体的落实措施。

5）有明确、具体的事故预防措施和应急程序，并与其应急能力相适应。

6）有明确的应急保障措施，并能满足本地区、本部门、本单位的应急工作要求。

7）预案基本要素齐全、完整，预案附件提供的信息准确。

8）预案内容与相关应急预案相互衔接。

（二）应急预案编制的步骤

应急预案的编制可分为下面4个步骤：成立预案编制小组；危险分析和应急能力评估；应急预案编制；应急预案的评审与发布。

（三）应急预案的核心要素

一般完成的应急预案包括以下一些基本要素，这些要素在应急过程中可视为应急功能：方针与原则、应急策划、应急准备、应急响应、现场恢复、预案管理与评审改进。

（四）应急预案的主要内容

《生产经营单位生产安全事故应急预案编制导则》（GB/T 29638—2020）中给出了综合应急预案编写的基本规范，综合应急预案的主要内容如下：

1）总则。包含预案编制的目的、作用、法律法规依据、预案的适用范围等。

2）生产经营单位的危险性分析。包含生产经营单位概况、危险源识别与分析等。

3）组织机构及职责。包含应急组织体系、指挥机构及职责等。

4）预防与预警。包含危险源监控、预警行动、信息报告与处置办法等。

5）应急响应。包含响应分级、响应程序、应急结束等。

6）信息发布。包含事故信息发布的方式、发布原则等。

7）后期处置。主要包括污染物处理、事故后果影响消除、生产秩序恢复、善后赔偿、抢险过程和应急救援能力评估及应急预案的修订等内容。

8）保障措施。包含应急通信与信息保障及人、财、物的保障等。

9）培训与演练。

10）奖惩。

11）附则。包含术语、备案部门、预案的维护更新、负责预案的制订与解释、预案实施具体时间等。

四、应急预案管理

《生产安全事故应急预案管理办法》（国家安全生产监督管理总局令〔2009〕17 号）（以下简称《办法》）于 2009 年 5 月 1 日起施行，2016 年对其进行了修订，应急管理部于 2019 年 7 月 11 日公布，自 2019 年 9 月 1 日起施行。该《办法》对生产安全事故应急预案（以下简称“应急预案”）的编制、评审、备案、培训、演练、修订、奖惩等做出了相应的规定。根据安监总局 17 号令《办法》，结合广东省实际，广东省制定了《广东省安全生产监督管理局关于〈生产安全事故应急预案管理办法〉的实施细则》（粤安监应急〔2017〕9 号），并于 2017 年 7 月施行。全省生产安全事故应急预案的编制、评审（或论证）、发布、备案、培训、演练和修订等工作，均适用该细则。

该细则规定，新组建的生产经营单位在开展生产经营活动前，应编制有关应急预案，并按照有关规定进行评审（或论证）、备案、培训和演练等；已开展生产经营活动的生产经营单位应在细则实施起 3 个月内编制现场处置方案，6 个月内编制专项应急预案、9 个月内编制综合应急预案，并按照有关程序完成评审（或论证）、备案等工作，组织开展培训和演练。

（一）应急预案评审

《办法》对应急预案的评审规定如下：矿山、建筑施工单位，易燃易爆物品、危险化学品、放射性物品等危险物品的生产、经营、储存、使用单位，中型规模以上的其他生产经营单位，应当组织专家对本单位编制的应急预案进行评审。

评审内容主要包括预案基本要素的完整性、危险分析的科学性、预防和救援措施的针对性、应急响应程序的可操作性、应急保障工作的可行性、与政府有关部门应急预案的衔接等。同时评审应当形成书面报告，书面报告应包括以下内容：应急预案名称；评审地点、时间、参会单位和人员：各位专家书面评审意见（附“要素评审表”）；专家组会议评审意见；专家名单（签名）；参会人员（签名）。

（二）应急预案备案

由安全生产监督管理部门实施安全生产行政许可的企业及无行业主管部门的工贸企业的应急预案，报安全生产监督管理部门备案。其他企业的应急预案，报其行业主管部备案。

非煤矿矿山企业中，“五小”企业（地热、温泉、矿泉水、卤水、砖瓦用黏土企业）露天采石场的应急预案报企业所在地地级以上市安全生产监督管理部门备案。其他非煤矿矿山企业报省安全生产监督管理部门备案。

危险化学品生产、经营、储存、使用单位的应急预案，报企业所在地地级以上市安全生产监督管理部门备案。中央驻粤、广东省管的危险化学品生产经营单位（总部）的应急预案，还应抄送省安全生产监督管理部门。

安全生产应急预案备案主要包括以下 3 个程序：

1）企业将备案材料准备齐全后，到安全生产监督管理部门申请备案。

2）安全生产监督管理部门按照有关规定，对企业提交的应急预案进行形式审查。

3）安全生产监督管理部门对符合要求的预案予以备案并出具“生产经营单位生产安全事故应急预案备案登记表”；不符合要求的，不予备案并说明理由。

报省安全生产监督管理部门备案的应急预案，需由企业所在地市、县安全生产监督管理部门在“应急预案备案申请表”上出具初步意见。

细则还规定安全生产应急预案申请备案应提交下列材料：

1）应急预案备案申请表。

2）生产安全事故应急预案要素评审表。

3）评审组综合评审意见表。

4）评审专家聘书复印件。

5）综合应急预案和专项应急预案文本及电子文档。

安全生产应急预案按照评审意见修改后报备的，还应出具复审证明。以上材料一式两份。受理备案登记的安全生产监督管理部门应当对应急预案进行形式审查，经审查符合要求的，予以备案并出具应急预案备案登记表；不符合要求的，不予备案并说明理由。

（三）应急预案的修订与更新

《生产安全事故应急预案管理办法》第四章“应急预案的实施”提出了对应急预案修订的要求，主要内容如下：

第三十四条规定，应急预案演练结束后，应急预案演练组织单位应当对应急预案演练效果进行评估，撰写应急预案演练评估报告，分析存在的问题，并对应急预案提出修订意见。

第三十五条规定，应急预案编制单位应当建立应急预案定期评估制度，对预案内容的针对性和实用性进行分析，并对应急预案是否需要修订做出结论。

第三十六条规定，有下列情形之一的，应急预案应当及时修订并归档：

1）依据的法律、法规、规章、标准及上位预案中的有关规定发生重大变化的。

2）应急指挥机构及其职责发生调整的。

3）安全生产面临的风险发生重大变化的。

4）重要应急资源发生重大变化的。

5）在应急演练和事故应急救援中发现需要修订预案的重大问题的。

6）编制单位认为应当修订的其他情况。

第三十七条规定，应急预案修订涉及组织指挥体系与职责、应急处置程序、主要处置措施、应急响应分级等内容变更的，修订工作应当参照本办法规定的应急预案编制程序进行，并按照有关应急预案报备程序重新备案。

半导体材料学专家王曦

思　考　题

1. 安全生产应急管理的主要意义是什么？
2. 突发安全生产事故信息发布的流程包含哪些关键环节？
3. 我国目前应急资源管理有哪些主要问题？
4. 应急预案的主要作用是什么？
5. 应急资源包括哪些内容？

第十章　突发环境污染事故的应急技术与管理

第一节　突发环境污染事故的分类和基本特征

随着社会经济的飞速发展，我国工业化程度不断提高，突发（性）环境污染事故（简称“突发环境事故”）频繁发生，对人类的身体健康构成极大威胁，严重破坏了生态环境和社会安定，造成了巨大的经济损失和环境影响。如何有效地预防和控制突发环境污染事故，增强各部门对突发环境污染事故的处理能力和协调能力，进一步建立健全突发环境污染事故应急机制已经成为全社会关注的热点。

一、突发环境污染事故的概念及分类

突发环境污染事故的应急技术与管理是一门全新的学科，它既是政府的核心职能之一，也是媒体和公众关注的焦点问题。其绝不是一门纯粹的“书斋里的学问”，但也需要理论研究作为支撑。近年来，学术界对突发性事件应急技术与管理的研究方兴未艾，取得了一系列引人注目的成果。

（一）突发环境事故的概念

突发环境事故（或突发性环境事故）是指突然发生，造成或者可能造成重大人员伤亡、重大财产损失和对全国或者某一地区的经济社会稳定、政治安定构成重大威胁和损害，有重大社会影响的涉及公共安全的环境事件。突发环境事故主要分为以下三类：

1. 突发环境污染事故

突发环境污染事故不同于一般的环境污染，它的发生大都来势凶猛，具有突然性，对环境造成的影响长远，并且难以完全消除。它的发生不仅会对人们的生命健康和生产安全造成极大的害，还会使人们赖以生存和发展的生态环境遭到严重破坏。

突发环境污染事故是突发性事件中的一类，泛指引起环境污染的突发性事件，它是突然发生，造成或者可能造成重大人员亡、重大财产损失和对全国或者某一地区的经济社会稳定、政治安定构成重大威胁和损害，有重大社会影响的涉及公共安全的环境污染事件。

近年来，随着我国经济的迅速发展，工业生产总量、发展规模不断扩大，长期累积的环境风险开始突显，各类突发环境污染事故频繁发生。从2005年11月松花江硝基苯污染事件、2009年湖南浏阳镉污染事件、2011年某石油公司油田大量溢油事件，到2015年天津滨海新区特别重大爆炸事故表明，突发环境污染事故一般没有固定的污染时间、污染方式以及污染途径，其发生往往具有偶然性和瞬时性，其涉及的行业和领域越来越广泛，处理难度也呈递增趋势。这样的污染不仅会直接造成事故现场人员伤亡和财产损失，而且由于其对环境的影响巨大，在污染后必须付出更多的人力、财力来整治和恢复，间接损失也很大，还可能造成矛盾升级，导致国家危机和国际上的污染纠纷。

为了避免上述状况出现，就要求环保部门进一步做好突发环境污染事件的预防，并提高对突发环境污染事件处理、处置的应变能力。因此，研究应急处理处置技术，加强突发环境污染事故应急管理，是我国环境保护领域中一项十分重要的工作。它关乎我国经济建设与社会的发展，关乎和谐社会的构建，关乎人民群众正常生活、生产和切身利益。

2. 生物物种安全环境事件

生物物种安全环境事件是指由于各种突然发生的自然和非自然原因，如不当或非法采集、非法侵占生境、环境污染、外来物种入侵以及自然灾害等使生物物种资源受到或可能受到重大威胁或破坏。

3. 核与辐射事件

核与辐射事件主要是指核设施和核辐射事件，包括核放射源的丢失、被盗和失控。核与辐射事件一旦发生，由于放射源一般体积小、辐射范围大、公众认知程度低等因素，会对环境和人民群众的生命安全造成严重的威胁。

（二）突发环境污染事故的分类

突发环境污染事故的发生具有随机性和不确定性，大量的污染物质会对环境造成恶劣的影响，如果处置不当就可能发展成为更为严重的危机。为快速、有效地处理这类事故，必须针对不同的环境污染事故，积极采取相应的处置措施，以最大限度地降低危害，减少损失。因此，对突发环境污染事故进行类型化分析，就显得尤为重要。

由于污染物来源的多样性和对环境污染的复杂性，从不同角度出发，可以对突发环境污染事故进行各种划分。本书主要从突发环境污染事故传播介质角度将突发环境污染事故分为以下六类。

1. 水环境突发污染事故

水环境突发污染事故通常是指因高浓度废水排放不当或事故使大量化学品或危险品等突然排入地表水体，致使水质突然恶化的现象，此类事故在实际生产生活中经常出现。例如，工业废水的非达标排放或处置事故通常会造成地表水体的严重污染，影响居民用水从而造成恐慌，固体废物和废气也会不同程度地污染水体。此外，原油、燃料油以及各种油制品在生产、储存、运输和使用过程中因意外或处置不当而造成的泄漏污染事故，通常会造成严重的经济损失，影响沿海渔业及旅游业。

2. 固体废物突发污染事故

固体废物突发污染事故主要是指在运输、处理或处置过程中，由于意外事故或者自然灾害造成固体污染物大面积泄漏扩散，导致环境污染的现象。固体废物通常包括城市固体废物、工业固体废物及有害废物，一些不能排入水体的液态废物和不能排入大气的置于容器中的气态废物，由于多具有较大的危害性，一般也归固体废物管理体系。这类事故一般发生的形式多样，具有多重危害，处置步骤复杂，周期较长，对环境影响长远。

3. 大气环境突发污染事故

大气环境突发污染事故是指在生产、生活中因使用、储存、运输、排放不当，导致有毒有害气体、粉尘泄漏或非正常排放所引发的大气污染事故。例如，人们熟知的洛杉矶光化学烟雾事件就是一次典型的大气环境突发污染事故。此外，一些煤气、石油液化气或危险化学品引起的爆炸、火灾事故也会造成大气污染。此类事件不确定性强、危害面积广、扩散速度快，为防止事件演化升级处理处置难度较大。

4. 危险化学品突发污染事故

危险化学品突发污染事故主要由储运装备、管道或阀门、法兰连接处密封失效，以及设备管道因老化、开裂导致危险物泄漏造成。通常情况下，危险物质会迅速扩散，因此危险化学品的污染也常常引起水环境及大气环境污染的发生，甚至转化为火灾、爆炸事故。针对此类事故，迅速有效地处理显得更为关键，以避免更大事故或次生灾害的发生。

5. 突发放射性污染事故

突发放射性污染事故是指由于放射性物质生产、使用、储存、运输不当而造成核辐射危害的污染事故。引起放射性污染事故的主要因素有管理失职或操作失误等人为因素，以及设备质量或故障等非人为因素。放射性污染事故中大量放射性物质的释放是造成人体过量受照的重要途径，因此往往从事放射性污染防治的工作员是辐射照射的直接作用主体。

6. 环境群体性事件

环境群体性事件也是环境污染导致的一种突发事故，它是指由环境污染引发的，不受既定社会规范约束，具有一定规模，造成一定的社会影响，干扰社会正常秩序的群体性事件。

二、突发环境污染事故的基本特征

（一）突发环境污染事故的分级

在我国，按照社会危害程度、影响范围、事故性质等，结合突发性事故的相关规定，我国突发环境污染事故可以分为四级。法律、行政法规或国务院另有规定的，从其规定，例如核事故等级的划分。

突发环境污染事故的四个等级（Ⅰ级、Ⅱ级、Ⅲ级、Ⅳ级），按照颜色对人的视觉冲击力的不同，依次用红色、橙色、黄色和蓝色表示。

红色预警（Ⅰ级），一般是指特别重大的突发环境污染事故，事故会随时发生，事态正在不断蔓延。

橙色预警（Ⅱ级），是指重大的突发环境污染事故，预计事故即将临近，事态正在逐步扩大。

黄色预警（Ⅲ级），是指较大的突发环境污染事故，事故临近发生，事态有扩大的趋势。

蓝色预警（Ⅳ级），是指一般性的突发环境污染事故，事故即将临近，事态可能会扩大。

用不同颜色代表不同等级的突发环境污染事故的等级有两方面的用意：其一是比较醒目，便于公众识别和判断；其二是方便文化程度较低的弱势群体辨识。但是用颜色表示不同含义，必须在公众接受了一定程度的宣传和教育，了解不同颜色所代表的具体意义的基础之上，才能不失其本意。突发环境污染事故等级与应急主体的关系见表 10-1。

表 10-1　突发环境污染事故等级与应急主体的关系

应急组织	级别			
	特别重大（Ⅰ）红色	重大（Ⅱ）橙色	较大（Ⅲ）黄色	一般（Ⅳ）蓝色
国家	√			
省级		√		
市级			√	
县级				√

表 10-1 大致规定了各级政府对突发环境污染事故的管辖范围。一般的突发环境污染事故由县级人民政府领导；较大级别的事故由地级市的人民政府领导；重大的事故由省级人民政府领导；特别重大的事故则由国务院统一领导。可见，我国突发环境污染事故与应对主体是逐级对应的。这是因为政府的级别越高，其所握有的资源也越丰富，对突发环境污染事故的处置能力也越强。

虽然我国对突发环境污染事故进行了分级，但这个分级并不是很完善，在应对突发环境污染事故的过程中，必须遵循以下几个原则：

1）“就高”原则。我国的突发环境污染事故的等级界限并不十分明晰，缺乏详尽的判断标准，当发生了突发性事故，但其发展形势还不十分清楚时，划分事故等级应当遵循“就高”原则，尽量将其划分为高一级的等级，以确保其能得到更完善的处置。

2）灵活性原则。突发环境污染事故的发生往往会经历一个量变引发质变的过程，也就是说，事态的发展过程是一个动态的过程。因此，对事故等级的划分也应当体现出这种动态性。随着事态的发展，对事故的等级进行相应的调整，采取不同的应对措施灵活对待，以达到既解决问题，又合理配置资源的目的。

3）“三敏感”原则。对突发环境污染事故进行等级划分时，对敏感时间、敏感地点和敏感性质的事故定级要从高。对“三敏感”事故从高定级有利于分清责任主体，使责任主体能够积极开展先期处置，防止这类敏感性事故扩大升级。同时，由行政级别高的政府处置敏感性事故，有利于实现应急资源的合理配置。

（二）突发环境污染事故的基本特征

突发环境污染事故不同于其他突发性事故，也不同于一般污染事故，主要具有以下几个基本特征。

1. 发生时间的突然性

突发环境污染事故往往都是平时累积起来的各类矛盾、冲突长期没能得到圆满解决，在超越一定界限后突然爆发。例如，一般的环境污染是一种常量的排放，有固定的排污方式和途径，并在一定时间内有规律地排放污染物质。突发环境污染事故则不同，它没有固定的排放方式，往往突然发生、来势凶猛、令人始料未及，有着很大的偶然性和瞬时性。一旦发生突发环境污染事故，伴随而来的可能就是有毒有害物质外泄，引发火灾、爆炸等灾难，如果是有毒有害气体泄漏，其无孔不入，很快就可能扩散到居民区，直接危害人们的生命健康，造成不可挽回的损失。

2. 污染范围的不确定性

由于造成突发环境污染事故的原因、事故规模及污染物种类具有很大的未知性，所以其对众多领域（如大气、水域、土壤、森林、绿地、农田等环境介质）的污染范围有很大的不确定性。很多突发环境污染事故引起的后果可能是不一样的，其始终处于不断变化的过程中，人们很难根据经验对其发展方向做出判断。在不同的地区，由于其地理环境基础、经济发展状况等都是不同的，可能导致同样的突发环境污染事故引发的污染状态和范围不同。例如，相同的突发环境污染事故发生在拥有雄厚经济基础和相对完善的抗灾救灾保障的国家和地区可能就不会产生太大的威胁，但如果发生在一些相对贫困的国家，由于其缺乏相应的应对保障机制和资金支持，就有可能对其产生致命的打击。

另外，在经济全球化的背景之下，许多问题产生的原因和后果都是相互交织在一起的，一些新型的突发环境污染事故不断出现，加剧了其污染范围的不确定性。突发环境污染事故一旦得不到有效的遏制，就可能产生“多米诺骨牌效应”，引发各类次生灾害。总之，突发环境污染事故往往是多方面因素综合作用的结果，其不良后果的性质、强度和范围等都很难预测和确定。

3. 负面影响的多重性

突发环境污染事故往往表现为在极短时间内一次性大量泄漏有毒物或发生严重爆炸，如果事前未能采取有效的防范措施，则一般短期内难以控制，破坏性大，损失严重。突发环境污染事故一旦发生，不仅会打乱一定区域内的正常生活、生产秩序，还会造成人员伤亡、国家财产的巨大损失和生态环境的严重破坏。

突发环境污染事故可能会使社会公众在生命、健康和财产方面遭受巨大损失，影响和干扰正常的社会秩序，甚至使国家安定面临挑战。例如，2005 年吉林某化工厂爆炸事故后，松花江受到严重污染，哈尔滨市因检修管道，全市停止供应自来水 4 天，近 300 万市民的用水受到威胁，引起市民恐慌，超市里的各类饮品被一抢而空，影响了社会的安定。

突发环境污染事故会对生态环境造成严重破坏。例如，溢油事故会对海洋、江河等水域生态环境及周边社会经济活动产生严重、持续影响。作为中国近海最常见的重要环境灾害之一，海洋溢油事故在过去几十年中多次发生。据国家海洋局统计，中国沿海地区平均每 4 天发生一起溢油事故。仅 1998—2008 年间，中国管辖海域就发生了 733 起船舶污染事故。

此外，危险化学品泄漏、扩散事故造成水体、土壤等环境严重污染和破坏，使环境难以恢复，直接影响居民用水安全及生产活动；易燃易爆危险品导致的突发环境事故一般比较猛烈，其影响范围难以确定，易造成人员伤亡；核泄漏污染事故的影响范围广、作用时间长、所需救援力量大，会造成较大的社会影响。

4. 健康危害的复杂性

由于各类突发环境污染事故的性质、规模、发展趋势各异，自然因素和人为因素互有交叉作用，所以具有复杂性。

有的时候，事故发生的瞬间就可引起急性中毒、刺激作用，造成群死群伤；而对于那些具有慢性毒作用、环境中降解很慢的持久性污染物，则可以对人群产生慢性危害和远期效应。

5. **处理处置的艰巨性**

由于事故的突发性、危害的严重性，很难在短时间内控制事故的影响，加之污染范围大，给处理处置带来困难。而且事故级别越高，危害越严重，恢复重建越困难。因为生态环境的支撑能力有一定的限度，一旦超过其自身修复的“阈值”，往往会造成无法弥补的后果和不可挽回的损失。例如，野生动物、植物物种一旦灭绝就永远消失了，人力无法使其恢复。要想解决已经造成的环境污染和破坏，恢复生态系统的原有功能，必须在时间和经济上付出极其昂贵的代价。

可见，一旦发生突发环境污染事故，势必会给人们的生命财产和正常生活带来影响，不仅如此，它还会影响交通、工作、工业企业的生产等方面。此外，事故发生后，除了动员企业本身及社会力量进行救援外，还要各地在财力、物力、人力上给予支持。

第二节　突发环境污染问题的防护与处置

一、现场应急防护与救援

突发环境污染事故发生后，在做应急监测的同时，应展开紧急防护与救援工作，第一时间控制污染事故的局面，把污染事故的危害尽量减小到最低。

在发生较大的突发环境污染事故时，应急行动首要的工作是控制事故污染源和防止污染造成对人等重要保护对象的伤害。按突发性事故的性质和地形以及污染预测模式将事故现场划分为救援区域、防护区域和安全区域，并设置相应的监控点位实时调整。

事故发生后，首先应进行人员疏散。人员疏散一般有两种：一种是异地转移，另一种是原地疏散。异地转移是指把所有可能受到事故伤害的人员从危险的区域安全转移到安全区域。异地转移是在有限时间里，向群众报警，劝说并协助其离开，必要时，可强行转移。如果是气体泄漏或爆炸，一般选择上风向离开，而且是要有组织、有秩序地离开。撤离有一个条件，那就是要有足够的时间向群众报警，并帮助其转移，当时间已经不允许转移，或转移就有危害时，就采取就地保护的方式。就地保护是指人为了躲避事故危害而进入建筑物或其他设施内的一种保护行为。如果采取就地保护，那么建筑屋内的人应该关闭所有门窗通风、加热、冷却系统等，等待解救人员赶到。在人员疏散的同时，应隔离事故现场，建立警戒区，启动应急预案。根据事故的性质（如化学品泄漏的扩散情况、爆炸火焰辐射热等）建立警戒区，并在通往事故现场的主要干道上实行交通管制。

突发环境污染事件的应急监测、应急处理、救援与善后处理所涉及的面很广，必须依靠各级政府部门统一领导，协调各方面人员密切配合，建立有部队、公安、消防、卫生、安全和环保等部门参与的应急防护和救援系统方案，以便区分各单位之间的职责分工。一旦发生污染事故，保证该系统能快速有效地运行，全方位地开展救护工作。

如果事故来得突然，来不及疏散人员，人员死伤严重，那么由事故发生地省级行政部负责处置工作中的医疗卫生保障，组织协调各级医疗救护队伍实施医疗救治，根据人员受伤类型和程度，落实药品和医疗器械。卫生医疗队伍接到指令后就要迅速进入事故现场实施医疗急救，能在现场处理的就地处理，不能就地处理、需送医院的马上送医院。

二、常见突发环境污染事故应急处理处置技术

（一）应急隔离技术

1. 应急隔离

1）财产的隔离。事故发生后，在时间和安全允许的情况下，尽量把没有被污染或毁坏的财产隔离转移。隔离分为两种：原地隔离和异地隔离。原地隔离就是短时间无法全部转移财产，只能在污染源或者事故中心建立一个隔离带，也称保护墙，确保财产的安全，等待救援队伍的到来。异地转移就是人们能够在短时间内把财产搬走，这是最安全但实际情况使用较少的方法，除非财产少、轻便。

第一时间到达的消防队要迅速了解污染物种类、性质、数量、扩散面积以及随时间延长可能影响的范围，进行污染物和可疑中毒样品的采集，并以最快的速度将监测结果报告给现场指挥组和救治单位，为中毒人员救治赢得时间，同时保留样品作为证据和供以后研究。各应急组和应急指挥部成员单位到达现场后，应服从应急指挥部总指挥的命令，立即参与现场控制与处理，尽量切断污染源，隔离污染区，防止污染扩散，减少污染物的产生，减少危害面积。

2）人员的隔离对于突发环境污染事故，保护人的生命是第一位的。在财产与人的安全发生冲突的时候，首选人的安全。

2. 固体物覆盖法

1）对于有毒化学品泄漏、扩散事件，污染物一般为有毒有害和腐蚀性的物质，为防止污染范围扩大，污染大气和周围的居民、设施，可用干燥石灰、炭或其他惰性材料或砂土进行覆盖，或者冷冻剂冷冻，有效阻隔污染物，防止二次污染。若是有毒有害物质，应设法在覆盖物中加入其他化学制剂，降低毒性和危害程度。若是酸性或者碱性的腐蚀性污染物，应在覆盖物中加入中和剂，最终使 pH 值控制在 6~9。例如，硫酸泄漏物可用砂土干燥石灰覆盖，其中加入纯碱、消石灰溶液中和。

2）对于易燃易爆危险品泄漏、爆炸事件，污染物包括易燃液体、爆炸物品、遇湿易燃物品、易燃固体。为防止发生燃烧爆炸事故，应立即用砂土一类的固体进行覆盖隔离，远离火源，使其不能与其他物质发生反应。若物品已经燃烧，应使用干粉、水泥粉强行实施窒息灭火，防止火势变大。待灾情控制后，再将未破损的物品疏散转移。

3. 堵漏与围栏法

污染事故发生后，泄漏处理一般分泄漏源控制和泄漏物处置两部分。堵漏就是从泄漏源控制。为防止污染情形继续恶化，必须采取强制手段实施止漏，能关阀的要强行关阀止漏，不能关阀的要设法堵漏，首先要尽快控制住源头，以利于对泄漏物的处理。常用的堵漏方法见表 10-2。

表 10-2 常用的堵漏方法

部位	形式	方法
罐体	砂眼	使用螺钉加黏合剂旋进堵漏
	缝隙	使用外封式堵漏袋、电磁式堵漏工具组、粘贴式堵漏密封胶（适用于高压），潮湿绷带冷凝法或堵漏夹具、金属堵漏锥堵漏
	孔洞	使用各种木楔、堵漏夹具、粘贴式堵面密封胶（适用于高压）、金属堵漏锥堵漏
	裂口	使用外封式堵漏袋、电磁式堵漏工具组、粘贴式堵漏密封胶（适用于高压）

（续）

部位	形式	方法
管道	砂眼	使用螺钉加黏合剂旋进堵漏
	缝隙	使用外封式堵漏袋、电磁式堵漏工具组、粘贴式堵漏密封胶（适用于高压）、潮湿绷带冷凝法
	孔洞	使用各种木楔、堵漏夹具、粘贴式堵漏密封胶（适用于高压）堵漏
	裂口	使用外封式堵漏袋、电磁式堵漏工具组、粘贴式堵漏密封胶（适用于高压）堵漏
阀门		使用阀门堵漏工具组、注入式堵漏胶、堵漏夹具堵漏
法兰		使用专用法兰夹具、注入式堵漏胶堵漏

剧毒物质泄漏事故处理时应注意两点：一是对已受污染的水体有效截流堵漏，防止污染范围扩大，并及时对水体污染进行解毒除污处置；二是处置对象不仅应考虑污染物直接泄漏的水体，还应考虑其下游及周边可能影响的地表水水域、可能的地下水污染，土壤及农作物的污染。

对已流出的污染物，要尽快防止它向四周蔓延，污染环境。泄漏物处置时可以采用围栏收容法。若泄漏事故发生在海上，可设浮游的围栏，把泄漏物堵截在固定区域内再进行海上打捞；若泄漏事故发生在陆地上，可根据地形地势，泄漏物流动情况，修筑围堤栏或挖掘沟槽堵截、收容泄漏物，避开河流、小溪等水源地。这样做不仅可以限制泄漏物的污染范围，还便于泄漏物的回收和处置。对于大型液体泄漏，收容后可选择用泵将泄漏出的物料抽入容器内或槽车内进一步处置。

（二）应急转化技术

1. 吸附

吸附是指溶液中的物质在某种适宜界面上积累的过程。吸附质是由液相运动至界面的物质，吸附剂是供吸附质在其中积累的固体、液体或气体相。活性炭吸附工艺已经得到广泛接受并被认为是一种常规生物处理装置。本书主要关注吸附工艺在突发环境污染事故中的应用。

吸附的处理方法在很多的突发环境污染事故中被广泛使用，都取得了不错的效果。

（1）吸附剂的种类　吸附剂主要包括活性炭、磺化煤、焦炭、碎焦炭、木炭、木屑、泥煤、高岭土、硅藻土、炉渣、合成聚合物及硅系吸附剂。活性炭吸附效果好、价格适中、来源广泛，所以突发污染事件中选用最多的吸附剂是活性炭。下面将讨论活性炭的性质及其在突发污染事件中的应用。

（2）活性炭　在我国，利用活性炭吸附去除难降解有机污染物技术已经在水厂中推广使用，投加粉末活性炭是应对突发重大污染事故重要的应急保障措施。

活性炭是将煤、木材、骨质、杏核、椰壳及胡桃壳等有机材料制备而成的炭。由不同原材料制备的活性炭，其孔径分布及再生特性不完全相同。炭经过活化处理后，可分离成具有不同吸附容量、不同粒径的活性炭。按照粒径的大小可将活性炭分为两类：粉末活性炭（PAC），典型粒径小于0.07mm；颗粒活性炭（GAC），粒径大于0.1mm。颗粒活性炭与粉末活性炭特性比较见表10-3。

活性炭对大部分有机物都具有较强的吸附能力，活性炭易吸附的有机物包括：芳烃溶剂类、苯、甲苯、硝基苯类、氯化芳烃类、五氯酚类、氯酚类、多环芳烃类、杀虫剂及除草

表 10-3　颗粒活性炭与粉末活性炭特性比较

参数	活性炭类型	
	GAC	PAC
总表面积/(m^2/g)	700~1300	800~1800
松密度/(kg/m^3)	400~500	360~740
颗粒密度(在水中浸湿)/(kg/L)	10~15	0.3~14
颗粒粒径范围/mm(μm)	0.1~236	(5~50)
有效粒径/mm	0.6~0.9	
不均匀系数(UC)	≤19	
平均孔半径/(10^{-9}m)	16~30	20~40
碘值	600~1100	800~1200
磨蚀数 g/t	75~85	70~80
灰分(%)	≤8	≤6
水含量(按压紧状态)(%)	2~8	3~10

剂、艾氏剂、四氯化碳、三氯乙烯、氯仿、溴仿、高分子量烃类化合物、染料、汽油、胺类等。因而，发生突发污染事件以后，水源地污染物严重超标，为了保证城市供水的正常运行，利用活性炭吸附是最主要的污染物控制手段。

(3) 炭的再生及再活化　活性炭应用的经济性取决于达到吸附容量后，炭有效再生及再活化的方法。“再生”一词是描述除再活化过程外用于恢复废炭吸附能力的各种工艺过程的术语，其中包括：吸附物质的化学氧化；吸附物质的蒸气蒸馏；吸附物质的溶剂吸收；吸附物质的生物方法转化。通常，活性炭的再生过程中会损失一部分吸附容量（4%~10%），这部分损失值的大小取决于被吸附化合物的性质及所采用的再生方法。在某些应用方面，再生炭的吸附容量基本上可维持多年而不会发生变化。

在粉末活性炭使用中，至今尚未找到比较有效的再生方法。颗粒活性炭的再活化实质上与利用新鲜原材料生产活性炭的工艺过程完全相同，即将废炭置于炉内使被吸附的有机物氧化，从而达到从炭表面去除的目的。废活性炭再活化过程如下：将废炭加热馏出所吸附的有机物（即吸附质）；在馏出吸附质的同时，炭表面会形成某些新生化合物；最后将吸附质燃烧过程中生成的化合物烧掉。只要采用有效的工艺控制手段，再活化炭的吸附容量就基本上可达到新鲜炭的水平。由于误操作会使炭粒之间发生摩擦而导致炭的损失，通常假定在再活化过程中活性炭吸附容量损失值为 2%~5%。例如，在管道 90°拐弯处通过碰撞和冲击会引起炭的磨损。所用输送泵的型号也会影响磨损量的大小。一般假定操作过程中炭的损耗量为 4%~8%，因此，必须准备一部分备用炭用于补充损失。

(4) 吸附的理论基础　吸附过程一般可分为总体溶液内迁移；膜扩散迁移；孔隙内迁移；吸附（或吸收）4 个步骤。总体溶液内迁移是指被吸附的有机物通过总体溶液向着吸附周围固定液膜的运动。在炭接触反应器中，一般可通过平流和分散作用实现这一迁移过程。膜扩散迁移是指由于扩散作用，有机物通过滞留液膜层向着吸附剂孔入口处的迁移过程。孔隙内迁移是指被吸附的物质通过孔隙内的物质附着于吸附剂有效吸附位置上的过程。吸附作用不仅可在吸附剂的外表面发生，也可在大孔、中孔、微孔及亚微孔条件下发生，但大孔和中孔的表面积远小于微孔和亚微孔的表面积，通常不考虑其表面吸附作用。吸附作用力包括库伦异性电荷；点电荷及偶极；偶极间相互作用；中性点电荷；色散力或范德瓦耳斯力；极性共价键；氢键。

因为吸附过程包括一系列不同阶段，其中最缓慢的阶段被定义为速率控制阶段。一般情况下，当物理吸附是最主要的吸附方式时，由于物理吸附作用的速率很小，所以其中的一个扩散迁移阶段是速率控制阶段；当化学吸附为主要的吸附方式时，观测结果表明吸附阶段通常为速率控制阶段。当吸附速率等于解吸速率时，则吸附过程达到平衡，这时的吸附质量即为炭的吸附容量。活性炭对颗粒污染物的理论吸附容量可通过绘制吸附等温线予以确定。

（5）吸附等温线　吸附剂可吸收的吸附质数量是温度和吸附质特性及浓度的函数。吸附质最重要的特性包括溶解度、分子结构、分子量、分子极性、烃饱和度。一般情况下，被吸附物质的数量是在某一恒温下该物质浓度的函数，该函数被称为吸附等温线。

在水和废水处理中，描述活性炭吸附特性常用 Freundlich 吸附等温线。该等温线是 Freundlich 于 1912 年提出的一个经验式，Freundlich 等温线定义如下：

$$x/m=K_f C_e/n \tag{10-1}$$

式中　x/m——单位质量吸附剂上吸附的吸附质质量（mg 吸附质/g 活性炭）；

K_f——Freundlich 容量系数［（mg 吸附质/g 活性炭）或（L 水/mg 吸附质）］；

C_e——吸附过程完成后溶液中吸附质的最终平衡浓度（mg/L）；

$1/n$——Freundlich 强度系数。

表 10-4 中列举了几种有机化合物 Freundlich 吸附等温线常数，表明各种有机化合物的常数值变化范围很宽。

表 10-4　几种有机化合物的 Freundlich 吸附等温线常数

化合物	pH 值	K_f/[(mg/g)或(L/mg)]	$1/n$
苯	5.3	1.0	1.6~2.9
溴仿	5.3	19.6	0.52
四氧化碳	5.3	11	0.83
氧苯	7.4	91	0.99
氯乙烷	5.3	0.59	0.95
氯仿	5.3	2.6	0.73
DDT	5.3	322	0.5
二溴氯乙烷	5.3	4.8	0.34
二氧溴乙烷	5.3	7.9	0.61
1,2-二氯乙烷	5.3	3.6	0.83
乙苯	7.3	53	0.79
七氯(杀虫剂)	5.3	1220	0.95
六氧乙烷	5.3	96.5	0.38

（6）混合物的吸附　吸附工艺应用于废水处理时，所遇到的废水中总是含有多种有机化合物的混合物。通常，当一种溶液中含有多种化合物时，吸附剂对任何一化合物的吸附能力普遍有所降低，但该吸附剂的总吸附量可能会大于在仅含有一种单一化合物溶液中的吸附

量。因竞争性化合物的参与，所抑制的吸附量与拟吸附化合物的分子大小、吸附力及其相对浓度有关。应当特别注意，对于化合物的一种非均相混合物，包括总有机碳（TOC）、溶解有机碳（DOC）、化学需氧量（COD）、溶解有机代物（DOH），通过紫外线吸收及荧光法均可求其吸附等温线。

（7）活性炭吸附动力学　颗粒活性炭和粉末活性炭均可用于废水处理。在颗粒活性炭（GAC）床内，发生吸着的区域称为传质区（MTZ）。含有待去除组分的废水通过 MTZ 层床后，水中的污染物浓度将降低至最低值，在 MTZ 以下的床层内不会再发生进一步的吸附作用。随着顶层的炭颗粒吸收有机物而饱和，MTZ 将在床内不断向下移动，直到穿透为止。通常所说的穿透是指在出水中污染物浓度达到进水浓度值 5%的时刻。假定出水中污染物浓度等于进水浓度值的 95%时，吸附床的吸附能力已耗尽。MTZ 的长度一般为通过吸附柱的水力负荷及活性炭特性的函数。在极端情况下，如果水力负荷太大，MTZ 的高度就会大于 GAC 床的深度，可吸附的物质就不会被炭完全去除。在完全耗尽的情况下，出水中污染物浓度一般等于进水浓度。

在某种颗粒介质中，因为分散作用、扩散作用及沟流现象均与通过介质的流量有直接关系，所以传质区 MTZ 的高度一般随介质的流动速率而变化。

实际上，为了利用处于炭吸附柱底部区域的炭的吸附能力，唯一的方法是采用两台或多台吸附柱串联操作，并在它们耗尽时相互切换，或者利用多台吸附柱并联操作，这样当一个吸附柱耗尽时就不会影响出水水质。为了确定连续处理系统需要的炭吸附柱的尺寸和数量，必须规定最佳流量、炭床最佳深度及炭床的操作容量。

（8）颗粒活性炭接触器的分析与设计　颗粒活性炭接触器的尺寸一般取决于固液接触时间、水力负荷、炭床深度及接触器的数量 4 个因素。颗粒活性炭接触器典型设计参数见表 10-5。从工程设计角度考虑，至少应推荐采用两台炭接触器并联操作。多接触器单元的优点在于：当多个单元停止运行，进行饱和炭去除、再生或维修时，可保持另一个或几个单元继续操作，不影响正常处理废水。

表 10-5　颗粒活性炭接触器典型设计参数

参数	符号	单位	设计值	参数	符号	单位	设计值
体积流量	V	m^3/h	50~400	有效接触时间	t	min	2~10
炭床面积	V_b	m^2	10~50	空床接触时间	EBCT	min	5~30
横断面面积	A_b	m^2	5~30	操作时间	t	d	100~600
颗粒活性炭接触器长度	D	m	1.8~4	炭床体积	BV	m^3	10~100
空隙比	α	m^2/m^3	0.38~0.42	比通过体积	V_{sp}	kg/m^3	50~200
GAC 密度	ρ	kg/m^3	350~550	通过体积	V_L	m^3/m^3	2000~20000
流速	V_t	m/h	5~15				

对于传质速率很快并且传质区呈尖峰形波面的情况，活性炭接触反应器的稳态物料平衡：被吸附量=流入量-流出量。

$$m_{GAC}q_e = QC_0t - QC_et \tag{10-2}$$

式中　Q——体积流量（m^3/h）；

C_0——吸附质的起始浓度（mg/L）；

t——操作时间（h）；

C_e——吸附质最终平衡浓度；

m_{GAC}——吸附剂的质量；

q_e——达到平衡后吸附剂的浓度（mg 吸附质/g 吸附剂）。

如假定空隙内的吸附质质量小于被吸附的质量，在没有较大误差条件下，则可忽略式（10-2）中 QC_et 一项，根据式（10-2）可将吸附剂利用速率定义为

$$\frac{m_{GAC}}{Qt} \approx \frac{C_0}{q_e} \tag{10-3}$$

为了定量表示颗粒炭接触器的操作性能，可推导得出下列各项参数的表达式用于设计计算：

1）空床接触时间（EBCT）：

$$\mathrm{EBCT} = \frac{V_b}{Q} = \frac{A_b D}{v_f A_b} = \frac{D}{v_f} \tag{10-4}$$

式中　EBCT——空床接触时间（h）；

V_b——接触器内 GAC 的体积（m^3）；

Q——体积流量（m^3/h）；

D——接触器内 GAC 的装填厚度（m）；

v_f——近似线速度（m/h）。

2）颗粒活性炭的密度

$$\rho_{GAC} = \frac{m_{GAC}}{V_b} \tag{10-5}$$

式中　ρ_{GAC}——颗粒活性炭的密度（g/L）；

m_{GAC}——颗粒活性炭的质量（g）；

V_b——颗粒活性炭滤床的体积（L）。

3）比流量（以 m^3 处理水/g 活性炭表示）

$$比流量 = \frac{Qt}{m_{GAC}} = \frac{V_b t}{\mathrm{EBCT}\, m_{GAC}} \tag{10-6}$$

$$比流量 = \frac{V_b t}{\mathrm{EBCT}\, V_b \rho_{GAC}} = \frac{t}{\mathrm{EBCT}\, \rho_{GAC}} \tag{10-7}$$

（9）吸附操作　在废水处理中，可以采用静态吸附和动态吸附两种方式。

1）静态吸附是指在废水不流动的情况下进行吸附操作。通常是把一定数量的吸附剂投入到预处理的废水中，不断进行搅拌，达到吸附平衡后，再通过沉淀或者过滤的方式使废水和吸附剂分开。如果经过一次吸附后，出水达不到要求，则可以采取多次静态吸附。

2）动态吸附是指在废水流动的情况下进行吸附操作。常用设备有固定床、移动床和流化床。

2. 稀释

稀释处理既不能把污染物分离，也不能改变污染物的化学性质，而是通过高浓度废水和

低浓度废水或天然水体的混合来降低污染物的浓度，使其达到允许排放的浓度范围，以减轻对水体的污染。

稀释处理可分为水体（江、河、湖、海）稀释法和废水稀释法两类。废水稀释法又有水质均和法（不同浓度的同种废水自身混合稀释）和水质稀释法（不同种废水混合稀释）之分。

经过各种治理方法处理后的废水有的仍含有一定浓度的有害物质，因此还有必要对废水进行最终处置。最终处理法主要有烧法、注入深井法、排入海洋法等。但后两种方法并不完全可靠，不论从经济角度或是卫生角度上看，都不是最好的方法，因为它们并没有从根本上消除污染，故不宜推广采用。

3. 应急转化技术

转化处理是通过化学的或生物化学的作用改变污染物的化学本性，使其转化为无害的物质或可分离的物质，再进行分离处理的过程。转化处理又分成化学转化、生物化学转化和消毒转化 3 种基本类型。

三、突发环境污染事故善后处置与恢复

突发环境污染事故处理包括应急处理和善后处置两个过程。当经过应急处理已达到下列 3 个条件，就可由应急委员会宣布应急状态结束，进入善后处置阶段。

1）根据应急指挥部的建议，并确信污染事故已经得到控制，事故装置已处于安全状态。

2）有关部门已采取并继续采取保护公众免受污染的有效措施。

3）已责成或通过了有关部门制订和实施环境恢复计划，环境质量正处于恢复之中。

事故现场得以控制，环境符合有关标准，导致次生事故隐患消除后，经现场应急救援指挥部确认和批准，现场应急处理工作结束，应急救援队伍撤离现场。

（一）现场的恢复和善后处置

事故现场抢险救援工作结束后，突发事故应急组织机构应迅速组织有关部门和单位做好伤亡人员救治、慰问及善后处理；及时清理现场，迅速抢修受损设施，尽快恢复正常工作和生活秩序。现场恢复是指事故现场恢复到相对稳定、安全的基本状态。应避免现场恢复过程中可能存在的危险，并为长期恢复提供指导和建议。现场恢复应包括如下几点：

1）撤点、撤离和交接程序。

2）宣布应急结束的程序。

3）重新进入和人群返回的程序。

4）现场清理和公共设施的基本恢复。

5）受影响区域的连续检测。

6）事故调查与后果评价。

事故发生后，根据所发生事故的具体情况，由安全生产监督管理、公安、监察、工会等部门组成事故调查组，负责事故调查工作。事故调查组的主要职责为：查明事故发生的原因、人员伤亡及财产损失情况，查明事故的性质和责任，提出事故处理及防止类似事故再次发生所应采取措施的建议，提出对事故责任者的处理建议，检查控制事故的应急措施是否得当和落实，写出事故调查报告。突发事件发生后，现场指挥应适时成立原因调查小组，组织

专家调查和分析事件发生的原因和发展趋势，预测事故后果，报应急委员会。在突发环境事故处置结束的同时成立事故处置调查小组，对应急处置工作做出全面客观的评估，并在规定的时限内将评估报告报送市突发事件应急委员会。

善后处置工作是指突发环境事故发生后由当地政府牵头，应急、公安、民政、环保、劳动和社会保障、工会等相关部门参加，组成善后处置组，全面开展损害核定工作，并及时收集、清理和处理污染物，对事件情况、人员补偿、重建能力、可利用资源等做出评估，制订补偿标准和事后恢复计划，并迅速实施。善后处置工作各单位对所负责的善后工作要制订严格的处置程序，尽快恢复灾区的正常工作和生活秩序。

善后处置事项包括如下几项：

1）组织实施环境恢复计划。

2）继续监测和评价环境污染状况，直至基本恢复。

3）有必要时，对人群和动植物的长期影响做跟踪监测。

4）评估污染损失，协调处理污染赔偿和其他事项。

（二）生态恢复

重大的突发环境污染事故对生态环境的破坏程度很大，往往造成一定区域的生态失衡，有时甚至造成长期的危害，致使生态环境难以恢复。生态恢复的概念源于生态工程或生物技术，恢复生态学在一定意义上是一门生态工程学，或是一门在生态系统水平上的生物技术学。生态恢复过程是按照一定的功能水平要求，由人工设计并在生态系统层次上进行的，因而具有较强的综合性、人为性和风险性。

目前，国内外对生态恢复的定义比较多，较具代表性的定义如下：

1）美国自然资源委员会（The US Natural Resource Council）认为，使一个生态系统恢复到较接近其受干扰前的状态即为生态恢复。

2）Jordan（1995）认为，使生态恢复到先前或历史上（自然的或非自然的）的状态即为生态恢复。

3）Caims（1995）认为，生态恢复是使受损生态系统的结构和功能恢复到受干扰前的状态。

4）Egan（1996）认为，生态恢复是重建某区域历史上有的植物和动物群落，而且保持生态系统和人类传统文化功能的持续性过程。

5）国际恢复生态学会（Society for Ecological Restoration）曾提出3个定义：①生态恢复是修复被人类损害的原生生态系统的多样性及动态过程；②生态恢复是维持生态系统健康及更新过程；③生态恢复是帮助研究生态整合性的恢复和管理过程的科学。

1. 生态恢复概念的发展

生态是生物圈（动物、植物和微生物等）及其周围环境系统的总称，生态系统是一个复杂的系统，由大量的物种构成，它们直接或间接地连接在一起，形成一个复杂的生态网络。其复杂性是指生态系统结构和功能的多样性、自组织性及有序性。生态恢复是指停止人为干扰，解除生态系统所承受的超负荷压力，依靠生态本身的自动适应、自组织和自调控能力按生态系统自身规律演替，通过休养生息的漫长过程，使生态系统向自然状态演化。恢复原有生态的功能和演变规律，完全依靠大自然本身的推进过程。

生态恢复最早由Leopold于1935年倡导。1980年，Cairns主编的《受损生态系统的恢复过程》将生态恢复定义为：恢复被损害生态系统到接近于它受干扰前的自然状态的管理与操作过程，即重建与该系统干扰前的结构与功能有关的物理、化学和生物特征。Egan 认为，生态恢复是重建某区域历史上有的植被和动物群落，而保持生态系统和人类的传统文化功能的持续性的过程。

Bradshaw 认为，生态恢复主要研究生态系统自身的性质、受损机理及修复过程。徐篙龄认为，生态恢复不仅在于它为已有生态学理论提供了判决性检验，而且也在于它能使已有理论在生态恢复过程中得到相当精确的表述，从而使理论在应用中更具操作性。

Damond（1987）认为，生态恢复就是再造一个自然群落，或再造一个自我维持，并保持后代具有持续性的群落，这一定义又有了新的拓展，体现了可持续发展的思想。Harper（1987）则认为，生态恢复是关于组装并试验群落和生态系统如何运转的过程。

1994 年，国际恢复生态学会年会提出生态恢复是修复被人类损害的原生态系统的多样性及动态的过程，1995 年补充提出生态恢复是维持生态系统健康及更新的过程；后将生态恢复定义为生态恢复是帮助研究生态整合性的恢复和管理过程的科学，生态整合性包括生物多样性、生态过程和结构、区域及历史情况、可持续的社会实践等广泛领域。

余作岳和彭少麟提出恢复生态学是研究生态系统化的原因、退化生态系统恢复与重建的技术与方法、生态学过程与机理的科学。他们认为与生态恢复的相关概念还有：重建（rehabilitation），即去除干扰因素并使生态系统恢复到原有的利用方式；改良（reclamation），即改良立地条件以便使原有的生物生存，一般指原有景观彻底破坏后恢复；改进（enhancement），即对原有受损系统进行改进，提高某方面的结构与功能；修补（remedy），即修复部分受损结构更新（renewal），指生态系统发育及更新；再植（revegetation），是指恢复生态系统的部分结构和功能，或先前的土地利用方式。

章家恩、徐琪认为，生态恢复与重建是指依据生态学原理，通过一定的生物、生态以及工程的技术与方法，人为地改变和切断生态系统退化的主导因子或过程，调整、配制和优化系统内部及其与外界的物质、能量和信息的滚动过程及其时空秩序，使生态系统的结构、功能和生态学潜力尽快成功地恢复到一定的或原有的乃至更高的水平，生态恢复过程一般是由人工设计和进行的，并是在生态系统层次上进行的。

赵晓英认为，恢复是指生态系统原貌或原来功能的再现，重建则是指在不可能或不需要再现生态系统原貌的情况下营造一个不完全雷同于过去的基至全新的生态系统，生态恢复重建最关键的是系统功能的恢复和合理结构的重建。

综上可以看出，生态恢复的概念是随人们对退化生态系统研究的深化而逐渐明确的。现代生态恢复不仅包括退化生态系统结构、功能和生态学潜力的恢复与提高，还包括人们依据生态学原理，使退化生态系统的物质、能量和信息流发生改变，形成更为优化的自然、经济、社会复合生态系统。生态恢复从提出到现在出现过几十种定义，经有关学者集中整理，基本可分为三大类，即恢复原生生态系统、生态系统修复和生态系统重建。

1）恢复原生生态系统。这是最早的一批生态恢复定义所强调的内容。实践表明，这一定义过于追求理想主义。其理由如下：①恢复的目标具有不确定性；②自然界是动态的，“恢复”一词有静态的含义；③由于气候变化，关键种的缺乏或新种的入侵，完全回归最初状态是不可能的。

2）生态系统修复。当恢复原生生态系统的定义遭到批判后，关于生态系统修复的定义

（如改良、改进、修补和再植）陆续出现。改良，强调改良立地条件，以使原有的生物生存；改进，强调对原有受损系统的结构和功能的提高；修补，是修复部分受损的结构；再植，除包括恢复生态系统的部分结构和功能外，还包括恢复当地先前的土地利用方式。

3）生态系统重建。生态系统重建也叫生态更新。生态恢复就是再造一个自然群落，或再造一个自我维持并保持后代可持续发展的群落；生态系统重建强调根据生态改造者的意愿和目标来对生态系统进行重新设计；生态恢复，强调适当的时间和空间参考点，它是一个动态的过程，包括结构、功能和干扰体系随时间的变化、生物的物理属性和乡土文化的繁荣。

1985 年，国际恢复生态学会宣告成立，而后每年召开一次国际性研讨会，该学会 3 次变换生态恢复定义，而第 3 个定义被认为是该学会的最终定义，即生态恢复是研究生态整合性的恢复和管理过程的科学，生态整合性包括生物多样性、生态过程和结构、区域及历史情况、可持续的社会实践等广泛的范围。

生态恢复定义经历了上述几个阶段，从自然科学延伸到自然科学与社会科学的交融，从理想主义到按生态系统规律进行的实践，从生态静止的观点转向动态地看生态恢复，这说明人类对生态恢复概念的认识日益加深。尽管目前对生态恢复的定义尚有争议，仍需完善，但恢复已被用作概括性的术语，包含重建、改建、改造、再植等含义，一般泛指改良和重建退化的生态系统，使其重新有益于利用，并恢复其生物学潜力。

2. 生态恢复原则

1）自然法则。依据自然规律，依靠自然的力量，适当参与人为活动，恢复受损生态系统。自然法则又分为地理学原则、生态学原则和系统原则 3 个类别。地理学原则强调区域性、差异性和地带性；生态学原则分为生态演替、生物多样性、生态位与生物互补、物能循环与转化、物种相互作用、食物链网和景观结构等方面；系统原则包括整体、协同、耗散结构与开放性以及可控性等内容。自然法则是生态恢复的基本原则，只有按自然规律的生态恢复才是真正意义上的生态恢复，否则只能是背道而驰、事倍功半。

在生态恢复的建设过程中尤为重要的是保护现有的自然资源。这也是一个善待自然的原则，生物资源更应该优先保护，并促进生态恢复，加速生态建设的进程。生态恢复应坚持以生物措施为主的原则，重视工程与生物相结合的综合措施，强调林草植被恢复与建设，严格遵循“宜林则林、宜草则草、宜荒则荒、宜封育则封育”的原则。一定要善待自然，过分强调和显示人的作用则会事与愿违，也许会遭受大自然更严厉的报复，人类应该追求一种与大自然和谐相处的关系。不宜在石质山地、浅土层坡地提倡规模造林，大肆挖沟、掏坑，应大力倡导空间随机造林法。

2）社会经济技术原则。恢复生态系统所采取的措施在技术上科学、经济上可行，且被公众所接受或公众参与。社会经济技术原则包括经济可行性与可承受性、技术可操作性、无害化、最小风险、生物生态与工程技术相结合、效益和可持续发展等。社会经济技术原则是生态恢复的后盾和支柱，在一定程度上制约着生态恢复的可能性、恢复水平和深度。

生态的恢复涵盖的地域、类型极其复杂，涉及土地约占国土面积的 50% 以上，想要找到统一的生态建设模式，然后以文件形式下达，是不现实的形式主义。因此，必须强调因地制宜，因害设防，制订各自适宜的生态恢复、重建的措施。制订各自的生态建设方案时，应该优先考虑生态效益，充分利用生态恢复方法进行封育、保护管理，快速达到生态恢复的目的。在条件允许的情况下，要与社会发展紧密结合，为区域的可持续发展奠定良好的基础。

3）美学原则。恢复近自然生态系统，给人与自然和谐美好的享受。美学原则包括最大绿色、健康和精神文化娱乐等内容。在生态恢复的建设中，要进行全面规划，坚持综合治理，从宏观到具体区域要有统一规划，要以科技支撑为先导，引入正轨。但这远远不够，欲恢复和重建已被破坏的生态环境，确需相当大的投入，必须有稳定的优惠政策和大的投入作为保障。生态建设要靠领导重视、优惠政策、加大投入、群众参与、科技支撑等有利条件。

3. 生态恢复目标

生态恢复被认为是以人类的干预恢复自然的完整性。明显地，生态恢复包括恢复过程和管理过程，需要人们主动干预使其进行自然的修复，但它并不能及时地产生直接的修复结果，它只是帮助启动生态系统的自修复过程，从而完成从立地恢复到整个景观的恢复。

1）恢复目标演替是干扰诱发的非平衡态的、随机的、非连续性的、不能逆转的过程。很多恢复是寻求返回到一些预先存在的、确定的生态系统，实际上，这种恢复是不现实的。恢复目标不能基于静态的属性或以那些过去的特征为转移，而应该关注未来生态系统的特征，恢复曾经存在过的，更多的是创建与以前存在过的生态系统有相同物种组成、功能和特性的生态系统。众多研究者提倡以目标种群或目标种来评估恢复是否成功，历史背景能增加人们对景观的动态格局和过程的理解，并提供参考的框架。

广义的恢复目标是通过修复生态系统功能并补充生物组分，使受损的生态系统回到自然条件下，理想的恢复应同时满足区域和地方的目标。Hobbs 和 Norton 认为恢复退化生态系统的目标包括：建立合理的内容组成（种类丰富度及多度）、结构（植被和土壤的垂直结构）、格局（生态系统成分的水平安排）、异质性（各组分由多个变量组成）、功能（诸如水、能量、物质流动等基本生态过程）。事实上，进行生态恢复工程的目标不外乎以下几点：①恢复诸如废弃矿地这样极度退化的生境；②提高退化土地上的生产力；③在被保护的景观内去除干扰以加强保护；④对现有生态系统进行合理利用和保护，维持其服务功能。

鉴于生态系统的复杂性和动态性，虽然恢复生态学强调对受损生态系统进行恢复，但恢复生态学的首要目标仍是保护自然的生态系统，因为保护在生态系统恢复中具有重要的参考作用；第二个目标是恢复现有的退化生态系统，尤其是与人类关系密切的生态系统；第三个目标是对现有的生态系统进行合理管理，避免退化；第四个目标是保持区域文化的可持续发展；其他的目标包括实现景观层次的整合性，保持生物多样性及保持良好的生态环境。Parker 认为，恢复的长期目标应是生态系统自身可持续性的恢复，但由于这个目标的时间尺度太大，加上生态系统是开放的，可能会导致恢复后的系统状态与原状态不同。

2）恢复层次条件的多样性要求设定更为复杂的恢复目标：种的恢复、整个生态系统或景观恢复和生态系统服务的恢复。每类别都有其优点和局限性，每个主体目标恢复也有不同层次的水平，即所谓的改良（reclamation）、修复（rehabilitation）和恢复（restoration），分别侧重于增加高度干扰生境的生物多样性、确定生态系统功能的再引入和生态系统的重建。一般认为：选择应用适度的中间目标来扭转生境的退化。在高人口密度区域，需要公众对恢复目标的认可，恢复目标必须是必要的、现实的和适当的。

3）技术途径适当的技术途径对理解问题和实际的恢复工作起了重要的作用。在土壤和气候适宜的地方，传统农艺方法对于那些环境修复是有效的。在恶劣的环境，如干旱和半干旱地区，仅靠农艺方法进行植被重建很少获得成功，原因在于环境的营养保持与利用效率低、有限的生物种类和依赖于不断增加的管理投入。

4）生态途径生态途径是寻求建立可持续发展的群落和景观，是利用适合于现存条件的植被或有能力改善土壤和微环境条件的植被，增加和维持有利的生态相互关系，通过自然的过程来改善和提高土壤和微环境的条件。生态途径需要较低的初始投资，但需要相当长的时间达到管理目标。

4. 生态恢复的内容与方法

不同类型（如森林、草地、农田、湿地、湖泊、河流、海洋）的生态系统，其恢复方法也不同。从生态系统的组成成分角度看，主要包括无机环境的恢复和生物系统的恢复。无机环境的恢复技术包括水体恢复技术（如控制污染、去除富营养化、换水、积水、排涝和灌溉技术）、土壤恢复技术（如耕作制度和方式的改变、施肥、土壤改良、表土稳定、控制水土侵蚀、换土及分解污染物等）、空气恢复技术（如烟尘吸附、生物和化学吸附等）。生物系统的恢复技术包括植被（物种的引入、品种改良、植物快速繁殖、植物的搭配、植物的种植、林分改造等）、消费者（捕食者的引进、病虫害的控制）和分解者（微生物的引种及控制）的重建技术和生态规划技术（RS、GIS、GPS）的应用。总之，生态恢复中最重要的还是综合考虑实际情况，充分利用各种技术，通过研究与实践，尽快地恢复生态系统的结构，进而恢复其功能，实现生态效益、经济效益、社会效益和美学效益的统一。

生态恢复是通过人工的方法，参照自然规律创造良好的环境，恢复天然的生态系统，主要是重新创造、引导或加速自然演化过程。生态恢复方法包括物种框架法和最大生物多样性方法。所谓物种框架法是指在距离天然林不远的地方，建立一个或一群物种，作为恢复生态系统的基本框架，这些物种通常是植物群落中的演替早期阶段物种或演替中期阶段物种。这个方法的优点是只涉及一个（或少数几个）物种的种植，生态系统的演替和维持依赖于当地的种源（或称“基因池”）来增加物种和生命，并实现生物多样性。这种方法最好是在距离现存天然生态系统不远的地方使用，如在保护区的局部退化地区恢复，或在现存天然斑块之间建立联系和通道时采用。

应用物种框架方法的物种选择标准如下：

1）抗逆性强。这些物种能够适应退化环境的恶劣条件。

2）能够吸引野生动物。这些物种的叶、花或种子能够吸引多种无脊椎动物（传粉者、分解者）和脊椎动物（消费者、传播者）。

3）再生能力强。这些物种具有“强大”的繁殖能力，能够帮助生态系统通过动物（特别是鸟类）的传播，扩展到更大的区域。

4）能够提供快速和稳定的野生动物食物。这些物种能够在生长早期（2~5 年）为野生动物提供花或果实作为食物，而且这种食物资源是比较稳定和经常性的。

最大生物多样性方法是指尽可能地按照该生态系统退化前的物种组成及多样性水平种植进行恢复，需要大量种植演替成熟阶段的物种，忽略先锋物种。这种方法适合于小区域高强度人工管理的地区，如城市地区和农业区的人口聚集区。这种方法要求高强度的人工管理和维护，因为很多演替成熟阶段的物种生长慢，而且经常需要补植大量植物，因此需要的人工比较多。采用最大生物多样性方法，一般生长快的物种会形成树冠层，生长慢的耐阴物种则会等待树冠层出现缺口，有大量光线透射时，迅速生长达到树冠层。因此可以配种 10%左右的先锋树种，这些树种会很快生长，为怕光直射的物种遮挡过强的阳光，等到成熟阶段的物种开始成长，需要阳光的时候，选择性地砍掉一些先锋树，砍掉的这些树需要保留在原地，为地表提供另一种覆盖。留出来的空间，下层的树木会很快补充上去，过大的空地还可以补种一些成熟阶段的物种。

无论采用哪种方法，在这些过程中都要对恢复地点进行准备，注意种子采集和种苗培育、种植和抚育，加强利用自然力，控制杂草，加强利用乡土种进行生态恢复的教育和研究。

5. 恢复成功的标准

由于生态系统的复杂性及动态性使得生态恢复的评价标准极其复杂，通常将恢复后的生态系统与未受干扰的生态系统进行比较，其内容包括关键种的表现、重要生态过程的再建立，诸如水文过程等非生物特征的恢复。一般对生态恢复系统与参照系统的生物多样性、群落结构、生态系统功能、干扰体系以及非生物的生态服务功能进行比较。Bradsaw 提出可用如下 5 个标准判断生态恢复：①可持续性（可自然更新）；②不可入侵性（像自然群落一样能抵制入侵）；③生产力（与自然群落一样高）；④营养保持力；⑤具有生物间相互作用（植物、动物、微生物）。

Lamd（1994）认为恢复的指标体系应包括造林产量指标（幼苗成活率、幼苗的高度、基径和蓄材生长、种植密度、病虫害受控情况）、生态指标（期望出现物种的出现情况、适当的植物和动物多样性、自然更新能否发生、有适量的固氮树种、目标种是否出现、适当的植物覆盖率、土壤表面稳定性、土壤有机质含量高、地面水和地下水保持）和社会经济指标（当地人口稳定、商品价格稳定、食物和能源供应充足、农林业平衡，从恢复中得到经济效益与支出平衡，对肥料和除草剂的需求平衡）。Davis 和 Margaret 等认为，恢复是指系统的结构和功能恢复到接近其受干扰以前的结构与功能，结构恢复指标是乡土种的丰富度，而功能恢复的指标包括初级生产力和次级生产力、食物网结构。在物种组成与生态系统过程中存在反馈，即恢复所期望的物种丰富度，管理群落结构的发展，确认群落结构与功能间的联结已形成。任海和彭少麟根据热带人工林恢复定位研究提出，森林恢复的标准包括结构（物种的数量及密度、生物量）、功能（植物、动物和微生物间形成食物网、生产力和土壤肥力）和动态（可自然更新和演替）。

Career 和 Knapp 提出采用记分卡的方法，假设生态系统有 5 个重要参数（如种类、空间层次、生产力、传粉或播种者、种子产量及种子库的时空动态），每个参数有一定的波动幅度。比较退化生态系统恢复过程中相应的 5 个参数，看每个参数是否已达到正常波动范围或与该范围还有多大的差距。Costanza 等在评价生态系统健康状况时提出了一些指标（如活力、组织、恢复力等），这些指标也可用于生态系统恢复评估。在生态系统恢复过程中，还可应用景观生态学中的预测模型为成功恢复提供参考。除了考虑上述因素外，判断成功恢复还要在一定的尺度下，用动态的观点分阶段检验。

第三节　典型环境污染事故处理

一、突发水环境污染事故应急处理

尽管采取了多种政策措施加强污染防治，但水污染问题依然很严重。2005 年，我国七大河流约 59%属于 4 类、5 类或劣 5 类水质。严重的水污染及频繁发生的水污染事件已经成为我国突出的环境问题。

【例 10-1】　广东北江污染事故

1. 总体情况

广东省境内的北江由北向南汇入珠江口，2005 年 12 月 15 日，环境监测人员在北江孟洲坝断面进行日常监测时，发现镉浓度严重超标，最高时约为 0.06mg/L，超标 11 倍。北江上中游的韶关市、英德市及下游多个城市的水源均受到了严重影响。22 日 8 时，污染带峰值移至英德市上游的白石容水电站，离大坝仅 4.3km，镉浓度最高值为 0.042mg/L，当时北江水流速度为 4.5km/d，预计经 6d 时间，长约 70km 的污染带将全部流过白石窑水电站。如果这种情况出现，那么除调水冲污外，再无法实施其他除镉措施。

2. 应急处理情况分析

（1）全面开展排查，切断污染源头　2005 年 12 月 20 日，广东省人民政府做出了韶关冶炼厂立即停止排放含镉废水的决定，督促该厂当晚 7 时 30 分停止排污。为彻底切断污染源，原广东省环境保护局对北江韶关段排污企业进行地毯式排查，重点加强对小冶炼厂等小型企业的监管，共出动 2500 多人次，排查企业 300 多家，关停企业 43 家。与此同时，周边各市深入开展北江沿岸地区排放含镉废水企业的排查工作，共出动 860 多人次，排查企业 312 家，发现排放含镉废水的企业 10 家，责令其中超标排放的 9 家停止排污。

（2）实施联合防控，确保水质达标　经过专家的反复研究论证，认为可以在白石窑水电站投加铝盐或者铁盐混凝剂，利用水电站大坝水轮机的混合作用，搅拌形成反流。江水加药后，形成的絮体在相对开阔平缓的江面上逐渐沉淀至江底。pH 值是化学沉淀法去除重金属离子的关键因素。调整水的 pH 值为弱碱性后，去除率大大提高。水中的镉离子在弱碱性条件下生成碳酸镉（重碳酸根有一部分转化为碳酸根）和氢氧化镉沉淀，再通过混凝沉淀去除。北江水呈弱碱性，在此过程中镉可以通过凝聚吸附、网捕沉淀等机理被部分去除。采取这个措施的目的就是要把镉污染范围控制在白石窑水域上游，减少随水迁移的镉通量，实现在飞来峡水库将出水镉浓度降至 0.01mg/L 的控制目标。

发生污染事故期间，北江水流量高达 $200m^3/s$，确定迅速采用液体药剂和固体药剂的现场投加方案。通过六联混凝搅拌仪的现场混凝试验，确定不同混凝剂的最佳投加量。例如，将固体聚合硫酸铁投加量由 36t/h 降低为 30t/h，将液体聚合硫酸铁投加量由 7.2t/h 提高到 20t/h。检测过程中发现，上游水 pH 值在 7.87 左右，坝下水 pH 值在 7.62 左右，此时的减效果最佳。在北江韶关冶炼厂排污口上游至英德飞来峡共设置 12 个检测断面，每 2h 进行一次镉浓度的同步监测。监测结果表明，白石窑投药除镉工程的实施使白石窑下游云山水厂断面的镉浓度明显降低。从 23 日 8 时药剂开始投放算起，7d 共投放药剂约 3000t。同时，联合流域水利调度工程从 23 日晚上 8 时—30 日晚上 8 时向污染河段补充新鲜水 $4.7\times10^7m^3$。两项工程的实施消减镉浓度峰值 27%。消污降镉工程停止后，继续实施联合流域水利调度工程，将污染水团分隔在白石窑和飞来峡两个库区进一步稀释，到 2006 年 1 月 10 日上午 8 时省防总调度令结束，累计从水库和飞来峡以上未受污染的天然河道向受污染的河道补充新鲜水量 $3.33\times10^8m^3$，有效降低了被污染河段的镉浓度，确保了飞来峡出水水质镉浓度总体达标。

（3）改造供水系统，确保用水安全　及时组织沿江各市启动了饮用水源应急预案，确保城镇用水安全。英德市于 2005 年 12 月 21 日晚上 10 时紧急接通了全长 1.4km 的备用水源输水管道，启用长湖水库备用水源，及时解决了16万人的饮水问题。南华水厂应急除镉净水工程12月25日完成，在进水镉浓度为0.027mg/L的情况下，出厂水镉含量降至0.0022mg/L，优于生活饮用水检验规范要求，经冲洗供水管网和全面检验合格后，2006年1月1日晚上11时全面恢复了供水。英德云山水厂、清远七星岗水厂先后于2005年12月30日和2006年1月3日完成了应急除净水系统。清远市2006年1月3日完成了市区供水管网并接工程，保证了居民生活正常供水。广州、佛山、肇庆等市均按照省的部署抓紧完成了北江沿线水厂的应急除镉系统或供水管网改造等工程。2005年12月23日，紧急对沿北江两岸陆域纵深1km以内的3968口水井进行了认真排查，通过对其中53口水井的随机抽样检测，水质全部达标。农业部门对北江两岸种植业、畜禽养殖业进行排查，采取措施停用北江水灌溉农田和畜禽养殖，海洋业部门组织开展渔业资源应急监测，发出警报，停止食用受污染的水产品。通过组织工作组进村，利用广播、电视宣传等手段，通知群众不要直接饮用受污染的江水，确保无一人饮用受污染的水、吃受污染的食品。

（4）启动应急监测，监控水质变化　事故发生后，原广东省环境保护局立即启动了应急监测方案，在北江流域共设立21个监测断面，每2h监测一次，并根据水质变化，及时调整监测方案，增加监测断面，加大监测频率，从全省环保系统抽调人员和车辆，确保参与应急监测的人员达到350人/d，专用监测车辆50台/d，共分析样品1万多个。

3. 启示

（1）高度重视、果断决策是事故处置的根本保证　在事故处置工作中，所有人员始终高度重视，果断采取措施，切实解决事故处置过程中发生的问题，研究处置对策，迅速调动各方面力量，采取强有力措施，将污染事故影响降至最低，使这次污染事故的处置取得良好的成效。

（2）依靠科学、依靠技术是事故处置的重要基础　事故发生后，16名国家专家和12名省内专家组成事故处置联合专家组，依靠大量的监测数据，经过科学分析、准确预测，提出了实施白石窑水电站降镉消污工程、联合流域水利调度工程和南华水厂应急除镉净水工程等方案。相关方案及时实施，成功降低了污染水体浓度和含量，确保了沿江居民饮水安全。环境监测为本次事故处置工作的重中之重，通过科学布点、规范监测，昼夜连续监控，及时、准确地掌握水质变化情况，充分发挥了环境监测是科学决策的“眼睛”作用，不仅为科学决策和专家预测提供了重要依据，更重要的是为下游提前做好应急工作提供了有力的技术支持。

（3）快捷应对、措施得力是事故处置的关键所在　对事故的早发现、早报告、早处理，为处置工作赢得了时间。责令韶关冶炼厂立即停止向北江排放含镉污水，迅速开展沿江各地污染源全面排查，彻底切断污染源，保证了不再增加北江流域镉污染负荷。果断采取白石窑水电站降镉消污和联合流域水利调度等工程措施，有效降低了污染水体镉浓度峰值和镉通量，确保了飞来峡出水水质达标。实施南华水厂应急除镉净水工程不仅解决了南华水厂供水问题，更重要的是为下游清远市和佛山市等的供水设施改造提供示范经验，保证了沿岸群众的饮水安全。坚决果断采取了一系列强有力措施，促使北江镉污染迅速得到有效控制。

4. 建议

（1）树立科学发展观，保障环境安全　环境安全是国家公共安全的重要组成部分，是保障人民群众健康、维护社会稳定的重要条件。当前，部分地区在经济发展过程中存在着不顾环境承载能力，盲目上项目的现象，对环境安全造成巨大隐患。

（2）保护饮用水源，确保饮水安全　饮用水安全关系到广大人民群众的身体健康，必须要采取最严格的措施保护饮用水源。多年来，临江建设了不少化工、电镀、印染等重污染和排放有毒有害污染物的项目，其中部分企业不能稳定达标排放，一旦发生污染事故，必将严重影响饮用水源安全。为切实解决以上问题，必须严厉打击危害饮用水源安全的环境违法行为，坚决拆除一级饮用水源保护区内的排污口；严禁规划和建设向饮用水源保护区排放污染物、威胁饮用水源安全的项目，要全流域严格控制排放有毒有害污染物的项目。要加强城市备用水源的规划和建设，开辟多水源，做到有备无患。

（3）建立应急机制，提高应对能力　环境污染事故具有隐蔽性较强、影响范围广、消除难度大等特点，目前我国处于环境污染事故的高发期，各级政府必须增强对环境突发事故的敏锐性和责任感，对处置污染事故保持高度警惕性。要建立健全环境污染事故预警体系和应急机制，健全应急机构，完善应急制度，明确各方职责，加强培训和预案演练，确保一旦发生事故，能够做到有效组织、快速反应、高效运转，迅速采取有效措施，最大限度地减少事故造成的损害。

（4）加强环境监管，建立长效机制　环境污染事故的发生一般是由企业违法排污造成的。要加大对企业的监管力度，对重点污染源尤其是排放有毒有害污染物的企业要进行全面排查，登记造册，逐一落实责任，切实加强监管。要严肃查处环境违法行为，以铁的手腕查处一切违法排污企业。要建立和完善企业环境行为自我约束机制，通过实施企业环境管理信用制度、创建环境友好企业和清洁生产企业、加强企业环保宣传和教育等措施，提高企业环保意识和守法意识，促使企业自觉遵守环保法律法规，落实环保责任，防范污染事故的发生。

（5）切实加强领导，严格落实责任　各级政府必须要增强环境忧患意识和做好环保工作的责任意识，切实履行环保法律、法规规定的政府对本辖区环境质量负责的职责，做到认识到位、责任到位、措施到位、投入到位，切实防范重大环境污染事故。要强化环保责任考核，将环境保护作为领导班子和领导干部考核的重要内容，并将考核结果作为干部选拔、任用和奖惩的重要依据。要严格实行环保责任追究制度，对因决策失误造成重大环境污染、严重干预正常环境执法的领导干部和公职人员，以及违反环境保护法律、法规而造成环境污染事故的企事业单位负责人和有关人员，要依法严肃追究责任。

二、突发固体废物污染事故的应急处置

突发固体废物污染事故主要是指在运输、处理或处置过程中，由于意外事故或者自然灾害造成污染物大面积泄漏、扩散，从而导致环境污染的事件。这类事故一般具有发生突然，形式多样，危害严重，处置艰难的几个基本特点。

（一）固体废物污染应急处置存在的问题

1. 固体废物随意填埋堆放，回收利用率低

发达国家的经验和教训表明，将有害固体废物任意丢弃或进行不安全的填埋，很容易造成固体废物对环境的突发性污染，由此对环境的污染是极难治理的，多数情况下要花费巨额投资。有的城市，特别是近几年刚发展起来的县级市，还没有专门的固体废物处理场所，即使有一定的填埋场，其环保要求、技术操作规范等也达不到国家规定的标准，常常有填埋场

滑坡或爆炸类突发性事故。人们对固体废物污染的危害性、固体废物的资源化认识程度不高，致使大量的固体废物随意抛弃、堆积、填埋，综合回收利用率较低。长期以来，固体废物在自然环境中囤积数量已达到较高的程度，大量有毒有害物质渗透到自然环境中，已经或正在对生态环境造成极大的破坏。据有关资料反映，我国每年产生的固体废物可利用而没有被利用的资源价值达 250 多亿元。发达国家再生资源综合利用率达到了 50%～80%，而我国只有 30%，并且固体废物无害化处置与发达国家相比相差甚远。其主要原因如下：

1）环境因素。全社会对固体废物的处置与综合利用的重要性和紧迫性认识不足，还没有形成人人自觉保护环境，积极支持回收利用工作的风气。

2）技术因素。固体废物的处置与利用技术要求高，而我国目前综合利用的科技水平、加工设备、生产工艺等都比较落后，因投入少、科技开发能力弱，制约着固体废物处置与利用产业的发展。

2. 固体废物突发应急措施缺乏，针对性不强

尽管突发固体废物污染事故不断，但国内对突发固体废物污染的认识程度仍然不高，以至于发生 2015 年深圳“12·20”人工填埋土垮塌重大安全事故。同时，相关部门没有相应的应急预案和措施，或者预案和措施脱离实际较多，导致突发污染发生时贻误处置时机，造成了严重的后果。

3. 突发固体废物应急处置的相关法律、法规有待加强

《中华人民共和国固体废物污染环境防治法》缺乏实际操作性。突发固体废物污染事故的应急处置的相关法律、法规还没有出台。同时，由于对固体废物综合利用缺乏强有力的、长期的激励机制和制约机制，也导致突发固体废物污染事故频繁发生。

（二）突发固体废物污染事故应急处置的原则

1. 应急处置动作要快，效果要好

突发固体废物污染事故，无论是废物堆体滑坡、坍塌、自燃、污染地表及地下水，对其处理都必须突出一个“快”字，从事故现场的勘察分析，到处置措施的出台，再到应急方案的实施，都必须争分夺秒，这就要求应急预案必须提前论证，做到实施方案科学实用，措施的针对性、可靠性强，保证在最短的时间内将损失降至最低。针对事故的不同类型，可以运用固化、封闭、迁移等物理化学措施，快速合理地降低污染的危害程度，以达到应急处置的效果。

2. 后续处置依然实行“三化”原则

“减量化、资源化、无害化”是固体废物污染防治的总原则。“减量化”是通过适宜的手段减少固体废物的数量和容积。“资源化”是指采用工艺技术，从固体废物中回收有用的物质与资源。“无害化”是将不能回收利用资源化的固体废物，通过物理、化学等手段进行最终处置，使之达到不损害人体健康，不污染周围的自然环境的目的。

（三）突发固体废物污染事故应急处理技术

1. 裂缝处理

发现固体废物堆场出现裂缝后，应采取临时防护措施，以防雨水或冰冻加剧裂缝的扩大。对于滑动性裂缝的处理，应结合坝坡稳定性分析统一考虑。对于非滑动性裂缝，可采取以下措施进行处理：①开挖回填，这是处理裂缝比较彻底的方法，适用于不太深的表层裂缝；②灌浆处理，对坝内裂缝、非滑动性很深的表面裂缝，由于开挖回填处理工程量过大，一般采用重力灌浆或压力灌浆方法，灌浆的浆液通常为黏土泥浆；在浸润线以下部位，可填入一部分水泥，制成黏土水泥浆，以促其硬化；③综合处理，对于中等深度的裂缝，因库水位较高，不宜全部采用开挖回填办法处理的部位或开挖困难的部位，可用开挖回填与灌浆相结合的方法进行处理，裂缝的上部采用开挖回填法，下部采用灌浆法处理，先沿裂缝开挖至一定深度（一般为2m左右）进行回填，在回填时按布孔原则，预埋灌浆管，然后对下部裂缝进行灌浆处理。

2. 废物坝体及坝基渗漏的处理

废物坝体及坝基渗漏有正常渗漏和异常渗漏之分。正常渗漏有利于固体废物坝体及底部衬垫土层的固结，可以提高坝体的稳定性；异常渗漏会导致渗流出口处坝体产生流土、冲刷及管涌等各种形式的破坏，严重的可导致垮坝事故，造成下游或深层土体的污染。因此，固体废物堆场，特别是尾矿坝的渗流必须认真对待，根据情况及时采取措施，其中包括降水、截流、工程土体加固，对于有毒有害污染物的渗漏，要根据具体泄漏毒物的特性处理，其中也包括物理、化学和生物的方法。

3. 滑坡的预防及处理

预防滑坡，首先应随时做好经常性的维护工作，防止或减轻外界因素对固体废物坝坡稳定性的影响。当发现有滑坡征兆或有滑动趋势但尚未坍塌时，应及时采取有效措施进行抢护，防止险情恶化。一旦发生滑坡，应采取可靠的处理措施，恢复并补强坝坡，提高抗滑能力。抢护中应特别注意安全，抢护的基本原则是：上部减载，下部压重，即在主裂缝部位进行削坡，在坝脚部位进行压坡。若地下水位较高，还必须同时对堆场进行降水，提高坝体的抗滑稳定性。

4. 管涌处理

管涌是尾矿坝坝基在较大渗透压力作用下产生的险情。管涌的处理可采用降低内外水头差，减少渗透压力或用滤料导渗等措施进行处理。

5. 堆体自燃

作对于填埋场的自燃，一般先扑灭表层的明火，然而大部分填埋场的自燃都是从内部开始，因此还需要打孔注水，同时要特别注意注水的收集，防止污染周边土壤和水体。

（四）突发固体废物污染事故防治的建议与对策

1. 加大宣传力度，提高公众的环境意识

要通过新闻舆论的监督力、宣传力，加强对全社会的环保宣传教育，提高公众的环保意识、对突发固体废物污染事故危害的认识，最终促使每个单位、个人能自觉地减少固体废物污染及合法合乎国家规范地处理处置固体废物。

2. 制定固体废物处置与利用的整体规划

遵循距固体废物产生源点较近且交通便利，远离人口密集居住区、历史文物保护区、自然保护区、风景区和水源保护区的原则，确定固体废物处理处置设施的建设规划，向区域型集中化方向发展。在规划建设方面，避免设施重复建设，应集中资金建设技术设备较全面、处理处置水平高的大型固体废物处理场。

3. 加强固体废物处置与利用技术的研究及引进

目前，我国正规的大型垃圾综合处理场还比较少，这为各类垃圾填埋场发生事故埋下了很大的隐患。因此，政府应加大这方面的投入，积极引进国外的先进技术。科研单位要努力开发研究，使我国的固体废物处置与综合利用技术提高到一个新水平。

4. 建立完整的废旧物资回收系统

发达国家一般都建有完整的废旧物资回收系统。日本、德国等国家对生活固体垃圾都实施分类回收制。法国采用最先进的计算机控制垃圾回收系统。法国还征收家庭垃圾税，以确保收集系统所需的经费。美国各个州都有关于生活垃圾处理的法律，这些法律详细规定居民在处理生活垃圾时必须将可回收的纸、玻璃制品、塑料制品和其他无法直接回收利用的生活垃圾分开。

5. 建立完善的固体废物污染事故应急预案

针对各类垃圾填埋场以及各类固体废物在运输处置过程中可能出现的问题，要有相应的处置预案；每个预案的可操作性、有效性都要经过专家论证讨论，做到预防有措施，处置有方法。

我国固体废物污染的突发事故主要集中在尾矿库和垃圾填埋场，由于没有前期规划，没有卫生填埋措施，废物乱填乱埋，不仅引起大量污染物的泄漏，导致水体和土壤的污染，对人民群众的生活生产造成严重威胁，而且堆积如山的固体废物还能引起滑坡和爆炸等更为严重的突发事故。

【例 10-2】 吉林省某纸业自备电厂储灰库坍塌污染事故

1. 案例简述

2006 年 6 月 5 日 7 时和 16 时，吉林省延边朝鲜族自治州某纸业有限公司自备电厂储灰库 2 号立井发生 2 次坍塌事故，累计泄漏的粉煤灰约为 8×10^4t，致使约 12km^2 的农田受到污染。部分粉煤灰经自然沟流入图们江。由于储灰库无法使用，该厂每天约 200t 粉煤灰直接排入图们江。事故地点距图们江入海口 200km，所幸图们江没有居民饮用水源取水口。6 月 11 日上午，图们江污染源汇入下游 500m 和图们江游船码头处水质监测数据均显示超标。

2. 事故原因

客观方面的原因在于储灰场倒灰过程中，灰浆水分太大、积水太多而造成坝体渗漏，形成了滑动剪切面，最终造成了堆体坍塌。主观方面原因在于相关人员对储灰库管理重视不够，环境应急管理基础薄弱，作业人员专业水平不高，倒灰方法不妥以及对事故预判能力不强等。

3. 应急处理措施

事故发生后，原国家环保总局高度重视，按照指示，由环监局副局长及原吉林省环境保护局环境监察、监测等人员组成了工作组，连夜赶赴事发现场，召开防控工作会议，向当地政府和有关部门提供污染防控的应急措施，协助当地政府部署污染防控工作，确保水质安全。

6 月 7 日，事故企业被责令全面停产，当地政府组织人员用填充泥土的麻袋填入自然沟，组成几道拦截坝，使雨水中的粉煤灰沉淀，将污染降低到最低限度，并连夜在大坝外侧应急储灰池，防止大量粉煤灰进入图们江。6 月 7 日—8 日，事故企业组织 3 台挖掘机，昼夜施工，在库坝底部溢流管道明渠下方筑起 2 道堤坝，形成了 2 个临时性应急沉降池，并在堤坝下游筑垒了 10 道拦水坝，提高了悬浮物沉降数量，彻底切断了污染源。6 月 10 日该公司已采取措施，修复拦灰坝，为防止拦灰坝再次被冲毁，在坝体上安装了直径 0.7m 的涵管，同时使用挖掘机 24h 清理坝内粉煤灰。

为了防止降雨导致污染扩大，地方政府启动应急预案，疏散了大坝下游附近村庄的20户60个村民。针对存在的环境安全隐患的情况，原国家环保总局要求企业在雨季来临前拿出切实可行的措施，尽快启动立井的修复工程；要求当地政府督促落实应急预案措施，采取一切措施，坚决防止发生次生污染；并要求环保部门要继续加强监测，及时掌握污染动态。

在应急专家的指导下，在储灰库2号立井和3号立井之间筑起一条拦水坝的基础上，采取敷设木板的方法，6月20日封堵储灰库2号立井的浮桥已搭建完毕，6月21日直径5m用于封堵储灰库2号立井的护筒也已制作完毕。经现场工作组观察，储灰库2号立井和3号立井之间筑起的拦水坝发挥了很大的作用，大量雨水被拦水坝挡住，从3号立井排出。

事件发生后，当地环保部门立即开展应急监测，采集了106个水样，取得了1346个数据。6月5日19时，储灰坝下游100m处悬浮物浓度严重超标，图们江下游500m处、中朝铁路桥上游2km、图们江游船码头、河东水文站4个断面处悬浮物也存在超标现象。6月8日21时，工作组认真分析事件发生以来各监测断面的监测数据，认定悬浮物在低于国家地面水水质标准的情况下，可以安全出境。6月11日，环保部门在图们江游船码头处再次监测到悬浮物浓度超标严重，据分析，疑为当时暴雨冲刷导致附近朝鲜支流汇入图们江携带大量尾矿粉所致。18日，图们江污染源汇入口下游500m处出现异常峰值，20日该监测断面悬浮物浓度下降。经分析，18日数据偏高主要原因如下：一是2号立井坍塌事故泄漏粉煤灰仍有部分沉积在沿江农田和河道，随暴雨进入图们江；二是图们江沿岸植被稀疏，水土流失严重，地表径流携带泥沙卷入图们江中，此外，图们江干流和支流两侧的带有的大量泥沙进入图们江；三是在清理封堵储灰库2号立井作业面冲洗过程中携带少量的粉煤灰流入图们江中。

7月25日23时，经过环保部门近50天的调查处理、监管、监测和抢修各方的不懈努力，已完全封堵了储灰库2号立井，彻底切断了污染源，储灰库溢流管道已无污染物下泻。事故图们江下游水质已恢复到事故发生前的水平，出境悬浮物浓度远远低于国家地表水暂定标准。

4. 启示

这起事故引起的污染事件暴露了个别企业在储灰库的管理上还存在死角、漏洞。为此，企业要依托有资质的单位开储灰库环境安全评价工作，对评价为危库的，环保部门应责令立即停产整改，对险库应限期消除险情，对病库要按正常库标准进行整治，消除环境安全隐患。新建、改建和扩建的储灰库建设项目，要严格执行“三同时”制度，对未通过环保验收而投入运行的储灰库，环保部门要依法严肃查处；同时企业要认真研究制订储灰库泄漏事故的环境应急预案，组织储灰库泄漏事故应急处置方法的培训，并与地方政府有关部门协同组织好储灰库泄漏事故环境应急救援预案的演练，提高应对突发环境事件的处理、应变能力和应急响应水平。

此次储灰库坍塌事故的应急处置工作涉及工作面广，并可能涉及国际问题，及时进行信息公开报道，既使群众及时了解真实情况，避免无故的慌乱，也为应急处置工作创造了有利的舆论条件和社会环境。

三、突发大气环境污染事故应急处置

（一）突发大气环境污染事故的特点

突发大气环境污染事故的发生具有耦合性、不确定性、快速扩散性以及易受外界因素影响等特征，故突发大气环境污染事故与一般的突发水环境污染事故的解决方法有很大差异。

突发大气环境污染事故的演化具有阶段性和跃迁性。

1. 事故演化的阶段性

阶段性是指当一起事故或其他原因导致大气污染后，受污染大气与各种自然因素或者社会因素耦合，逐步演化为公共安全事故和重大公共安全事故。首先，由各种原因引起的突发事故会导致大气环境污染，这是第 1 阶段；而后，大气环境污染会危害周边居民的身体健康以及生活安全，进而演化为公共安全事故，这是第 2 阶段；当大气环境污染公共安全事故的影响范围继续扩大，会引起国家、地区，乃至全球的关注，最终演化为重大公共安全事故，这是第 3 阶段。

假设突发大气环境污染事故演化只具有阶段性，则事故的演化阶段如图 10-1 所示。

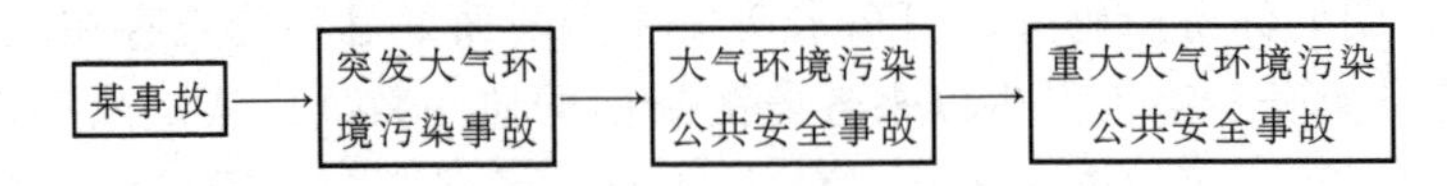

图 10-1　事故的演化阶段

图 10-1 中，某事故主要是指由化工企业事故（如爆炸、泄漏等）、化学品运输事故（如泄漏等）等引起的大气环境污染事故。某事故的发生是导致突发大气环境污染事故的诱因，从某事故到突发大气环境污染事故有一个演变过程，包括渐变性、无序性和突变性等。某事故的发生可能是单一自然因素、人为因素或者几个因素综合作用的结果，事故本身的发生及由此引起的突发大气环境污染事故的演化都具有其自身的诱因耦合与演化机制。按某事故演化的阶段划分，其诱因耦合与演化机制分为以下 3 种情况：

1）某事故向突发大气环境污染事故演化阶段。根据假设，在某事故发生并演化到突发大气环境污染事故这一阶段，源诱因与自然诱因、技术诱因相互作用，发生耦合，主要可表现为以下 3 种方式：

① 固定式污染，比较典型的情况是某化工企业发生爆炸，导致有毒物质泄漏，引发大气污染。

② 移动式污染，如在危险化学品运输过程中，因为各种自然的或人为的因素引起危险化学品泄漏而进入大气中，造成严重的突发大气环境污染事故。

③ 面源污染，面源污染的形成与其他许多因素（如气候、土壤结构、地质、地貌、农作物类型等）密切相关。因此，当某事故发生时，技术诱因和自然诱因可能会与源诱因产生各种形式的耦合，从而导致突发大气环境污染事故发生。

2）突发大气环境污染事故向大气环境污染公共安全事故演化阶段。当突发大气环境污染事故已经开始对一个区域居民的生命、财产和生态环境造成损害时，就演化成为大气环境污染公共安全事故。在此阶段，受污染大气将与多种诱因相互耦合并发生作用，如在 2005 年的伦敦油库爆炸事故中，受污染大气与 3 种非源诱因在该阶段耦合。

3）大气环境污染公共安全事故向重大大气环境污染公共安全事故演化阶段。由大气环境污染公共安全事故演化为重大大气环境污染公共安全事故，是突发大气环境污染事故对人群和社会的危害程度进一步加深的结果。在 2005 年的伦敦油库爆炸事故中，大气污染物在此阶段扩散到英国东南部，加之大西洋西风带的影响，受污染大气被带到了法国、西班牙等国家，此时受污染大气主要与自然诱因和社会诱因发生耦合，技术诱因的作用很微弱。

2. 事故演化的跃迁性

事故的跃迁主要包括 3 种情况：

1）某事故直接演化为大气环境污染公共安全事故。

2）某事故直接演化为重大大气环境污染公共安全事故。

3）突发大气环境污染事故直接演化为重大大气环境污染公共安全事故。

事故跃迁性的诱因与演化机制与事故阶段性表现有所不同，在事故的跃迁过程中，大气环境污染的源诱因会与自然诱因、技术诱因、社会诱因中的一种或几种发生耦合，从而使得事故的演化表现出不同的跃迁状态。

（二）突发大气环境污染应急处理技术

突发大气环境污染应急处理主要集中在污染风险源识别、应急监测、风险源控制与应急管理等方面。

1. 突发大气环境污染风险源识别技术

突发大气环境污染风险源识别及分类是大气环境污染事故预防和正确处置的基础。国际上对于突发大气环境污染风险源的识别进行了一系列研究，早在 20 世纪 80 年代，世界银行和亚洲开发银行就分别提出了一套针对其资助工业项目的污染事故风险评价技术。近年来，我国对于突发大气环境污染风险源的研究也取得了系列成果，这些方法包括定性评价方法，如专家评价法、安全检查表法等；定量评价方法，如风险矩阵法、可接受风险值法；概率评价方法，如事故树、马尔可夫模型法等。目前，我国针对重大危险源分类已制定《危险化学品重大危险源辨识》（GB 18218—2018）、《生产过程危险和有害因素分类与代码》（GB/T 13861—2009）、《化学品分类和危险性公示 通则》（GB 13690—2009）等标准，并形成了《建设项目环境风险评价技术导则》（HJ 169—2018），这些标准为涉及易燃、易爆物品和有毒有害物质的生产、使用、储运等的新建、改建和扩建项目进行环境风险评价与管理提供了行动指南。但是，这些方法都以建设项目或某一具体的生产、运输活动为主体，而基于区域性、行业性的突发大气环境污染事件的风险识别及分类技术亟待深入。

2. 突发大气环境污染事故应急监测技术

大气环境污染事故较水质污染物而言，染物的扩散速度更快，扩散范围更广，对人体健康的影响和伤害更大。因此，大气环境污染应急监测力求快速、及时、准确、简便、经济并适合我国国情。水污染应急监测可以便携式监测仪为主，而大气污染应急监测则应采用快速法，及时满足为当地政府环保部门及领导做出正确的决策和采取有效的应急措施提供科学的数字依据。快速法包括仪器法、检气管法、试纸比色法和溶液快速法等。

1）仪器法。仪器法是利用有害物质的热学、光学、电学等特性进行测定。其优点是灵敏度高，测定准确，浓度直读，可自动记录或与微机连接。近年来，我国已有一些能满足应急监测需要的环境监测仪器，如便携式多参数有毒气体分析仪、微机污染源监测仪等。

2）检气管法。该法具有现场使用简便、快速，便于携带和灵敏的优点。其抽气装置除可用电动抽气泵外，还可采用注射器或抽气筒，在没有电源的情况下也可以使用。目前，几百种有害物质均可用检气管测定，但检气管的标定制作较烦琐。近年来，国外对快速检测法也有报道，如德国研制的显色反应管（FRR）能快速发现环境中的有害物质，其原理与检气管相似，其除了监测空气以外还可通过气相萃取测定废水中的有毒物质，监测指标除硫化氢、氢氰酸等无机物外，还可测定某些烃类及其衍生物、挥发性液体燃料等。虽然检气管只是半定量测定环境中的有害物，但已能满足应急监测的需要，是一种较为经济且易于普及的方法。

3）试纸比色法。试纸比色法是用纸条浸渍试剂，在现场放置或置于试纸夹内抽取被测空气，显色后比色定量。其优点是操作简便、快速，测定范围广，但准确度较差。许多常见有害物质如硫化氢、汞、铅等都可用试纸法测定。

4）溶液快速法。溶液快速法是将吸收液本身作为显色液，采样显色后与标准管比色定量。该法灵敏度、准确度都比试纸比色法高。

3. 突发大气环境污染事故风险源控制与应急管理技术

突发大气环境污染事件风险源处于技术环境、自然环境、社会环境所构成的复杂体系中，该体系中许多动态变化的因素决定了风险源危险性的动态变化。目前，国内外在风险源监控预警技术主要集中于构建风险源监控预警指标体系，通过各指标状态的评价，确定预警级别。特别地，我国在危险化学品管理方面，针对生产过程控制、储存过程控制、运输过程控制及使用过程控制，制定了一系列的法规及技术规范。但从整体上看，目前针对各类突发大气污染事件的预案及应急指挥系统方面的研究仍处于起步阶段，还未形成系统可行的技术规范。

【例 10-3】 江苏省盐城市射阳县某化工厂“7·28”爆炸事故

2006 年 7 月 28 日上午 8 时 45 分，江苏省盐城市射阳县临海镇镜内的某化工公司氟化反应釜发生猛烈爆炸，继而发生连续爆炸，造成硝化和氯化 2 个生产车间完全倒塌。这起爆炸事故造成 22 人死亡，29 人住院接受治疗，其中 5 人重伤。

1. 事件概况

2006 年 7 月 28 日上午，天气闷热，气温高达 37℃，地处江苏省东部沿海的盐城市射阳县临海镇化工企业集中地内，几家化工企业机声隆隆，马达轰鸣。上午 8 时 45 分，盐城市某化工公司总经理助理于某某正在车间外检查工人的上班情况，突然听到有一丝不同寻常的声音，好像是什么地方在“嗤嗤”的冒气。一开始他并没有注意，后来声音变得越来越大，当他意识到有情况发生，即刻向背离车间的方向跑，可没跑多远，就被一股气浪重重地推倒在地。此时，恰逢射阳县安监局局长等一行人在这个化工集中地检查工作。他们刚经过该公司大门，猛听身后一声响，眼前的情景把他们吓坏了：不远处腾起了可怕的黄色蘑菇云。他们立即赶往事故现场，并向上级有关部门通报了险情。在爆炸现场，2 生产厂房全部倒塌，杂乱的废墟里冒出浓烈的黑烟、白烟和黄烟。后经调查，当时这家公司正在试生产二氯氟苯，在生产过程中，卤化反应釜突然发生爆炸，继而发生连续爆炸，造成硝化和氯化 2 个车间厂房全部倒塌。

2. 应急处理

1）迅速及时救援。8 时 50 分，临海镇副镇长兼派出所所长王某某带领全所 20 多名民警、保安、联防队员赶赴现场。随后，射阳县公安局政委带领 100 多名公安干警和消防官兵到达现场，划定警戒区域，紧急抢救伤员，疏散周围群众，消防官兵协同作战，明火很快得到控制。

此时，现场有刺激性气味传出。射阳县公安局纪检组组长、治安大队等 6 人组成第一批突击队，戴着口罩和橡胶手套，毫不犹豫地冲进爆炸中心区搜救伤员，很快救出 7 名伤者。十几分钟后，他们全部出现恶心、呕吐等症状；负责现场指挥的戴元峰立即指令第二批、第三批突击队进场搜救。在短短 20min 内，共救出 16 名伤员，运出十几具遇难者遗体。由于救护车来不及运送，他们就用警车运送伤员，从死神手中夺回了一个个伤者的生命。

事故发生后，射阳县卫生局迅速调集全县的 16 辆救护车赶赴现场，并迅速成立抢救领导小组，组织精干医护人员救治伤员。第一批伤员在 9 时 30 分被送到了县人民医院，该院的医护人员立即开始救治。

面对突发事件，各级领导和有关部门负责人迅速奔赴一线，立即启动相关应急预案，全力组织抢救伤员和排除险情，针对事故现场有氯气、硝酸、硫酸、氟苯等化学物质泄漏现象，根据专家意见，及时疏散周边的 7000 多名群众，堵住了企业内的下水道，防止有毒物质通过雨水管道外泄，并建起了 3 道围堰，封堵了工业集中区通往外河的排水沟，同时派专人看守，严防消防水污染河流。

2）科学处置现场。事故发生后，射阳县委、县政府 4 套班子立即赶到现场，并迅速成立了现场指挥部，设立了现场救援组、医疗救护组、环境保护组、安全保卫组、技术咨询组、后勤保障组和善后处理组。当天，射阳县环境监测站就开始对现场和下风向空气及周围水质进行连续的布点监测，监测范围从爆炸点上游 100m 到下游 1300m 左右，监测内容包括 pH 值、氯化物、苯胺、高锰酸钾指数。

及时赶到现场的环境监测部门，在检测中发现有毒气体的浓度在迅速上升。据了解，在已经坍塌的废墟下面有 4 个液氯罐，个别罐体可能已经发生泄漏。这些液氯罐一旦发生爆炸，后果将不堪设想。盐城市消防支队的同志身着防化服，在喷雾水枪的掩护下冒着生命危险冲进废墟，用布条裹着木塞封堵住泄漏的洞口，排除了险情，防止了有害气体的蔓延。

化工企业发生爆炸，最容易造成大气和水体污染。射阳“7·28”事故发生后，县、市、省环保部门立即启动应急机制。江苏省环保厅也于当天下午调来一辆环境应急监测车，对事故周围的大气环境进行 24h 全天候检测，环保部门每 2h 对围堰外的水体进行检测。对于围堵起来的污水，他们采取了两种处理方法：一是把雨水管网的水引入污水处理厂进行处理，再通过污水管道排出；二是将厂区内的残水通过石灰石简单中和，再送到污水处理厂处理。

3. 启示

据了解，事故化工公司是一家中等规模的化工生产企业，主要生产无机氟和有机氟等 30 多种产品。在这次爆炸的当天，江苏省环保厅向全省各市发出了《关于开展化工企业环境安全隐患排查，严防突发环境事件发生的紧急通知》。通知要求：立即组织县（市、区）环保部门对辖区所有化工企业开展环境安全隐患排查，查找企业在防范可能发生的危险化学品事故污染环境方面存在的问题和隐患，督促企业加大隐患整改力度，制订整改措施，落实整改责任，确保整改工作落实到位。对检查中发现的重大隐患，责令企业立即停产整改，尤其对安全生产和环境保护基础差、存在重大安全隐患、生产和储存设施构成重大危险源以及临江、临河、临湖、临海等有可能因危险化学品事故造成水源污染的化工企业要集中力量、重点检查。督促企业建立完善环境污染事故应急预案，落实防范环境污染的各项措施。对未建立应急预案的企业，责令限期制定预案并报环保部门备案；对已建立应急预案的企业，要督促、指导企业进步完善预案，使预案更加科学、合理，具有可操作性；对未落实预案要求的企业要责令限期落实。一旦发生突发环境污染事故，要严格执行突发环境事件报告制度。第一时间报告事故发生情况和处置最新进展，并按照预案要求进行调查处理，防止造成污染破坏。

射阳“7·28”爆炸事故的发生，给江苏省乃至全国的化工企业敲响了警钟。很多环保人士认为，江苏省已经成为一个化工大省，在全国的60多个化工园区中，江苏省的沿江和沿海化工园区近20处，必须进一步加强对这些化工企业的监管，防止此类事故再次发生。

四、突发放射性环境污染事故处理

核科学与核技术的广泛应用，在给人类带来巨大利益的同时，也会发生危及人类生命和财产安全的放射性环境污染事故。对放射性环境污染事故的总结和研究，是防止类似事故的发生和提高事故处理水平的重要措施。

【例10-4】 核燃料加工厂放射性环境污染事故

1. 事故的基本情况

1999年9月30日，日本茨城县那珂郡东海村JCO东海事业所核燃料加工厂实验楼内发生一起重大核泄漏事故。实验楼建筑面积为260m^2，设置了相关的铀加工设施，将浓缩度小于20%的六氟化铀、核废料以及重铀酸盐沉淀物等铀原料进行转换、回收、精制，从而制造氧化铀粉末或硝酸铀酰溶液。

上午10时35分左右，在制造硝酸铀酰过程中，作业人员违反操作规程，为了缩短作业时间，使用不锈钢水桶进行操作，代替了操作规程中正规的操作工序。为了进行均匀混合和精制，又违反操作规程，把不锈钢水桶中浓缩度为18.8%的超过铀临界质量的硝酸铀酰溶液加入到沉淀槽中。正是由于加入超过铀临界量的硝酸铀酰溶液，使沉淀槽中的物料很快进入临界状态，立即发生了自持链式反应。这时发现物料发出蓝光，辐射监测报警铃立即鸣响，因此判明发生了临界事故。随后，几名当班的工人又手忙脚乱开错了装置，结果使大量的放射性气体散发至居住有33000人的东海镇上空。

上午10时43分，东海村消防队接到报警，内容是：有急救病人，请派救护车。报警时没有说明发生了核辐射事故，因而，急救队员不知实情，部分急救队员没有穿防护服就进入现场而受到了照射。JCO东海事业所没有监测中子射线的专门仪器，事故发生后对中子射线的测定是在6h以后才实施的。由于对中子射线缺乏有效的防护手段，因而给救援行动带来很大困难，使参加救援的一些急救队不得不在现场外待命。

这次事故中，受到辐射危害的共69人，其中，包括JCO东海事业所员工59人（重伤3人，大约两个半月后死亡1人，七个月后又死亡1人），东海村消防队急救队员3人，附近建筑公司员工7人。事故发生后，在JCO东海事业所周围空气中的辐射剂量是平常值的70倍。另外，根据不完全统计，事故当天，向避难场所疏散的120人也受到了照射。

2. 事故原因

该事件按照日本科技厅分析，初步定为4级事故，放射性元素向外释放超过规定限值，工作人员受到足以产生急性健康影响的辐射剂量。

这是一起由于人为操作错误引起的临界事故，错误操作是造成这次事故的主要原因，在操作规程和工人安全文化素养方面也存在着缺陷。工人在操作中违反了操作规则，当班的工人把铀与硝酸进行混合。操作工人把16kg的铀投入特制的反应罐中，比规定的安全界限整整多出了13.6kg。几名工人忙中出错，又开错装置，结果使大量的放射性气体散发至居住有33000人的东海镇上空。

3. 经验教训

1）铀加工设施必须严格遵守操作规程，应该加强安全文化教育。为了防止发生临界事故，必须严格实施“临界管理”，避免铀的聚集量超过临界质量。沉淀槽采取的临界管理方式是质量控制方式，这起临界事故就是因为作业人员没有严格遵守正规的操作规程，向沉淀槽中投入的铀溶液超过了铀的临界质量而发生的。通过这起事故可以看出，即使有了完善的设计，还必须加强安全管理，才能保证不发生事故。另外，JCO 东海事业所对员工没有进行有关临界事故的安全教育，并且在该公司内也没有设置发生临界事故时的报警系统，这些教训今后也应该认真吸取。

2）应加强对中子射线的监测。发生临界事故时会产生中子射线，中子射线能够穿透一般的混凝土墙壁。从这次事故可以看出，JCO 东海事业所事前没有考虑到对中子射线的监测。

3）应急救援工作要做好辐射防护准备。在应急救援过程中，由于救援队员不知实情，部分救援队员因未做防护进入事故现场而受到了照射。事故报警单位和接警的消防、应急等单位都应该吸取这方面的教训，积极准备应急预案，有效地实施灭火救援等活动，减少辐射对现场人员和救援人员的伤害。

“沉默跑者”吴慰祖

思　考　题

1. 按照相关法律法规和标准规范的要求，企业事业单位应当在突发环境事件应急管理中履行哪些义务？

2. 《突发环境事件应急管理办法》中所称突发环境事件是指什么？

3. 《中华人民共和国环境保护法》中所称的“环境”包含哪些内容？

4. 开展突发环境事故调查时，指定的调查方案应明确包含哪些内容？

附录 常用英语词汇

Agenda 21　21世纪议程

World Environment Day (June 5th)　世界环境日（6月5日）

World Environment Day Themes　世界环境日主题

World Water Day (22 March)　世界水日（3月22日）

World Meteorological Day (23 March)　世界气象日（3月23日）

World Oceans Day (June 8th)　世界海洋日（6月8日）

China Biological Diversity Protection Action Plan　中国生物多样性保护行动计划

China Trans-century Green Project Plan　中国世纪绿色工程规划

Ministry of Ecology and Environment of the People's Republic of China　中华人民共和国生态环境部

China's guiding principles for environmental protection　中国环保基本方针

adhere to the basic state policy of environmental protection　坚持环境保护基本国策

pursue the strategy of sustainable development　推行可持续发展战略

waste/polluted water　废水

waste/polluted gas　废气

waste residue　废渣

industrial solid wastes　工业固体废物

white pollution (by using and littering of non-degradable white plastics)　白色污染

organic pollutants　有机污染物

water and soil erosion　水土流失

soil alkalization　土壤盐碱化

environmental degradation　环境恶化

uncontrolled urbanization　城市化失控

greenhouse effect　温室效应

global warming　全球变暖

the basic policies of China's environmental protection　中国环保基本政策

policy of of prevention in the first place and integrating prevention with control 预防为主、防治结合的政策

curb environmental pollution/bring the pollution under control 治理环境污染

throwaway bio-degradable plastics bags 可降解一次性塑料袋

refuse landfill 垃圾填埋场

refuse incinerator 垃圾焚化场

Environmental impact assessment 环境影响评价

Environmental impact analysis 环境影响分析

environmentalprotection 环境保护

air pollutant 空气污染物

Emission Estimation 排放量估算

airpollution 大气污染

dust 粉尘

fume 烟

smoke 黑烟

fog 雾

TSP 总悬浮微粒

airquality 空气质量

air impact assessment 大气影响评价

Emission modeling 排放模型

appraisement 评价，估价

method 方法

strategic 战略的，战略上的

environmental 周围的，环境的

assessment 估价，被估定的金额

absorption coefficient 吸收系数

risk assessment 风险评估

acid rain 酸雨

acoustics 声学

aerosols 气溶胶

aesthetic criteria 美学标准

lead poisoning 铅中毒

environmental protection agencies 环境保护局

air pollutant transport 空气污染物传输

merged plumes 水流汇合

physical models 物理模型

point source gaussian plume models 点源高斯羽流模型

emission estimation 排放量估算

hazardous pollutants 危险污染物

toxic 有毒的；毒物
mitigating 减缓
air quality criteria 大气质量标准
air quality impact assessment 大气质量影响评价
emission modeling 排放模型
toxic air pollution 有毒空气污染
mobile sources 流动源
GIS application 地理信息系统应用
ambient air quality standards 环境空气标准
ambient standards 环境标准
ambient water quality standards 环境水质标准
amplitude of oscillation 振荡振幅
environmental defense fund 环境保护基金
Asian Development Bank 亚洲开发银行
risk assessment requirement 风险评价要求
atmospheric dispersion models 大气弥散模型
atmospheric reaeration 大气复氧
program 项目
Emission factors 排放因子
technology-forcing 技术强制
average cost 平均成本
A-weighted sound pressure level（LpA） 等效连续 A 计权声压级
eutrophication 富营养化
environmental impact assessment for plan/program 规划环境影响评价
environmental management 环境管理
pollution control 污染控制
protect and improve the living environment and the ecological environment 保护和改善生活和生态环境
popularize environmental protection knowledge 普及环保知识
enhance the awareness of the importance of (raise the consciousness about) environmental protection 增强环境意识
improve the eco-environment 改善生态环境
improve the eco-construction 加强生态建设
prevent and control pollution 防治污染
reinforce the conservation of water and soil 加强水土保持
strengthen the greening of the city 加强城市绿化
raise the environmental management level 提高环境管理水平
enjoy first-class protection of the state 享受国家一级保护
strengthen environmental protection 加强环境保护

keep ecological balance　保持生态平衡
create a pleasant ecological environment　创造良好的生态环境
adopt environmental protection technique　采用环保技术
safety　安全
safety limits　安全边界
safety dialectic　安全辩证法
safety sign　安全标志
safety standards　安全标准
safety glasses　安全玻璃
safety regulations for operations　安全操作规程
safety measures　安全措施
safety level　安全等级
security dispatching（electrical power systems）　安全调度（电力系统）
safety countermeasures　安全对策
safety laws and regulations　安全法规
safety protection　安全防护
safety risk　安全风险
safety engineering　安全工程
technical personnel of safety engineering　安全工程技术人员
safety engineer　安全工程师
safety work　安全工作
safety work system　安全工作体系
safety margins　安全裕度
safety techniques　安全技术
safety monitoring　安全监测
safety supervision　安全监督
safety monitoring system　安全监控系统
safety detection & monitoring-controlling technique　安全检测与监控技术
safety inspection　安全检查
safety check lists　安全检查表
industrial safety　工业安全
industrial dust suppression　工业防尘
industrial gas defense　工业防毒
industrial ventilation　工业通风
control of industrial disaster　工业灾害控制
industrial lighting　工业照明
public safety　公共安全
chemical engineering safety　化工安全
harmful work　有害作业

reentry shielding 再入屏蔽
occupational health and safety 职业安全卫生
occupational health and safety standards 职业安全卫生标准
occupational health and safety management system 职业安全卫生管理体系
occupational hazard 职业危害
major hazard sources 重大危险源
active safety 主动安全性
work environment hygiene 作业环境卫生
occupational safety and health 职业安全卫生
work safety and health 劳动安全卫生（劳动保护）
occupational safety and health inspection 职业安全卫生监察
safety approval and certification 安全认证
occupational safety 职业安全
safety health 安全健康
responsible persons 负责人
comments 审批意见
standing book 台账
work safety standardization 安全生产标准化
acute toxic concentration（ATC） 剧烈毒性浓度
boiling liquid expanding vapor explosions（BLEVE） 沸腾液体扩展蒸气爆炸
basic process control system（BPCS） 基本工艺控制系统
chemical exposure index（CEI） 化学暴露指数
comprehensive emergency plan（CEP） 综合应急计划
comprehensive environmental response compensation and liability acts 全面的环境性应急补偿和责任法规
chemical hazard response information system（CHRIS） 化学危险应急信息系统
command post 指挥中心
chemical protective clothing 化学防护服
contamination reduction zone 污染降低区
detailed action plan 详细的行动计划
Ministry of Transport of the People's Republic of China 中华人民共和国交通运输部
emergency action level 应急行动级别
emergency broadcast system 应急广播系统
extremely hazardous substance 极其危险的物质
emergency medical service 应急医疗服务
EOP，emergency operation planning 应急操作计划
emergency power supply systems 应急动力供应系统
emergency response planning guidelines 应急计划指南
emergency response team 应急组（队）

event tree analysis（ETA）　事件树

fire and explosion index　火灾和爆炸指数

fire department　消防部门

failure modes and effects analysis（FMEA）　失效模型和影响分析

fault tree analysis（FTA）　事故树分析

hazardous material　危险物质

hazard and operability（HAZOP）　危险和可操作性

hazardous material identification system　危险材料辨识系统

heating ventilation and air conditioning（HVAC）　采暖、通风和空气调节

incident commander　事故指挥者

incident command post　事故指挥中心

incident command system　事故指挥系统

immediately dangerous to life and health　对生命和健康的突发危险

industrial risk insurance　工业风险保险

Ministry of Emergency Management of the People's Republic of China　中华人民共和国应急管理部

Fire and Rescue Department Ministry of Emergency Management　应急管理部消防救援局

National Work Safety Emergency Rescue Center　国家安全生产应急救援中心

National Mine Safety Administration　国家矿山安全监察局

Red Cross Society of China　中国红十字会

参考文献

[1] 左玉辉. 环境学 [M]. 2版. 北京：高等教育出版社，2010.

[2] 吴彩斌，雷恒毅，宁平. 环境学概论 [M]. 北京：中国环境科学出版社，2005.

[3] 赵景联. 环境科学导论 [M]. 北京：机械工业出版社，2005.

[4] 李爱贞. 生态环境保护概论 [M]. 2版. 北京：气象出版社，2005.

[5] 魏振枢. 环境保护概论 [M]. 4版. 北京：化学工业出版社，2019.

[6] 聂祚仁，王志宏. 生态环境材料学 [M]. 北京：机械工业出版社，2017.

[7] 李俊华，姚群，朱廷钰. 工业烟气多污染物深度治理技术及工程应用 [M]. 北京：科学出版社，2019.

[8] 孔昌俊，杨凤林. 环境科学与工程概论 [M]. 北京：科学出版社，2004.

[9] 张丽颖，贾继华. 安全生产与环境保护 [M]. 北京：冶金工业出版社，2010.

[10] 黄岳元，保宇. 化工环境保护与安全技术概论 [M]. 2版. 北京：高等教育出版社，2014.

[11] 张麦秋，李平辉. 化工生产安全技术 [M]. 2版. 北京：化学工业出版社，2014.

[12] 马清浩，杭美艳. 建材企业安全生产标准化指南 [M]. 北京：化学工业出版社，2015.

[13] 李士，田修. 纳米科技应用发展与纳米技术安全研究 [M]. 北京：科学出版社，2016.

[14] 何平，吴国平，唐绍其. 生产安全事故分析与应急救援 [M]. 北京：中国原子能出版社，2019.

[15] 陈志莉，等. 突发性环境污染事故应急技术与管理 [M]. 北京：化学工业出版社，2017.

[16] 任红轩. 我国纳米科技发展十年巡礼 [J]. 新材料产业，2013 (3)：57-60.